"十二五"江苏省高等学校重点教材

编号：2013-2-051

化工原理简明教程

总主编　姚天扬　孙尔康

主　编　赵宜江　李　琳

副主编　王百军　沈玉堂

参　编　（按姓氏笔画为序）

石建东　朱安峰　朱　媛　吴飞跃

杨东娅　李梅生　张　勤　周守勇

姜　航　顾焰波　嵇岳明

主　审　钟秦

南京大学出版社

图书在版编目（CIP）数据

化工原理简明教程 / 赵宜江,李琳主编. —南京：
南京大学出版社,2014.10
高等院校化学化工教学改革规划教材
ISBN 978-7-305-14007-5

Ⅰ. ①化… Ⅱ. ①赵… ②李… Ⅲ. ①化工原理—
高等学校—教材 Ⅳ. ①TQ02

中国版本图书馆 CIP 数据核字（2014）第 227208 号

出版发行 南京大学出版社
社　　址 南京市汉口路 22 号　　　　邮编　210093
出 版 人 金鑫荣

丛 书 名 **高等院校化学化工教学改革规划教材**
书　　名 **化工原理简明教程**
主　　编 赵宜江　李　琳
责任编辑 郭　琼　蔡文彬　　　　编辑热线　025-83686531

照　　排 江苏南大印刷厂
印　　刷 南京京新印刷厂
开　　本 787×960　1/16　印张 24.5　字数 520 千
版　　次 2014 年 10 月第 1 版　　2014 年 10 月第 1 次印刷
ISBN　978-7-305-14007-5
定　　价 46.00 元

网　　址:http://www.njupco.com
官方微博:http://weibo.com/njupco
官方微信号:njupress
销售咨询热线:(025)83594756

高等院校化学化工教学改革规划教材

编委会

总 主 编 姚天扬（南京大学） 孙尔康（南京大学）

副总主编 （按姓氏笔画排序）

王　杰（南京大学） 左晓兵（常熟理工学院）

石玉军（南通大学） 许兴友（淮阴工学院）

邵　荣（盐城工学院） 周诗彪（湖南文理学院）

郎建平（苏州大学） 钟　秦（南京理工大学）

赵宜江（淮阴师范学院） 赵　鑫（苏州科技学院）

姚　成（南京工业大学） 姚开安（南京大学金陵学院）

柳闽生（南京晓庄学院） 唐亚文（南京师范大学）

曹　健（盐城师范学院）

编　　委 （按姓氏笔画排序）

马宏佳	王济奎	王龙胜	王南平
许　伟	朱平华	华万森	华　平
李　琳	李心爱	李巧云	李荣清
李玉明	沈玉堂	吴　勇	汪学英
陈国松	陈景文	陆　云	张莉莉
张　进	张贤珍	罗士治	周益明
赵朴素	赵登山	宣　婕	夏昊云
陶建清	缪震元		

序

　　教材建设是高等学校教学改革的重要内容,也是衡量教学质量提高的关键指标。高校化学化工基础理论课教材在近几年教学改革中取得了丰硕成果,编写了不少有特色的教材或讲义,但就其内容而言基本上大同小异,在编写形式和介绍方法以及内容的取舍等方面不尽相同,充分体现了各校化学基础理论课的改革特色,但大多数限于本校自己使用,面不广、量不大。由于各校化学基础课教师相互交流、相互讨论、相互学习、相互取长补短的机会少,各校教材建设的特色得不到有效推广,不能实施优质资源共享;又由于近几年教学经验丰富的老师纷纷退休,年轻教师走上教学第一线,特别是江苏高校广大教师迫切希望联合编写有特色的化学化工理论课教材,同时希望在编写教材的过程中,实现教师之间相互教学探讨,既能实现优质资源共享,又能加快对年轻教师的培养。

　　为此,由南京大学化学化工学院姚天扬、孙尔康两位教授牵头,以地方院校为主,自愿参加为原则,组织了南京大学、南京理工大学、苏州大学、南京师范大学、南京工业大学、南京邮电大学、南通大学、苏州科技学院、南京晓庄师院、淮阴师范学院、盐城工学院、盐城师范学院、常熟理工学院、淮海工学院、淮阴工学院、江苏第二师范学院、南京大学金陵学院、南理工泰州科技学院等18所江苏省高等院校,同时吸收了解放军第二军医大学、湖北工业大学、华东交通大学、湖南文理学院、衡阳师范学院、九江学院等6所省外院校,共计24所高等学校的化学专业、应用化学专业、化工专业基础理论课一线主讲教师,共同联合编写"高等院校化学化工教学改革规划教材"一套,该系列教材包括《无机化学(上、下册)》、《无机化学简明教程》、《有机化学(上、下册)》、《有机化学简明教程》、《分析化学》、《物理化学(上、下册)》、《物理化学简明教程》、《化工原理(上、下册)》、《化工原理简明教程》、《仪器分析》、《无机及分析化学》、《大学化学(上、下册)》、

《普通化学》、《高分子导论》、《化学与社会》、《化学教学论》、《生物化学简明教程》、《化工导论》等 18 部。

该系列教材适合于不同层次院校的化学基础理论课教学任务需求,同时适应不同教学体系改革的需求。

该系列教材体现如下几个特点:

1. 系统介绍各门基础理论课的知识点,突出重点,突出应用,删除陈旧内容,增加学科前沿内容。

2. 该系列教材将基础理论、学科前沿、学科应用有机融合,体现教材的时代性、先进性、应用性和前瞻性。

3. 教材中充分吸取各校改革特色,实现教材优质资源共享。

4. 每门教材都引入近几年相关的文献资料,特别是有关应用方面的文献资料,便于学有余力的学生自主学习。

该系列教材的编写得到了江苏省教育厅高教处、江苏省高等教育学会、相关高校化学化工系以及南京大学出版社的大力支持和帮助,在此表示感谢!

该系列教材已被评为"十二五"江苏省高等学校重点教材。

该系列教材是由高校联合编写的分层次、多元化的化学基础理论课教材,是我们工作的一项尝试。尽管经过多次讨论,在编写形式、编写大纲、内容的取舍等方面提出了统一的要求,但参编教师众多,水平不一,在教材中难免会出现一些疏漏或错误,敬请读者和专家提出批评和指正,以便我们今后修改和订正。

编委会
2014 年 5 月于南京

前　言

　　"化工原理"课程作为大化类包括化学工程与工艺、应用化学、生物工程、制药工程、环境科学与工程、环境工程、环境科学、食品科学与工程、高分子材料与工程、过程装备与控制工程、安全工程、测控技术与仪器等专业的学科基础课,它综合运用数学、物理、化学等基础知识,分析和解决化工类型生产中各种物理过程(或单元操作)问题,在本科生从基础课程学习到专业课程学习过程中起着承上启下的作用。该课程的教学水平对化工类及相近专业学生的业务素质和工程能力的培养起着至关重要的作用。目前,除化学工程与工艺专业以外,其他化工类专业的化工原理课程课时普遍偏少,为了适应少学时化工原理课程教学的需要,我们编写了这本《化工原理简明教程》教材。

　　全书共七章,内容包括绪论、流体流动与输送机械、非均相混合物的分离、传热、气体吸收、蒸馏、其他分离技术和固体干燥。每章均附有例题、习题、思考题。此外,本教材注意从典型实例的剖析中提炼若干重要的工程观点,以期提高读者处理实际工程问题的能力。

　　本书可作为高等学校少学时(70～100 学时)化工原理课程的教材,也可作为相关专业的高等职业学校以及科研、设计和生产部门的科技人员的参考书。

　　本书由赵宜江、李琳主编,参加各章编写工作的有淮阴师范学院赵宜江、周守勇(绪论)、江苏大学沈玉堂、杨冬娅(第1章　流体流动与输送机械)、南京晓庄学院朱媛(第2章　非均相混合物的分离)、淮阴师范学院李梅生(第3章　传热)、常熟理工学院王百军、石建东(第4章　气体吸收)、湖南文理学院李琳(第5章　蒸馏)、淮阴师范学院吴飞跃、朱安峰(第6章　其他分离技术)、南京理工大学泰州科技学院顾焰波、张勤(第7章　固体干燥)、中国石化集团淮安清江石化有限责任公司嵇岳明、姜航(工程案例)。

　　本书承蒙南京理工大学钟秦教授主审,对书稿提出许多宝贵意见,在此致以诚挚的感谢。

　　由于编者水平所限,书中难免出现不足之处,敬请读者批评指正。

目 录

绪 论

§0.1 化工过程与单元操作

0.1.1 化工过程

在化学工业中,将自然界的各种物质经过物理和化学方法处理制造成生产资料(如燃料油、乙烯、合成橡胶、化肥、农药等)和生活资料(如合成纤维、医药和化妆品等)等有用产品的过程称为化工生产过程,简称化工过程。化工产品千差万别,生产工艺也多种多样,但是任一化工生产过程都可概括为原料预处理、化学反应和产物的分离三部分。依据化学反应要求对原料进行预处理,此多为物理过程。例如,固体原料破碎、磨细和筛分;原料提纯,除去有害杂质。化学反应中存在反应不完全及某些反应物的过量,副反应的存在,生产过程的反应产物实际为副产品和产品的混合物等情况,要得到符合规格的产品,需要对产物进行分离和精制。这一步主要也是物理过程,如蒸馏、吸收、萃取、结晶等。化工生产中,原料预处理和产物分离为化工过程的辅助部分,都是化工生产所不可缺少的。即使在一个现代化的大型工厂中,反应器的数目并不多,绝大多数的设备中也都是进行着各种前、后处理操作。前、后处理工序占有着企业的大部分设备投资和操作费用。因此目前已不是单纯由反应过程的优化条件来决定必要的前后处理过程,而必须总体确定全系统的优化条件。由此可见,前、后处理过程在化工生产中的重要地位。当然,化学反应过程是整个化工生产过程的核心,起着主导作用,它决定着原料预处理的程度和产物分离的任务,影响其他两部分的设备投资和操作费用。

0.1.2 单元操作

化工生产由物理过程和化学过程两类过程构成。物理过程按其操作目的分为物料的增(减)压、输送、混合与分散、加热与冷却,以及非均相和均相混合分离等几种。考虑到被加工物料的不同相态、过程原理和采用方法的差异,还可将物理过程进一步细分为一系列的遵循不同物理定律,具有某种功用的基本操作过程,称之为单元操作,如表0-1所示。

表 0-1　常用单元操作

类别	单元操作	目的	原理	传递过程
流体动力过程	流体输送 沉降 过滤 搅拌	液体、气体的输送 非均相混合物分离 非均相混合物分离 混合或分散	输入机械能 密度差异引起的相对运动 介质对不同尺寸颗粒的截留 输入机械能	动量传递
传热过程	换热 蒸发	加热、冷却或变相态 溶剂与不挥发溶质分离	利用温度差交换热量 供热汽化溶剂并将其及时移除	热量传递
传质过程	蒸馏 气体吸收 萃取 浸取 吸附 离子交换 膜分离	液体均相混合物分离 气体均相混合物分离 液态均相混合物分离 用溶剂从固体中提取物料 流体均相混合物分离 从液体中提取某些离子 流体均相混合物分离	各组分挥发度的差异 各组分在溶剂中溶解度不同 各组分在萃取剂中溶解度不同 固体中组分在溶剂中溶解度不同 固体吸附剂对组分吸附力不同 离子交换剂的交换离子 固体或液体膜的截留	质量传递
热质传递过程	干燥 增、减湿 结晶	固体物料去湿 调节控制气体中水汽含量 从溶液中析出溶质结晶	供热汽化液体并将其及时移除 气体与不同温度的水接触 利用物质溶解度的差异	热质同时传递

　　每一种单元操作都概括了化工生产过程中一类具有共性的操作,如硫酸中 SO_2 炉气杂质湿法净化、SO_3 的吸收、合成氨中半水煤气的湿法脱硫及水洗脱 CO_2 等,都是分离气体混合物的单元操作,共同遵循吸收的原理,使用同类型的设备。

　　化工生产过程是由若干个单元操作和化学反应过程构成的一个整体。单元操作中所涉及的原理虽然各异,但是它们所遵循的物理规律,从本质上可归纳为动量传递、热量传递和质量传递三种传递过程。传递过程是联系单元操作的一条线索,成为化工学科研究的主要对象之一。三种传递过程和反应工程,即所谓的"三传一反"构成了贯穿于化学工程学科研究的一条主线。

§0.2　化工原理课程的内容和教学要求

　　化工原理是研究除化学反应以外的诸物理操作步骤原理和所用设备的课程。化工原理是化工类、轻工、医药类专业学生的技术基础课,是一门应用性学科。其主要内容是研究各化工单元操作的基本原理、典型设备的构造及工艺尺寸的计算或造型,并能用以分析和解决工程技术中的一般问题。计算包括设计型计算和操作型计算两种。设计型计算是指对给定的任务计算出设备的工艺尺寸;操作型计算是指对已有的设备进行查定计算。

　　本课程教学将化工单元操作按过程共性归类,以"三传"为主线开展教学。即以动量传递为基础,阐述流体流动及输送、非均相系的分离;以热量传递为基础,阐述传热操作;以质量传递的原理说明吸收、蒸馏等传质单元操作;最后阐述热量、质量同时传递的特点并介绍干燥操作。

学生通过本课程的学习,应掌握化工生产所涉及的主要单元操作的基本概念、典型设备构造、操作原理、计算、选型及实验研究方法等知识。本课程教学旨在培养学生运用基础理论分析和解决化工单元操作中各种工程实际问题的能力,并为后续专业课程的学习和将来工作打下必要的基础。教学中以流体流动、传热和传质等相关的单元操作基础理论为重点。

§0.3　化工原理的研究基础和方法

0.3.1　化工过程计算的理论基础

在进行化学工程研究、化工过程开发及设备的设计、操作时,经常涉及物料衡算、能量衡算、平衡关系和过程速率等基本概念。

1. 物料衡算

物料衡算基于物质守恒定律,是对任一化工生产过程的进入物料量、排出物料量和累积物料量进行衡算,其衡算式为

$$输入物料量 - 输出物料量 = 累积物料量$$

对于连续操作过程,若各物理量不随时间改变,即处于稳定操作状态,过程中无物料的积累。对间歇操作过程,物料一次加入,输入物料量就是累积物料量。

物料衡算的范围依衡算的目的而定,可以是一个设备或部分,还可以是一个生产过程的全流程。

通过物料衡算可确定原料、产品、副产品中某些未知的物料量,从而了解物料消耗,寻求减少副产品和废料、提高原料利用率的途径。物料衡算是化工计算的最基本、最重要的计算,它是其他化工计算的基础。

2. 能量衡算

能量衡算以能量守恒定律为依据。它指出进入系统的能量与排出系统能量之差等于系统内积累能量。

能量可随进、出系统的物料一起输入、输出,也可以分别加入与引出。

热量衡算以物料衡算为基础,它可确定有热传递设备的热负荷,进而确定传热面积以及加热和冷却载体的消耗量;还可以考察过程能量损耗情况,寻求节能和综合利用热量的途径。

3. 平衡关系

平衡是在一定条件下物系变化可能达到的极限。不论传热、传质还是反应过程,在经过足够的时间后,最终均能达到平衡状态。例如,热量从热物体传向冷物体,过程的极限是两物体的温度相等。

4. 过程速率

物系所处状态与平衡状态的偏离是造成这种过程进行的推动力,其大小决定着过程的速率。推动力越大,过程速率越大;物系越接近于平衡态,推动力和过程速率越小;当达到平衡,过程速率变为零。自然界任何过程的速率都可表示为

$$过程速率=过程推动力/过程阻力$$

推动力和阻力的性质决定于过程的内容。传热过程推动力是温度差,阻力为热阻;传质过程推动力是浓度差,阻力则为扩散阻力。阻力的具体形式与过程中物料特性和操作条件有关。

0.3.2 化工原理课程的研究方法

化工原理是一门实践性很强的工程学科,在化学工程学的历史发展中形成了两种基本的研究方法。一种是经验归纳法,即对一些化工过程通过大量实验归纳影响过程的变量之间的关系,常借助于物理学的相似论和因次分析法的指导。例如,热交换过程中的传热系数,不是从基础理论出发来寻求各有关因素之间的数学关系,再经过数学方程的运算而求解,而是通过实验测定归纳成无因次的相似特征数的关系式予以确定的。另一种是演绎的模型法,它的研究主要借鉴数学模型法。所谓数学模型法是将复杂的研究对象合理地简化为某个模型,该简化模型与原过程近似等效。然后,对该简化模型进行数学描述,即将过程中各变量间关系用数学语言表达,所得到的数学关系式便是原过程的一个近似等效的数学模型,然后通过求解或进行数值运算来研究原过程的特性。数学模型方法的核心是对复杂对象的简化,实质是使复杂的工程问题简化或分解为一个或若干个单纯的问题。

数学模型方法应用于解决化工生产过程的实际问题,推动了化学反应工程的迅速发展,使化学工程学摆脱了单纯从实验数据归纳过程规律的传统做法,例如,过滤,亦可使用数学模型法,将滤饼中的不规则网状通道简化成若干个平行的圆形细管,由此引入的一些修正系数则由实验测定,从而建立起过滤过程的数学模型。

§0.4 单位制与单位换算

0.4.1 国际单位制与法定计量单位

由于科学技术的迅速发展和国际学术交流的日益频繁,以及理科与工科的关系进一步密

切，国际计量会议制定了一种国际上统一的单位制，即国际单位制，其国际代号为 SI。国际单位制中的单位是由基本单位、辅助单位和具有专门名称的导出单位构成的，分别列于表 0-2、表 0-3 及表 0-4 中；国际单位制中用于构成十进倍数和分数单位的词头，列于表 0-5 中。

表 0-2　国际单位制的基本单位

量的名称	单位名称	单位符号
长度	米	m
质量	千克	kg
时间	秒	s
电流	安培	A
热力学温度	开尔文	K
物质的量	摩尔	mol
发光强度	坎德拉	cd

表 0-3　国际单位制的辅助单位

量的名称	单位名称	单位符号
平面角	弧度	rad
立体角	球面角	sr

表 0-4　国际单位制中具有专门名称的导出单位

量的名称	单位名称	单位符号	其他表示式示例
频率	赫兹	Hz	s^{-1}
力；重力	牛顿	N	$kg \cdot m/s^2$
压力（压强），应力	帕斯卡	Pa	N/m^2
能量，功，热	焦耳	J	$N \cdot m$
功率	瓦特	W	J/s
摄氏温度	摄氏度	℃	*

表 0-5　用于构成十进倍数和分数单位的词头

所表示的因数	词头名称	词头符号	所表示的因数	词头名称	词头符号
10^6	兆	M	10^{-1}	分	d
10^3	千	k	10^{-2}	厘	c
10^2	百	h	10^{-3}	毫	m
10^1	十	da	10^{-4}	微	μ

0.4.2 因次(量纲)

法定计量单位中,基本量的长度、质量、时间、温度可分别用符号 L、M、T、θ 表示,则导出量可由这些基本量的符号组合而成。例如,速度可用$[LT^{-1}]$、加速度用$[LT^{-2}]$、力用$[MLT^{-2}]$表示。若某物理量以$[M^a L^b T^c]$表示,则称它为该物理量的因次或量纲(严格地说,指数 a、b、c 称为因次,$[M^a L^b T^c]$ 称为该物理量的因次式或量纲式)。它表示该物理量的单位与基本量的单位之间的关系。当 $a=b=c=0$ 时,$[M^0 L^0 T^0]=[1]$,称为无因次。例如,液体的相对密度为该液体的密度与 4 ℃时纯水的密度之比值,其因次为$[ML^{-3}/ML^{-3}]=[M^0 L^0]=[1]$,为无因次。

0.4.3 单位换算

同一物理量若用不同单位度量时,其数值需相应地改变。这种换算称为单位换算。法定计量单位刚实行不久,由过去的 CGS 和工程单位制过渡到全部使用法定单位还需要一段时间。因此,必须掌握这些单位间的换算关系。单位换算时,需要换算因数。化工中常用单位的换算因数,可从本教材附录中查得。要特别注意工程单位制中的"力"的单位 kgf 与国际单位制中"力"的单位 N 之间的换算关系。

第1章 流体流动与输送机械

一、学习目的

通过本章学习,掌握管内流体流动过程的基本原理与管路计算方法,掌握常用流体输送机械的基本结构与工作特性,能够根据生产工艺要求合理地选择流体输送设备。

二、学习要点

重点掌握流体静力学方程的应用、机械能衡算方程的应用、管路阻力损失的计算方法、简单管路计算、离心泵的基本结构与工作原理、离心泵特性曲线与工作点、离心泵安装高度及选型。

一般了解流量测量仪表、其他类型化工用泵和气体输送机械。

液体、气体统称为流体。流体的特征是具有流动性,即抗剪切和抗拉伸的能力很小,无固定形状,随容器的形状而变化,在外力作用下其内部发生相对运动。

化工生产过程中所处理的物料大多是流体,涉及的过程绝大部分是在流动条件下进行的。流体流动的规律是化工原理的重要理论基础。在化工生产中,涉及流体流动的基本原理及流动规律的主要有以下三个方面:

(1)流体的输送 各种流体的输送需要进行管路设计、输送机械的选择以及功率计算,这些都要应用流体流动规律的数学表达式进行计算。

(2)压强、流速和流量的测量 化工生产过程中通常采用自动控制系统,需要对管路或设备中的压强、流速及流量等一系列参数进行测定,这些参数的测量方法也和流体力学的基本原理密切相关。

(3)流体流动对传热、传质以及化学反应过程的影响 化工生产的传热、传质以及反应过程通常是在流体流动的情况下进行的,设备的操作效率与流体流动状况有着密切联系。因此研究流体流动规律对设备的优化设计具有重要意义。

§1.1 流体的重要性质

1.1.1 连续性假设

在物理化学中(气体动力学理论)考察单个分子的微观运动,认为流体是由大量的彼此间有一定间隙的单个分子所组成,分子的运动是随机的、不规则的混乱运动,流体是不连续的介质,所需处理的运动是一种随机的运动,问题的研究将是非常复杂的。

在化工原理中考察流体质点的宏观运动,认为流体质点是由大量分子组成的流体微团,其尺寸远小于设备尺寸,但比起分子自由路程却要大得多。这样,可以假定流体是由大量质点组成、彼此间没有间隙、完全充满所占空间的连续介质。流体的物性及运动参数在空间作连续分布,从而可以使用连续函数的数学工具加以描述。

在绝大多数情况下,流体的连续性假设是成立的,但对于高真空稀薄气体的情况连续性假定不成立。

1.1.2　流体的密度

单位体积流体的质量称为流体的密度,即

$$\rho = \frac{m}{V} \tag{1-1}$$

式中:ρ 为流体的密度,kg/m^3;m 为流体的质量,kg;V 为流体的体积,m^3。

液体的密度基本不随压力变化(极高压力除外),而其密度随温度略有变化,常用液体的密度参见本书附录,查阅时一定要注意其所指的温度。

气体的密度随压力、温度改变,当压力不太高时,气体的密度可近似地按理想气体状态方程计算,即

$$\rho = \frac{m}{V} = \frac{pM}{RT} \tag{1-2}$$

式中:p 为气体的压力(绝对压力),kPa;M 为气体的摩尔质量,$kg/kmol$;T 为气体的热力学温度,K;R 为摩尔气体常数,$8.314 \ kJ/(kmol \cdot K)$。

高压气体的密度可用实际气体的状态方程进行计算。

生产中遇到的流体密度常常不是单一组分,而是由若干组分所构成的混合物。混合物的密度可以通过纯物质的密度进行计算。

对于液体混合物,可按下式近似计算密度 ρ_m:

$$\frac{1}{\rho_m} = \sum_{i=1}^{n} \frac{\omega_i}{\rho_i} \tag{1-3}$$

式中:ρ_i 为混合液中组分 i 的密度,kg/m^3;ω_i 为混合液中组分 i 的质量分数。

对于气体混合物,可按下式近似计算密度:

$$\rho_m = \sum_{i=1}^{n} (\rho_i y_i) \tag{1-4}$$

式中:y_i 为混合气中组分 i 的摩尔分数。

1.1.3　流体的压缩性

在外力作用下,流体的体积将发生变化。当作用在流体上的外力增加时,流体的体积将减小,这种特性称为流体的压缩性。

流体的压缩性通常用体积压缩系数 β 来表示。其意义为在一定温度下,外力每增加一个单位时,流体体积的相对缩小量

$$\beta=-\frac{1}{v}\frac{\mathrm{d}v}{\mathrm{d}p}\tag{1-5}$$

式中:v 为单位质量流体的体积,即流体的比容($\mathrm{m^3/kg}$),负号表示压力增加时,体积减小。

此外,还可推导出

$$\beta=\frac{1}{\rho}\frac{\mathrm{d}\rho}{\mathrm{d}p}\tag{1-6}$$

由上可知,β 值越大,流体越易被压缩。通常液体的压缩系数都很小,某些液体的 β 值接近于零,因而可忽略其压缩性。通常称 $\beta\neq0$ 的流体为可压缩流体,压缩性可忽略;$\beta\approx0$ 的流体称为不可压缩流体。

由式(1-6)可知,对于不可压缩流体,$\mathrm{d}\rho/\mathrm{d}p=0$,即流体的密度不随外力改变,也即密度为常数的流体为不可压缩流体。

由于气体的密度随压力和温度变化较大,气体在一般情况下是可压缩流体;大多数液体的密度随压力变化不大,可视为不可压缩流体。

需要说明的是,实际流体都是可压缩的,压缩性是流体的基本属性。不可压缩流体仅仅是为了处理密度变化较小的流体问题所作的简化假定而已。在实际工程中,是否要考虑流体的压缩性需视具体情况而定。例如,一般情况下水的密度变化不大,可按不可压缩流体处理,但在研究水流冲击和水下爆炸时,水的压强变化较大,而且变化过程很快,这时水的密度变化就不可忽略,要考虑水的压缩性,把水当作可压缩流体来处理。

1.1.4　流体的黏性

1. 牛顿黏性定律

流体在静止时只能承受法向力,不能承受切向力,不管切向力多小,只要持续施加,都能使流体发生任意大的变形(即流动),这称为流体的易流动性。

流体在运动时,速度不同的相邻流体层之间均存在着相互作用力,这种相互作用力称为剪切力。流体所具有的这种性质称为流体的黏性,黏性是流体的固有属性之一,不论流体处于静止还是流动状态,都具有黏性。

设有间距甚小的两平行平板,其间充满流体(图1-1)。下板固定,上板施加以平行于平板的切向力 F,使平板以速度 u 做匀速运动。紧贴于运动板上方的流体层以同一速度 u

流动,而紧贴于固定板上方的流体层则静止不动。
两板间各层流体的速度不同,其大小如图 1-1 中箭
头所示。单位面积的切向力 F/A 即为流体的剪应
力 τ。实验证明:对于大多数流体,剪应力 τ 服从下
列牛顿黏性定律:

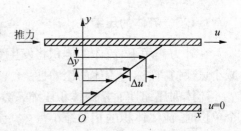

图 1-1 剪应力与速度梯度

$$\tau = \frac{F}{A} = \mu \frac{\mathrm{d}u}{\mathrm{d}y} \qquad (1-7)$$

式中:μ 为流体的黏度,Pa·s(N·s/m²);$\dfrac{\mathrm{d}u}{\mathrm{d}y}$ 为法向
速度梯度,1/s。

凡是遵循式(1-7)的流体称为牛顿流体,否则则称为非牛顿流体。所有气体和大多数
低分子量液体均属于牛顿流体,如水、空气等;某些高分子溶液、悬浮液、泥浆、血液等则属于
非牛顿流体。

2. 流体的黏度

流体的黏度是影响流体流动的一个重要的物理性质,许多流体的黏度可以从本书附录
查得。气体的黏度随温度的升高而增大,液体的黏度随温度升高而减小。压力对黏度的影
响较小。

在 SI 单位制中,黏度的单位是 Pa·s;在 CGS 单位制中,黏度的单位为泊(P)或厘泊
(cP),其相互关系为

$$1 \text{ 厘泊(cP)} = 0.01 \text{ 泊(P)} = 10^{-3} \text{ Pa·s}$$

流体的黏性也可用黏度与密度的比值来表示:

$$v = \frac{\mu}{\rho} \qquad (1-8)$$

式中,v 称为运动黏度。在 SI 单位制中,v 的单位 m²/s,在 CGS 单位制中,v 的单位为斯
(cm²/s,St)或厘斯(cSt)。为示区别,黏度 μ 又称为动力黏度。

3. 理想流体与黏性流体

自然界中存在的所有流体都具有黏性,具有黏性的流体统称为黏性流体或实际流体。
完全没有黏性($\mu=0$)的流体称为理想流体。自然界中并不存在真正的理想流体,它只是为
了便于简化处理某些流动问题所做的假设而已。

1.1.5 流体的受力

流动中的流体受到的作用力可分为体积力和表面力两种。

(1)体积力 体积力作用于流体的每个质点上,并与流体的质量成正比,所以也称质量
力。对于均质流体的体积力也与流体的体积成正比。流体在重力场中运动时受到的重力,
在离心力场运动时收到的离心力都是典型的体积力。

（2）表面力 表面力与流体的表面积成正比。若取流体中任一微小的平面，作用于其上的表面力可分为垂直于表面的力和平行于表面的力。前者称为压力，后者称为剪切力。

单位面积上所受的压力称为压强 p，习惯上也称为压力，其 SI 单位为 N/m^2 或 Pa（帕）。工程上有时还沿用其他的压力单位，如 atm（标准大气压）、kgf/cm^2（工程大气压）、bar（巴），还可以用某液柱高度表示。一些常用压力单位换算关系如下：

1 MPa（兆帕）＝10^3 kPa（千帕）＝10^6 Pa（帕）

1 kgf/cm^2（工程大气压）＝$9.807×10^4$ Pa（帕）

1 atm（物理大气压）＝$1.0133×10^5$ Pa（帕）

1 bar（巴）＝10^5 Pa（帕）

1 mH_2O（水柱）＝$9.807×10^3$ Pa（帕）

1 mmHg（汞柱）＝133.32 Pa（帕）

压力常用两种不同的基准来表示。以绝对真空为基准表示的压力称为绝对压力，它是流体受到的实际压力；以大气压力为基准表示的压力称为表压力，它是压力表上直接读取的数值。按压力表的测定原理，表压力是绝对压力与大气压力之差，即

$$表压力 ＝ 绝对压力 － 大气压力$$

当被测压力低于大气压力时，用真空表测量的数值称为真空度，它表示所测压力的实际值比大气压力低多少，即

$$真空度 ＝ 大气压力 － 绝对压力$$

显然，真空度越高，其绝对压力越低。真空度是表压力的负值。

§1.2 流体静力学

1.2.1 静力学方程

在静止流体中，作用于某点不同方向上的压强在数值上是相等的，即某点的压强只要说明它的数值即可。当然，流体内部空间各点的静压强数值不同。

设流体不可压缩，即密度 ρ 与压力无关，则有

$$\frac{p}{\rho} + gz = 常数 \tag{1-9}$$

在静止流体中任意取两点 1 和 2，如图 1-2 所示，高度分别为 z_1 和 z_2，两点间的垂直距离为 h，设两点的压力分别为 p_1 和 p_2，则有

$$\frac{p_1}{\rho} + gz_1 = \frac{p_2}{\rho} + gz_2 \tag{1-10}$$

或

$$p_2 = p_1 + \rho g(z_1 - z_2) = p_1 + \rho g h \qquad (1-11)$$

式(1-9)至式(1-11)均为不可压缩流体的静力学方程式。必须指出,以上三式仅适用于在重力场中静止的不可压缩流体。上列各式表明,静压强仅与垂直位置有关,而与水平位置无关。因此,在静止而连续的同一液体内部,处于同一水平面上各点的静压力都相等。

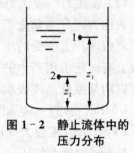

图 1-2 静止流体中的压力分布

1.2.2 压强能和位能

由式(1-10)可知,gz 项实质上是单位质量流体所具有的位能,其单位为 J/kg。这样 $\frac{p}{\rho}$ 项相应地是单位质量流体所具有的压强能,单位也是 J/kg。式(1-9)表明,静止流体存在两种形式的势能(位能和压强能),在同一种静止流体中处于不同位置的微元其位能和压强能各不相同,但其和即总势能保持不变。

1.2.3 流体静力学方程式的应用

流体静力学原理的应用很广泛,它是连通器和液柱压差计工作原理的基础,还用于容器内液柱的测量,液封装置,不互溶液体的重力分离(倾析器)等。下面介绍它在测量液体的压力和确定液封高度等方面的应用。

1. 压力测量

(1) U 形管压差计

U 形管压差计的结构如图 1-3(a)所示,它是一根内装指示液的 U 形玻璃管。指示液不能与被测液体发生化学反应且不互溶,且密度大于被测液体的密度。

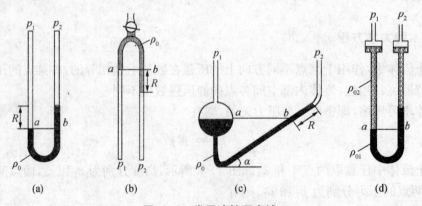

图 1-3 常见液柱压力计

由流体静力学原理可知,U 型管内位于同一水平面上的 a、b 两点在相连通的同一静止

流体内,两点处静压强相等。因此,作用于 U 形管两端的压力差为

$$p_1 - p_2 = R(\rho_0 - \rho)g \qquad (1-12)$$

式中:ρ 为工作介质密度;ρ_0 为指示剂密度;R 为 U 形压差计指示高度,m;$p_1 - p_2$ 为侧端压差,Pa。

若被测流体为气体,其密度较指示液密度小得多,上式可简化为

$$p_1 - p_2 = R\rho_0 g \qquad (1-13)$$

图 1-3(b) 为倒 U 形管压差计,它是利用被测液体本身作为指示液的。压力差 $p_1 - p_2$ 可根据液柱高度差 R 进行计算。

【例题 1-1】 如图 1-4 所示,密闭水槽上安装一复式 U 形管压差计,工作介质为水银,截面 2、4 间充满水。已知地面为基准面,图中各点的标高为 $z_0 = 2.5$ m,$z_2 = 1.0$ m,$z_4 = 2.0$ m,$z_6 = 0.8$ m,$z_7 = 3.2$ m。求水槽内液面上方的蒸汽压强。

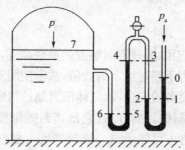

图 1-4 例题 1-1 附图

解: 根据流体静力学原理,连续、静止液体内的同一水平面上各点静压强相等,故有

$$p_1 = p_2, p_3 = p_4, p_5 = p_6$$

对水平面 1-2 而言, $\quad p_1 = p_2 = p_a + \rho_i g(z_0 - z_1)$

对水平面 3-4 而言, $\quad p_3 = p_4 = p_2 - \rho g(z_4 - z_2)$

对水平面 5-6 而言, $\quad p_5 = p_6 = p_4 + \rho_i g(z_4 - z_6)$

水槽内液面上方的蒸汽压强 $\quad p = p_6 - \rho g(z_7 - z_6)$

即 $\quad p = p_a + \rho_i g(z_0 - z_1) + \rho_i g(z_4 - z_5) - \rho g(z_4 - z_2) - \rho g(z_7 - z_6)$

则蒸汽的表压为

$$\begin{aligned}
p - p_a &= \rho_i g(z_0 - z_1 + z_4 - z_5) - \rho g(z_4 - z_2 + z_7 - z_6) \\
&= 13600 \times 9.81 \times (2.5 - 1.0 + 2.0 - 0.8) - 1000 \times 9.81 \times (2.0 - \\
&\quad 1.0 + 3.2 - 0.8) \\
&= 3.27 \times 10^5 \text{(Pa)} = 327 \text{(kPa)}
\end{aligned}$$

（2）斜管压差计

当被测的流体压力或压差不大时,U 形压差计的读数 R 必然很小,为了得到精确的读数,可采用图 1-3(c) 所示的斜管压差计。此时,作用于斜管压差计两端的压力差为

$$p_1 - p_2 = R\sin\alpha(\rho_0 - \rho)g \tag{1-14}$$

式中,α 为倾斜角。在相同的压差下,α 值越小,R 的读数越大。

（3）微差压差计

若斜管压差计所示的读数仍然很小,则可采用图 1-3(d)所示的微差压差计。在 U 形管压差计内装有密度分别为 ρ_{01} 和 ρ_{02} 的两种指示剂,差压计两侧臂的上端装有扩张室,其直径与 U 形管直径之比大于 10。当测压管中两指示剂分配位置改变时,扩展容器内指示剂可维持在同一水平面上。

有微压差Δp 存在时,尽管两扩大室液面高差很小以至于可以忽略不计,但 U 形管内却可得到一个较大的 R 读数。按静力学方程可推出

$$p_1 - p_2 = R(\rho_{01} - \rho_{02})g \tag{1-15}$$

对一定的压差Δp,R 值的大小与所用的指示剂密度有关,密度差越小,R 值就越大,读数精度也越高。

2. 确定液封高度

液封在化工生产中被广泛应用,通过液封装置的液柱高度,控制器内压力不变或者防止气体泄漏。为了控制器内气体压力不超过给定的数值,常常使用安全液封装置(或称水封装置),如图 1-5 所示,其目的是确保设备的安全,若气体压力超过给定值,气体则从液封装置排出。

液封还可达到防止气体泄漏的目的,而且它的密封效果极佳,甚至比阀门还要严密。例如煤气柜通常用水来封住,以防止煤气泄漏。液封高度可根据静力学基本方程式进行计算。设器内压力为 p(表压),水的密度为 ρ,则所需的液封高度 h 应为

$$h = \frac{p}{\rho g} \tag{1-16}$$

为了保证安全,在实际安装时管子插入液面下的深度应比计算值略小些,使超压力及时排放;对于后者应比计算值略大些,严格保证气体不泄漏。

【例题 1-2】 如图 1-5 所示,某厂为了控制乙炔发生炉 a 内的压强不超过 20.0 kPa(表压),需在炉外装有安全液封装置,液封的作用是当炉内压力超过规定值时,气体便从液封管 b 中排出。试求此炉的安全液封管应插入槽内水面下的深度 h。

解:先按炉内允许的最高压强计算液封管插入槽内水面下的深度。

根据式(1-16)可得,所需的液封高度 h 应为

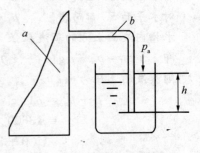

图 1-5 例题 1-2 附图

$$h = \frac{p}{\rho g} = \frac{20 \times 10^3}{1000 \times 9.81} = 2.04(\text{m})$$

为了安全起见,实际安装时管子插入水面下的深度应略小于 2.04 m。

§1.3 管内流体流动

化工生产中的流体大多是沿密闭管路的管路流动,了解管内流体流动规律十分重要。因此,本节以管流为研究对象,讨论流体的质量守恒和能量守恒,从而得到流速、压强等运动参数在流动过程中的变化规律。

1.3.1 流量与流速

1. 流量

(1) 体积流量

单位时间内流过管道某一截面的体积称为体积流量,以 q_V 表示,单位为 m³/s 或 m³/h,由于气体的体积与其状态有关,因此对气体的体积流量,须说明它的温度和压强。

(2) 质量流量

单位时间内流过管道某一截面的质量称为质量流量,以 q_m 表示,单位为 kg/s 或 kg/h。q_V 与 q_m 的关系为

$$q_m = q_V \rho \tag{1-17}$$

式中:ρ 为流体的密度,kg/m³。

2. 流速

(1) 平均流速

单位时间内流体在流动方向上所流过的距离称为流速。实验表明,流体在管路内流动时,由于流体具有黏性,流体在管截面上的速度分布规律较为复杂。在工程上为计算方便起见,通常用体积流量除以管路截面积所得的值来表示流体在管路中的速度。这种速度称为平均流速,简称速度,以 u 表示,单位为 m/s。流量与流速关系为

$$u = \frac{q_V}{A} \tag{1-18}$$

$$q_m = q_V \rho = \rho A u \tag{1-19}$$

式中:A 为垂直于流动方向的管路截面积,m²。

(2) 质量流速

单位时间内流体流过管道单位截面积的流体质量称为质量流速,以 G 表示,其单位为 kg/(m²·s)。它与流速及流量的关系为

$$G = \frac{q_m}{A} = u\rho \tag{1-20}$$

由于气体的体积流量随温度、压力而变,所以气体流速亦随温度、压力而变,因此,对于

气体在管内流动的有关计算,采用不随状态变化的质量流速较为方便。

(3)管路直径估算

若以 d 表示管内径,则式(1-20)可写成

$$u = \frac{q_V}{\frac{\pi}{4}d^2} = \frac{q_V}{0.785d^2}$$

于是

$$d = \sqrt{\frac{q_V}{0.785u}} \qquad (1-21)$$

流量的大小一般由生产任务所决定,而合理的流速则应该根据经济性权衡决定。表1-1列出了一些流体在管道中流动时常用的流速范围。

表 1-1　某些流体在管道中的常用流速范围

流体及其流动类别	流速范围/(m/s)	流体及其流动类别	流速范围/(m/s)
自来水(3×10^5 Pa)	1~1.5	一般气体(常压)	10~20
水及低黏度液体($1\times10^5\sim1\times10^6$ Pa)	1.5~3.0	鼓风机吸入管	10~20
高黏度液体	0.5~1.0	鼓风机排出管	15~20
工业供水(8×10^5 Pa 以下)	1.5~3.0	离心泵吸入管(水类液体)	1.5~2.0
锅炉供水(8×10^5 Pa 以下)	>3.0	离心泵排出管(水类液体)	2.5~3.0
饱和蒸汽	20~40	往复泵吸入管(水类液体)	0.75~1.0
过热蒸汽	30~50	往复泵排出管(水类液体)	1.0~2.0
蛇管、螺旋管内的冷却水	<1.0	液体自流速度(冷凝水等)	0.5
低压空气	12~15	真空操作下气体流速	<50
高压空气	15~25		

【例题 1-3】　某小区要求安装一根流量为 45 m³/h 的自来水管路,试选择合适的管径。

解:选取水在管内的流速为 $u=1.3$ m/s,代入式(1-21)可得

$$d = \sqrt{\frac{q_V}{0.785u}} = \sqrt{\frac{45/3600}{0.785\times1.3}} = 0.111(\text{m})$$

查附录中无缝钢管规格,确定选用 φ127×4 mm 热轧无缝钢管(外径 127 mm,壁厚4 mm),其内径为 119 mm。

因此,水在输送管内的实际操作流速为

$$u = \frac{45/3600}{0.785\times0.119^2} = 1.12(\text{m/s})$$

1.3.2　稳定流动与不稳定流动

流体在管路流动时,若各截面上流体的有关参数(如流速、物性、压强)仅随位置变化,不随时间变化,称这种流动为稳定流动,又称定态流动。

若流动的流体中任一点上的物理参数有部分或全部随时间发生变化,这种流动称为不稳定流动,又称非定态流动。例如水从贮水槽中经小孔流出,则水的流出速度随槽内水面的高低而变化,即为不稳定流动。

化工生产的流体流动大多属于稳定流动,故本章所讨论的均为稳定流动问题。

1.3.3　质量守恒——连续性方程

设流体在如图 1-6 所示的管路中作连续稳定流动,从截面 1-1′ 流入,从截面 2-2′ 流出。若在管路两截面间无流体漏损,根据质量守恒定律,从截面 1-1′ 进入的流体质量流量 q_{m1} 应等于从截面 2-2′ 流出的流体质量流量 q_{m2},即

$$q_{m1} = q_{m2} \tag{1-22}$$

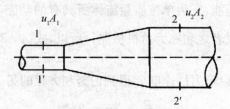

图 1-6　管流系统质量守恒

由式(1-19)可得

$$\rho_1 u_1 A_1 = \rho_2 u_2 A_2 \tag{1-23}$$

推广到该管路系统的任意截面,则有

$$\rho u A = 常数 \tag{1-24}$$

式(1-24)称为流体在管道中作稳定流动时的质量守恒方程,又称连续性方程。对不可压缩流体,$\rho=$常数,则式(1-24)简化为

$$u A = 常数 \tag{1-25}$$

由此可知,在连续稳定的不可压缩流体的流动中,流体速度与管路截面积成反比。截面积越大流速越小,反之亦然。流体在均匀直管内做稳定流动时,平均流速 u 保持恒定。

对圆形截面管道,由式(1-25)可得

$$\frac{u_2}{u_1} = \frac{A_1}{A_2} = \frac{d_1^2}{d_2^2} \tag{1-26}$$

式(1-26)说明,不可压缩流体在管路中的流速与管路内径的平方成反比。

1.3.4 机械能守恒——伯努利方程

1. 伯努利方程

对于不可压缩的理想流体,在重力场中做稳定流动,有

$$gz + \frac{p}{\rho} + \frac{u^2}{2} = 常数 \qquad (1-27)$$

式(1-27)称为伯努利(Bernoulli)方程,表示在流动的流体中存在着三种形式的机械能,即位能、压强能、动能,三者可以相互转换,但其总和保持不变。

伯努利方程也可以写成

$$gz_1 + \frac{p_1}{\rho} + \frac{u_1^2}{2} = gz_2 + \frac{p_2}{\rho} + \frac{u_2^2}{2} \qquad (1-28)$$

式中下标1、2分别代表管流中的截面1和2。

2. 伯努利方程的讨论

式(1-27)等号左边由 gz、$\frac{p}{\rho}$、$\frac{u^2}{2}$ 三项所组成,gz 为单位质量流体所具有的位能,$\frac{p}{\rho}$ 为单位质量流体所具有的静压能,$\frac{u^2}{2}$ 为单位质量流体所具有的动能,单位均为 J/kg。位能、静压能、动能均属于机械能,三者之和称为总机械能。所以,式(1-27)是单位质量流体机械能衡算式。

将式(1-27)各项均除以重力加速度 g 得到伯努利方程的另一种形式

$$z + \frac{p}{\rho g} + \frac{u^2}{2g} = 常数 \qquad (1-29)$$

式(1-29)等号左边各项的物理意义为单位重量流体所具有的机械能,单位为 J/N,即 m。故式(1-29)是单位重量流体机械能衡算式。

因式(1-29)中的 z、$\frac{p}{\rho g}$、$\frac{u^2}{2g}$ 的量纲都是长度,所以各种单位重量流体的能量都可以用流体液柱高度表示。在流体力学中常把单位重量流体的能量称为压头,z 称为位压头、$\frac{p}{\rho g}$ 称为静压头、$\frac{u^2}{2g}$ 称为动压头或速度头,而 $\left(z + \frac{p}{\rho g} + \frac{u^2}{2g}\right)$ 称为总压头。

1.3.5 实际流体管流的机械能衡算式

1. 机械能损失(压头损失)

实际流体由于有黏性,管截面上流体质点的速度分布是不均匀的。因此,管内流体的流速取管截面上的平均流速。另外,由于内摩擦作用产生流动阻力,流体从截面1流至截面2时,会使一部分机械能转化为热能,从而引起总机械能损失,又称为压头损失。因此必须在

机械能衡算式加入压头损失项,即

$$z_1 + \frac{p_1}{\rho g} + \frac{u_1^2}{2g} = z_2 + \frac{p_2}{\rho g} + \frac{u_2^2}{2g} + \sum H_f \quad (1-30)$$

式中:$\sum H_f$ 为压头损失,单位 m。

由式(1-30)方程式可知,只有当 1-1 截面处的总压头大于 2-2 截面处的总压头时,流体才能克服内摩擦阻力流至 2-2 截面。

2. 外加机械能(外加压头)

化工生产中,常常需要将流体从总压头小的地方输送至较大的地方,这一过程不能自动进行,需从外界向流体输入机械压头 H,以补偿管路两截面处的总压头之差以及流体流动时的压头损失 $\sum H_f$,此时的机械能衡算式为

$$z_1 + \frac{p_1}{\rho g} + \frac{u_1^2}{2g} + H = z_2 + \frac{p_2}{\rho g} + \frac{u_2^2}{2g} + \sum H_f \quad (1-31)$$

式中:H 为外加压头,m。

式(1-31)亦可写成如下形式:

$$z_1 g + \frac{p_1}{\rho} + \frac{u_1^2}{2} + W = z_2 g + \frac{p_2}{\rho} + \frac{u_2^2}{2} + \sum h_f \quad (1-32)$$

式中:$\sum h_f = g \sum H_f$,为单位质量流体的机械能损失,J/kg。$W = gH$,为单位质量流体的外加机械能,J/kg。

式(1-31)及(1-32)均为实际流体机械能衡算式,习惯上也称为伯努利方程。

1.3.6 机械能衡算式的应用

机械能衡算式是计算流体输送问题的基本方程式,它的应用范围很广。下面通过几个实例说明方程的应用。

【例题 1-4】 用离心泵把 20 ℃的水从贮槽送至水洗塔顶部,槽内水位维持恒定。各部分相对位置如图 1-7 所示。管路的直径均为 φ76×3 mm,排水管与喷头连接处的压强为 98.07×10³ Pa(表压),送水量为 35 m³/h。在操作条件下,水流经全部管道(不包括喷头)的能量损失为 150 J/kg。试求泵所需提供的机械能。

解:取贮槽的液面为上游截面 1-1′,并作为基准面,排水管与喷头连接处为下游 2-2′,在两截面间列机械能衡算式,即

$$z_1 g + \frac{p_1}{\rho} + \frac{u_1^2}{2} + W = z_2 g + \frac{p_2}{\rho} + \frac{u_2^2}{2} + \sum h_f$$

移项得

$$W = (z_2 - z_1)g + \frac{p_2 - p_1}{\rho} + \frac{u_2^2 - u_1^2}{2} + \sum h_f \quad (a)$$

式中，$z_1 = 0$ m，$z_2 = 14$ m，$p_1 = 0$（表压），$p_2 = 9.807 \times 10^4$ Pa（表压），$\sum h_f = 150$ J/kg。因槽内水位维持恒定，故 $u_1 = 0$。

$$u_2 = \frac{q_V}{A} = \frac{35/3600}{\frac{\pi}{4} \times 0.07^2} = 2.53 \text{(m/s)}$$

将以上各项数值代入式（a），并取水的密度 $\rho = 1000$ kg/m³，可得泵所需提供的机械能为

$$W = 14 \times 9.81 + \frac{9.807 \times 10^4}{1000} + \frac{2.53^2}{2} + 150 = 388.61 \text{(J/kg)}$$

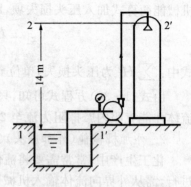

图 1-7　例题 1-4 附图

【例题 1-5】 如图 1-8 所示，水从高位槽通过直径均一的虹吸管流出，其中 $h = 4$ m，$H = 6$ m。设槽中水面保持不变，忽略流动阻力损失，试求管出口处的流速及虹吸管最高处水的压强。

解：在水槽液面 1-1′ 及虹吸管出口截面 2-2′ 间列伯努利方程，忽略液面 1-1′ 的速度 $u_1 = 0$，可得虹吸管出口流速为

$$u_2 = \sqrt{2gh} = \sqrt{2 \times 9.81 \times 4} = 8.86 \text{(m/s)}$$

为求虹吸管最高处（截面 3-3′）水的压强，在截面 3-3′ 与截面 2-2′ 间列伯努利方程得

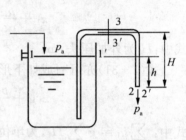

图 1-8　例题 1-5 附图

$$gH + \frac{p_3}{\rho} + \frac{u_3^2}{2} = \frac{p_a}{\rho} + \frac{u_2^2}{2}$$

因为 $u_2 = u_3$，则有

$$\begin{aligned}
p_3 &= p_a - \rho g H \\
&= 1.013 \times 10^5 - 1000 \times 9.81 \times 6 \\
&= 4.244 \times 10^4 \text{(Pa)} = 42.44 \text{(kPa)}
\end{aligned}$$

该截面的真空度为

$$p_a - p_3 = \rho g H = 1000 \times 9.81 \times 6 = 5.886 \times 10^4 \text{(Pa)} = 58.86 \text{(kPa)}$$

§1.4　流体流动的阻力

上一节曾经指出，流体流动过程中产生的机械能损失 $\sum h_f$ 是由流体的流动阻力引起的，而流体流动阻力的计算是一个非常复杂的问题，本节将着重讨论流体流动阻力求解方法。

1.4.1　流体流动的类型

1. 雷诺实验

为了研究流体流动时内部质点的运动情况及其影响因素,1883 年雷诺设计了"雷诺实验装置"。图 1-9 即为雷诺实验装置的示意图。在水箱 3 内装有溢流装置 6,以维持水位恒定。箱的底部接一段直径相同的水平玻璃管 4,管出口处有阀门 5 以调节流量。水箱上方有一个装有带颜色液体的小瓶 1,有色液体可经过细管 2 注入玻璃管内。在水流经玻璃管过程中,同时把有色液体送到玻璃管入口以后的管中心位置上。

实验观察到随流体质点运动速度的变化显示出两种基本类型,如图 1-10 所示。其中 (a)称为滞流或层流,(b)称为湍流或紊流。

层流时,玻璃管内水的质点沿着与管轴平行的方向作直线运动,不产生横向运动,从细管引到水流中心的有色液体成一条直线平稳地流过整个玻璃管。若逐渐提高水的流速,有色液体的细线出现波浪。速度再高,有色细线完全消失,与水完全混为一体,此时即为湍流。显然,湍流时,水的质点除了沿管道向前运动外,还作不规则的杂乱运动,且彼此相互碰撞与混合。质点速度的大小和方向随时间而发生变化。

影响流体质点运动情况的因素有三个方面,即流体的性质(主要为 ρ、u),设备情况(主要为 d)及操作参数(主要为流速 u)。对一定的流体和设备,可变参数即 u。

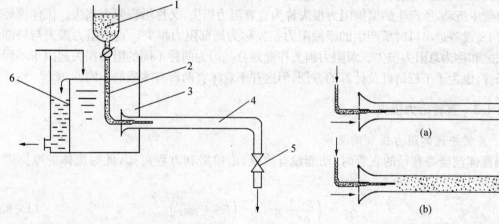

1—小瓶;2—细管;4—水平玻璃管;5—阀门;6—溢流装置

图 1-9　雷诺实验装置　　　　**图 1-10　两种流动类型**

2. 雷诺准数

凡是将几个有内在联系的物理量按无因次条件组合起来的数群,称为准数或无因次数群。准数既反映各物理量的内在联系,又能说明某一现象或过程的某些本质。如 Re 准数便可反映流体质点的湍流程度,并用作流体流动类型的判据。

雷诺综合上述诸因素整理出一个无因次数群——雷诺准数(Re):

$$Re = \frac{du\rho}{\mu}$$

Re 准数是一个无因次数群,无论采用何种单位制,只要数群中各物理量单位一致,所算出的 Re 数值必相等。

根据大量的实验得知,对于流体在直管内的流动,当 $Re \leqslant 2000$ 时,流动类型属于层流;$Re > 4000$ 时,流动类型属于湍流;而当 Re 介于 2000~4000 之间时,流动类型不稳定,可能是层流,也可能是湍流,与外界的干扰情况有关,这一范围称为过渡区。一般工程计算中,常将 $Re > 2000$ 的情况按湍流处理。

在两根不同的流动管道中,当流体流动的 Re 准数相同时,只要流体边界几何条件相似,则流体流动状态也相同,这称为流体流动的相似原理。

1.4.2 阻力损失的分类

流体的机械能损失即压头损失,是由于流体具有黏性,流动时产生内摩擦使一部分机械能转化为热能而损失掉。通常把流体的机械能损失称为摩擦阻力损失,简称为摩擦损失或阻力损失。

输送流体的管路主要由两部分组成:一种是直管,另一种是管件、阀门及流体输送机械等。管径、管长以及管件、阀门种类的不同,会使流体的摩擦阻力损失也大小不同。流体在一定直径的直管中流动,所产生的摩擦阻力损失称为直管阻力损失,又称沿程阻力损失。流体流经管件、阀门及设备进出口时所产生的摩擦阻力损失称为局部阻力损失。直管阻力损失与局部阻力损失之和称为总阻力损失。对阻力损失作此划分是因为两种不同的阻力损失起因于不同的外部条件,也为了工程研究及计算的方便,但这并不意味着两者有本质的不同。

1.4.3 直管阻力损失

1. 直管中流体阻力损失的测定

当流体流经等直径的直管时,动能没有改变,由伯努利方程可知,此时流体的摩擦阻力损失应为

$$h_f = \left(\frac{p_1}{\rho} + gz_1 \right) - \left(\frac{p_2}{\rho} + gz_2 \right) \tag{1-33}$$

由式(1-33)可知,对于通常的管路,无论是直管阻力或是局部阻力,也不论是层流或是湍流,只要测出两截面上的静压能与位能,就能求出流体流经两截面之间的摩擦阻力损失。

对于水平等直径管路,流体的阻力损失应为

$$h_f = \frac{p_1 - p_2}{\rho} = \frac{\Delta p}{\rho} \tag{1-34}$$

即对于水平等直径管路,只要测出两截面上的静压能,就可以知道两截面之间的阻力

损失。

2. 层流时的直管阻力损失

流体在水平直管中作层流流动时，因阻力损失造成的压差可直接按下式计算：

$$\Delta p = \frac{32\mu l u}{d^2} \tag{1-35}$$

式中，u 是指平均速度；l 为管长，m。此式称为泊稷叶（Poiseuille）方程。于是可得层流时的阻力损失为

$$h_\mathrm{f} = \frac{\Delta p}{\rho} = \frac{32\mu l u}{\rho d^2} \tag{1-36}$$

3. 湍流时的直管阻力损失

（1）管壁粗糙度的影响

流体输送用的管道，按其材料的性质和加工情况大致可以分为光滑管和粗糙管。通常把玻璃管、黄铜管、塑料管等称为光滑管，而把钢管、铸铁管、水泥管等称为粗糙管。

在湍流流动条件下，管壁粗糙度对摩擦阻力损失有影响。管壁粗糙面凸出部分的平均高度称为绝对粗糙度，用 ε 表示。绝对粗糙度与管内径的比值 $\frac{\varepsilon}{d}$ 称为相对粗糙度。ε 相同的管道，直径 d 不同，对摩擦阻力损失的影响就不同。故一般用相对粗糙度 $\frac{\varepsilon}{d}$ 来考虑对摩擦阻力损失的影响。表 1-2 列出某些工业管道的绝对粗糙度。

表 1-2　某些工业管道的绝对粗糙度

	管道类别	绝对粗糙度/mm		管道类别	绝对粗糙度/mm
金属管	无缝黄铜管、钢管及铝管	0.01～0.05	非金属管	干净玻璃管	0.0015～0.01
	新的无缝铜管或镀锌铁管	0.1～0.2		橡皮软管	0.01～0.03
	新的铸铁管	0.3		木管道	0.25～1.25
	具有轻度腐蚀的无缝钢管	0.2～0.3		陶土排水管	0.45～6.0
	具有显著腐蚀的无缝钢管	0.5 以上		很好整平的水泥管	0.33
	旧的铸铁管	0.85 以上		石棉水泥管	0.03～0.8

流体流过粗糙管壁的情况如图 1-11 所示。

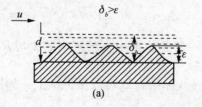
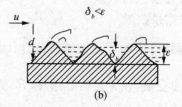

图 1-11　流体流过粗糙管壁的情况

流体作层流流动时,管壁上凹凸不平的地方都被有规则的流体层所覆盖,而流速又比较缓慢,流体质点对管壁凸出部分不会有碰撞作用,所以层流时摩擦阻力损失与 ε 无关,粗糙度的大小并未改变层流的速度分布和内摩擦规律。

流体作湍流流动时,靠近管壁处存在一层层流内层,其厚度设为 δ_b,若 $\delta_b > \varepsilon$,则此时管壁粗糙度对摩擦阻力的影响与层流相近;若 $\delta_b < \varepsilon$,则管壁突出部分便伸入湍流区与流体质点发生碰撞,使湍流加剧,此时 ε 对摩擦阻力的影响便成为主要因素。Re 越大,层流内层越薄,这种影响越显著。

(2) 直管阻力损失

对于湍流时的直管阻力损失,工程上按下式计算:

$$h_f = \lambda \frac{l}{d} \frac{u^2}{2} \tag{1-37}$$

式(1-37)称为范宁(Fanning)公式,是计算管内摩擦阻力的通式。式中,λ 称为摩擦系数,它是 Re 和相对粗糙度的函数,即

$$\lambda = \varphi\left(Re, \frac{\varepsilon}{d}\right) \tag{1-38}$$

4. 摩擦系数 λ

(1) 层流

当 Re < 2000 时,流体在管内作层流流动,由式(1-36)可得

$$h_f = \frac{64}{Re} \frac{l}{d} \frac{u^2}{2} \tag{1-39}$$

由此得到

$$\lambda = \frac{64}{Re} \tag{1-40}$$

(2) 湍流

当流体作湍流流动时,大量的实验表明,摩擦系数 λ 可按下式计算:

$$\frac{1}{\sqrt{\lambda}} = 1.74 - 2\lg\left(\frac{2\varepsilon}{d} + \frac{18.7}{Re\sqrt{\lambda}}\right) \tag{1-41}$$

式(1-41)称为柯尔布鲁克(Colebrook)公式,此式由于 λ 在等式的左、右两边都有,因此若用此式求 λ 需要进行试差。

(3) 摩擦系数图

在工程计算中为了避免试差或迭代计算,一般是将通过实验测出的 λ 与 Re 和 $\frac{\varepsilon}{d}$ 的关系,以 $\frac{\varepsilon}{d}$ 为参变量,以 λ 为纵坐标,以 Re 为横坐标,标绘在双对数坐标纸上。如图 1-12 所示,此图称为莫狄(Moody)摩擦系数图。

该图为双对数坐标,由图可以看出,摩擦系数图可以分为以下五个区:

① 层流区:$Re \leqslant 2000$。λ 与 $\dfrac{\varepsilon}{d}$ 无关,$\lg \lambda$ 随 $\lg Re$ 直线下降。此时,流体的流动阻力损失与流速 u 的一次方成正比。

② 过渡区:$Re = 2000 \sim 4000$。在此区内,流体的流型可能是层流,也可能是湍流,视外界的条件而定,在管路计算时,为安全起见,常作湍流处理。

③ 湍流粗糙管区:$Re \geqslant 4000$ 及虚线以下和光滑管 $\lambda \sim Re$ 曲线以上的区域。这个区域内,管内流型为湍流,λ 与 Re 和 $\dfrac{\varepsilon}{d}$ 均有关系。由图中曲线分析可知,当 $\dfrac{\varepsilon}{d}$ 一定时,λ 随 Re 增大而增大;当 Re 一定时,λ 随 $\dfrac{\varepsilon}{d}$ 的增大而增大。

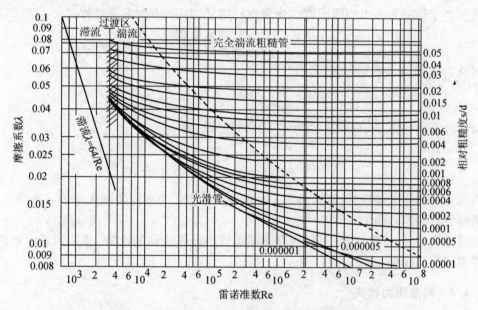

图 1-12 摩擦系数与雷诺数及相对粗糙度的关系

④ 湍流光滑管区:$Re \geqslant 4000$ 时的最下面一条 $\lambda \sim Re$ 曲线。这时管内流型为湍流。由于光滑管表面凸起的高度很小,$\varepsilon \approx 0$,因此 λ 与 $\dfrac{\varepsilon}{d}$ 无关,而仅与 Re 有关。当 $Re = 5000 \sim 1 \times 10^5$ 时,摩擦系数可以按下式计算:

$$\lambda = \frac{0.3164}{Re^{0.25}} \tag{1-42}$$

式(1-42)称为布拉修斯(Blasius)公式。

⑤ 完全湍流区:图中虚线以上的区域。此区域内 $\lambda \sim Re$ 曲线近似为水平线,即 λ 与 Re

无关,只与 $\frac{\varepsilon}{d}$ 有关。对于一定的管道, $\frac{\varepsilon}{d}$ 为定值, $\lambda=$常数,由范宁公式可得 $h_f = \lambda\frac{l}{d}\frac{u^2}{2} \infty$ u^2。所以完全湍流区又称阻力平方区。由式(1-41)可得,完全湍流区的摩擦系数可按下式计算:

$$\frac{1}{\sqrt{\lambda}} = 1.74 - 2\lg\left(\frac{2\varepsilon}{d}\right) \tag{1-43}$$

式(1-43)称为尼古拉兹-卡门公式。

5. 非圆形管的当量直径

前面讨论的都是圆形管道,在工业生产中经常会遇到非圆形截面的管道或设备。如套管换热器环隙,列管换热器管间,长方形的通风管等。对于非圆形管内的流体流动,必须找到一个与直径 d 相当的量,使 Re、h_f 等能够进行计算,为此引入当量直径的概念,以表示非圆形管相当于直径为多少的圆形管。当量直径用 d_e 表示,可按下式计算:

$$d_e = 4 \times \frac{\text{流通截面积}}{\text{润湿周边长}} \tag{1-44}$$

对长为 a,宽为 b 的矩形管道,有

$$d_e = 4 \times \frac{ab}{2(a+b)} = \frac{2ab}{a+b}$$

对于外管内径为 d_1,内管外径为 d_2 的套管环隙,有

$$d_e = 4 \times \frac{\frac{\pi}{4}(d_1^2 - d_2^2)}{\pi(d_1 - d_2)} = d_1 - d_2$$

当量直径的定义是经验性的,并无充分的理论依据。将求阻力损失中的 d 改成 d_e 即可求非圆形管道的阻力损失。

用当量直径 d_e 计算的 Re 可以判断非圆形管中流体流动的流型,非圆形管中稳定层流的临界雷诺数同样是 2000。

1.4.4 局部阻力损失

化工管路中的管件种类繁多,常见的管件如表1-3所示。流体流过各种管件都会产生阻力损失。和直管阻力的沿程均匀分布不同,这种阻力损失是由管件内的流道多变造成,因而称为局部阻力损失。局部阻力损失是由于流道的急剧变化使流动边界层分离,所产生的大量旋涡,使流体质点运动受到干扰,因此即使流体在直管内是层流流动,但当它通过管件或阀门时也很容易变成湍流。

局部阻力损失的计算通常有两种方法:局部阻力系数法与当量长度法。

1. 阻力系数法

近似地将克服局部阻力引起的能量损失表示成动能 $\frac{u^2}{2}$ 的一个倍数,这个倍数称为局部

阻力系数,用符号 ξ 表示,即

$$h'_f = \xi \frac{u^2}{2} \tag{1-45}$$

常用管件的 ξ 值可在表 1-3 中查得。

表 1-3 常见管件和阀件的局部阻力系数 ξ 值

管件和阀件名称	ξ 值							
标准弯头	$45°,\xi=0.35$				$90°,\xi=0.75$			
回弯头	1.5							
三通	1.0							
管接头	0.04							
活接头	0.04							
从管路流入大容器(突然扩大)	1							
从大容器流入管路(突然缩小)	0.5							
闸阀	全开,$\xi=0.17$				半开,$\xi=4.5$			
标准截止阀(球心阀)	全开,$\xi=6.0$				半开,$\xi=9.5$			
止逆阀(单向阀)	球式,$\xi=70.0$				摇板式,$\xi=2.0$			
水泵进口底阀	d/mm	40	50	75	100	150	200	250	300
	ξ	12	10	8.5	7.0	6.0	5.2	4.4	3.7
角阀,全开	2.0							
水表(盘式)	7.0							

2. 当量长度法

将流体流过某一管件或阀门的局部阻力折算成相当于流过一段与它直径相同、长度为 l_e 的直管阻力,所折算的直管长度称为该管件或阀门的当量长度,以 l_e 表示,单位为 m。那么局部阻力损失为

$$h'_f = \lambda \frac{l_e}{d} \frac{u^2}{2} \tag{1-46}$$

常用管件的 l_e 值如图 1-13 所示管件和阀门的当量长度共线图。如闸阀 1/2 关时,管径为 60 mm 时的当量长度,由图上查得 $l_e=13.5$。

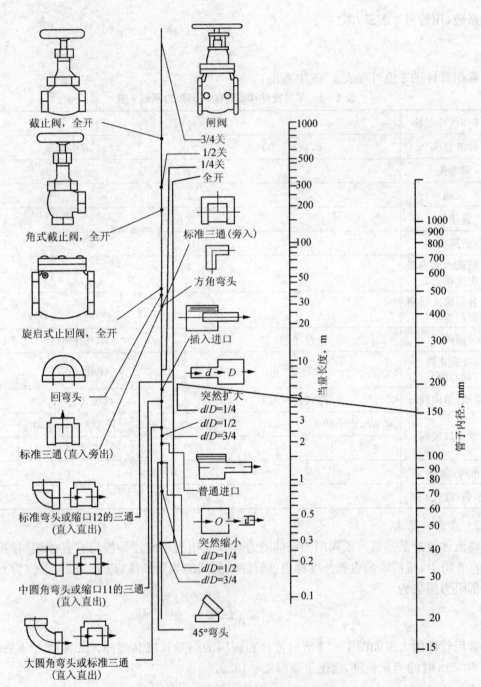

截止阀，全开

闸阀
3/4关
1/2关
1/4关
全开

角式截止阀，全开

标准三通（旁入）

方角弯头

旋启式止回阀，全开

插入进口

回弯头

突然扩大
$d/D=1/4$
$d/D=1/2$
$d/D=3/4$

标准三通(直入旁出)

普通进口

标准弯头或缩口12的三通
(直入直出)

突然缩小
$d/D=1/4$
$d/D=1/2$
$d/D=3/4$

中圆角弯头或缩口11的三通
(直入直出)

大圆角弯头或标准三通
(直入直出)

45°弯头

当量长度, m

管子内径, mm

1000
500
300
200
100
50
30
20
10
5
3
2
1
0.5
0.3
0.2
0.1

1000
900
800
700
600
500
400
300
200
150
100
90
80
70
60
50
40
30
20
15

图 1-13　管件和阀门的当量长度共线图

必须注意,对于突然扩大和缩小求局部阻力,式(1-46)和(1-47)中的速度 u 是用小管截面的平均速度。

显然,上述两种方法在计算局部阻力时,由于 ξ 与 l_e 定义不同,从而使两种计算方法所得的结果不会一致,它们都是工程计算中的近似估算值。实际应用时,长距离输送是以直管阻力损失为主,车间管路常以局部阻力为主。

1.4.5　管内流体流动的总阻力损失

管路的总阻力损失包括直管阻力损失与所有管件和阀门的局部阻力损失。若管路系统的管径 d 不变,则总阻力损失的计算式为

$$\sum h_{\mathrm{f}} = h_{\mathrm{f}} + h_{\mathrm{f}}' = \lambda \frac{l}{d} \frac{u^2}{2} + \sum \xi \frac{u^2}{2} = \left(\lambda \frac{l}{d} + \sum \xi\right)\frac{u^2}{2} \tag{1-47}$$

或

$$\sum h_{\mathrm{f}} = h_{\mathrm{f}} + h_{\mathrm{f}}' = \lambda \frac{l}{d} \frac{u^2}{2} + \lambda \frac{\sum l_{\mathrm{e}}}{d} \frac{u^2}{2} = \lambda \frac{l + \sum l_{\mathrm{e}}}{d} \frac{u^2}{2} \tag{1-48}$$

式中:h_{f}' 为局部阻力损失。

有时,由于 l_e 或 ξ 的数据不全,可将两者结合起来混合应用,即

$$\sum h_{\mathrm{f}} = \left[\lambda \frac{l + \sum l_{\mathrm{e}}}{d} + \sum \xi\right]\frac{u^2}{2} \tag{1-49}$$

注意:以上各式适用于直径相同的管段或管路系统的计算,式中的流速是指管段或管路系统的流速。由于管径相同,所以 u 可以按任一截面来计算。而机械能衡算式中动能 $\frac{u^2}{2}$ 项中的流速 u 是指相应的衡算截面处的流速。

当管路由若干直径不同的管段组成时,由于各段的流速不同,此时管路的总能量损失应分段计算,然后再求和。

【例题 1-6】　如图 1-14 所示,水泵将 20 ℃水从敞口贮罐送至塔内,水的流量为 20 m³/h,塔内压力为 196 kPa（表压）,输送管路采用 $\phi 57 \times 3.5$ mm 钢管,其中泵的吸入管路长度为 5 m,下端装有一带滤水网的底阀;泵出口到塔进口之间的管路长度 20 m,管路粗糙度均为 $\varepsilon/d = 0.001$。管路中装有 90°标准弯头两个,球心阀(全开)一个。试求此管路系统输送水所需的外加机械能。

解:在截面 1-1′ 与截面 2-2′ 间列机械能衡算式:

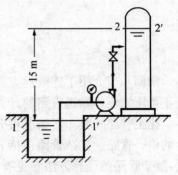

图 1-14　例题 1-6 附图

$$W = (z_2 - z_1)g + \frac{p_2 - p_1}{\rho} + \frac{u_2^2 - u_1^2}{2} + \sum h_{\mathrm{f}}$$

式中，$(z_2 - z_1) = 15\,m$，$p_1 = 0$（表压），$p_2 = 196\,kPa$，贮罐和塔中液面均比管路截面大得多，故 u_1、u_2 近似为 0。

20 ℃水的物理性质：$\rho = 1000\,kg/m^3$，$\mu = 1\,mPa \cdot s$。水的流量 $q_v = 20\,m^3/h$。

管内径 $d = 0.05\,m$，管路总长 $l = 5 + 20 = 25\,m$。

管内水的流速：

$$u = \frac{q_v}{\frac{\pi}{4}d^2} = \frac{20/3600}{\frac{\pi}{4} \times 0.05^2} = 2.829(m/s)$$

$$Re = \frac{du\rho}{\mu} = \frac{0.05 \times 2.829 \times 1000}{0.001} = 1.41 \times 10^5$$

$\varepsilon/d = 0.001$，由莫狄摩擦系数图查得 $\lambda = 0.0215$。由表 1-3 查得有关管件的局部阻力系数如下：

管路入口	$\xi = 0.5$	球心阀（全开）	$\xi = 6.0$
管路出口	$\xi = 1.0$	水泵进口底阀	$\xi = 10.0$
90°标准弯头	$\xi = 0.75$		

$$\sum h_f = \left(\lambda \frac{l}{d} + \xi\right)\frac{u^2}{2}$$

$$= \left(0.0215 \times \frac{25}{0.05} + 0.5 + 1.0 + 0.75 \times 2 + 6.0 + 10.0\right) \times \frac{2.829^2}{2}$$

$$= 119.048(J/kg)$$

外加机械能为

$$W = 15 \times 9.81 + \frac{196 \times 10^3}{1000} + 119.048 = 462.2\,J/kg$$

§1.5 管路计算

前面几节介绍了连续性方程式、机械能衡算式以及阻力损失计算式，在此基础上可以进行不可压缩流体输送管路的计算。

化工管路按其布置情况可分为简单管路与复杂管路两种，简单管路是指没有分支或汇合的单一管路。复杂管路包括分支管路、汇合管路和并联管路。下面讨论简单管路计算方法，复杂管路的计算方法参见有关文献。

在简单管路计算中，实际是连续性方程式、机械能衡算式、阻力损失计算式以及摩擦系数计算式的具体运用，即联立求解这些方程：

连续性方程：$q_v = \dfrac{\pi}{4} d^2 u$ 或 $\dfrac{u_2}{u_1} = \left(\dfrac{d_1}{d_2}\right)^2$

机械能衡算式：$gz_1 + \dfrac{p_1}{\rho} + \dfrac{u_1^2}{2} + W = gz_2 + \dfrac{p_2}{\rho} + \dfrac{u_2^2}{2} + \sum h_f$

阻力损失计算式：$h_f = \left(\lambda \dfrac{l}{d} + \sum \xi\right) \dfrac{u^2}{2}$

摩擦系数计算式（或图）：$\lambda = \varphi\left(Re, \dfrac{\varepsilon}{d}\right)$

当被输送的流体已定，其物性 μ, ρ 已定，上面给出的四个方程中已包含有 10 个变量即 q_v、d、u、p_1、p_2、λ、l、$\sum \xi$（或 $\sum l_e$）、h_f、ε。从数学上知道，若能给定 6 个独立变量，就能解出其余 4 个未知量。

【例 1-7】 用内径为 100 mm、总长为 3000 m 的水平管路输送原油，原油密度 850 kg/m³，黏度为 5.1 mPa·s。测得管路压降为 3×10^5 Pa，管壁绝对粗糙度 $\varepsilon = 0.2$ mm 试确定原油的质量流量。

解： 本题只要求出流速 u，便能求出质量流量 q_m。由于 u 未知，Re 无法计算，λ 不能确定，故须用试差法计算。根据题给条件，有

$$\frac{\Delta p}{\rho} = \sum h_f = \lambda \frac{l}{d} \frac{u^2}{2}$$

则有

$$u = \sqrt{\frac{2\Delta p / \rho}{\lambda l / d}}$$

将 $\Delta p = 3 \times 10^5$ Pa、$\rho = 850$ kg/m³、$d = 0.1$ m 代入上式得

$$u = \sqrt{\frac{2 \times 3 \times 10^5 / 850}{\lambda \times 3000 / 0.1}} = \sqrt{\frac{0.0235}{\lambda}} \tag{a}$$

原油密度 $\rho = 850$ kg/m³，黏度 $\mu = 5.1$ mPa·s，把已知数据代入 Re 表达式，得

$$Re = \frac{du\rho}{\mu} = \frac{0.1 \times 850 \times u}{5.1 \times 10^{-3}} = 16667 \times u \tag{b}$$

本题管壁相对粗糙度 $\varepsilon/d = 2$ mm $= 2 \times 10^{-3}$ m。设初值 $\lambda = 0.02$，由式(a)求出 u，再由式(b)求出 Re，根据 ε/d 及 Re 由莫狄摩擦系数图查得 λ'，比较 λ' 与初设 λ，若两者不符，则将 λ' 作为下一轮迭代的初值 λ，重复上述步骤，直至两者相符为止。表 1-4 为迭代结果。

表 1-4　例 1-7 计算结果

λ	u (m/s)	Re	ε/d	λ'
0.020	1.084	1.807×10^5	2.0×10^{-3}	0.031
0.031	0.871	1.452×10^5	2.0×10^{-3}	0.032
0.032	0.857	1.428×10^5	2.0×10^{-3}	0.032

经过三轮迭代即收敛,故原油的流速为 $0.857\,\mathrm{m/s}$,质量流量为

$$q_m = \frac{\pi}{4}d^2u\rho = 0.785 \times 0.1^2 \times 0.857 \times 850 = 5.72(\mathrm{kg/s})$$

§1.6 流量的测量

化工生产中常用的流量计是利用前述的流体流动过程中机械能转化原理而设计的,下面介绍几种常用流量计的测量原理、构造及应用。

1.6.1 皮托管

1. 皮托管(pitot tube)的测速原理

皮托管是一种测量点速度的装置。它由两根弯成直角的同心套管所组成,外管的管口是封闭的,在外管前端壁面四周开有若干测压小孔,为了减小误差,测速管的前端经常做成半球形以减少涡流。测量时,测速管可以放在管截面的任一位置上,并使其管口正对着管道中流体的流动方向,外管与内管的末端分别与液柱压差计的两臂相连接。如图 1-15 所示。

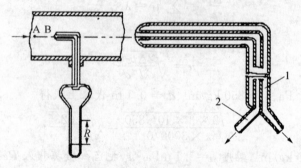

1—静压管;2—冲压管
图 1-15　皮托管

当流体流经测速管前端时,由于内管中已被先前流入的流体占据,故当后续流体到达管口处便停滞下来,形成停滞点(驻点),此时,流体的动能全部转化为驻点静压能,故测速管内管测得的为管口位置的动能与静压能之和,合称冲压能,即

$$h_A = \frac{u_r^2}{2} + \frac{p}{\rho} \tag{1-50}$$

测速管外管前端壁面四周的测压孔口测得的是该位置上的静压能,即

$$h_B = \frac{p}{\rho} \tag{1-51}$$

如果 U 形管压差计的读数为 R,指示液与工作流体的密度分别为 ρ_i 与 ρ。则 R 与测量

点处的冲压能之差 $\Delta h = \dfrac{u_r^2}{2}$ 相对应，于是可推得

$$u_r = C\sqrt{2\Delta h} = C\sqrt{\frac{2gR(\rho_i - \rho)}{\rho}} \tag{1-52}$$

式中：u_r 为待测点的流速，C 为流量系数，通常 $C = 0.98 \sim 1.00$。

皮托管测得的是流体的点速度。因此，利用皮托管可以测出管截面上流体的速度分布，然后按 u 的定义用数值法或图解法积分求得管截面上的平均流速。一般来讲，圆管内层流流动时的平均速度为管中心最大速度的 0.5 倍，而湍流时的平均速度约为管中心最大速度的 0.8 倍。

皮托管的优点是流动阻力小，可测速度分布，适宜大管道中气速测量。其缺点是不能直接测得平均速度，需配微压压差计。当流体中含有固体杂质时，杂质会堵塞测压孔，故不宜采用皮托管。

2. 皮托管的安装

安装皮托管时要注意以下几点：

① 必须保证测量点位于均匀流段。为此，要求测量点的上、下游最好各有 $50d$（d 为管径）以上长度的直管距离，至少也应在 $(8 \sim 12)d$ 以上。

② 必须保证管口截面严格垂直于流动方向；否则，任何偏离都将造成负的偏差。

③ 皮托管的直径 d_0 应小于管径 d 的 $\dfrac{1}{50}$，即 $d_0 < \dfrac{d}{50}$。

【例题 1-8】　在内径为 280 mm 的管道中心处安装测速管，测量管内空气的流量。测量点处的温度为 25 ℃，压力为 2.5 kPa（表压），大气压强为 101.3 kPa。测速管插至管道的中心线处。测压装置为 U 形管压差计，指示液是水，测得的读数为 40 mm，试求空气的质量流量。

解：空气的绝对压力 $p = 101.3 + 2.5 = 103.8$（kPa），空气温度 $T = 273 + 25 = 298$（K）

空气密度 $\rho = \dfrac{pM}{RT} = \dfrac{103.8 \times 29}{8.314 \times 298} = 1.215$（kg/m³），空气黏度 $\mu = 1.84 \times 10^{-5}$ Pa·s

$$u_{\max} = \sqrt{\frac{2gR(\rho_i - \rho)}{\rho}} = \sqrt{\frac{2 \times 9.81 \times 0.04 \times (1000 - 1.215)}{1.215}} = 25.4\ (\text{m/s})$$

$$Re_{\max} = \frac{du_{\max}\rho}{\mu} = \frac{0.28 \times 25.4 \times 1.215}{1.84 \times 10^{-5}} = 4.696 \times 10^5$$

因此　　　　　　　$\bar{u} = 0.8u_{\max} = 0.8 \times 25.4 = 20.32$（m/s）

管路中空气的质量流量

$$q_m = \frac{\pi}{4}d^2\,\bar{u}\rho = \frac{\pi}{4} \times 0.28^2 \times 20.32 \times 1.215 = 1.52\ (\text{kg/s})$$

1.6.2　孔板流量计

1. 孔板流量计的测量原理

孔板流量计是一种应用很广泛的节流式流量计。在管道里插入一片与管轴垂直并带有通常为圆孔的金属板,孔的中心位于管道中心线上。如图 1－16 所示装置,称为孔板流量计,其中孔板称为节流元件。

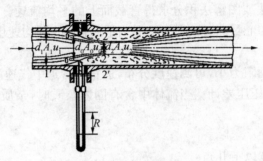

图 1－16　孔板流量计

当流体流过小孔以后,由于惯性作用,流动截面并不立即扩大到与管截面相等,而是继续收缩一定距离后才逐渐扩大到整个管截面。流动截面最小处(如图中截面 2－2′)称为缩脉。流体在缩脉处的流速最高,即动能最大,而相应的静压强就最低。因此,当流体以一定的流量流经小孔时,就产生一定的压强差,流量愈大,所产生的压强差也就愈大。所以根据测量压强差的大小来度量流体流量。

假设管内流动的为不可压缩流体。由于缩脉位置及截面积难以确定(随流量而变),故在上游未收缩处的 1－1′ 截面与孔板处下游截面 0－0′ 间列伯努利方程式(暂略去能量损失),得

$$gz_1 + \frac{u_1^2}{2} + \frac{p_1}{\rho} = gz_0 + \frac{u_0^2}{2} + \frac{p_0}{\rho} \tag{1-53}$$

经推导可得,孔板流速 u_0、体积流量 q_v、质量流量 q_m 分别为

$$u_0 = C_0 \sqrt{\frac{2gR(\rho_i - \rho)}{\rho}} \tag{1-54}$$

$$q_v = C_0 A_0 \sqrt{\frac{2gR(\rho_i - \rho)}{\rho}} \tag{1-55}$$

$$q_m = C_0 A_0 \sqrt{2gR\rho(\rho_i - \rho)} \tag{1-56}$$

各式中的 C_0 称为孔板的流量系数或孔流系数,其值与 Re、面积比 A_0/A_1 以及取压方法有关,需由实验测定。采用角接法时,流量系数 C_0 与 Re、面积比 A_0/A_1 的关系如图 1－17 所示。图中的 Re 准数为 $Re = \dfrac{d_1 u_1 \rho}{\mu}$,其中 d_1 与 u_1 是管道内径和流体在管道内的平均流速。流

量计所测的流量范围,最好是落在 C_0 为定值的区域里。常用的 C_0 值为 $0.6 \sim 0.7$。

若用式(1-55)与式(1-56)计算流体的流量时,必须先确定流量系数 C_0 的数值,而 C_0 的数值大小与 Re 有关,管道中的流体流速 u_1 又为未知,故无法直接计算出 Re 值。在这种情况下,可采用试差法进行计算。

2. 孔板流量计的安装和阻力损失

安装孔板流量计时,其上、下游都要有一段内径不变的直管作为稳定段,通常要求上游直管段长度至少应为管径的 10 倍,下游直管段长度至少为管径的 5 倍。

孔板流量计是一种容易制造的简单装置。当流量有较大变化时,为了调整测量条件而调换孔板亦很方便。孔板的主要缺点是当流体流经过孔板

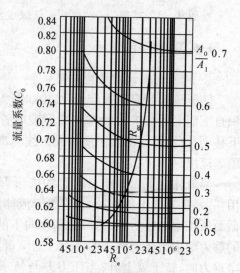

图 1-17　孔板流量计的
C_0 与 Re、A_0/A_1 的关系

后能量损失较大,且随 A_0/A_1 的减小而呈加大趋势,并且孔板的孔口边缘容易腐蚀和磨损,所以流量计应定期进行校正。

孔板流量计的能量损失(或称永久损失)可按下式估算:

$$h_f = \xi \frac{u_0^2}{2} = \xi C_0^2 \frac{Rg(\rho_i - \rho)}{\rho} \tag{1-57}$$

【例题 1-9】　用孔板流量计测量某气体的流量。已知温度为 50 ℃,压力为 300 kPa(表压),管内径为 200 mm,孔板孔径为 120 mm。此条件下气体密度为 5.8 kg/m³,黏度为 0.028 mPa·s,孔板前后的压差为 45.6 kPa,试求气体质量流量。

解:

$$q_m = C_0 A_0 \sqrt{2\rho \Delta p} = 0.785 d_0^2 C_0 \sqrt{2\rho \Delta p}$$

假设流体处于 C_0 为定值的区域里,根据 $\dfrac{A_0}{A_1} = \left(\dfrac{d_0}{D}\right)^2 = \left(\dfrac{0.12}{0.2}\right)^2 = 0.36$,取 $C_0 = 0.65$,计算气体质量流量

$$q_m = 0.785 \times 0.13^2 \times 0.65 \sqrt{2 \times 5.8 \times 45.6 \times 10^3} = 6.272 (\text{kg/s})$$

校核 C_0 值

$$u = \frac{q_m}{0.785 D^2 \rho} = \frac{6.272}{0.785 \times 0.2^2 \times 5.8} = 34.439 (\text{m/s})$$

$$Re = \frac{Du\rho}{\mu} = \frac{0.2 \times 34.439 \times 5.8}{0.028 \times 10^{-3}} = 1.426 \times 10^6$$

查图 1-17 可得，$C_0 = 0.65$，与假设相同，故所设正确。

1.6.3 转子流量计

1. 转子流量计的结构原理

转子流量计应用很广，其结构如图 1-18 所示。它由一根截面积自下而上逐渐扩大的垂直锥形玻璃管和一个能够旋转自如、上下移动、比流体重的转子所构成。被测流体从玻璃管底部进入，从顶部流出。

当流体自下而上流过垂直的锥形管时，转子受到两个力的作用：一是垂直向上的推动力，它等于流体流经转子与锥管间的环形截面所产生的压力差；另一是垂直向下的净重力，它等于转子所受的重力减去流体对转子的浮力。当流量加大使压力差大于转子的净重力时，转子就上升；当压力差与转子的净重力相等时，转子处于平衡状态，即停留在一定位置上。当流体的流量改变时，平衡被打破，转子移到新的位置，建立新的平衡。因此，转子所处的不同位置与流体的流量一一对应。在玻璃管外表面上刻有读数，根据转子的停留位置，即可读出被测流体的流量。

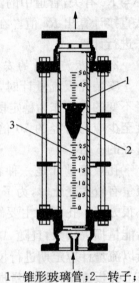

1—锥形玻璃管；2—转子；
3—刻度
图 1-18 转子流量计

设 V_f 为转子的体积，A_f 为转子最大部分的截面积，ρ_f 为转子材质的密度，ρ 为被测流体的密度。由转子在流体中处于平衡状态时的受力关系，可推导出

$$q_v = C_R A_R \sqrt{\frac{2g V_f (\rho_f - \rho)}{A_f \rho}} \tag{1-58}$$

式中：A_R 为转子与玻璃管之间环隙的截面积，C_R 为转子流量计的流量系数，其值与 Re 和转子形状有关，需由实验测定。

2. 转子流量计的刻度换算

和孔板流量计不同，转子流量计出厂前不提供流量系数 C_R，而是直接用 20 ℃的水或 20 ℃、101.3 kPa 的空气进行标定，将流量值刻于玻璃管上。当被测流体与上述条件不符时，应作刻度换算。在同一刻度下 A_R 相同，可得下列流量校正公式

$$\frac{q_{V,B}}{q_{V,A}} = \sqrt{\frac{\rho_A (\rho_f - \rho_B)}{\rho_B (\rho_f - \rho_A)}} \tag{1-59}$$

式中：$q_{V,A}$、ρ_A 分别为标定流体（水或空气）的流量和密度；$q_{V,B}$、ρ_B 分别为实际工作流体的流量和密度。

【例题 1-10】 某测量液体流量的转子流量计，其转子为不锈钢（密度为 7920 kg/m³），水标定的刻度范围为 0～500 L/h，用来测定密度为 860 kg/m³ 的液体，其测量范围为多少？

解: 根据式(1-59)可得

$$\frac{q_{V,\text{液}}}{q_{V,\text{水}}} = \sqrt{\frac{\rho_{\text{水}}(\rho_f - \rho_{\text{液}})}{\rho_{\text{液}}(\rho_f - \rho_{\text{水}})}} = \sqrt{\frac{1000 \times (7920 - 860)}{860 \times (7920 - 1000)}} = 1.09$$

可测液体最大流量为 $q_{V,\text{液}} = 1.09 \times 500 = 545(\text{L/h})$

测量范围为 0～545 L/h。

§1.7 离心泵

在化工生产中,常常需要将流体从低处输送到高处,或从低压送至高压,或沿管路送至较远的地方。为此,必须使用各种流体输送机械,将输送液体的机械统称为泵,输送气体的机械则按不同的情况分别称为通风机、鼓风机、压缩机和真空泵等。

离心泵具有结构简单、流量均匀、操作方便、适用范围广等突出特点,是工业生产中应用最为广泛的液体输送机械,约占化工用泵的80%～90%。

1.7.1 离心泵的工作原理

离心泵的装置简图如图1-19所示,其基本部件是高速旋转的叶轮和固定的蜗牛形泵壳,具有若干个(通常为4～12个)后弯叶片的叶轮紧固于泵轴上,并随泵轴由电机驱动作高速旋转。叶轮是直接对泵内液体做功的部件,为离心泵的供能装置。泵壳中央的吸入口与吸入管路相连接,吸入管路的底部装有单向底阀。泵壳侧旁的排出口与装有调节阀门的排出管路相连接。

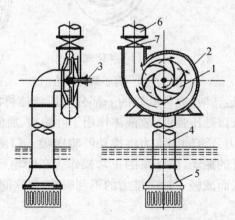

1—叶轮;2—泵壳;3—泵轴;4—吸入管;5—底阀;6—排出管;7—出口调节阀

图 1-19 离心泵装置简图

当离心泵启动后,泵轴带动叶轮一起作高速旋转运动,迫使预先充灌在叶片间的液体旋转,在惯性离心力的作用下,液体自叶轮中心向外周作径向运动。液体在流经叶轮的运动过程中获得了能量,静压能增高,流速增大。当液体离开叶轮进入泵壳后,由于壳内流道逐渐扩大而减速,部分动能转化为静压能,最后沿切向流入排出管路。当液体自叶轮中心甩向外周的同时,叶轮中心形成低压区,在贮槽液面与叶轮中心总势能差的作用下,致使液体被吸进叶轮中心。依靠叶轮的不断运转,液体便连续地被吸入和排出。液体在离心泵中获得的机械能最终表现为静压能的提高。

若离心泵启动前未向泵壳内灌满被输送液体,由于空气密度低,叶轮旋转后产生的离心力小,叶轮中心区不足以形成吸入贮槽内液体的低压,因而离心泵不能输送液体,此现象称为气缚。吸入管路常安装单向底阀以防止启动前灌入泵壳内的液体从泵吸入管内流出。

1.7.2 离心泵的主要部件

离心泵的主要部件有叶轮和泵壳。

1. 叶轮

叶轮是离心泵的关键部件,为离心泵的供能装置,具有不同的结构形式。

按其机械结构,叶轮可分为闭式、半闭式和开式三种,如图 1-20 所示。闭式叶轮适用于输送清洁液体;半闭式和开式叶轮适用于输送含有固体颗粒的悬浮液,这类泵的效率低。

（a）闭式　　　　　（b）半闭式　　　　　（c）开式

图 1-20　离心泵的叶轮

闭式和半闭式叶轮在运转时,离开叶轮的一部分高压液体可漏入叶轮与泵壳之间的空腔中,因叶轮前侧液体吸入口处压强低,故液体作用于叶轮前、后侧的压力不等,便产生了指向叶轮吸入口侧的轴向推力。该轴向推力将推动叶轮向吸入口侧移动,引起叶轮和泵壳接触处的磨损,严重时造成泵的振动,破坏泵的正常操作。在叶轮后盖板上钻若干个小孔,可减少叶轮两侧的压力差,从而减轻了轴向推力的不利影响,但这同时也降低了泵的效率。这些小孔称为平衡孔。

按吸液方式不同可将叶轮分为单吸式与双吸式两种,如图 1-21 所示。单吸式叶轮结构简单,液体只能从一侧吸入。双吸式叶轮可同时从叶轮两侧对称地吸入液体,它不仅具有较大的吸液能力,而且基本上消除了轴向推力。

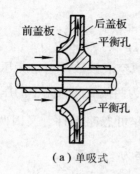 

前盖板　后盖板　平衡孔
平衡孔

（a）单吸式　　　　　（b）双吸式

图 1-21　离心泵的吸液方式

根据叶轮上叶片上的几何形状,可将叶片分为后弯、径向和前弯三种,由于后弯叶片有利于液体的动能转换为静压能,故而被广泛采用。

2. 泵壳

离心泵的泵壳多制成蜗牛形,壳内有一截面逐渐扩大的液体通道。泵壳不仅起汇集液体的作用,而且逐渐扩大的液体通道有利于液体的动能有效地转化为静压能。

为了减少离开叶轮的液体直接进入泵壳时因冲击而引起的能量损失,在叶轮与泵壳之间有时装置一个固定不动而带有叶片的导轮。导轮中的叶片使进入泵壳的液体逐渐转向而且流道连续扩大,使部分动能有效地转换为静压能。多级离心泵通常均安装有导轮。

1.7.3　离心泵的主要性能参数

为了正确选择和使用离心泵,需要了解离心泵的性能。离心泵的主要性能参数为流量、扬程、功率、效率、转速和汽蚀余量等。

1. 流量

离心泵的流量是指单位时间内排到管路系统的液体体积,一般用 q_V 表示,常用单位为 m^3/s 或 m^3/h 等。离心泵的流量与泵的结构、尺寸和转速有关。

2. 扬程

离心泵的扬程（又称压头）是指离心泵对单位重量（1 N）液体所提供的有效能量,一般用 H 表示,单位为 J/N 或 m。对于一定的泵和一定的液体,在一定转速下,泵的扬程 H 与流量 q_V 有关。

泵的扬程 H 与流量 q_V 的关系可用实验方法测定,实验装置如图 1-22 所示。在泵的进、出口管路处分别安装真空表和压力表,经在这两处管路截面 1、2 间

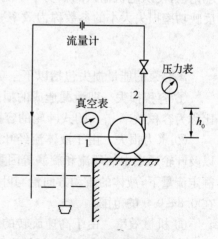

流量计
压力表
真空表　　2
h_0
1

图 1-22　扬程的测定

列伯努利方程,可得

$$H = h_0 + \frac{p_2 - p_1}{\rho g} + \frac{u_2^2 - u_1^2}{2g} + \sum H_f \qquad (1-60)$$

式中:h_0 为压力表与真空表之间垂直距离,m;p_1 为真空表读数,Pa;p_2 为压力表读数,Pa;u_1、u_2 分别为吸入管、排出管中液体流速,m/s;$\sum H_f$ 为两截面间管路中的压头损失,m。

由于两截面之间管路很短,其压头损失 $\sum H_f$ 可忽略不计。又因两截面的动压头差 $\frac{u_2^2 - u_1^2}{2g}$ 很小,通常也可忽略不计。则式(1-60)可写为

$$H = h_0 + \frac{p_2 - p_1}{\rho g} \qquad (1-61)$$

3. 功率与效率

(1) 轴功率 N 与有效功率 N_e。

泵的功率有输入的轴功率 N 与输出的有效功率 N_e。离心泵一般用电机驱动,其轴功率就是电机传给泵轴的功率;泵的有效功率是指单位时间内泵所输送的液体从叶轮所获得的有效能量。因为离心泵排出的液体质量为 $q_v\rho$,所以泵的有效功率为

$$N_e = q_v \rho g H \qquad (1-62)$$

式中:N_e 为离心泵的有效功率,W;q_v 为离心泵的实际流量,m³/s;ρ 为液体密度,kg/m³;H 为离心泵的扬程,m。

(2) 效率 η

离心泵在实际运转中,由于存在各种能量损失,致使泵的实际(有效)压头和流量均低于理论值,使从电机输入的轴功率不能全部转化为有效功率。二者之差即为泵内的功率损失,反映功率损失大小的参数称为效率 η。泵的效率等于有效功率与轴功率之比,即

$$\eta = \frac{N_e}{N} \qquad (1-63)$$

离心泵的能量损失包括以下三项:

① 容积损失   即泄漏造成的损失,无容积损失时泵的功率与有容积损失时泵的功率之比称为容积效率 η_v。闭式叶轮的容积效率值在 0.85～0.95 之间。

② 水力损失   由于液体流经叶片、蜗壳的沿程阻力,流道面积和方向变化的局部阻力,以及叶轮通道中的环流和旋涡等因素造成的能量损失。这种损失可用水力效率 η_h 来反映。额定流量下,液体的流动方向恰与叶片的入口角相一致,这时损失最小,水力效率最高,其值在 0.8～0.9 的范围。

③ 机械效率   由于高速旋转的叶轮表面与液体之间摩擦,泵轴在轴承、轴封等处的机械摩擦造成的能量损失。机械损失可用机械效率 η_m 来反映,其值在 0.96～0.99 之间。

离心泵的总效率由上述三部分构成,即

$$\eta = \eta_v \eta_h \eta_m \tag{1-64}$$

离心泵的效率与泵的类型、尺寸、加工精度、液体流量和性质等因素有关。通常,小泵效率为 50%～70%,而大型泵可达 90%。

1.7.4 离心泵的特性曲线及其影响因素

1. 离心泵的特性曲线

表示离心泵的扬程 H、轴功率 N 及效率 η 与流量 q_v 之间的关系曲线称为离心泵的特性曲线,如图 1-23 所示。特性曲线是在固定转速下用 20 ℃的清水为介质于常压下通过实验测得。在离心泵出厂前由泵的制造厂测定出 $H\text{-}q_v$、$N\text{-}q_v$、$\eta\text{-}q_v$ 等曲线,列入产品样本或说明书中,供使用部门选泵和操作时参考。各种型号的离心泵都有其本身独有的特性曲线,且不受管路特性的影响,但它们都具有一些共同的规律:

(1) 离心泵的扬程一般随流量加大而下降(在流量极小时可能有例外)。

(2) 离心泵的轴功率在流量为零时为最小,随流量的增大而上升。故在启动离心泵时,应关闭泵出口阀门,以减小启动电流,保护电机。待运转正常后再打开出口阀,并调节流量至规定值。同理,停泵时先关闭出口阀门,这样还可以防止排出管中高压液体倒流损坏叶轮。

(3) 额定流量下泵的效率最高。该最高效率点称为泵的设计点,对应的值称为最佳工况参数。离心泵铭牌上标出的性能参数即是最高效率点对应的参数。离心泵一般不大可能恰好在设计点运行,但应尽可能在高效区(在最高效率的 92% 范围内,如图 1-23 中波折号所示的区域)工作。

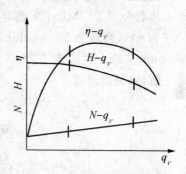

图 1-23 离心泵特性曲线

2. 离心泵的转速对特性曲线的影响

离心泵的特性曲线是在一定转速 n 下测定的,当 n 改变时,泵的流量、扬程及功率也相应改变。对于同一型号的泵,同一种液体,在效率不变的条件下,泵的流量、扬程和功率随转速的变化关系可近似表达成如下各式

$$\frac{q_{V2}}{q_{V1}} = \frac{n_2}{n_1}, \frac{H_2}{H_1} = \left(\frac{n_2}{n_1}\right)^2, \frac{N_2}{N_1} = \left(\frac{n_2}{n_1}\right)^3 \tag{1-65}$$

式(1-65)称为离心泵的比例定律。其适用条件是离心泵的转速变化不大于 ±20%,此时效率基本不变。

3. 离心泵叶轮外径 D_2 的影响

当离心泵的转速一定时,泵的流量、扬程与叶轮外径 D_2 有关。对于同一型号的泵,可换用外径较小的叶轮(除叶轮出口其宽度稍有变化外,其他尺寸不变),此时泵的流量、扬程和功率与叶轮外径的近似关系为

$$\frac{q'_v}{q_v} = \frac{D'_2}{D_2}, \frac{H'}{H} = \left(\frac{D'_2}{D_2}\right)^2, \frac{N'}{N} = \left(\frac{D'_2}{D_2}\right)^3 \qquad (1-66)$$

式中：q'_v、H'、N'分别为叶轮外径为D'_2时泵的流量、扬程、功率；q_v、H、N分别为叶轮外径为D_2时泵的流量、扬程、功率。式(1-66)称为离心泵的切割定律。其适用条件是固定转速下，叶轮直径的车削不超过$5\%D_2$。

4. 液体黏度和密度的影响

(1) 黏度的影响

当被输送液体的黏度大于常温水的黏度时，泵内液体的能量损失增大，导致泵的流量、扬程减小，效率下降，但轴功率增加，泵的特性曲线均发生变化。当液体运动黏度γ大于20 cSt(厘泊)时，离心泵的性能需进行修正，可参考离心泵专著。

(2) 密度的影响

离心泵的流量、扬程均与液体密度无关，效率也不随液体密度而改变，因而当被输送液体密度发生变化时，H-q_v与η-q_v曲线基本不变，但泵的轴功率与液体密度成正比。此时，N-q_v曲线不再适用，N需要根据式(1-62)和式(1-63)重新计算。

【例题 1-11】 在图1-23所示的离心泵特性曲线测定装置上测出如下数据：泵出口压力表读数为0.25 MPa，泵进口真空表读数为0.028 MPa，流量为6 L/s，泵轴的扭矩为10.2 N·m，转速为2900 r/min，吸入管直径80 mm，压出管直径60 mm，两测压点垂直距离100 mm。实验介质为20 ℃的水。计算此流量下的扬程、轴功率和总效率。

解：根据题意有：

$$p_1 = -0.028 \times 10^6 \text{ Pa}, p_2 = 0.25 \times 10^6 \text{ Pa}, h_0 = 0.1 \text{ m},$$

$$q_v = 0.006 \text{ m}^3/\text{s}, \sum H_f \approx 0$$

$$u_1 = \frac{q_v}{0.785d_1^2} = \frac{0.006}{0.785 \times 0.08^2} = 1.194 \text{(m/s)}$$

$$u_2 = \frac{q_v}{0.785d_2^2} = \frac{0.006}{0.785 \times 0.06^2} = 2.123 \text{(m/s)}$$

$$H = h_0 + \frac{p_2 - p_1}{\rho g} + \frac{u_2^2 - u_1^2}{2g} + \sum H_f$$

$$= 0.1 + \frac{(0.25 + 0.028) \times 10^6}{1000 \times 9.81} + \frac{2.123^2 - 1.194^2}{2 \times 9.81} = 28.6 \text{(m)}$$

$$N = M\omega = 10.2 \times \frac{2900 \times 2\pi}{60} = 3098 \text{(W)}$$

$$N_e = \rho g q_v H = 1000 \times 9.81 \times 0.006 \times 28.6 = 1683 \text{(W)}$$

$$\eta = \frac{N_e}{N} = \frac{1683}{3098} \times 100\% = 54.3\%$$

1.7.5 离心泵的工作点与流量调节

离心泵安装在一定的管路系统中,其运行参数不仅取决于泵本身的性能,而且与管路的工作特性有关。

1. 管路特性方程与管路特性曲线

在图 1-24 所示的管路输送系统中,被输送的液体要求离心泵供给的扬程可由 $1-1'$ 与 $2-2'$ 两截面间的伯努利方程求得,即

$$H = \Delta z + \frac{\Delta p}{\rho g} + \frac{\Delta u^2}{2g} + \sum H_{\mathrm{f}} \qquad (1-67)$$

对于一定的管路系统,$\Delta z + \dfrac{\Delta p}{\rho g}$ 为固定值,与管路中的流量无关,令 $H_0 = \Delta z + \dfrac{\Delta p}{\rho g}$。又因为液体贮槽和高位槽的截面比管路截面大得多,两槽中的液体速度很小,可以忽略不计,即 $\dfrac{\Delta u^2}{2g} \approx 0$。由此,式(1-67)可最终简化为

$$H = H_0 + K q_V^2 \qquad (1-68)$$

式中:$K = \dfrac{8}{\pi^2 d^4 g}\left[\lambda \dfrac{l + \sum l_{\mathrm{e}}}{d} + \sum \xi\right]$。

式(1-68)表示管路中液体流量 q_V 与要求泵提供的扬程 H 之间的关系,称为管路特性方程。将式(1-68)的关系标绘在图 1-25 所示的 $H-q_V$ 坐标图上得到管路特性曲线,此曲线的形状由管路布局和流量等条件来确定,与泵的性能无关。

式(1-68)中的 K 为管路特性系数,它与管路长度、管径、摩擦系数及局部阻力系数有关。其他条件一定时,改变管路中调节阀开度,其局部阻力系数将改变,因而管路特性系数 K 随之改变,管路特性曲线的形状也随之改变。K 值较大的管路称为高阻管路,K 值较小的管路称为低阻管路。显然,低阻管路的特性曲线较为平坦(图 1-25 中曲线 1),高阻管路的特性曲线较为陡峭(图 1-25 中曲线 2)。

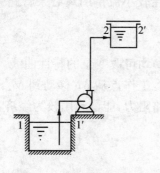

图 1-24 管路输送系统

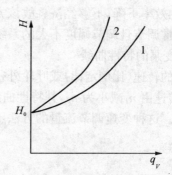

图 1-25 管路特性曲线

2. 离心泵的工作点

离心泵在管路中正常运行时,离心泵必须同时满足管路特性方程与泵的特性方程,即流量与扬程是离心泵特性曲线与管路特性曲线交点处的流量与扬程。此交点称为泵的工作点,如图1-26中 M 点所示。若该点所对应的效率是在最高效率区,则该点是适宜的。

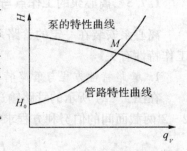

图1-26 离心泵的工作点

【例题1-12】 用离心泵向敞口高位槽输送清水,在规定转速下,泵的特性方程为

$$H = 38 - 6.5 \times 10^4 q_V^2 \quad (q_V \text{ 单位为 } m^3/s)$$

高位槽与水池液面高度差恒定为20 m,管路中全部流动阻力与流量的关系为

$$\sum H_f = 9.6 \times 10^4 q_V^2 \quad (q_V \text{ 单位为 } m^3/s)$$

试求泵的流量和扬程。

解:管路特性方程为 $\quad H = \Delta z + \sum H_f = 20 + 9.6 \times 10^4 q_V^2$

泵的特性方程为 $\quad H = 38 - 6.5 \times 10^4 q_V^2$

联立上述两式解得 $\quad q_V = 1.057 \times 10^{-2} \text{ m}^3/\text{s} = 38.05 \text{ m}^3/\text{h}, H = 30.73 \text{ m}$

3. 离心泵的流量调节

泵在实际操作中过程中,经常需要调节流量。从泵的工作点可知,调节流量实质上就是改变泵的特性曲线或管路特性曲线,从而改变泵的工作点。因此,泵的流量调节应从两方面考虑。

(1) 改变管路特性曲线——改变泵出口阀开度

改变离心泵出口管路上阀门开度,便可改变管路特性方程中的 K 值,从而使管路特性曲线发生变化。如图1-27所示,关小阀门时,局部阻力增大,K 值变大,管路特性曲线变陡,工作点从 M_2 移动到 M_1,流量变小。这种流量调节方法方便灵活,流量可连续变化,但能耗加大,泵的效率下降,不够经济。故该方法一般只在较小流量的离心泵管路系统中使用,对于需要经常调节且调节幅度不大的系统最为适宜。

(2) 改变泵的特性曲线

改变泵的转速(比例定律)或叶轮外径(切割定律)均可改变泵的特性曲线。如图1-28所示,泵的转速由 n_1 减小为 n_2,其特性曲线向下移动,工作点从 M_1 移动到 M_2,流量和扬程都相应减小。这种变速调节流量的方法不会增加管路阻力,能量利用较为经济,这对大功率泵是重要的。

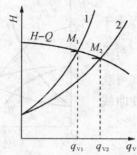
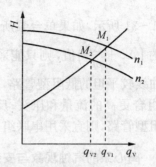

图1-27 改变出口阀开度时工作点的变化图　　图1-28 改变泵转速时工作点的变化

4. 离心泵的组合操作

当单台泵不能满足生产任务要求时,可采用泵的组合操作。下面以两台性能相同的泵为例,讨论离心泵组合操作的特性。

（1）离心泵的并联

设将两台型号相同的泵并联于管路系统,且各自的吸入管路相同,则两台泵各自的流量和扬程必定相同。显然,在同一扬程下,并联泵的流量为单台泵的两倍。并联泵的合成特性曲线如图1-29中曲线Ⅱ所示。

并联泵的工作点由并联特性曲线与管路特性曲线的交点决定。由于流量加大使管路流动阻力加大,因此,并联后的总流量必低于单台泵流量的两倍,而并联扬程略高于单台泵的扬程。并联泵的总效率与单台的效率相同。

（2）离心泵的串联

两台型号相同的泵串联操作时,每台泵的流量和扬程也各自相同。因此,在同一流量下,串联泵的扬程为单台泵扬程的两倍。串联泵的合成特性曲线如图1-30中曲线Ⅱ所示。

同样,串联泵的工作点由合成特性曲线与管路特性曲线的交点决定。两台泵串联操作的总扬程必低于单台泵扬程的两倍,流量大于单台泵的。串联泵的效率为$q_{V串}$下单台泵的效率。

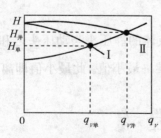
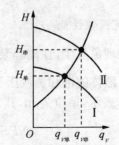

图1-29 泵的并联操作　　　　　图1-30 泵的串联操作

（3）离心泵组合方式的选择

生产中采取何种组合方式能够取得最佳经济效果,则应视管路要求的扬程和特性曲线形状而定。

如图 1-31 所示,如果单台泵所能提供的最大扬程小于管路两端的 $\left(\Delta z + \dfrac{\Delta p}{\rho g}\right)$ 值,则只能采用泵的串联操作。对于管路特性曲线较平坦的低阻型管路,采用并联组合方式可获得较串联组合更高的流量和压头;反之,对于管路特性曲线较陡的高阻型管路,则宜采用串联组合方式。

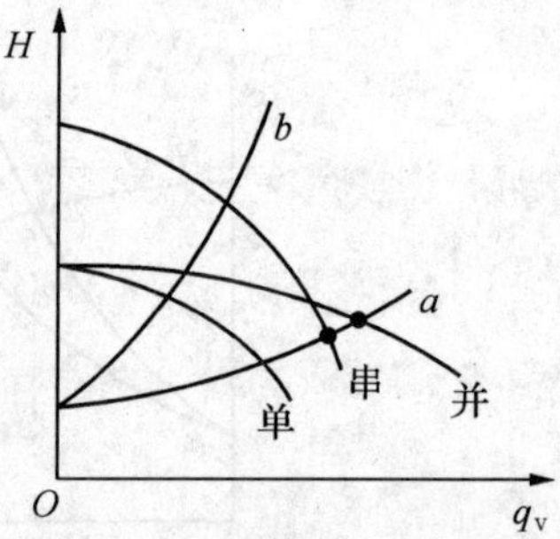

1.7.6 离心泵的汽蚀现象与安装高度

图 1-31 组合方式的选择

离心泵的安装高度是指泵的入口距离储槽液面的垂直距离,如图 1-32 中的 H_g。离心泵在管路系统中安装位置是否合适,将会影响泵的运行及使用寿命。

1. 离心泵的汽蚀现象

当离心泵叶轮入口附近的最低压力等于或小于输送温度下液体的饱和蒸汽压时,液体将在此处汽化或者是溶解在液体中的气体析出并形成气泡。含气泡的液体进入叶轮高压区后,气泡在高压作用下急剧缩小而破裂,气泡的消失产生局部真空,周围的液体以极高的速度冲向原气泡所占据的空间,造成冲击和振动。在巨大冲击力反复作用下,使叶片表面材质疲劳,产生点蚀甚至形成裂缝,导致叶轮或泵壳破坏。这种现象称为汽蚀(cavitation)。

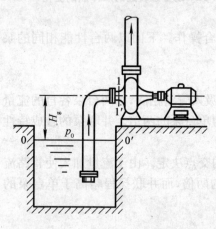

图 1-32 离心泵吸液示意图

当离心泵的扬程较正常值下降 3% 以上时,即预示着汽蚀现象发生。发生汽蚀的危害包括:泵体产生震动与噪音;泵性能(流量、扬程、效率)下降,甚至不能操作;泵壳及叶轮冲蚀(点蚀到裂缝)。

2. 离心原的抗汽蚀性能

为了防止汽蚀现象发生,在离心泵的入口处液体的静压头与动压头之和 $\left(\dfrac{p_1}{\rho g} + \dfrac{u_1^2}{2g}\right)$ 必须大于操作温度下液体的饱和蒸汽压头($p_v/\rho g$)某一最小值。此最小值即离心泵的允许汽蚀余量,用 $NPSH$ 表示,单位为 m,其定义式为

$$NPSH = \frac{p_1}{\rho g} + \frac{u_1^2}{2g} - \frac{p_v}{\rho g} \qquad (1-69)$$

(1) 临界汽蚀余量$(NPSH)_c$

泵内发生汽蚀的临界条件是叶轮入口附近(取作 $k-k'$ 截面)的最低压强等于液体的饱和蒸汽压 p_v,相应地泵入口处(取作 $1-1'$ 截面)的压强必等于确定的最小值 $p_{1,\min}$。在泵入口 1-

$1'$ 截面和叶轮入口 $k-k'$ 截面之间列伯努利方程式,并整理得到临界汽蚀余量表达式,即

$$(NPSH)_c = \frac{p_{1,min} - p_v}{\rho g} + \frac{u_1^2}{2g} = \frac{u_k^2}{2g} + H_{f,1-k} \qquad (1-70)$$

当泵的流量一定而且进入阻力平方区时,$(NPSH)_c$ 值仅与泵的结构和尺寸有关,由泵制造厂实验测定。

(2) 必需汽蚀余量 $(NPSH)_r$

为了确保离心泵正常操作,将所测得 $(NPSH)_c$ 值加上一定的安全量作为必需汽蚀余量 $(NPSH)_r$,并列入泵产品样本,或绘于泵的特性曲线上,如图 1-33 所示。

(3) 允许汽蚀余量 $NPSH$

根据标准规定,取必需汽蚀余量再加上 0.5 m 以上的安全量作为泵的允许汽蚀余量,称为实际汽蚀余量 $(NSPH)$,其值随流量增大而加大。

$$NPSH = (NPSH)_r + 0.5\,\text{m} \qquad (1-71)$$

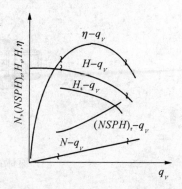

图 1-33　$(NPSH)_r \sim q_v$ 关系曲线

3. 离心泵的允许安装高度

$$H_g = \frac{p_0 - p_v}{\rho g} - NPSH - \sum H_f \qquad (1-72)$$

离心泵的实际安装高度 H_g 应比允许安装高度减小 $(0.5 \sim 1)$m。此外,离心泵的实际安装高度应以夏天当地最高温度和所需要最大用水量为设计依据。

【例题 1-13】 某台离心水泵,从样本上查得其汽蚀余量 $NPSH = 2.5$ m(水柱),现用此泵从敞口水槽中抽 40 ℃清水,泵的吸入口距离水面上方 5 m 处,吸入管路的压头损失为 1.2 m(水柱),试求此泵的安装位置是否合适。(当地环境大气压为 101.3 kPa)

解:查附录表可得 40 ℃水的饱和蒸汽压 $p_v = 7.377$ kPa,密度 $\rho = 992.2$ kg/m³

$$H_g = \frac{p_0 - p_v}{\rho g} - NPSH - \sum H_f = \frac{(101.3 - 7.377) \times 10^3}{992.2 \times 9.81} - 2.5 - 1.2 = 5.95(\text{m})$$

实际安装高度 $H_g = 5$ m,小于 5.95 m,因此该泵的安装位置合适。

1.7.7　离心泵的类型与选用

1. 离心泵的类型

离心泵的种类繁多,常用的类型有清水泵、油泵、耐腐蚀泵、杂质泵、高温高压泵、低温泵、液下泵、磁力泵等。各种类型离心泵按其结构特点自成一个系列,同一系列中又有各种规格。下面仅对几种主要类型作简要介绍,详情可参阅泵的产品样本。

(1) 清水泵

IS 型清水泵——单级单吸悬臂式离心水泵,其结构如图 1-34 所示。这是我国第一个

按国际标准(ISO)设计、研制的离心泵系列,共有 29 个品种。该系列扬程范围为 8～98 m,流量范围为 4.5～360 m³/h。一般生产厂家提供 IS 型水泵的系列特性曲线(或称选择曲线),以便于泵的选用。

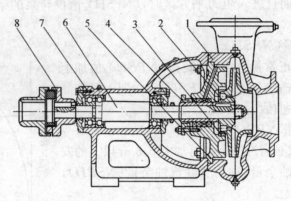

1—泵体;2—叶轮;3—密封环;4—护轴套;5—后盖;
6—泵轴;7—机架;8—联轴器部件

图 1-34　IS 型水泵的结构图

以 IS 50-32-250 为例说明型号的各项意义。IS——国际标准单级单吸清水离心泵;50——泵吸入口直径,mm;32——泵排出口直径,mm;250——泵叶轮的名义尺寸。

如果输送液体流量较大而扬程不高时,可选用 S 型单级双吸离心泵;如果扬程要求较高,可选用 D 型多级离心泵。

(2)耐腐蚀泵

当输送酸、碱及浓氨水等腐蚀性液体时应采用耐腐蚀泵。该类泵中所有与腐蚀液体接触的部件都用抗腐蚀材料制造,其系列代号为 F。F 型泵多采用机械密封装置,以保证高度密封要求。F 型泵全系列扬程范围为 15～105 m,流量范围为 2～400 m³/h。

(3)油泵

输送石油产品的泵称为油泵。因为油品易燃易爆,因而要求油泵有良好的密封性能。当输送高温油品(200 ℃以上)时,需采用具有冷却措施的高温泵。油泵有单吸与双吸、单级与多级之分。国产油泵系列代号为 Y、双吸式为 YS。全系列的扬程范围为 60～603 m,流量范围为 6.25～500 m³/h。

2. 离心泵的选择

离心泵种类齐全,能适应各种不同用途,选泵的步骤如下:

(1)根据被输送液体的性质和操作条件,确定适宜的类型。

(2)根据管路系统在最大生产任务下的流量和扬程确定泵的型号。按已确定的流量和扬程从泵样本或产品目录选出合适的型号。如果没有合适的型号时,则应选定泵的流量和扬程都稍大一点的型号。选出泵的型号后,应列出泵的有关性能参数和转速。

（3）当单台泵不能满足管路要求时，要考虑泵的并联或串联。

（4）核算泵的轴功率。若输送液体的黏度和密度与水相差很大，则要核算泵的流量、扬程及轴功率。

3. 离心泵的安装与操作

（1）实际安装高度要小于允许安装高度，并尽量减小吸入管路的流动阻力。

（2）启动泵前要灌泵，并关闭泵的出口阀；停泵前也应先关闭的出口阀。

（3）定期检查和维修。

【例题 1-14】　某生产工段要求将 20 ℃的清水从水池输送至 8 m 高的高位槽，流量为 42 m³/h，管路阻力损失约为 4.5 m 水柱。试选择适宜型号的离心泵。

解：流量　$q_v = 42$ m³/h

扬程　$H = \Delta z + \sum H_f = 8 + 4.5 = 12.5$(m)

根据流量和扬程，从离心泵规格表中选用型号为 IS 100-65-250，转速 1450 r/min 的泵。

§1.8　其他类型化工用泵

1.8.1　往复泵

往复泵是利用活塞的往复运动将能量传递给液体，以完成液体输送任务的装置。一般用于压力大、流量小、黏度大的液体输送以及要求精确计量的场合。

如图 1-35 所示，往复泵的主要部件有泵缸、活塞、活塞杆、吸入阀和排出阀。吸入阀和排出阀均为单向阀。当活塞自左向右移动时，工作室的容积增大形成低压，吸入阀被泵外液体推开而进入泵缸内，排出阀因受排出管内液体压力而关闭。活塞移至右端点时即完成吸入行程。当活塞自右向左移动时泵缸内液体受到挤压使其压力增高，从而推开排出阀而压入排出管路，吸入阀则被关闭。活塞移至左端点时排液结束，完成了一个工作循环。活塞如此往复运动，液体间断地被吸入泵缸和排入压出管路，达到输液的目的。往复泵有自吸能力，启动前不需灌泵。

活塞从左端点到右端点（或相反）的距离叫做行程。活塞往复一次只吸液一次和排液一次的泵称为单动泵。单动泵的吸入阀和排出阀均装在泵缸的同一侧，吸液时不能排液，因此排液不连续。对于机动泵，活塞由连杆和曲轴带动，它在左右两端点之间的往复运动是不等速的，于是形成了单动泵不连续的流量曲线，如图 1-36(a)所示。

为了改善单动泵流量的不均匀性，设计出了双动泵和三联泵。双动泵活塞两侧的泵缸内均装有吸入阀和排出阀，活塞每往复一次各吸液和排液两次，使吸入管路和压出管路总有液体流过,所以送液连续,但由于活塞运动的不匀速性,流量曲线仍有起伏。双动泵和三联泵的流量曲线都是连续的但不均匀,如图 1-36(b)和(c)所示。

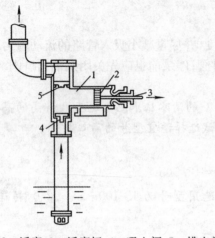

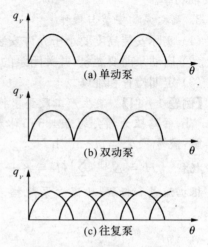

(a) 单动泵

(b) 双动泵

(c) 往复泵

1—泵缸;2—活塞;3—活塞杆;4—吸入阀;5—排出阀

图 1-35　往复泵　　　　　　　　　图 1-36　往复泵的流量曲线

在吸入管路的终端和压出管路的始端装置空气室,利用气体的压缩和膨胀来贮存或放出部分液体,可使管路系统流量的变化减小到允许的范围内。

1.8.2　齿轮泵

齿轮泵也属于正位移泵,如图 1-37 所示。泵壳内有两个齿轮,其中一个为主动轮,它由电机带动旋转;另一个称为从动轮,它是靠与主动轮的啮合而转动。两齿轮将泵壳内分为互不相通的吸入室和排出室。当齿轮按图中箭头方向旋转时,吸入室内两轮的齿互相拨开,形成低压而将液体吸入;然后液体分两路封闭于齿穴和壳体之间随齿轮向排出室旋转,在排出室两齿轮的齿互相合拢,形成高压而将液体排出。近年来已逐步采用的内啮合式的齿轮泵,其较外啮合齿轮泵工作平稳,但制造较复杂。

吸入口　　　排出口

图 1-37　齿轮泵

齿轮泵的流量小而扬程高,适用于黏稠液体乃至膏状物料的输送,但不能输送含有固体颗粒的悬浮液。

1.8.3　旋涡泵

旋涡泵是一种特殊类型的离心泵,其工作原理和离心泵相同,即依靠叶轮旋转产生的惯性离心力而吸液和排液,无自吸能力,启动前需向泵壳内灌满被输送液体,而泵的其他操作特性则又和容积泵相似。

　　旋涡泵的基本结构如图 1-38 所示,主要由叶轮和泵壳组成。叶轮和泵壳之间形成引液道,吸入口和排出口之间由间壁(隔舌)隔开。叶轮上有呈辐射状排列、多达数十片的叶片。当叶轮旋转时,泵内液体随叶轮旋转的同时,又在各叶片与引液道之间作反复的迂回运动,被叶片多次拍击而获得较高能量。旋涡泵的特性曲线如图 1-39 所示。

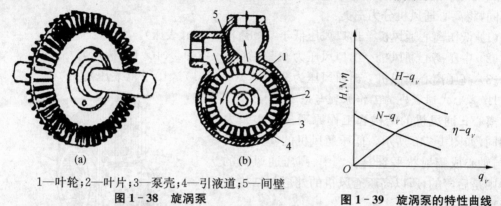

（a）　　　　　　　　　（b）

1—叶轮;2—叶片;3—泵壳;4—引液道;5—间壁

图 1-38　旋涡泵　　　　　　　图 1-39　旋涡泵的特性曲线

　　旋涡泵的扬程和功率随流量减少而增加,因而启动泵时出口阀应全开,并采用旁路调节流量,避免泵在很小流量下运转。

　　旋涡泵构造简单,制造方便,扬程较高,适用于输送流量小、扬程要求高且黏度不高的清洁液体,也可以作为耐腐蚀泵使用,其叶轮和泵壳等用不锈钢或塑料等材料制造。

§1.9　气体输送机械

　　气体输送机械的基本结构、工作原理与液体输送机械大同小异,它们的作用都是对流体做功以提高其机械能(主要表现为静压能)。但是气体具有压缩性,当压力变化时,其体积和温度将随之发生变化。气体压力变化程度常用压缩比表示,压缩比为气体排出与吸入压力(绝对值)的比值。气体输送机械通常按出口压力或压缩比分类如下:

　　(1)通风机　出口表压不大于 15 kPa,压缩比不大于1.15。

　　(2)鼓风机　出口表压为 15～300 kPa,压缩比为小于 4。

　　(3)压缩机　出口表压大于 300 kPa,压缩比大于 4。

　　(4)真空泵　用于抽出设备内的气体,排到大气,使设备内产生真空。适用于出口压力为大气压或略高于大气压力场合。

1.9.1 离心式通风机

常用的通风机有离心式和轴流式两种。轴流式通风机的送气量较大，但风压较低，常用于通风换气，不用来输送气体。而离心式通风机的使用则更为广泛。

风机对单位体积气体所作的有效功称为风压，以 H_T 表示，单位为 J/m³＝Pa。根据风压的不同，将离心通风机分为三类：

(1) 低压离心通风机　出口风压低于 0.981×10^3 Pa(表压)。

(2) 中压离心通风机　出口风压为 $0.981 \times 10^3 \sim 2.94 \times 10^3$ Pa(表压)。

(3) 高压离心通风机　出口风压为 $2.94 \times 10^3 \sim 14.7 \times 10^3$ Pa(表压)。

1. 离心式通风机的工作原理与基本机构

离心式通风机的结构和工作原理与离心泵大致相同，如图 1-40 所示。低压通风机的叶片数目多、与轴心成辐射状平直安装。中、高压通风机的叶片则是后弯的，所以高压通风机的外形与结构与单级离心泵更相似。

2. 离心式通风机的性能参数

离心式通风机的主要性能参数有风量、风压、轴功率和效率。

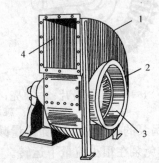

1—机壳；2—叶轮；3—吸入口；4—排出口

图 1-40　离心式通风机

(1) 风量(q_v)是指单位时间内从风机出口排出的气体体积，以风机进口处的气体状态计，单位为 m³/h。

(2) 风压(H_T)是单位体积气体通过风机时所获得的能量，单位为 J/m³ 或 Pa，习惯上用 mmH₂O 表示。忽略风机进、出口位能差和风机本身流动阻力的条件下，风机的全风压由静风压与动风压构成，即

$$H_T = (p_2 - p_1) + \left(\rho \frac{u_2^2}{2} - \rho \frac{u_1^2}{2} \right) = \left(p_2 + \rho \frac{u_2^2}{2} \right) - \left(p_1 + \rho \frac{u_1^2}{2} \right) \tag{1-73}$$

式中：p 表示静压，$h_d = \rho \dfrac{u^2}{2}$ 称为动压，静压与动压之和 ($p+h_d$) 称为全压。通风机的全风压 H_T 为出口截面的全压与进口截面的全压之差值。通风机的动风压一般定义为出口截面的动压，即 $H_d = h_{d2}$。$H_{st} = (p_2 - p_1) - h_{d1}$ 称为静风压。静风压与动风压之和为全风压。

通风机铭牌或手册中所列的风压是在空气的密度为 1.2 kg/m³(20 ℃，101.3 kPa)的条件下用空气作介质测定的。若实际的操作条件与上述的实验条件不同，应将操作条件下所需的全风压 H_T' 换算为实验条件下的全风压 H_T 来选择风机，即

$$H_T = H_T' \left(\frac{\rho}{\rho'} \right) = H_T' \left(\frac{1.2}{\rho'} \right) \tag{1-74}$$

式中：ρ' 为操作条件下空气的密度，kg/m³。

（3）功率与效率

离心式通风机的有效功率为

$$N_e = H_T q_v \qquad (1-75)$$

轴功率为

$$N = \frac{N_e}{\eta} \qquad (1-76)$$

式中：N 为轴功率，W；N_e 为有效功率，W；η 为全风压效率。

3. 离心式通风机的特性曲线

通风机出厂前在温度为 20 ℃的常压下（101.3 kPa）实验测定其特性曲线。离心式通风机的特性曲线与离心泵的特性曲线相比，此处增加了一条静风压随流量的变化曲线 $H_{st}-q_v$，如图 1-41 所示。

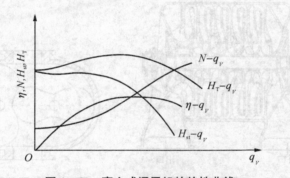

图 1-41　离心式通风机的特性曲线

【例题 1-15】　一台安装进风管路及出风管路的通风机，由吸入口测得的静压为 -349 Pa，动压为 98 Pa，出口静压为 258 Pa，动压为 167 Pa，试求通风机的全风压和静风压各为多少？

解： 吸入口　　　　　　　$p_1 = -349$ Pa，$h_{d1} = 98$ Pa

出口　　　　　　　　　$p_2 = 258$ Pa，$h_{d2} = 167$ Pa

全风压　$H_T = (p_2 + h_{d2}) - (p_1 + h_{d1}) = (258 + 167) - (-349 + 98) = 676$（Pa）

静风压　　$H_{st} = H_T - H_d = 676 - 167 = 509$（Pa）

1.9.2　鼓风机

工业生产中常用的鼓风机有离心式和旋转式（罗茨鼓风机）两种类型。

1. 离心式鼓风机

离心式鼓风机又称涡轮鼓风机（也称透平鼓风机，turbo blower），其工作原理与离心通风机相同。单级叶轮的鼓风机进、出口最大压力差约为 20 kPa。要想有更大的压力差，需用多级叶轮。图 1-42 为五级离心式鼓风机结构示意图，主要由蜗形壳与叶轮组成，每级叶轮之间都有导轮。

由于压缩比不太大,各级叶轮直径大致相等,气体压缩时所产生的热量不多,不需要冷却装置。

2. 旋转式鼓风机

化工生产中,罗茨鼓风机(Roots blower)是最常用的一种旋转式鼓风机,其工作原理与齿轮泵相似。如图1-43所示,在机壳内有两个转子,两个转子之间、转子与机壳之间的间隙很小,保证转子能自由旋转,同时不会有过多的气体从排出口的高压区向吸入口的低压区泄露。两个转子旋转方向相反,气体从一侧吸入,从另一侧排出。

罗茨鼓风机属容积式机械,其排气量与转速成正比。当转速一定时,风量与风机出口压力无关,表压为40 kPa上下时效率较高。罗茨鼓风机一般用旁路阀调节流量,操作温度不能超过85 ℃,以免转子受热膨胀而卡住,其出口应安装气体稳压罐并配置安全阀。

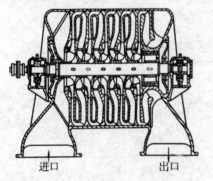

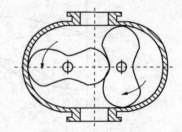

图1-42 五级离心式鼓风机   图1-43 罗茨鼓风机

1.9.3 压缩机

化工生产中常用的压缩机有离心式和往复式两大类。

1. 离心式压缩机

离心式压缩机又称涡轮压缩机(也称透平压缩机,turbo compressor),其工作原理与离心式鼓风机完全相同,构造也基本相同,但离心式压缩机的压缩比较大,能产生更高的压强。

由于压缩比较大,离心式压缩机采用多级叶轮,其绝热压缩所产生的热量大,气体排出温度可达100 ℃以上,因此需要冷却装置进行降温,使其接近等温压缩。冷却方法主要有两种:① 在机壳外侧设计冷却水套;② 使多级叶轮分成几段,每段2~3个叶轮,段与段之间设有中间冷却器。由于气体体积逐级缩小很多,所以叶轮直径和宽度也逐级缩小。

离心式压缩机之所以能产生高压强,除级数较多外,更主要的是其采用了高转速。例如,国产DA220-71型离心式压缩机,进口为常压,出口压力约为1 MPa左右,其转速高达8500 r/min,由汽轮机驱动。

离心式压缩机生产能力大,供气均匀,连续运行安全可靠,维修方便,因而在化工生产中被广泛采用。

2. 往复式压缩机

往复式压缩机属于容积式压缩机,靠气缸内作往复运动的活塞改变工作容积压缩气体,其基本构造和工作原理与往复泵类似。气缸内的活塞,通过活塞杆、十字头、连杆与曲轴联接,当曲轴旋转时,活塞在汽缸中作往复运动,活塞与气缸组成的空间容积交替的发生扩大与缩小。当容积扩大时残留在余隙内的气体将膨胀,然后再吸进气体;当容积缩小时则压缩排出气体,气体完成吸气、压缩、排气和膨胀工作循环。现以单作用往复式压缩机(如图 1-44 所示)为例,将其工作过程叙述如下:

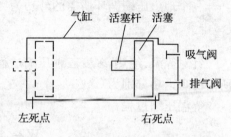

图 1-44　往复式压缩机气缸示意图

(1) 吸气过程。当活塞在气缸内向左运动时,活塞右侧的气缸容积增大,压力下降。当压力降到小于进气管中压力时,则进气管中的气体顶开吸气阀进入气缸,随着活塞向左运动,气体继续进入缸内,直至活塞运动到左死点为止,这个过程称吸气过程。

(2) 压缩过程。当活塞调转方向向右运动时,活塞右侧的气缸容积开始缩小,压缩气体。由于吸气阀有止逆作用,故气体不能倒回进气管中;同时出口管中的气体压力高于气缸内的气体压力,缸内的气体也无法从排气阀排到出口管中;而出口管中气体又因排气阀有止逆作用,也不能流回缸内。此时气缸内气体分子保持恒定,只因活塞继续向右运动,继续缩小了气体容积,使气体的压力升高,这个过程叫做压缩过程。

(3) 排气过程。随着活塞右移压缩气体、气体的压力逐渐升高,当缸内气体压力大于出口管中压力时,缸内气体便顶开排气阀而进入排气管中,直至活塞到右死点后缸内压力与排气管压力平衡为止,这个过程叫做排气过程。

(4) 膨胀过程。排气过程终了,因为有余隙存在,有部分被压缩的气体残留在余隙之内,当活塞从右死点开始调向向左运动时,余隙内残存的气体压力大于进气管中气体压力,吸气阀不能打开,直到活塞离开死点一段距离,残留在余隙中的高压气体膨胀,压力下降到小于进气管中的气体压力时,吸气阀才打开,开始进气。所以吸气过程不是在死点开始,而是滞后一段时间。这个吸气过程开始之前,余隙残存气体占有气缸容积的过程称膨胀过程。

此后,活塞又开始向左移动,重复上述动作。活塞在缸内不断的往复运动,使气缸往复循环的吸入和排出气体。活塞的每一次往复称为一个工作循环,活塞每来或回一次所经过的距离叫做冲程。

理想压缩循环中所需外功与气体的压缩过程有关,根据气体和外界的热交换情况,可分为等温、绝热与多变三种压缩过程。若理想气体由状态 p_1、T_1 压缩后变为状态 p_2、T_2,等温过程有 $T_2 = T_1$,而绝热过程有

$$T_2 = T_1 \left(\frac{p_2}{p_1}\right)^{\frac{\kappa-1}{\kappa}} \qquad (1-77)$$

式中:κ 为绝热指数。若气体压缩过程为介于等温和绝热过程之间的多变过程,则用多变指数 m 代替绝热指数 κ。

一个理想压缩循环所需的外功为

$$W = \int_{p_1}^{p_2} V \mathrm{d}p \qquad (1-78)$$

针对等温、绝热、多变三种压缩过程,分别积分式(1-78),则可得到一个理想压缩循环所需的理论功分别为

等温压缩过程

$$W = \int_{p_1}^{p_2} V \mathrm{d}p = p_1 V_1 \ln \frac{p_2}{p_1} \qquad (1-79)$$

绝热压缩过程

$$W = \int_{p_1}^{p_2} V \mathrm{d}p = p_1 V_1 \frac{\kappa}{\kappa-1} \left[\left(\frac{p_2}{p_1}\right)^{\frac{\kappa-1}{\kappa}} - 1\right] \qquad (1-80)$$

多变压缩过程

$$W = \int_{p_1}^{p_2} V \mathrm{d}p = p_1 V_1 \frac{m}{m-1} \left[\left(\frac{p_2}{p_1}\right)^{\frac{m-1}{m}} - 1\right] \qquad (1-81)$$

理论分析表明,等温压缩过程所需的外功最少,而绝热压缩过程消耗的外功最多。工程上,要实现等温压缩过程是不可能的,但却常用其来衡量压缩机实际工作过程的经济性。

往复式压缩机在排气阶段排气终了时,活塞和气缸盖之间必须留有一定的空隙,该空隙称为余隙。余隙的存在是实际压缩过程与理想压缩过程的最大区别。压缩机在工作时,余隙内的气体无益地进行着压缩膨胀循环,且使吸入量减少。余隙的这一影响在压缩比大时更为显著。当压缩比 p_2/p_1 增大至某一极限时,活塞扫过的全部容积恰好使余隙内的气体由 p_2 膨胀至 p_1,此时压缩机已不能吸入气体,即流量为零,这是压缩机的极限压缩比。此外,压缩比增高,气体温度升很高,甚至可能导致润滑油变质,机件损坏。因此,当生产过程的压缩比大于 8 时,尽管离压缩极限尚远,也应采用多级压缩。

与往复泵一样,往复式压缩机的排气量也是脉动的。为使管路内流量稳定,压缩机出口应连接气柜。气柜兼起沉降器作用,气体中夹带的油沫和水沫在气柜中沉降,定期排放。为安全起见,气柜要安装压力表和安全阀。压缩机的入口需装过滤器,以免吸入灰尘杂物,造成机件的磨损。

往复式压缩机的特点是适应性强,气体排出压力范围广,常用于中、小流量与压力较高的场合。往复式压缩机的产品有多种,除空气压缩机外,还有氨气压缩机、氢气压缩机、石油气压缩机等,以适应各种特殊需要。

1.9.4　真空泵

真空泵的类型很多,下面简单介绍几种常用的真空泵。

1. 往复式真空泵

往复式真空泵的基本结构和操作原理与往复式压缩机相同,只是真空泵在低压下操作,气缸内外压差很小,所用阀门必须更加轻巧,启闭方便。另外,当所需真空度较高时,压缩比很高,例如对于 95% 的真空度,压缩比约为 20 左右。这样高的压缩比,余隙中残余气体对真空泵的抽气速率影响很大。为了减少余隙的影响,在真空泵气缸两端之间设置一条平衡气道,在活塞排气终了时,让平衡气道连通一个很短的时间,使余隙中的残留气体从活塞的一侧流至另一侧,从而减少余隙的影响。

2. 水环真空泵

水环真空泵的外壳为圆形,中间装有一偏心安装的叶轮,如图 1 - 45 所示。水环泵工作时,泵内注入一定量的水,当叶轮旋转时,由于离心力的作用,将水甩至壳壁形成水环。此水环具有密封作用,使叶片之间形成许多大小不等的密封室。在叶轮的右半边,这些密封室体积逐渐扩大,气体便通过右边的进气口吸入。当旋转到左半边,密封室的体积逐渐缩小,气体便由左边的排出口压出。

水环真空泵在吸气中可允许夹带少量液体,属于湿式真空泵,最高真空度可达 85%。这种泵结构简单、紧凑,没有阀门,经久耐用。水环泵运转时,要不断充水以维持泵内液封,同时也起到冷却作用。

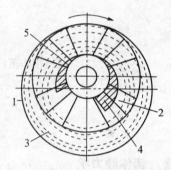

1—外壳;2—叶轮;3—水环;
4—吸入口;5—排出口

图 1 - 45　水环真空泵

3. 喷射泵

喷射泵是利用高速流体射流时压强能向动能转换所造成的真空来抽送流体的,它既可用来抽送气体,也可用来抽送液体。在化工生产中,喷射泵常用于抽真空,故又称为喷射真空泵。

喷射泵的工作流体可以是水蒸气也可以是水,前者称为蒸汽喷射泵,后者称为水喷射泵。图 1 - 46 所示的是单级蒸汽喷射泵。工作蒸汽以很高的速度从喷嘴喷出,在喷射过程中,蒸汽的静压能转变为动能,产生低压,从而将气体吸入。吸入的气体与蒸汽混合后进入扩散管,使部分动能转变为静压能,而后从压出口排出。

单级蒸汽喷射泵可达到 90% 的真空度,若要获得更高的真空度,可采用多级蒸汽喷射泵。

喷射泵的主要优点是结构简单、制造方便,可用各种耐腐蚀材料制造,无需传动装置。主要缺点是效率低,只有 10%~25%。由于被抽送流体与工作流体混合,喷射真空泵的应用范围受到一定限制。

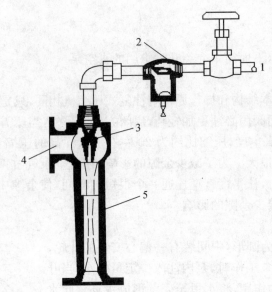

1—工作蒸汽入口;2—过滤器;3—喷嘴;4—吸入口;5—扩散管

图 1-46 单级蒸汽喷射真空泵

习题

流体静力学

1-1 常温的水在本题附图所示的实验装置中流动,在异径水平管段两截面(1-1′、2-2′)连一倒置 U 形管压差计,压差计读数 R=200 mm。试求两截面间的压强差。

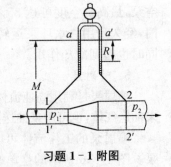

习题 1-1 附图

1-2 一敞口贮槽内盛 20 ℃的苯,苯的密度为 880 kg/m³。液面距槽底 9 m,槽底侧面有一直径为 500 mm 的人孔,其中心距槽底 600 mm,人孔上安装有孔盖。试求:(1) 人孔盖共受多少液柱静压力,单位以牛顿表示;(2) 槽底面所受压强为多少帕?

1-3 在本题附图所示的密闭容器 A 与 B 内,分别盛有水和密度为 810 kg/m³ 的某溶液,A、B 间由一水银 U 形管压差计相连。

(1) 当 $p_A = 29 \times 10^3$ Pa(表压)时,U 形管压差计读数 R=0.25 m,h=0.8 m。试求容器 B 内的压强 p_B。

(2) 当容器 A 液面上方的压强减小至 20×10^3 Pa(表压),而

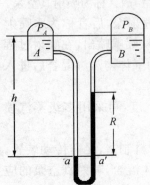

习题 1-3 附图

p_B 不变时, U 形管压差计的读数为多少?

1-4　常温的水在本题附图所示的管道中流过, 为了测量 $a-a'$ 与 $b-b'$ 两截面间的压强差, 安装了两个串联的 U 形管压差计, 压差计中的指示液为汞。两 U 形管的连接管内充满了水, 指示液的各个液面与管道中心线的垂直距离为: $h_1 = 1.2$ m、$h_2 = 0.3$ m、$h_3 = 1.3$ m、$h_4 = 0.35$ m。试根据以上数据计算 $a-a'$ 及 $b-b'$ 两截面间的压强差。

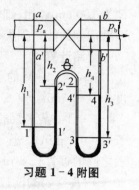

习题 1-4 附图

流体流动基本方程

1-5　精馏塔进料量为 $W_h = 50000$ kg/h, $\rho = 960$ kg/s, 其他性质与水接近。试选择适宜管径。

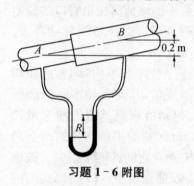

习题 1-6 附图

1-6　水以 60 m³/h 的流量在本题附图所示倾斜管中流过, 此管内径由 100 mm 突然扩大到 200 mm。A、B 两点的垂直距离为 0.2 m。在此两点间连接一 U 形压差计, 指示液为四氯化碳, 其密度为 1630 kg/m³。忽略阻力损失, 试求:
(1) U 形管两侧的指示液液面哪侧高, 相差多少 mm?
(2) 若将上述扩大管路改为水平放置, 压差计的读数有何变化?

1-7　20 ℃的水以 2.5 m/s 的流速流经 $\phi108 \times 4$ mm 的水平管, 此管以锥形管与另一 $\phi53 \times 3$ mm 的水平管相连。如本题附图所示, 在锥形管两侧 A、B 处各插一垂直玻璃管以观察两截面的压强。若水流经 A、B 两截面间的能量损失为 1.5 J/kg, 求两玻璃管的水面差(以 mm 计)。

1-8　如本题附图所示, 高位槽内的水面高于地面 8 m, 水从 $\phi108 \times 4$ mm 的管道中流出, 管路出口高于地面 2 m。在本题特定条件下, 水流经系统的能量损失可按 $\sum h_f = 6.5u^2$ 计算, 其中 u 为水在管内的流速, m/s。试计算: (1) A-A′ 截面处水的流速; (2) 水的流量, 以 m³/h 计。

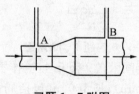

习题 1-7 附图

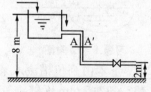

习题 1-8 附图

流体流动阻力

1-9　在习题 1-1 附图所示的实验装置中, 于异径水平管段两截面间连一倒置 U 形管压差计, 以测量两截面之间的压强差。当水的流量为 10800 kg/h 时, U 形管压差计读数

R 为 100 mm。粗、细管的直径分别为 $\phi60\times3.5$ mm 与 $\phi42\times3$ mm。计算:(1) 1 kg 水流经两截面间的能量损失;(2) 与该能量损失相当的压强降为多少帕?

管路计算

1-10　10 ℃的水以 500 L/min 的流量过一根长为 300 m 的水平管,管壁的绝对粗糙度为 0.05 mm。有 6 m 的压头可供克服流动的摩擦阻力,试求管径的最小尺寸。

1-11　某水泵的吸入口与水池液面的垂直距离为 3 m,吸入管直径为 50 mm 的水煤气管($\varepsilon=0.2$ mm)。管下端装有一带滤水网的底阀,泵吸入口附近装一真空表。底阀至真空表之间的直管长 8 m,其间有一个 90°标准弯头。当泵的吸水量为 20 m³/h、操作温度为 20 ℃时真空表的读数为多少 kPa?

1-12　本题附图所示,用压缩空气将密闭容器(酸蛋)中的硫酸压送至敞口高位槽。输送流量为 0.1 m³/min,输送管路为 $\phi38\times3$ mm 无缝钢管。酸蛋中的液面离压出管口的位差为 10 m,在压送过程中设为不变。管路总长 20 m,有一个闸阀(全开),8 个 90 ℃标准弯头。求压缩空气所需压强(表压)。

1-13　用效率为 80%的齿轮泵将黏稠的液体从敞口槽送至密闭容器内,两者液面均维持恒定,容器顶部压强表的读数为 30×10^3 Pa。用旁路调节流量,其流程如本题附图所示。主管流量为 14 m³/h,管径为 $\phi66\times3$ mm,管长为 80 m(包括所有局部阻力的当量长度)。旁路的流量为 5 m³/h,管径为 $\phi32\times2.5$ mm,管长为 20 m(包括除了阀门外的所有局部阻力的当量长度)。两管路的流型相同,忽略贮槽液面至分支点 0 之间的能量损失。被输送液体的黏度为 50 mPa·s,密度为 1100 kg/m³。试计算:(1) 泵的轴功率;(2) 旁路阀门的阻力系数。

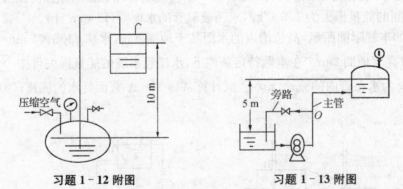

习题 1-12 附图　　　　习题 1-13 附图

1-14　在 20 ℃下苯由高位槽流入某容器中,其间液位差 5 m 且视作不变,两容器均为敞口。输送管为 $\phi32\times32.5$ mm 无缝钢管($\varepsilon=0.05$ mm),长 100 m(包括局部阻力的当量长度),求流量。

流量测量

1-15　在 $\phi 38 \times 2.5$ mm 的管路上装有标准孔板流量计,孔板的孔径为 16.4 mm,管中流动的是 20 ℃的甲苯,采用角接取压法,用 U 形管压差计测量孔板两侧的压强差,以水银为指示液,测压连接管中充满甲苯。现测得 U 形管压差计的读数为 600 mm,试计算管中甲苯的流量。

1-16　有一测空气的转子流量计,其流量刻度范围为 400～4000 L/h,转子用铝制成(密度 2670 kg/m³),今用其测定常压、20 ℃二氧化碳,试问能测得的最大流量为多少?

离心泵的特性

1-17　池中常温下的水送至吸收塔顶部,贮液池水面维持恒定,各部分的相对位置如本题附图所示。输水管的直径为 $\phi 76 \times 3$ mm,排水管出口喷头连接处的压强为 6.15×10^4 Pa(表压),送水量为 34.5 m³/h,水流经全部管道(不包括喷头)的能量损失为 160 J/kg,试求泵的有效功率。

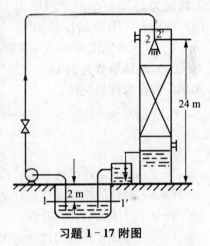

习题 1-17 附图

1-18　某离心泵在做性能实验时以恒定转速工作,当流量为 71 m³/h 时,泵吸入口真空表读数为 0.029 MPa,泵压出口压强计读数为 0.31 MPa。两测压点的位差不计,泵进、出口管径相同。测得此时泵的轴功率为 10.4 kW,试求泵的扬程及效率。

离心泵工作点及流量调节

1-19　用离心泵将水池中 20 ℃清水输送至敞口高位槽。已知吸入管直径 $\phi 70 \times 3$ mm,管长 15 m,压出管直径 $\phi 60 \times 3$ mm,管长 80 m(管长均包括局部阻力的当量长度),摩擦系数均为 0.03,水池液面与高位槽液面垂直高度差为 12 m。已知离心泵的特性曲线为 $H_e = 30 - 6 \times 10^5 q_v^2$(其中 H_e 单位为 m,q_v 单位为 m³/s),试求管路流量。

1-20　某输水管路,已知管路特性方程为 $H_e = 12 + 0.5 \times 10^5 Q_e^2$,泵的特性方程为 $H = 26 - 0.4 \times 10^6 Q^2$,比较两台型号相同泵并联和串联时送水量分别是单台泵送水量的多少倍?

离心泵的选型及的安装高度

1-21　用某离心泵以 40 m³/h 的流量将贮水池中 65 ℃的热水输送到凉水塔顶,并经喷头喷出而落入凉水池中,以达到冷却的目的。已知在进水喷头之前需要维持 49 kPa 的表压强,喷头入口较热水池水面高 6 m。吸入管路和排出管路中压头损失分别为 1 m 和 3 m,管路中的动压头可以忽略不计。试选用合适的离心泵,并确定泵的安装高度。当地大气压按 101.33 kPa 计。

1-22　用离心泵从贮罐向反应器输送液态异丁烷。贮罐内异丁烷液面恒定,其上方绝对压力为 6065 kgf/cm²。泵位于贮罐液面以下 1.5 m 处，吸入管路的全部压头损失为 1.6 m。异丁烷在输送条件下的密度为 530 kg/m³，饱和蒸汽压为 6.5 kgf/cm²。在泵的性能表上查得，输送流量下泵的允许汽蚀余量为 3.5 m。试确定该泵安装高度是否合理。

气体输送设备

1-23．15 ℃的空气直接由大气进入风机再通过内径为 800 mm 的水平管道送到炉底，炉底的表压为 10.8 kPa。空气输送量为 20000 m³/h(进口状态计)，管长为 100 mm(包括局部阻力的当量长度)，管壁的绝对粗糙度可取为 0.3 mm。现库存一台离心通风机，其铭牌上转速为 1450 r/min，全风压为 12.65 kPa，风量为 2.18×10⁴ m³/h。核算此风机是否合用？当地大气压为 101.33 kPa。

1-24　将温度为 20 ℃，流量为 40 m³/min 的空气，从 101 kPa 压缩至 450 kPa(均为绝对压力)，绝热指数为 1.4，试求空气绝热压缩后的温度，并求等温压缩和绝热压缩所需理论功率。假设为理想气体。

思考题

1-1　什么是连续性假定？质点的含义是什么？

1-2　黏性的物理本质是什么？为什么温度上升，气体黏度上升，而液体黏度下降？

1-3　静压强有什么特性？

1-4　为什么高烟囱比低烟囱排烟效果好？

1-5　层流与湍流的本质区别是什么？

1-6　雷诺数的物理意义是什么？

1-7　如本题附图所示，高位槽 A 内的液体通过一等径管路流入槽 B。在管线上装有阀门，阀前后分别装有压力表。假设槽 A、B 液面维持不变，阀前、后管长分别为 L_1 和 L_2。现将阀门关小，试分析管内流量及 1、2 处压力表读数如何变化。

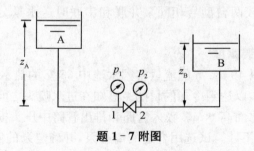

题 1-7 附图

1-8　是否在任何管路中,流量增大则阻力损失就增大;流量减少则阻力损失就减小? 为什么?

1-9　何谓"气缚"现象? 产生此现象的原因是什么? 如何防止发生"气缚"?

1-10　离心泵的扬程受哪些因素影响?

1-11　为有效提高离心泵的出口静压能,可采取哪些措施?

1-12　管路特性方程 $H = H_0 + Kq_V^2$ 中 H_0 与 K 的大小受哪些因素影响?

1-13　离心泵的工作点是如何确定的? 泵的流量调节方法有哪几种?

1-14　何谓泵的汽蚀? 如何防止发生"汽蚀"?

1-15　往复泵有无"汽蚀"现象?

1-16　何为通风机的全风压? 其单位是什么? 通风机的全风压与静风压及动风压有什么关系?

 **工程案例**

催化裂化装置烟气轮机的工作原理及其技术改造

烟气轮机(又称烟气透平,简称烟机)是以高温烟气为工质,利用其热能及压力能做功的旋转机械,而再利用烟气透平产生的机械能带动主风机或发电机等设备工作或发电,达到回收能量的目的。

1. 烟气轮机及其工作原理

烟气轮机的最基本的工作单元是静叶和轮盘上装有动叶的工作轮,工作单元也称为"级"。如果整台烟气轮机只有一个级,称为单级烟气轮机;如果整台烟气轮机包含有两个级,则称为两级烟气轮机;二级以上则称为多级烟气轮机。两级烟气轮机的效率要比单级烟气轮机的要高。目前,国内制造的两级烟气轮机的效率约为 83%,而单级烟气轮机的效率约为 78%。

烟气在级内轴向流动的称为轴流式烟气轮机。通常所见的大多数烟气轮机为轴流式,因为轴流式容许流过的工质流量较大,结构上易做成多级型式,能够满足高膨胀比和大功率要求,效率又较高。此外,轴向进气可使烟气进入烟气轮机时能稳定流动,以确保烟气中的催化剂颗粒均匀分布。烟气在级内径向流动的称为径流式烟气轮机(或称向心式)。径流式烟气轮机适宜用于小功率场合,但它存在着离心分离作用,容易产生颗粒集中的倾向,入口压力损失较大。

图1、图2分别是我国制造的 YLI 型单级轴流式烟气轮机外形图和剖面图。图3、图4分别是 YLII 型两级轴流式烟气轮机外形图和剖面图。

图1 YLI型单级轴流式烟气轮机外形图

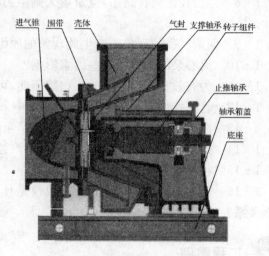

图2 YLI型单级轴流式烟气轮机剖面图

图3 YLⅡ型两级轴流式烟气轮机外形图

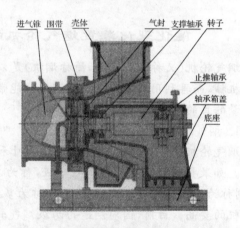

图4 YLⅡ型两级轴流式烟气轮机剖面图

　　烟气轮机是将烟气的热能和压力能转变为转轴上的机械能的原动机。级是烟气轮机最基本的工作单元。它主要由一列静叶片和一列动叶片组成。图5表示烟机某一级的热力参数变化情况，静叶片前截面(即级进口截面)用0-0表示，静叶片和动叶片之间的截面用1-1表示，而动叶片后截面(即级出口截面)用2-2表示。这三个截面通常称为级的特征截面，其气流参数分别注以下标0、1和2表示。

　　在静叶流道内，烟气在喷嘴中膨胀，把热能和压力能转变成动能，这时烟气压力由P_0膨胀到P_1，温度由T_0下降到T_1，气流速度相应地由C_0升至C_1。在动叶流道内，烟气从静叶以很高的速度喷向动叶，在动叶流道内顺着流道的形状逐渐改变其流动方向。由于气流发生转向，动叶必然有一个力作用于气流，反之气流也一定有一个与之相应的作用力F作用在动叶上，这

个力在周向的分力 F_u 就推动工作轮不断地旋转,并输出机械功,这就是烟气的热势能转换成转轴上的机械功过程。F 在轴向的分力 F_a,必须要由轴向止推轴承来承受,以避免产生过大的轴向位移。

在气体流动特性的研究中知道,气体作加速流动时,其流动损失要比作非加速流动时小,因此在设计中往往要使烟气在动叶的流道中有一定的加速。这样,当一股加速气流自动叶喷出时,就会类似于喷气发动机尾部喷管中的喷气流一样,也会产生推力,而推动工作轮旋转获得机械功。所以,烟气在动叶栅中加速流动,不仅可改善流动状态,同时也可获得一部分机械功,这时动叶中气流的压力由 P_1 膨胀到 P_2,温度由 T_1 下降到 T_2,而相对速度由 w_1 增加到 w_2。

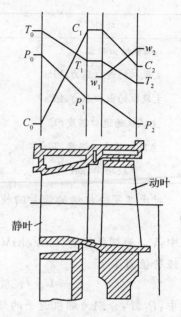

图 5　级中气流参数的变化情况

2. 烟气轮机组的技术改造及节能分析

某石油化工公司催化裂化装置的烟气轮机组为三机组的配置,离心式主风机和齿轮箱置于同一联合钢制底座上,烟气轮机及电动机分别置于各自的单独钢制底座上。机组配置形式为:烟气轮机、主风机、齿轮箱和电动机。在装置停工检修时,为实现装置节能降耗、提高经济效益的目的,对此烟机轮机三机组也进行了技术改造。根据改造后的生产要求,并结合装置的实际情况,对烟气轮机组实施改造如下:在对机组土建基础尽可能少改动的基础上,更换烟机、主风机和联轴器,更换原齿轮箱的齿轮副,利旧原主电机。

表 1　改造前后主要设备的型号对比

项目	改造前	改造后
烟机型号	YL-3000B 型	YL-5000B 型
主风机型号	D-800-315 型	MCL-904-20 型

表 2　改造前后的参数对比

项目	2004.5.18(改造前)	2010.8.25(改造后)
主风流量,Nm³/h	53000	68000
烟气流量,Nm³/h	60950	78200
烟机的进口压力,kPa	143	174
烟机的出口压力,kPa	108	108
烟机的进口温度,℃	652	669

项目	2004.5.18(改造前)	2010.8.25(改造后)
烟机的出口温度,℃	535	530
主风机的进口压力,kPa	98	98
主风机的出口压力,kPa	328	382
主风机的进口温度,℃	29	43
主风机的出口温度,℃	195	241
电机功率,kW	1700	1450

对于烟气轮机组的能量回收可用下列经验式进行计算:

$$V_{烟} = ü \times V_{风} \tag{1}$$

式中:$V_{烟}$ 为烟气流量,Nm^3/h;$V_{风}$ 为主风流量,Nm^3/h;$ü$ 为烟风比,经验值在 1.1－1.2,可取经验值为 1.15。

$$E = V_{烟}/(3600 \times 22.4) \times R \times T_m \times \ln(P_1/P_2) \times § \tag{2}$$

式中:P_1、P_2 分别为烟机透平的烟气进出口压力,MPa;T_m 为烟机透平的烟气进出算术平均温度,K;$§$ 为烟机的效率,约 75％～85％。

则烟气轮机组改造前的烟机回收能量计算如下:

烟机的效率 $§$ 取经验值 0.80。

$$\begin{aligned}
E &= V_{烟}/(3600 \times 22.4) \times R \times T_m \times \ln(P_1/P_2) \times § \\
&= (53000 \times 1.15)/(3600 \times 22.4) \times 8.314 \times (652 + 273.5 + 535 \\
&\quad + 273.5)/2 \times \ln(0.143/0.108) \times 0.80 \\
&= 1063.9(kW)
\end{aligned}$$

改造后的烟机回收能量计算如下:

烟机的效率 $§$ 仍然取经验值 0.80。

$$\begin{aligned}
E' &= V'_{烟}/(3600 \times 22.4) \times R \times T'_m \times \ln(P'_1/P'_2) \times § \\
&= (68000 \times 1.15)/(3600 \times 22.4) \times 8.314 \times (669 + 273.5 + 530 \\
&\quad + 273.5)/2 \times \ln(0.174/0.108) \times 0.80 \\
&= 2685.4(kW)
\end{aligned}$$

$$\Delta E = 2685.4 - 1063.9 = 1621.5(kW)$$

装置在改造后,仅烟气轮机组的改造一项,烟机每小时可回收能量达 2685.4 kW,较改造前可每小时节约能耗约 1621.5 kW,有效地提高了对高温烟气热的利用率。

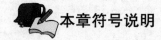 **本章符号说明**

英文字母

a——活塞杆截面积，m^2；

A——流体剪应力作用面积，m^2；

A——活塞截面积，m^2；

A_f——转子最大部分截面积，m^2；

A_R——转子与玻璃管间环隙截面积，m^2；

C——流量系数；

C_0——孔板流量计流量系数；

C_R——转子流量计流量系数；

d——管道直径，m；

d_e——当量直径，m；

D_2——离心泵叶轮外径，m；

F——流体的内摩擦力，N；

g——重力加速度，m/s^2；

G——质量流速，$kg/(m^2 \cdot s)$；

h——高度，m；

h_d——风机的动压，Pa；

h_f——单位质量流体的机械能损失，J/kg；

h_f'——局部损失能量，J/kg；

H——外界输入压头或泵的扬程，m；

H_d——风机的动风压，Pa；

H_e——有效压头，m；

H_f——单位重量流体的机械能损失，m；

H_g——离心泵的安装高度，m；

H_{st}——风机的静风压，Pa；

H_T——风机的全风压，Pa；

K——管路特性系数；

l——长度，m；

l_e——当量长度，m；

m——质量，kg；

m——多变指数；

M——摩尔质量，kg/mol；

n——离心泵的转速，r/min；

n——活塞的往复次数，$1/min$；

N——泵或压缩机的轴功率，kW；

N_e——泵或压缩机的有效功率，kW；

$NPSH$——离心泵的汽蚀余量，m；

p——压强，Pa；

p_a——当地大气压，Pa；

p_v——液体的饱和蒸汽压，Pa；

q_V——体积流量，m^3/s；

q_m——质量流量，kg/s；

R——气体常数，$J/(kmol \cdot K)$；

R——液柱压差计读数，m；

Re——雷诺数；

S——活塞冲程，m；

T——热力学温度，K；

u——流速，m/s；

u_r——皮托管管口流速，m/s；

u_0——孔板流量计小孔流速，m/s；

v——比容，m^3/kg；

V——体积，m^3；

W——1 kg 流体通过输送设备获得的能量，J/kg；

y——气相摩尔分数；

z——1 kg 流体具有的位能。

希腊字母

α——斜管压差计倾斜角；

β——流体的压缩系数；

δb——层流内层厚度,m;　　　　ρ——密度,kg/m³;

μ——黏度,Pa·s 或 cP;　　　　τ——剪应力,Pa;

ε——绝对粗糙度,mm;　　　　κ——绝热指数;

υ——运动黏度,m²/s 或 cSt;　　λ——摩擦系数;

ξ——局部阻力系数;　　　　　ω——质量分数。

η——效率;

**参考文献**

[1] 陈敏恒,丛德滋,等.化工原理(上册)[M].3 版.北京:化学工业出版社,2006.

[2] 柴诚敬.化工原理(上册)[M].2 版.北京:高等教育出版社,2010.

[3] 王志魁.化工原理[M].3 版.北京:化学工业出版社,2004.

[4] 陈敏恒,潘鹤林,齐鸣斋.化工原理(少学时)[M].上海:华东理工大学出版社,2008.

[5] 姚玉英.化工原理(上册)[M].天津:天津科学技术出版社,1995.

[6] 厉玉鸣.化工仪表及自动化[M].4 版.北京:化学工业出版社,2006.

[7] 时钧等.化学工程手册(上卷)[M].北京:化学工业出版社,1996.

[8] 关醒凡.现代泵技术手册[M].北京:宇航出版社,1995.

第2章 非均相混合物的分离

一、学习目的

通过本章学习,熟悉、掌握和了解非均相混合物分离的基本原理、计算方法、典型设备的结构,以及其在工业中的应用等。

二、学习要点

重点掌握沉降(包括重力沉降和离心沉降)过程的基本原理,沉降速度的计算,以及恒压过滤基本方程式及其应用,过滤常数的测定方法。

掌握颗粒床层的特性、重力沉降设备的结构和工作计算,过滤操作基本原理和板框压滤机的操作方法。

一般了解非均相混合物分离的相关概念、旋风分离器的工作原理及常用过滤设备的结构、工作原理及操作方法。

§2.1 概　述

自然界中的混合物可分为均相混合物和非均相混合物。若混合物内部各处组成均匀且没有相界面的体系,则称为均相混合物或均相物系。若混合物内部存在相界面,且界面两侧的物质组分具有不同的物理性质(如密度),则称为非均相混合物或非均相物系。非均相混合物中,处于分散状态的物质(如流体中悬浮的固体颗粒、液滴或气泡),称为分散相或分散物质;包围分散物质且处于连续状态的物质称为连续相或分散介质(如含有悬浮颗粒的流体)。根据连续相的状态,非均相混合物可以分为两种类型:① 气态非均相混合物,如含尘气体、含雾气体等;② 液态非均相混合物,如悬浮液、乳浊液及泡沫液等。

非均相混合物的分离是依据两相间物理性质(如密度等)的差异性,利用分散相和连续相间的相对运动完成分离操作。由于非均相混合物中分散相和连续相具有不同的物理性质,工业上一般采用机械方法进行分离。按两相运动方式的不同,机械分离通常可分为沉降和过滤两类单元操作过程。

(1)沉降　在外力作用下,利用分散相与连续相的密度差异,使之发生相对运动而分离的过程。沉降又可根据力的性质分为重力沉降和离心沉降。

（2）过滤　以多孔物质为分离介质，在外力的作用下，使悬浮液中液体通过介质的孔道，而固体颗粒被截留在介质上，从而实现固液分离的过程。

在实际化工生产过程中，常用离心机、过滤机、旋风分离器和袋滤器等设备，达到分离非均相混合物的目的。

（1）回收分散物质　例如从硫铁矿石焙烧后炉气中回收含铁的氧化物，来作为炼铁原料；又如从催化反应器出来的气体中回收夹带的催化剂颗粒再生后循环使用。

（2）净化分散介质　例如用以净化含泥沙等固体悬浮物的水质。

（3）减少环境污染　例如为保护生态环境，煤、石油加工各工段产生的含硫化物、氮氧化物的废气必须进行处理，达到工业排放标准。

§2.2　重力沉降

2.2.1　颗粒的特性

1. 球形颗粒

球形颗粒具有良好的对称结构，可作为典型形状研究它在流体中做相对运动时的参量的各种变化。球形颗粒通常用直径（粒径）d 来表示，它的体积、表面积和比表面积为：

体积

$$V = \frac{\pi}{6}d^3 \tag{2-1}$$

表面积

$$S = \pi d^2 \tag{2-2}$$

比表面积

$$a = 6/d \tag{2-3}$$

式中：d 为颗粒直径，m；V 为球形颗粒的体积，m^3；S 为球形颗粒的表面积，m^2；a 为比表面积（单位体积颗粒具有的表面积），m^2/m^3。

2. 非球形颗粒

工业中遇到的固体颗粒通常以非球形居多。非球形颗粒一般可用 d_e 来表示颗粒的当量直径，用球形度 Φ_s 来表征其形状特点。

（1）体积当量直径 d_e　与实际颗粒体积等效的球形颗粒的直径作为当量直径。

$$d_e = \sqrt[3]{\frac{6V_p}{\pi}} \tag{2-4}$$

式中：d_e 为体积当量直径，m；V_p 为非球形颗粒的实际体积，m^3。

非球形颗粒当量直径的计算还可以采用表面积等效、比表面积等效方法。三种方法得到的当量直径在数值上是不相等的。

（2）球形度　球形度 Φ_s 又称形状系数，它表征颗粒的形状与球形的差异程度。

$$\Phi_s = \frac{S}{S_p} \qquad (2-5)$$

式中：Φ_s 为颗粒的形状系数或球形度；S_p 为颗粒的表面积，m^2；S 为与该颗粒体积相等的圆球的表面积，m^2。

由于体积相同时球形颗粒的表面积最小，因此球形颗粒的 Φ_s 为 1，非球形颗粒的 Φ_s 皆小于 1。颗粒形状与球形相差越大，Φ_s 值越小。

2.2.2　球形颗粒的自由沉降

球形颗粒（分散相）的密度大于流体（连续相）的密度时，利用固体颗粒本身的重力作用沉降下来，以达到分离混合物的目的，称为重力沉降。重力沉降可分为自由沉降和干扰沉降两类。若沉降过程中颗粒不受到其他颗粒或器壁的干扰，则称为自由沉降；反之若沉降物系中分散相较多，颗粒之间距离较近，颗粒在沉降中相互之间发生碰撞干扰或受到器壁的干扰，则称为干扰沉降。

1. 自由沉降速度

球形颗粒在静止流体中进行自由沉降时，受到三个力的作用，分别为重力、浮力和阻力，如图 2-1 所示。令颗粒的密度为 ρ_s，直径为 d，流体的密度为 ρ，则有

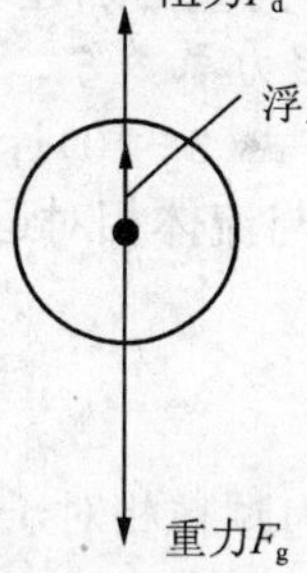

重力

$$F_g = \frac{\pi}{6} d^3 \rho_s g \qquad (2-6)$$

浮力

$$F_b = \frac{\pi}{6} d^3 \rho g \qquad (2-7)$$

图 2-1　沉降颗粒的受力情况

阻力则为颗粒在流体中做相对运动时，因流体的黏度而产生的摩擦阻力，也称为曳力。当流体的密度为 ρ，阻力

$$F_d = \xi A \frac{\rho u^2}{2} \qquad (2-8)$$

式中：ξ 为阻力系数，量纲为 1；A 为颗粒在垂直于其运动方向的平面上的投影面积，$A = \frac{\pi}{4} d^2$，m^2；u 为颗粒相对于流体的运动速度，m/s。

这三个力同为 y 轴方向力，其中重力方向向下，浮力方向向上，阻力方向与颗粒运动方向相反，即方向向上。三者的合力等于颗粒的质量与加速度 a 的乘积，即

$$\sum F = F_g - F_b - F_d = ma \tag{2-9}$$

或

$$\frac{\pi}{6}d^3(\rho_s - \rho)g - \xi\frac{\pi}{4}d^2\left(\frac{\rho u^2}{2}\right) = \frac{\pi}{6}d^3\rho_s a \tag{2-9a}$$

式中:m 为颗粒的质量,kg;a 为加速度,m/s^2。

当流体和颗粒的条件一定时,重力和浮力也随之恒定,但颗粒阻力则随颗粒与流体的相对运动速度增加而增加。球形颗粒开始沉降的瞬间,颗粒速度 u 为 0,故阻力 F_d 也为 0,此时合力 $\sum F$ 最大,因此加速度 a 具有最大值。颗粒开始沉降后,阻力 F_d 随颗粒运动速度 u 的增大而增大,此时合力 $\sum F$ 逐渐减小,加速度 a 也随之减小。当 u 增大一定值后,阻力、浮力与重力达到平衡,合力 $\sum F$ 为 0,加速度 a 也为 0,颗粒便开始作匀速沉降运动,而此时的速度就称为颗粒的自由沉降速度或终端速度,用 u_t 表示。由此可见,静止流体中颗粒的沉降过程可分为两个阶段,起初为加速阶段,而后为等速阶段。等速阶段沉降速度 u_t 的关系式由式(2-9a)推导,当 $a=0$ 时,$u=u_t$,则

$$u_t = \sqrt{\frac{4gd(\rho_s - \rho)}{3\xi\rho}} \tag{2-10}$$

式中:u_t 为颗粒的自由沉降速度,m/s;d 为颗粒直径,m;ρ_s、ρ 分别为颗粒和流体的密度,kg/m^3;g 为重力加速度,m/s^2。

2. 阻力系数 ξ

用公式(2-10)计算沉降速度时,需要确定阻力系数 ξ。通过量纲分析法可知,阻力系数 ξ 是颗粒与流体相对运动时雷诺数 Re_t 的函数,即为

$$\xi = f(Re_t) \tag{2-11}$$

$$Re_t = \frac{du_t\rho}{\mu} \tag{2-12}$$

式中:u_t 为颗粒相对于流体的运动速度,m/s。

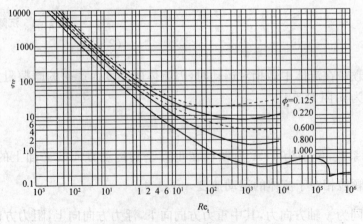

图 2-2　ξ-Re_t 关系曲线

ξ的数值由实验测得,结果如图2-2所示。由图2-2看出,球形颗粒($\Phi_s=1$)的曲线按Re_t值大致分为三个区域,各区域曲线的关系式表达为:

① 层流区或斯托克斯(Stokes)区($10^{-4}<Re_t<1$)

$$\xi = \frac{24}{Re_t}$$

(2-13)

② 过渡区或艾伦(Allen)区 ($1<Re_t<10^3$)

$$\xi = \frac{18.5}{Re_t^{0.6}}$$

(2-14)

③ 湍流区或牛顿(Newton)区($10^3<Re_t<2\times10^5$)

$$\xi = 0.44$$

(2-15)

2.2.3　自由沉降速度计算

1. 各区域自由沉降速度的计算方法

将不同区域沉降区域的阻力系数ξ值代入沉降速度u_t的计算公式(2-10),则可得到相应区域的沉降速度公式,即

① 层流区($10^{-4}<Re_t<1$)

$$u_t = \frac{d^2(\rho_s - \rho)g}{18\mu}$$

(2-16)

式(2-16)又称为斯托克斯公式。

② 过渡区($1<Re_t<10^3$)

$$u_t = 0.27\sqrt{\frac{d(\rho_s - \rho)g}{\rho}Re_t^{0.6}}$$

(2-17)

式(2-17)又称为艾伦公式。

③ 湍流区($10^3<Re_t<2\times10^5$)

$$u_t = 1.74\sqrt{\frac{d(\rho_s - \rho)g}{\rho}}$$

(2-18)

式(2-18)又称为牛顿公式。

由上述计算公式可知,在计算连续相中球形颗粒的沉降速度时,需要知道沉降雷诺数Re_t值才能选用相应的计算式。但是,u_t为待求量,所以Re_t值也为未知量。因此,沉降速度u_t的需要用试差法进行计算。即先假设沉降在层流区、过渡区或湍流区内的某一个区域进行(如在层流区),选用该区域内相应的沉降速度计算公式计算出u_t,然后用u_t检验Re_t值是否在原设的区域范围内。如果结果与原设区域一致,则求得的u_t有效。否则,需按算出的Re_t值另选区域,并改用相应的公式求u_t,直到按求得u_t算出的Re_t值恰与所选用公式的Re_t值范围相符为止。

【例2-1】　有一密度为2650 kg/m³、直径为0.05 mm的石英颗粒在20 ℃的空气中自

由沉降,试求其沉降速度。

解: 假设在层流区,则应用式(2-16)有

$$u_t = \frac{g d_{pc}^2 (\rho_p - \rho)}{18\mu} = \frac{9.81 \times (0.05 \times 10^{-3})^2 \times (2650 - 1.205)}{18 \times 18.1 \times 10^{-6}} = 0.2 (\text{m/s})$$

$$Re = \frac{d_p u_t \rho}{\mu} = \frac{0.05 \times 10^{-3} \times 0.2 \times 1.205}{18.1 \times 10^{-6}} = 0.66$$

$10^{-4} < 0.66 < 1$,属于层流区,与假设相符,所以沉降速度为 0.2 m/s。

2. 影响沉降速度的因素

(1)颗粒形状的影响　非球形颗粒在连续相中做相对运动时,由于表面摩擦和形体产生的阻力较大,其阻力系数比球形颗粒大,因此沉降速度比球形颗粒小。沉降速度可以用体积等效法的当量直径代替球形颗粒的直径进行计算。

(2)介质的影响　流体的状态、密度、黏度等因素会影响固体颗粒沉降时受到的阻力和浮力,流体密度、黏度越大,颗粒运动过程中阻力也随之增大,导致沉降速度减小。混合物所处的环境,如温度(密度、黏度受其影响显著)、压力、颗粒浓度也会对沉降速度造成影响。

(3)设备影响(壁效应)　当颗粒靠近固体器壁位置沉降时,由于器壁的影响,其沉降速度比自由沉降速度小,这种影响称为壁效应。当固体器壁的尺寸远远大于颗粒尺寸(例如在100倍以上),器壁效应可以忽略。

2.2.4　重力沉降设备

1. 降尘室

利用重力沉降从气流中分离出固体尘粒的设备称为降尘室。

(1)单层降尘室　图2-3(a)所示为最典型的水平流动降尘室,是最常见的单层降尘室。含尘气体进入降尘室后,流道截面积扩大后速度减小,只要颗粒能够在气体通过降尘室的时间内降至室底,便可从气流中分离出来。图2-3(b)表明了颗粒在降尘室内的运动情况。

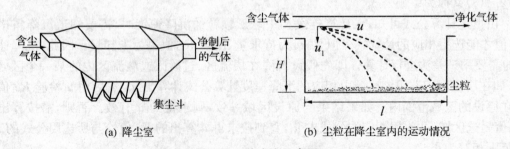

(a) 降尘室　　　　　　　　　(b) 尘粒在降尘室内的运动情况

图 2-3　降尘室示意图

其中,l 为降尘室的长度,m;H 为降尘室的高度,m;b 为降尘室的宽度,m;u 为气体在降尘

室的水平通过速度，m/s；V_s 为降尘室的生产能力（即含尘气通过降尘室的体积流量），m³/s。

颗粒在降尘室中的停留时间

$$\theta = \frac{l}{u} \qquad (2-19)$$

颗粒从降尘室最高点沉降至室底需要的沉降时间

$$\theta_t = \frac{H}{u_t} \qquad (2-20)$$

颗粒被分离出来的条件为：停留时间 $\theta \geqslant$ 沉降时间 θ_t，即

$$\theta \geqslant \theta_t \ \text{或} \ \frac{l}{u} \geqslant \frac{H}{u_t} \qquad (2-21)$$

气体在降尘室内的水平通过速度为

$$u = \frac{V_s}{Hb} \qquad (2-22)$$

将此式代入式(2-21)并整理，得单层降尘室的生产能力为

$$V_s \leqslant blu_t \qquad (2-23)$$

式(2-23)表明，降尘室的生产能力与降尘室的沉降面积 bl 及颗粒的沉降速度 u_t 有关，而与降尘室的高度 H 无关。

颗粒在降尘室中的沉降速度为

$$u_t \geqslant \frac{V_s}{bl} \qquad (2-24)$$

含尘颗粒大小不一，颗粒大的沉降速度快，颗粒小的沉降速度慢。设其中有一种粒径正好满足沉降分离条件 $\theta = \theta_t$，则此时沉降速度为

$$u_{tc} = \frac{V_s}{bl} \qquad (2-25)$$

符合此条件的粒径称为降尘室能 100% 除去的最小粒径，又称为临界粒径，用 d_c 表示。u_{tc} 为临界粒径的沉降速度。

若沉降过程处于层流区，则临界粒径 d_c 为

$$d_c = \sqrt{\frac{18\mu u_{tc}}{(\rho_s - \rho)g}} \qquad (2-26)$$

（2）多层降尘室　因降尘室的生产能力只与其沉降面积 bl 及颗粒的沉降速度 u_t 有关，与降尘室高度 H 无关，为增大降尘室的处理能力，故常将降尘室设计成扁平形，或在室内均匀设置多层水平隔板，构成多层降尘室，如图 2-4 所示。隔板间距一般为 40～100 mm。

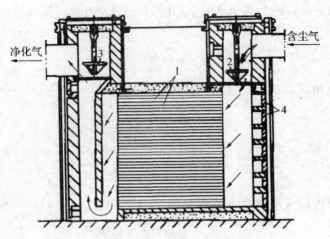

净化气

含尘气

图 2 - 4 多层降尘室

若降尘室设置 n 层水平隔板,则多层降尘室的生产能力为

$$V_s \leqslant (n+1)blu_t \tag{2-27}$$

含尘气体在降尘室内的流动速度不能过大,一般应保证气体流动的雷诺数处于层流区,以免干扰颗粒的沉降或把已沉降下来的颗粒重新扬起。

降尘室结构简单,流动阻力小,但体积庞大,分离效率低,通常只适用于分离粒度大于 $50\,\mu m$ 的粗颗粒,一般作为预除尘装置使用。多层降尘室能分离较细的颗粒且占地面积小,但清理沉降下来的灰尘比较麻烦。

【例 2 - 2】 拟采用降尘室回收常压炉气中所含的球形固体颗粒。降尘室底面积 $10\,m^2$,宽和高均为 $2\,m$。在操作条件下,气体的密度为 $0.75\,kg/m^3$,黏度为 $2.8 \times 10^{-5}\,Pa \cdot s$;固体的密度为 $2500\,kg/m^3$;降尘室的生产能力为 $4\,m^3/s$。试求:(1) 理论上能完全捕集下来的最小颗粒直径? (2) 如果采用有 9 层水平隔板的多层降尘室来处理该炉气,则能完全捕集下来的最小颗粒直径又为多少?

解:(1) 在降尘室中能够完全被分离出来的最小颗粒的沉降速度为

$$u_t = \frac{V_s}{bl} = \frac{4}{10} = 0.4(\text{m/s})$$

假设沉降在层流区,可用斯托克斯公式求最小颗粒直径,即

$$d_c = \sqrt{\frac{18\mu u_{tc}}{(\rho_s - \rho)g}} = \sqrt{\frac{18 \times 2.8 \times 10^{-5} \times 0.4}{(2500 - 0.75) \times 9.81}} = 9.07 \times 10^{-5}(\text{m})$$

核算该沉降流型

$$Re_t = \frac{d_c u_{tc} \rho}{\mu} = \frac{9.07 \times 10^{-5} \times 0.4 \times 0.75}{2.8 \times 10^{-5}} = 0.97 < 1$$

原设在层流区沉降正确,求得的最小粒径有效。

（2）有 9 层水平隔板的多层降尘室处理

$$u_t = \frac{V_s}{(n+1)bl} = \frac{4}{10 \times 10} = 0.04 (m/s)$$

假设沉降在层流区，可用斯托克斯公式求最小颗粒直径，即

$$d_c = \sqrt{\frac{18\mu u_{tc}}{(\rho_s - \rho)g}} = \sqrt{\frac{18 \times 2.8 \times 10^{-5} \times 0.04}{(2500 - 0.75) \times 9.81}} = 2.87 \times 10^{-5} (m)$$

核算该沉降流型

$$Re_t = \frac{d_c u_{tc} \rho}{\mu} = \frac{2.87 \times 10^{-5} \times 0.04 \times 0.75}{2.8 \times 10^{-5}} = 0.031 < 1$$

原设在层流区沉降正确，求得的最小粒径有效。

由此题可知，当固体颗粒的沉降高度为原值的 $1/(n+1)$ 时，可分离出来的临界粒径的沉降速度 u_{tc} 为原值的 $1/(n+1)$，临界粒径为原值的 $\sqrt{1/(n+1)}$，可分离出的固体颗粒更细了。

2. 沉降槽

沉降槽是依靠重力沉降，从悬浮液中分离出固体颗粒和澄清液体的设备。沉降槽又称增稠器或澄清器，可间歇操作，也可以连续操作，悬浮液量处理量大时常采用连续式沉降槽。

连续沉降槽是一个底部略成锥兴的大直径浅槽，如图 2-5 所示。悬浮液由中央进料口送到液面以下 0.3～1.0 m 处，在尽可能减小扰动的条件下，迅速分散到整个横截面上，液体向上流动，澄清液从槽顶部周边的溢流堰连续流出，称为溢流。固体颗粒下沉沉聚，在底形成沉淀区，通过槽底旋转的耙将沉渣缓慢地聚拢到底部中央的排渣口连续排出，排出的稠浆称为底流。

连续沉降槽的直径可由数米到数十米，同时可将数个沉降槽垂直叠放构成多层沉降槽。连续沉降槽适用于处理悬浮液量大而浓度不高、所含固体颗粒不太小的悬浮液，处理后的底流的沉渣中含液量约 50%，常用于污水处理过程。

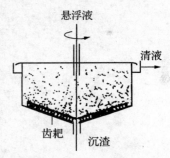

图 2-5　连续沉降槽

§2.3　离心沉降

利用重力沉降设备分离流体中的悬浮颗粒，若固体颗粒粒径较小，其沉降速度也随之下降，导致分离效率不高。因此，要使细小的颗粒有较大的沉降速度，可以采用离心沉降。离心沉降是依靠离心力的作用来实现固体颗粒的沉降过程，该操作可大大提高沉降速度和处

理量,设备尺寸也可缩小很多。

通常,气固非均相混合物的离心沉降在旋风分离器中进行,液固悬浮物系一般可在旋液分离器或沉降离心机中进行。

2.3.1 离心沉降的速度

当流体带着固体颗粒围绕某一中心轴旋转时,由于惯性离心力的作用,固体颗粒会沿着旋转半径方向甩出,此时该颗粒受到的离心力为

惯性离心力 $$F_c = \frac{\pi}{6} d^3 \rho_s \frac{u_T^2}{R} \tag{2-28}$$

其中,固体颗粒的直径为 d、密度为 ρ_s、旋转半径为 R、切向速度为 u_T,惯性离心力的方向沿半径方向向外。

若悬浮流体占据该固体颗粒周围,则受到离心惯性力的反作用力,即为该固体颗粒受到的向心力

$$F_b = \frac{\pi}{6} d^3 \rho \frac{u_T^2}{R} \tag{2-29}$$

其中流体的密度为 ρ,向心力与重力场中的浮力相当,其方向为沿半径指向旋转中心。

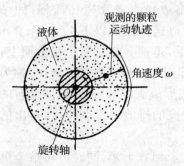

图 2-6 做离心运动的颗粒

固体颗粒受到的离心力大于向心力,颗粒会沿着径向做离心运动,即在半径方向上颗粒与流体做相对运动,其阻力为

$$F_d = \xi \frac{\pi}{4} d^2 \frac{\rho u_r^2}{2} \tag{2-30}$$

式中:u_r 为颗粒与流体在径向上的相对速度,m/s;ξ 为阻力系数,阻力的方向沿半径指向旋转中心。

离心力、向心力、阻力三个力达到平衡时,可得到颗粒在径向上相对于流体的运动速度 u_r 就是此位置上的离心沉降速度,即

$$\frac{\pi}{6} d^3 \rho_s \frac{u_T^2}{R} - \frac{\pi}{6} d^3 \rho \frac{u_T^2}{R} - \xi \frac{\pi}{4} d^2 \frac{\rho u_r^2}{2} = 0 \tag{2-31}$$

$$u_t = \sqrt{\frac{4d(\rho_s - \rho)u_T^2}{3\rho\xi R}} \tag{2-32}$$

离心沉降时,如果颗粒与流体的相对运动属于层流,阻力系数 $\xi = 24/Re$,可得

$$u_t = \frac{d^2(\rho_s - \rho)u_T^2}{18\mu R} \tag{2-33}$$

因

$$\omega = \frac{u_T}{R}$$

其中,ω 为颗粒沿半径反向上的角速度,s^{-1}。

$$u_t = \frac{d^2(\rho_s - \rho)}{18\mu}\omega^2 R \tag{2-34}$$

令

$$K_c = \frac{u_r}{u_t}, 则\ K_c = \frac{u_T^2}{gR} = \frac{\omega^2 R}{g} \tag{2-35}$$

则 K_c 为同一颗粒在同种介质中的离心沉降速度与重力沉降速度的比值,称为离心分离因数。分离因数是离心分离设备的重要指标,对某些高速离心机,分离因数 K_c 值可高达数十万,旋风或旋液分离器的分离因数一般在 5～2500 之间。例如,当旋转半径 $R = 0.5$ m、切向速度 $u_T = 30$ m/s 时,分离因数 K_c 为 183,即颗粒受到的离心力为重力的 183 倍,可见离心沉降设备的分离效果远远优于重力沉降设备。

2.3.2　旋风分离器

旋风分离器是常用的气固分离设备,它利用惯性离心力的作用将尘粒从气体中分离出来。

1. 旋风分离器的结构与操作原理

旋风分离器的结构如图 2-7 所示,其结构为上部圆筒下部接一圆锥体,各部件的尺寸比例均标注于图中。含尘气体经圆筒上部的进气管沿切线方向进入,受器壁的约束作螺旋向下运动。尘粒在惯性离心力作用下,被抛向器壁而与气流分离,沿壁面落至锥底。气体作圆周运动时,离心力场强度在器壁处最大,中心处最小。因此,旋风分离器中心处压力低,净化后的气体在中心轴附近由下而上做螺旋运动,最后由顶部排气管排出。

旋风分离器的应用已有近百年的历史,因其结构简单,造价低廉,维护容易,可用多种材料制造,操作范围广,分离效率较高,所以至今仍是化工、采矿、冶金、机械、轻工等工业部门里普遍采用的一种分离设备。旋风分离器一般用来除去气流中直径在 5 μm 以上的尘粒。

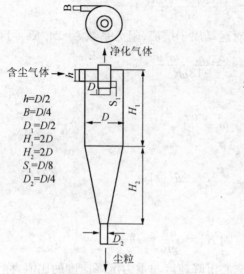

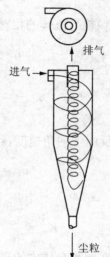

图 2-7　标准旋风分离器　　图 2-8　气体在旋风分离器内的运动情况

2. 旋风分离器的主要性能指标

旋风分离器性能的主要指标有三个,分别是固体颗粒从气流中的分离效果指标——临界粒径,固体颗粒的分离效率,气流经过旋风分离器的压力降。

(1) 临界粒径

临界粒径指理论上固体颗粒能被完全分离下来的最小颗粒直径,它是判断旋风分离器分离效率高低的重要指标。临界粒径越小,分离效果越好。

计算临界粒径的简化条件推导如下:

① 进入旋风分离器的气流按螺旋形路线作等速运动,其切向速度等于进口气速 u_i;

② 颗粒向器壁沉降时,必须穿过整个进气宽度为 B 的气流层;

③ 颗粒在层流区沉降。

$$d_c = \sqrt{\frac{9\mu B}{\pi N_e \rho_s u_i}} \qquad (2-36)$$

虽然推导假设①、②两项与实际情况偏差较大,但因这个公式非常简单,只要给出合适的 N_e 值,求出的 d_c 值可做参考使用。N_e 的数值一般为 0.5～3.0,对标准旋风分离器,可取 N_e 为 5。

一般旋风分离器的各部分尺寸都与圆筒直径 D 成一定比例,当 D 增大时,B 增大,计算出 d_c 也随之增大。因此,大尺寸的旋风分离器分离效果不如小尺寸的设备。当气体处理量较大时,通常会将若干个小尺寸的旋风分离器并联使用(称为旋风分离器组),以提高除尘的效率。

（2）分离效率

旋风分离器的分离效率有两种表示法：一是总效率，以 η_o 表示；二是粒级效率，以 η_p 表示。

① 总效率是单位时间内被分离出的颗粒占进分离器全部颗粒质量分数，即

$$\eta_o = \frac{C_1 - C_2}{C_1} \tag{2-37}$$

式中：C_1 为旋风分离器进口气体含尘浓度，g/m^3；C_2 为旋风分离器出口气体含尘浓度，g/m^3。

分离总效率是旋风分离器在工程运用中最常见的指标，但是其值不能说明旋风分离器对不同尺寸粒子的分离效果。

② 粒级效率是将气流中所含颗粒的尺寸范围等分成 n 个小段，在第 i 个小段的范围内的颗粒（平均粒径为 d_i）的分离效率，表明了各种尺寸粒度被分离下来的质量分数

$$\eta_{p,i} = \frac{C_{1,i} - C_{2,i}}{C_{1,i}} \tag{2-38}$$

式中：$C_{1,i}$ 为进口气体中粒径在第 i 小段范围内的颗粒的浓度，g/m^3；$C_{2,i}$ 为出口气体中粒径在第 i 小段范围内的颗粒的浓度，g/m^3。

（3）压力降

气体经过旋风分离器引起的摩擦阻力，流动过程中的局部阻力以及气体旋转运动所产生的动能损失等，都会造成气体的压力损失。计算式为

$$\Delta p = \xi \frac{\rho u_i^2}{2} \tag{2-39}$$

式中：ξ 为比例系数，亦即阻力系数；u_i 为气体入口速度，m/s。图 2-7 所示的标准旋风分离器其阻力系数 $\xi = 8.0$，压力降一般为 $500 \sim 2000\ Pa$。

【例 2-3】 用标准的旋风分离器除去气流中所含固体颗粒。已知固体密度为 $2500\ kg/m^3$，气体密度为 $1.2\ kg/m^3$，黏度为 $1.8 \times 10^{-5}\ Pa \cdot s$，流量为 $2\ m^3/s$；允许压力降为 $1500\ Pa$。试求该旋风分离器的临界粒径。

解：标准旋风分离器的阻力系数 $\xi = 8.0$，由式 $\Delta p = \xi \frac{\rho u_i^2}{2}$ 可得

$$1500 = 8.0 \times 1.2 \times \frac{u_i^2}{2}$$

解得进口气速为 $u_i = 17.68\ m/s$。

旋风分离器进口截面积为 $hB = \frac{D^2}{8}$，同时 $hB = \frac{V_s}{u_i}$，故设备直径为

$$D = \sqrt{\frac{8V_s}{u_i}} = \sqrt{\frac{8 \times 2}{17.68}} = 0.95(m)$$

可得 $B = \frac{D}{4} = 0.24\ m$

$$d_c = \sqrt{\frac{9\mu B}{\pi N_e \rho_s u_i}} = \sqrt{\frac{9 \times 1.8 \times 10^{-5} \times 0.24}{\pi \times 5 \times 2500 \times 17.68}} = 7.45 \times 10^{-6} (\text{m})$$

2.3.3 旋液分离器

旋液分离器又称水力旋风分离器或水力旋流器,是旋流分离器的一种。该设备利用离心沉降原理,分离以液体为主的悬浮液或乳浊液,它的结构、操作原理与旋风分离器大致相同。设备主体由上部圆筒和下部圆锥两部分组成,如图 2-9 所示。料液由上部圆筒入口管沿切线方向进入,做旋转运动而产生离心力,下行至圆锥部分。料液中的固体粒子或密度较大的液体受离心力的作用被抛向器壁,并沿器壁按螺旋线下流至出口,此处的增浓液称为底流。澄清的液体或液体中携带的较细粒子则上升,由顶部中心管排出。

旋液分离器构造简单、体积小、占地面积也小、生产能力大、分离的颗粒范围较广,不仅可用于增浓悬浮液,而且还可以用于不互溶液体的分离、气液分离以及传热、传质和雾化操作中,因而应用广泛。旋液分离器的分离效率较低,工业中常采用几级串联的方式或与其他分离设备配合应用,以提高其分离效率。

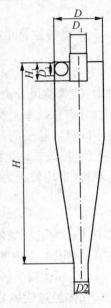

图 2-9 旋液分离器

2.3.4 离心沉降机

离心沉降机是利用离心力来分离悬浮液或乳浊液的设备,与旋流器相比,它的转数可以任意调节,因此能提供较大的分离因数。

1. 无孔转鼓式离心机

无孔转鼓式离心机属于连续分离设备技术,如图 2-10所示,转鼓式离心机的主体为一无孔的转鼓。悬浮液经进料管进入离心机,机内转鼓带动扇形板作高速旋转,悬浮液被扇形板带动,在离心力作用下固体颗粒被甩向转鼓壁面,同时随流体作轴向运动。分离出的澄清液可从溢流堰连续排出,固体颗粒被截留在鼓内,定期停机清理沉渣。转鼓式离心机具有低速、高效、安全、低噪音、拆装容易等优点。

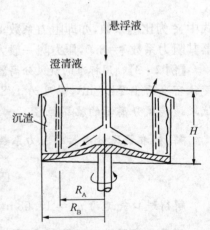

图 2-10 无孔转鼓式离心机

(1) 管式离心机

管式高速离心机是一种能产生高强度离心力场的离心机,具有很高的分离因数和转速,用于分离普通离心机难以处理的物料。管式高速离心机有 GF、GQ 两大系列,GF 分离型主要用于分离各种难分离的乳浊液,特别适用于二相密度差甚微的液液分离(比重差大于0.1%),以及含有少量杂质的液、液、固三相分离,如油水分离,各种糖浆剂的分离,污水处理等;GQ 澄清型管式离心机主要用于浓度小、黏度大、固相颗粒细,固液比重差异较小的分离任务。

　　如图 2-11 所示,乳浊液或悬浮液由底部进料管送入转鼓,鼓内有径向安装的挡板,以便带动液体迅速旋转。如处理乳浊液,则液体分轻、重两层,各由上部不同的出口流出;如处理悬浮液,则只用一个液体出口,微粒附着于鼓壁上,经一定时间后停车取出。管式离心机主要缺点是间歇操作,转鼓容积小,要频繁地停机清除沉渣。

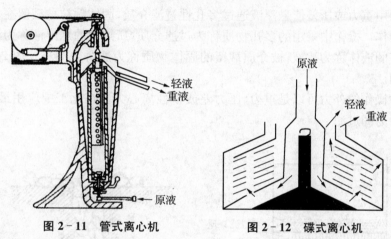

图 2-11　管式离心机　　　　　图 2-12　碟式离心机

　　(2) 碟式离心机

　　碟式离心机是一种效率高、产量大、自动化先进的设备,适合固体含量较低的悬浮液、比重差较小的互不相溶的液体分离,如净化带有少量微细颗粒的黏性液体(涂料、油脂等),或脱除润滑油中的少量水分等。

　　碟式离心机的转鼓装在立轴上端,其机内转鼓上有一组互相套叠在一起的碟形零件——碟片,碟片与碟片之间留有很小的间隙。当转鼓作高速旋转时,悬浮液(或乳浊液)由位于转鼓中心的进料管加入转鼓,流过碟片之间的间隙,固体颗粒在离心力作用下沉降到碟片上形成沉渣。沉渣沿碟片表面滑动而脱离碟片,并积聚在转鼓内直径最大的部位,分离后的液体从出液口排出。碟片的作用是缩短固体颗粒的沉降距离、扩大转鼓的沉降面积,转鼓中由于安装了碟片而大大提高了离心机的生产能力。积聚在转鼓内的固体沉渣可在停机后拆开转鼓人工清除,或通过排渣机构在不停机的情况下从转鼓中排出。

§2.4 过 滤

过滤是将悬浮液中的固液两相有效地加以分离的常用方法。与沉降分离相比,过滤操作可使悬浮液的分离更迅速、更彻底。在某些场合下,过滤是沉降的后继续操作。

2.4.1 过滤操作原理

过滤是利用重力或压差使悬浮液通过多孔性过滤介质,固体颗粒被截留在介质上,实现固液分离的操作。操作中采用的多孔物质称为过滤介质,所处理的悬浮液称为滤浆或料浆,通过多孔通道的液体称为滤液,被介质截留的固体物质称为滤饼或滤渣。图2-13是过滤操作的示意图。

实现过滤操作的外力可以是重力、压力差或惯性离心力。在化工中应用最多的还是以压力差为推动力的过滤。

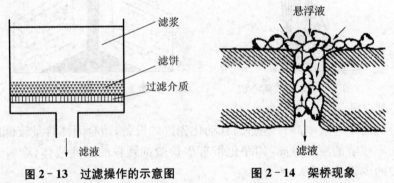

| 图2-13 过滤操作的示意图 | 图2-14 架桥现象 |

1. 过滤方式

工业上的过滤操作分为两大类,即饼层过滤和深床过滤。

饼层过滤时,悬浮液置于过滤介质的一侧,当悬浮液中颗粒尺寸大于过滤介质的孔径,在介质表面固体颗粒发生沉积形成滤饼层。若悬浮液中颗粒尺寸小于过滤介质的孔径时,过滤之初这些细小颗粒会穿过介质而使滤液浑浊,同时颗粒会在孔道中迅速地发生"架桥"现象(图2-14)。随着滤饼层的形成,滤液逐渐变清,此后过滤才能有效地进行。在饼层过滤中,真正发挥截拦颗粒作用的主要是滤饼层而不是过滤介质。饼层过滤适用于处理固体含量较高(固相体积分数约在1%以上)的悬浮液。

在深床过滤中,悬浮液中所含固体较少,当它通过很厚的粒状床层做成的过滤介质时,不会形成滤饼。悬浮液中的固体颗粒由于表面力和静电的作用,会附着在介质孔道壁上,被截留在过滤介质床层内部。深床过滤适用于生产能力大而悬浮液中颗粒小、含量甚微(固相体积分数在 0.1% 以下)的场合,如自来水厂饮水的净化及污水处理。

膜过滤是利用膜孔隙的选择透过性来实现固液分离,是精密的分离技术,可以达到分子级过滤。根据压力差膜过滤可以分为微滤、超滤、纳滤、反渗透,膜分离技术应用在许多领域中。

2. 过滤介质

过滤介质作为滤饼的支承物,应具有足够的机械强度、较小的压力降、稳定的物理化学性质、良好的耐腐蚀性和耐热性。工业中常用的过滤介质主要有以下几种。

(1) 织物介质(又称滤布)　包括由棉、毛、丝、麻等天然纤维及合成纤维制成的织物,以及由玻璃丝、金属丝等织成的滤网,这类介质在工业上应用最为广泛。

(2) 堆积介质　由各种固体颗粒(细砂、木炭、石棉、硅藻土)或非编织纤维等堆积而成,多用于深床过滤中。

(3) 多孔固体介质　由很多微细孔道的固体材料,如多孔陶瓷、多孔塑料及多孔金属制成的管或板,这类介质能拦截 $1\sim3\ \mu m$ 的微细颗粒,但流动阻力较大。

3. 滤饼的压缩性和助滤剂

滤饼是由截留下的固体颗粒堆积而成的床层,随着操作的进行,滤饼的厚度与流动阻力都逐渐增加。若滤饼中的固体颗粒结构强度好,在滤饼中形成稳固的骨架,颗粒的形状和颗粒间的空隙都不随操作压差变化,这类滤饼称为不可压缩滤饼。若滤饼中固体颗粒易变形,颗粒间的空隙随压差变化有明显的改变,这种滤饼称为可压缩滤饼。此外,悬浮液中的细小颗粒在过滤时会进入过滤介质的孔隙中,使介质孔隙率减小,流动阻力增大,导致形滤饼成的阻力增大。在这种情况下,往过滤介质中加入一些质地坚硬的固体颗粒的助滤剂,能够改变滤饼的结构,增加过滤孔隙,以形成疏松饼层,减少流动阻力。常用的助滤剂有硅藻土、石棉粉、炭粉等刚性好的颗粒。

2.4.2　流体流过固定床层

大量固体颗粒堆积在一起就形成颗粒床层。流体流过颗粒床层时,床层中的固体颗粒静止不动,此时颗粒床层也称为固定床。例如,地下水通过砂、石、土壤的渗流。

1. 颗粒床层的特性

(1) 床层空隙率 ε

空隙率为床层中颗粒间的孔隙体积与整个床层体积之比,它表明了颗粒群堆积成的床层疏密程度

$$\varepsilon=\frac{床层体积-颗粒体积}{床层体积}$$

其中,ε 为床层空隙率,m^3/m^3。

空隙率 ε 值与颗粒的大小、形状、粒度分布与堆积方法等因素有关。对于颗粒形状和直

径均已知的非球形颗粒床层，它的孔隙率主要受颗粒球形度和床层堆积方式的影响。一般乱堆床层的空隙率大致在 0.47～0.70 之间，均匀的球形颗粒作最松排列时的空隙率为0.48，做最紧密排列时为 0.26。非球形颗粒球形度越大，则床层的孔隙率越小。颗粒大小混杂在一起装填，使床层的孔隙率小。颗粒在堆积时，边敲打容器边装填，则颗粒较填实，孔隙率较小。采用湿法充填（即设备内先充以液体），会形成较为疏松的排列，空隙率较大。

空隙率在床层的同一截面上通常呈现非均匀分布。容器壁面附近的空隙率大于床层中心，这种壁面的影响称为壁效应。若床层直径比颗粒尺寸大得多，则可忽略壁效应。

（2）床层的比表面积 a_b

床层的比表面积指单位体积床层具有的颗粒表面积，用 a_b 表示。

$$a_b = (1-\varepsilon)a \qquad (2-40)$$

式中：a_b 为床层比表面积，m^2/m^3；a 为颗粒的比表面积，m^2/m^3。

（3）床层的自由截面积

床层截面上未被颗粒占据的、流体可以自由通过的面积称为床层的自由截面积。对于乱堆的床层，颗粒的大小、方向是随机的，当床层体积足够大或颗粒足够小时，可以认为床层是均匀的，各局部区域的孔隙率相等，床层是各向同性的。各向同性床层的一个重要特点是，床层截面上可供流体通过的自由截面（即空隙截面）与床层截面之比在数值上等于空隙率 ε。

2. 流体通过床层流动的压力降

固定床层颗粒间的空隙率形成的通道通常是细小、弯曲、变截面、互相交联的，导致推导复杂通道的流动阻力较为困难，须采用简化物理模型来推导其数学模型。

（1）床层的一维简化模型

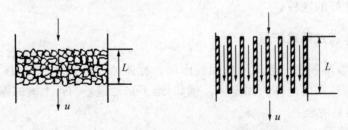

图 2-15 流体在滤饼中流动的简化模型

如图 2-15 所示，一维简化模型是将床层中不规则的通道假设成长度为 L、当量直径为d_{eb} 的一组平行细管，并且规定：① 细管的全部流动空间等于颗粒床层的空隙容积；② 细管的内表面面积等于颗粒床层的全部表面积。细管的当量直径 d_{eb} 可由床层的孔隙率和颗粒的比表面积来计算。

$$d_{eb} = 4 \times 水力半径 = \frac{4 \times 床层流动空间}{细管的全部内表面积} = \frac{4\varepsilon}{a_b} = \frac{4\varepsilon}{(1-\varepsilon)a} \qquad (2-41)$$

那么流体通过一组平行细管流动的压降为

$$\Delta p_{b} = \lambda \frac{L u_{1}^{2}}{2 d_{eb}} \rho \qquad (2-42)$$

式中：Δp_{b} 为流体通过床层的压降，Pa；L 为床层高度，m；d_{eb} 为床层流道的当量直径，m；u_1 为流体在床层内的实际流速，m/s。

流体按床层横截面积 A 计算的流速 u 为空床流速（简称"空速"），按床层横截面积中孔隙面积 εA 计算的流速为真正流速（即"实际流速"）u_1，u 与 u_1 间的关系为

$$u_{1} = \frac{u}{\varepsilon} \qquad (2-43)$$

将式（2-41）与式（2-43）代入式（2-42），得到

$$\frac{\Delta p_{b}}{L} = \lambda' \frac{(1-\varepsilon)a}{\varepsilon^{3}} \rho u^{2} \qquad (2-44)$$

即为流体通过固定床压降的数学模型，式中的 λ' 为流体通过床层流道的摩擦系数，称为模型参数，其值由实验测定。

（2）康采尼（Kozeny）模型参数

康采尼在层流床层雷诺数 $Re_{b} < 2$ 通过实验，验证了模型参数 λ' 满足

$$\lambda' = \frac{K'}{Re_{b}} \qquad (2-45)$$

式中：K' 称为康采尼常数，其值可取 5.0。将式（2-45）代入式（2-44），即为康采尼方程式

$$\frac{\Delta p_{b}}{L} = 5 \frac{(1-\varepsilon^{2})a^{2}u\mu}{\varepsilon^{3}} \qquad (2-46)$$

2.4.3 过滤基本方程式

过滤基本方程式是描述过滤速率（或过滤速度）与过滤推动力、过滤面积、料浆性质、介质特性及滤饼厚度等诸因素关系的数学表达式，用于过滤时间、滤液体积等数值计算。

1. 过滤速度和过滤速率

根据流体通过颗粒床层的一维简化模型，由（2-46）的康采尼方程式可得滤液通过平行细管的流速

$$u = \frac{\varepsilon^{3}}{5a^{2}(1-\varepsilon)^{2}} \left(\frac{\Delta p_{c}}{\mu L}\right) \qquad (2-47)$$

式中：u 为按整个床层截面积计算的滤液平均流速，m/s；Δp_c 为滤液通过滤饼层的压力降，Pa；L 为滤饼层厚度，m；μ 为滤液黏度，Pa·s。

u 也称为过滤速度，指单位时间通过单位过滤面积的滤液体积，单位为 m/s，表达式为

$$u = \frac{dV}{Ad\theta} = \frac{\varepsilon^{3}}{5a^{2}(1-\varepsilon)^{2}} \left(\frac{\Delta p_{c}}{\mu L}\right) \qquad (2-48)$$

过滤速率指单位时间过滤的滤液体积，单位为 m^3/s，表达式为

$$\frac{dV}{d\theta} = \frac{\varepsilon^3}{5a^2(1-\varepsilon)^2}\left(\frac{A\Delta p_c}{\mu L}\right) \tag{2-49}$$

式中：V 为滤液量，m^3；θ 为过滤时间，s；A 为过滤面积，m^2。

2. 过滤的阻力

（1）滤饼的阻力

式（2-48）和式（2-49）中的 $\dfrac{\varepsilon^3}{5a^2(1-\varepsilon)^2}$ 反映了颗粒及颗粒床层的特性，其值由物料性质决定。若令 $r=\dfrac{5a^2(1-\varepsilon)^2}{\varepsilon^3}$，则式（2-48）可写成

$$\frac{dV}{Ad\theta} = \frac{\Delta p_c}{\mu r L} = \frac{\Delta p_c}{\mu R} \tag{2-50}$$

则

$$R = rL \tag{2-51}$$

式中：r 为滤饼的比阻，$1/m^2$；R 为滤饼阻力，$1/m$。

比阻 r 是单位厚度滤饼的阻力，在数值上等于黏度为 $1\ Pa\cdot s$ 的滤液以 $1\ m/s$ 的平均流速通过厚度为 $1\ m$ 的滤饼层时所产生的压力降。比阻反映了颗粒形状、尺寸及床层空隙率对滤液流动的影响。床层空隙率 ε 越小、颗粒比表面 a 越大，床层就越致密，流体通过颗粒床层的阻力也越大。

（2）过滤介质的阻力

在过滤初始滤饼尚薄的期间，过滤介质的阻力不能忽略。仿照滤饼阻力速度关系式，可得滤液穿过过滤介质层的速度关系式：

$$\frac{dV}{Ad\theta} = \frac{\Delta p_m}{\mu R_m} \tag{2-52}$$

式中：Δp_m 为过滤介质两侧的压力差，Pa；R_m 为过滤介质阻力，$1/m$。

【例 2-4】 直径为 $0.1\ mm$ 的球形颗粒状物质悬浮于水中，用过滤方法予以分离。过滤时形成不可压缩滤饼，其空隙率为 60%，滤饼厚度 L 为 $0.2\ m$。试求滤饼的比阻 r 和滤饼阻力 R。

解：（1）求滤饼的比阻 r

已知滤饼的空隙率 $\varepsilon=0.6$，而球形颗粒的比表面积为

$$a = \frac{6}{d} = \frac{6}{0.1\times10^{-3}} = 6\times10^4\ (m^2/m^3)$$

所以

$$r = \frac{5\times(6\times10^4)^2\times(1-0.6)^2}{(0.6)^3} = 1.333\times10^{10}\ (1/m^2)$$

（2）求滤饼的阻力 R

$$R = rL = 1.333 \times 10^{10} \times 0.2 = 2.666 \times 10^{9} (1/m)$$

3. 过滤基本方程式

过滤时过滤介质与滤饼的分界面及分界面上的压力往往难以确定,因此在过滤操作中把过滤介质与滤饼联合起来考虑。如图 2-16 所示,过滤的阻力包括了过滤介质和滤饼两层阻力,即 $\Delta p = \Delta p_c + \Delta p_m$,$\Delta p$ 为滤饼与滤布两侧的总压力降,称为过滤压力差。则过滤推动力可用滤液通过串联的滤饼与滤布的总压力降来表示。

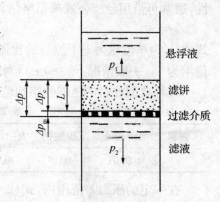

通常,滤饼与滤布的面积相同,所以两层中的过滤速度应相等,则

$$\frac{dV}{Ad\theta} = \frac{\Delta p_c + \Delta p_m}{\mu(R + R_m)} = \frac{\Delta p}{\mu(R + R_m)} \quad (2-53)$$

图 2-16　过滤的推动力和阻力

假设过滤介质对滤液流动的阻力相当于厚度为 L_e 的滤饼层的阻力,有 $rL_e = R_m$,则式(2-53)可写为

$$\frac{dV}{Ad\theta} = \frac{\Delta p}{\mu(rL + rL_e)} = \frac{\Delta p}{\mu r(L + L_e)} \quad (2-54)$$

式中:L_e 为过滤介质的当量滤饼厚度,或称虚拟滤饼厚度,m。

在一定的操作条件下,以一定介质过滤一定悬浮液时,L_e 为定值;但同一介质在不同的过滤操作中,L_e 值不同。

若每获得 1 m³ 滤液所形成的滤饼体积为 v m³,则任一瞬间的滤饼的厚度 L 与获得的滤液体积 V 之间的关系为

$$LA = vV$$

则

$$L = \frac{vV}{A} \quad (2-55)$$

式中:v 为滤饼体积与相应的滤液体积之比,量纲为 1,或 m³ 滤饼/m³ 滤液。

同理,生成厚度为 L_e 的滤饼获得的滤液体积为 V_e,则

$$L_e = \frac{vV_e}{A} \quad (2-56)$$

式中:V_e 为过滤介质的当量滤液体积,或称虚拟滤液体积,m³。

将式(2-55)和(2-56)代入式(2-54),可得

$$\frac{dV}{d\theta} = \frac{A^2 \Delta p}{\mu r v(V + V_e)} \quad (2-57)$$

该式为过滤基本方程式,表示过滤中任一瞬间的过滤速率与各有关因素间的关系,是过

滤计算的基本依据。

当过滤操作形成的滤饼受压差影响较大,为可压缩滤饼时,计算中需考虑到滤饼的压缩性,通常可借用经验公式来粗略估算,即

$$r = r'(\Delta p)^s \tag{2-58}$$

式中:r' 为单位压力差下滤饼的比阻,$1/m^2$;Δp 为过滤压力差,Pa;s 为滤饼的压缩性指数,量纲为 1。一般情况下 $s = 0\sim1$,对于不可压缩滤饼,$s = 0$。

几种典型物料的压缩性指数值,列于表 2-1 中。

表 2-1 典型物料的压缩性指数

物料	硅藻土	碳酸钙	太白(絮凝)	高岭土	滑石	黏土	硫酸锌	氢氧化铝
s	0.01	0.19	0.27	0.33	0.51	0.56~0.6	0.69	0.9

在一定的压力差范围内,式(2-57)对大多数可压缩滤饼都适用。

将式(2-58)代入(2-57),可得

$$\frac{dV}{d\theta} = \frac{A^2 \Delta p^{1-s}}{\mu r' \upsilon (V + V_e)} \tag{2-59}$$

式(2-59)为可压缩滤饼及不可压缩滤饼的过滤基本方程式。对于不可压缩滤饼,因 $s = 0$,上式简化为(2-57)。应用过滤基本方程式时,需针对操作的具体方式而分。过滤操作有两种典型的方式,即恒压过滤及恒速过滤。工业上为避免过滤初期因压力差过高而引起滤液浑浊或滤布堵塞,可采用先恒速后恒压的复合操作方式,过滤开始时以较低的恒定速率操作,当表压升至给定数值后,再转入恒压操作。

2.4.4 恒压过滤

1. 恒压过滤速度计算

维持在恒定压力差下进行的过滤操作称为恒压过滤。恒压过滤是最常见的过滤方式,随着过滤的深入,滤饼的厚度逐渐增加,导致流体的流动阻力逐渐增大,但推动力 Δp 保持恒定不变,所以过滤的速率会逐渐变小。连续过滤机内进行的过滤都是恒压过滤,间歇过滤机内进行的过滤也多为恒压过滤。

对于一定性质的悬浮液,若 μ、r'、υ 都为常数,令

$$k = \frac{1}{\mu r' \upsilon} \tag{2-60}$$

式中:k 为表征过滤物料特性的常数,$m^4/(N \cdot s)$ 或 $m^2/(Pa \cdot s)$。

恒压过滤时,压力差 Δp 不变,k、A、s 都是常数,令

$$K = 2k\Delta p^{1-s} \tag{2-61}$$

其中,K 为由物料特性及过滤压力差所决定的常数,称为过滤常数,单位为 m^2/s。

将式(2-60)、(2-61)代入(2-59),得

$$\frac{dV}{d\theta} = \frac{KA^2}{2(V+V_e)} \tag{2-62}$$

对式(2-62)积分,积分上下限为:过滤时间 $0 \rightarrow \theta$,滤液体积 $0 \rightarrow V$,即

$$\int_0^V (V+V_e)dV = \frac{1}{2}KA^2 \int_0^\theta d\theta$$

得

$$V^2 + 2V_e V = KA^2 \theta \tag{2-63}$$

若令 $q = \frac{V}{A}, q_e = \frac{V_e}{A}$,可得

$$q^2 + 2q_e q = K\theta \tag{2-63a}$$

式中:q 为单位过滤面积所得的滤液体积,m^3/m^2;q_e 为单位过滤面积所得的当量滤液体积,m^3/m^2。

式(2-63)和(2-63a)都为恒压过滤方程式,式(2-63)表明恒压过滤时滤液体积与过滤时间的关系,式(2-63a)表明恒压过滤时单位过滤面积所得滤液体积与过滤时间的关系,两个方程都为抛物线方程。

当过滤介质阻力可以忽略时,$V_e = 0, q_e = 0$,则式(2-63)、(2-63a)简化为

$$V^2 = KA^2 \theta \tag{2-64}$$

$$q^2 = K\theta \tag{2-64a}$$

恒压过滤方程式中的 V_e 与 q_e 是反映过滤介质阻力大小的常数,均称为介质常数,其单位分别为 m^3 及 m^3/m^2。K、V_e、q_e 三者总称过滤常数,其值由实验测定。

【例 2-5】 过滤机在 0.01 MPa 的恒定压力差下过滤某种悬浮液。已知该悬浮液的黏度为 1.0×10^{-3} Pa·s,v 为 0.25 m^3/m^3,r 为 1.33×10^{10} m^{-2}。忽略过滤介质阻力试求:(1) 每平方米过滤面积上获得 2 m^3 滤液所需的过滤时间;(2) 若将此过滤时间延长一倍,可再得滤液多少?

解:(1) 过滤时间

$$K = \frac{2\Delta p}{\mu r v} = \frac{2 \times 0.01 \times 10^6}{10^{-3} \times 1.33 \times 10^{10} \times 0.25} = 6.02 \times 10^{-3} (m^2/s)$$

忽略过滤介质阻力的恒定过滤方程式为

$$q^2 = K\theta$$

$$\theta = \frac{q^2}{K} = \frac{2^2}{6.02 \times 10^{-3}} = 664.5 (s)$$

(2) 过滤时间延长一倍时

$$\theta' = 2\theta = 2 \times 664.5 = 1329 (s)$$

则 $\quad q' = \sqrt{K\theta'} = \sqrt{6.02 \times 10^{-3} \times 1329.0} = 2.83 (m^3/m^2)$

$$q' - q = 2.83 - 2 = 0.83 (m^3/m^2)$$

即每平方米过滤面积上将再得 0.83 m^3 滤液。

2. 恒压过滤常数的测定

(1) 恒压下 K、$V_e(q_e)$ 的测定

过滤常数 K、$V_e(q_e)$ 可通过恒压过滤实验测定,将恒压过滤方程式(2-63a)两边同除以 Kq,方程式变换为

$$\frac{\theta}{q} = \frac{1}{K}q + \frac{2}{K}q_c \qquad\qquad (2-65)$$

表明恒压过滤时,θ/q 与 q 呈线性关系,直线的斜率为 $\frac{1}{K}$,截距为 $\frac{2}{K}q_e$。实验通过测定不同过滤时间 θ 所得的滤液量 V,计算单位过滤面积上的滤液体积 q,在直角坐标系中绘制 $\frac{\theta}{q}$ 与 q 间的函数关系,得到直线方程。由方程的斜率 $\frac{1}{K}$ 和截距 $\frac{2}{K}q_e$,求得过滤常数 K 和 q_e。

(2) 压缩性指数 s 的测定

滤饼的压缩性指数 s 以及物料特性常数 k,需要在若干不同操作压力下求得过滤常数 K,再对 $K - \Delta p$ 数据加以处理,以可求得 s 值。对 $K = 2k\Delta p^{1-s}$ 式两端取对数,得

$$\lg K = (1-s)\lg(\Delta p) + \lg(2k) \qquad\qquad (2-66)$$

因 $k = \frac{1}{\mu r' v}$ 为常数,故 $\lg K$ 与 $\lg \Delta p$ 绘制在坐标纸上应该是直线,直线的斜率为 $1-s$,截距为 $\lg(2k)$。由此可得滤饼的压缩性指数 s 及物料特性常数 k。

此压缩性指数的计算方法是建立在 v 值为恒定的条件上,那么对应的滤饼的空隙率也应为定值。

【例 2-6】 在 20 ℃ 下用板框压滤机对质量分数为 15% 的 $CaCO_3$ 的悬浮液进行了过滤实验,过滤面积为 0.048 m^2,三组操作压力下,所得数据见表 2-2。试求:(1) 各 Δp 下的过滤常数 K、q_e;(2) 滤饼的压缩性指数 s。

表 2-2

实验序号		I		II		III	
过滤压差 $\Delta p \times 10^{-5}$/Pa		0.72		1.52		3.78	
实验次数	滤液量 ΔV/mL	过滤时间 t/s	滤液量 ΔV/mL	过滤时间 t/s	滤液量 ΔV/mL	过滤时间 t/s	
1	750	47.87	768	38.77	745	33.44	
2	745	55.06	755	41.40	775	35.82	
3	752	57.62	752	44.56	792	39.85	
4	778	64.97	772	49.97	810	40.98	
5	775	73.72	800	52.62	790	42.57	
6	770	79.00	770	55.56	770	43.10	

解:(1) 以 0.072 MPa 下数据为例,计算各 Δp 操作条件下的 q 和 θ/q

$$q_1 = \frac{\Delta V_1}{A} = \frac{0.75 \times 10^{-3}}{0.048} = 0.0156(\text{m}^3/\text{m}^2), \frac{\theta_1}{q_1} = \frac{t}{q_1} = \frac{47.87}{0.0156} = 3063.68[\text{s}/(\text{m}^3/\text{m}^2)]$$

$$q_2 = \frac{\sum_{i=1}^{2} \Delta V_i}{A} = \frac{(0.75 + 0.745) \times 10^{-3}}{0.048} = 0.0311(\text{m}^3/\text{m}^2)$$

$$\frac{\theta_2}{q_2} = \frac{\sum_{i=1}^{2} t_i}{q_2} = \frac{47.87 + 55.06}{0.0311} = 3304.78[\text{s}/(\text{m}^3/\text{m}^2)]$$

依次计算出所有数据,结果见表 2-3。

表 2-3

实验序号	I		II		III	
过滤压差 $\Delta p \times 10^{-5}/\text{Pa}$	0.72		1.52		3.78	
实验次数	$q/(\text{m}^3/\text{m}^2)$	$\theta/q/(\text{s}/\text{m})$	$q/(\text{m}^3/\text{m}^2)$	$\theta/q/(\text{s}/\text{m})$	$q/(\text{m}^3/\text{m}^2)$	$\theta/q/(\text{s}/\text{m})$
1	0.0156	3063.68	0.0160	2423.13	0.0155	2154.52
2	0.0311	3304.78	0.0317	2526.70	0.0317	2187.16
3	0.0468	3429.64	0.0474	2631.67	0.0482	2265.26
4	0.0630	3578.50	0.0635	2752.08	0.0650	2307.60
5	0.0792	3779.87	0.0801	2836.33	0.0815	2363.93
6	0.0952	3972.76	0.0962	2940.92	0.0975	2417.02

回归 $\frac{\theta}{q}$-q 直线方程:$\frac{\theta}{q} = \frac{1}{K}q + \frac{2}{K}q_e$,如图 2-17 所示。

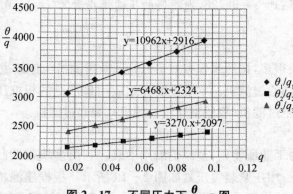

图 2-17　不同压力下 $\frac{\theta}{q}$-q 图

根据方程斜率和截距,可以求出 3 个操作压力下的 K、q_e,计算结果列于表 2-4 中。

表 2-4

试验序号		I	II	III
过滤压力差 $\Delta p \times 10^{-5}/Pa$		0.72	1.52	3.78
$\frac{\theta}{q} - q$ 直线的斜率 $\frac{1}{K}/(s/m^2)$		10926	6468	3270
$\frac{\theta}{q} - q$ 直线的截距 $\frac{2}{K}q_e/(s/m^2)$		2916	2324	2097
过滤常数	$K/(m^2/s)$	9.152×10^{-5}	1.546×10^{-4}	3.058×10^{-4}
	$q_e/(m^3/m^2)$	0.133	0.180	0.321

根据 K、Δp,求出 $\lg K$、$\lg(\Delta p)$,并关联成线性方程,如图 2-18 所示,

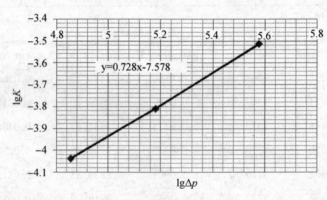

图 2-18 $\lg K - \lg(\Delta p)$ 图

根据滤饼的压缩性指数 s 计算公式

$$\lg K = 0.728\lg(\Delta p) - 7.578$$

由方程的斜率可得:$1-s=0.728$,则滤饼的压缩性指数为 $s=1-0.728=0.272$。

2.4.5 过滤设备

工业过滤设备种类很多,按照操作方式可分为间歇过滤机与连续过滤机;按照采用的压差可分为压滤、吸滤和离心过滤机。本节主要介绍应用最广泛的板框压滤机和加压叶滤机(间歇压滤型)、转筒真空过滤机(吸滤型连续过滤机)、离心过滤机。

1. 板框压滤机

板框压滤机最早为工业所使用,至今仍沿用不衰。它由多块带凹凸纹路的滤板和滤框交替排列组装于机架上,用压紧装置压紧如图 2-19 所示。板框压滤机的主要部件滤板与滤框,一般制成正方形,滤板又分为洗涤板和非洗涤板,如图 2-20 所示。板和框板的角端

均开有圆孔,可供滤浆、滤液或洗水流动。为了便于区别,常在板、框外侧铸有小钮或其他标志。通常,过滤板为一钮,框则为二钮,洗涤板为三钮。装合时即按钮数以 1—2—3—2—1—2……的顺序排列板与框。

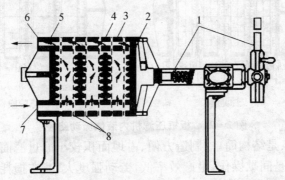

1—压紧装置;2—可动头;3—滤框;4—滤板;5—固定头
6—滤液出口;7—滤浆进口;8—滤布

图 2-19　板框压滤机

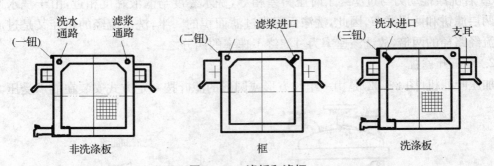

图 2-20　滤板和滤框

过滤时,悬浮液经滤浆通道由滤框角端的暗孔进入框内,滤液分别穿过两侧滤布,再经邻板板面流至滤液出口排走,固体颗粒则被截留于框内,直到滤饼充满滤框后过滤停止,如图 2-21(a)所示。如果滤饼需要洗涤,可将洗水压入洗水通道,经洗涤板角端的暗孔进入板面与滤布之间。洗水在压强差推动下穿过一层滤布及整个厚度的滤饼,然后再横穿另一层滤布,最后由过滤板下部的滤液出口排出,如图 2-21(b)所示。这种操作方式称为横穿洗涤法,其作用在于提高洗涤效果。洗涤结束后,松开压紧装置并将板框拉开,卸出滤饼,清洗滤布,重新装合,进入下一个操作循环。

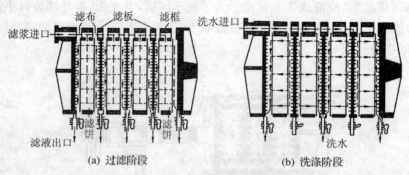

图 2-21 板框压滤机内液体流动路径

板框压滤机的优点是结构简单、制造方便、占地面积较小而过滤面积较大,操作压力高,适应能力强;它的缺点是间歇操作,生产效率低,劳动强度大,滤布损耗也较快。近几年已经出现可减轻劳动强度的各种自动操作板框压滤机。

板框压滤机进行过滤和洗涤计算时需注意:

① 过滤时一个滤框提供了两个侧面的过滤面积;

② 若洗涤推动力与过滤终了时压力差相等,洗水黏度与滤液黏度相近,由于洗水通过框内两层滤饼和两层滤布,因此,洗涤面积为过滤面积的一半,洗水流经的路径又是过滤时滤液流经路径的两倍,故洗涤速率为过滤终了速率的四分之一。

2. 加压叶滤机

加压叶滤机(图 2-22)是由一组长方形或圆形的滤叶按一定方式安装在能承受压力的

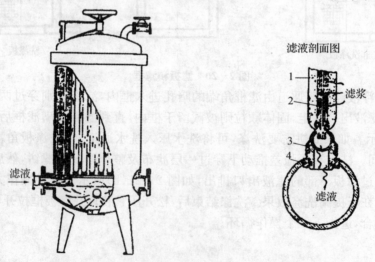

1—滤饼;2—滤布;3—拔出装置;4—橡胶圈

图 2-22 加压液滤机

密闭滤筒内。在压力差的作用下,料浆进入滤筒后,滤液透过滤叶从管道排出或者进入集流管排出,固体颗粒被截留在滤布上形成滤饼。滤叶通常由金属多孔板或金属网制成,外罩滤布,滤叶间有一定间距。加压叶滤机的滤饼洗涤采用的是置换洗涤法,在过滤结束后送入洗水,洗水的路径与滤液相同。洗涤过后打开机壳上盖,拔出滤叶卸除滤饼。加压叶滤机一般为恒压操作,每一个滤叶可以提供两个过滤面积,过滤面积与洗涤面积相等,过滤终了时滤饼厚度与洗涤时滤饼厚度也相等。

　　加压叶滤机的优点是灵活性大,有较大的容量,滤饼厚度均匀,操作稳定;密闭操作,改善了操作条件;过滤速度快,洗涤效果好;采用冲洗或吹除方式卸除滤饼时,劳动强度低。其缺点是:为防止滤饼固结或下落,必须精心操作;滤饼含水率大。

　　3. 转筒真空过滤机

　　转筒真空过滤机是一种工业广泛的连续操作的过滤机械。它的主要部件是一个能转动的水平圆筒,其表面有一层金属网,网上覆盖滤布,筒的下部浸入滤浆中,如图 2-23 所示。圆筒沿径向分隔成若干扇形格,每格都有单独的孔道通至分配头上。真空过滤机工作时,转鼓一部分浸在滤浆中,由原动机通过减速装置带动旋转。整个转鼓大致可分为四个工作区域。

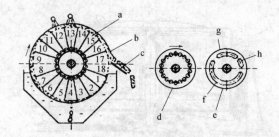

a—转筒;b—滤饼;c—刮刀;d—转动盘;e—固定盘;f—吸走滤液的真空凹槽;
g—吸走洗水的真空凹槽;h—通入压缩空气的凹槽
图 2-23　转筒及分配头的结构

　　① 过滤区:此区内的过滤室与分配头上Ⅰ室相通,Ⅰ室与真空系统相连。滤液在真空作用下通过滤布进入过滤室,经过滤机分配头排出机外。滤浆中的固相被截留在滤布表面,形成滤饼层。为防止固相沉降,在滤浆槽内设有摆动式搅拌浆。

　　② 洗涤及脱水区:洗涤液通过喷嘴均匀地喷洒在滤布上,在真空作用下,带走残留在滤饼中的滤液和溶于洗涤液的其他杂质,经分配头的Ⅱ室排出。为提高过滤机脱液效果和防止空气大量流入过滤机机内,使真空度下降,可在区内设置滤饼的平整装置,如压滚、压带等。

　　③ 卸料区:压缩空气通过分配头Ⅲ室进入区内各滤室,近使滤饼与滤布分离,随后由刮刀将料刮下。

　　④ 再生区:为除去堵塞在滤布孔隙中的颗粒,减少过滤阻力,使压缩空气或蒸汽由分配

头Ⅵ室进入区内各滤室,吹落滤布上的颗粒,使滤布得到再生。

转筒真空过滤机能连续自动操作,节省人力,生产能力大,特别适宜于处理量大而容易过滤的料浆,对难于过滤的胶体物系或细微颗粒的悬浮物,若采用预涂助滤剂措施也比较方便。该过滤机附属设备较多,投资费用高,过滤面积不大。此外,由于它是真空操作,因而过滤推动力有限,尤其不能过滤温度较高(饱和蒸汽压高)的滤浆,滤饼的洗涤也不充分。

4. 离心过滤机

离心机是利用惯性离心力来分离非均相混合物的设备,既可以用于沉降过程,也可以用于过滤过程。离心过滤机的工作原理是,在设备的转鼓壁上开孔,在鼓内壁上覆以滤布,悬浮液加入鼓内并随之旋转,液体受离心力作用被甩出,固体颗粒被截留在鼓内。

(1) 三足式离心机

三足式离心机是工业上采用较早的间歇操作、人工卸料的立式离心机,目前仍是国内应用最广、制造数目最多的一种离心机,装置如图2-24所示。三足式离心机的主要部件是一个呈框式的转鼓,鼓壁上有孔,内衬有金属丝网及滤布。整个机座和外壳借助三根弹簧拉杆悬挂在三足支脚上,以减轻设备运动时的振动。悬浮液进转鼓内在离心力作用下,滤液穿过滤布从机座下排出,固体颗粒被截留在鼓内滤布上。

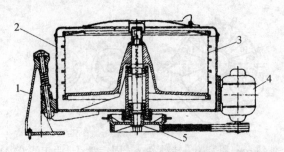

1—支脚;2—外壳;3—转鼓;4—电动机;5—皮带轮

图2-24 三足式离心机

三足式离心机结构简单,操作维修方便,弹性悬挂结构,自动调心,运转平稳,对滤渣颗粒极少破坏,运转周期可自由调节,洗涤干燥效果好,适用性强。该设备为间歇操作设备,生产能力低,过滤周期长,工人劳动强度大。适用于过滤周期较长、处理量不大、要求滤渣含液量较低的场合。近年来已在卸料方式等方面不断改进,出现了自动卸料及连续生产的三足式离心机。

(2) 卧式刮刀卸料离心机

卧式刮刀卸料离心机是在转鼓全速运转的情况下能够自动地依次进行加料、分离、洗涤、脱水、卸料、洗网等工序的循环操作,每一工序的操作时间可按预定要求实行自动控制,图2-25是其结构及操作示意图。

过滤机操作时,进料阀门自动定时开启,通过离心力、虹吸转鼓压差的作用,悬浮液进入全速运转的鼓内,滤液经滤网及鼓壁滤孔被甩到鼓外,通过虹吸管排至机外。固体颗粒被截留在鼓内,均匀分布在滤网上,当滤饼达到预定厚度时,停止进料。冲洗阀门自动开启,洗水喷洒在滤饼上洗涤滤饼。洗涤后的滤饼经过脱水达到含湿量指标,刮刀自动上升将滤饼被刮下,并经倾斜的溜槽排出。待刮刀退下后冲洗阀开启,对滤网进行冲洗,即完成一个操作循环。卧式刮刀卸料离心机单次循环时间短,操作简便、生产能力大,并可获得较干的滤渣和良好的洗涤效果,目前已较广泛地用于石油、化工、医药、食品等行业中,如铅粉、硫酸铁、萘、碳酸氢钠、水杨酸、聚丙烯、ABS 树脂、糖、淀粉等物料的脱水。

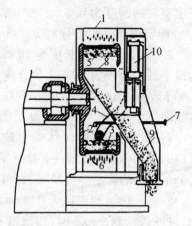

1—进料管;2—转鼓;3—滤网;4—外壳;5—滤饼;6—滤液;7—冲洗管;8—刮刀;9—溜槽;10—液压缸

图 2-25　卧式刮刀卸料离心机

(3) 活塞推料离心机

活塞推料离心机在全速运转的情况下,进行所有的程序操作,如加料、分离、洗涤、干燥、卸料等。

如图 2-26 所示,主电机带动转鼓全速旋转,悬浮液进料管沿锥形进料斗的内壁流至转鼓的滤网上,在离心力的作用下,液相穿过滤网和转鼓壁滤孔排出转鼓,经机壳排液管排出机外,固相截留在筛网上形成滤饼层。活塞推进器通过往复运动将滤饼沿转鼓内壁面推出。

活塞推料离心机具有连续操作、运转平稳、操作简便、生产能力大、洗涤效果好、滤饼含湿率较低等特点。适合分离浓度适中并能很快脱水和失去流动性的悬浮液,特别适用于碳酸氢铵、氯化铵、芒硝、棉花籽酸洗等固液分离。

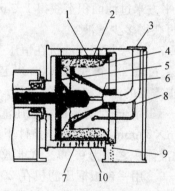

1—转鼓;2—滤网;3—进料管;4—滤饼;5—活塞推进器;6—进料斗;7—滤液出口;8—冲洗管;9—固体排出;10—洗水出口

图 2-26　活塞推料离心机

2-1　某除尘室高 2 m、宽 2 m、长 5 m,用于矿石焙烧炉的炉气除尘。矿尘的密度为 4500 kg/m³,其形状近于圆球。操作条件下气体流量为 25000 kg/h,气体密度为 0.6 kg/m³、黏度为 3×10^{-5} Pa·s。试求理论上能完全除去的最小矿粒直径。

2-2　有一重力降尘室,长 14 m、宽 2 m、高 2.5 m,内部用隔板分成 25 层。炉气进入降尘室时的密度为 0.5 kg/m³,黏度为 0.035 mPa·s。炉气所含尘粒的密度为 4500 kg/m³。现要用此降尘室分离 100 μm 以上的颗粒,试求可处理的炉气量。

2-3 降尘室的长度为 10 m,宽为 5 m,用隔板分为 20 层,间距为 100 mm,气体中悬浮的最小颗粒直径为 10 μm,气体密度为 1.1 kg/m³,黏度为 21.8×10⁻⁶ Pa·s,颗粒密度为 4000 kg/m³。试求:(1) 最小颗粒的沉降速度;(2) 若需要最小颗粒沉降,气体的最大流速不能超过多少(m/s)? (3) 此沉降室每小时能处理多少立方米的气体?

2-4 已知含尘气体中尘粒的密度为 2650 kg/m³,气体流量为 1000 m³/h。密度为 0.746 kg/m³,黏度为 2.6×10⁻⁵ Pa·s。采用标准型旋风分离器进行除尘,若分离器直径为 400 mm,试估算临界直径 d_c 及气体的压强降 Δp。

2-5 用过滤面积为 0.2 m² 的过滤机测定某悬浮液的过滤常数。已知恒压条件下操作,过滤进行到 5 min 时,得滤液 0.034 m³;进行到 10 min 时,共得滤液 0.05 m³。试求:(1) 过滤常数 K、V_e 及 q_e;(2) 过滤进行到 60 min 时,共得滤液量为多少?

2-6 在 9.81 kPa 的恒压下过滤某水悬浮液,已知水的黏度为 1.0×10⁻³ Pa·s,形成滤渣的比阻为 1.33×10¹⁰,获得每立方米滤液可得滤饼为 0.333 m³,忽略滤布阻力。试求:(1) 每平方米过滤面积上获得 1.5 m³ 的滤液所需的过滤时间? (2) 若将该过滤时间延长一倍,可再获得多少滤液?

2-7 用一板框压滤机在恒压下过滤某种悬浮液,滤框的尺寸为 200 mm×200 mm×20 mm。过滤 2 h 得滤液 0.2 m³,已知过滤常数为 4.2×10⁻⁷ m²/s,滤布阻力可以忽略不计,试求需要的滤框和滤板的数目。

2-8 用 10 个滤框的板框压滤机在恒压下过滤某种悬浮液,滤框的尺寸为 635 mm×635 mm×25 mm。已知操作条件下的过滤常数为 3.47×10⁻⁵ m²/s,q_e 为 0.026 m³/m²,滤饼与滤液体积之比为 0.09。试求滤框充满滤饼所需的时间和所得滤液的体积。

2-9 用一台板框压滤机在 20 ℃ 下过滤某种悬浮液,过滤面积为 0.1 m²,该悬浮液的黏度为 1.0×10⁻³ Pa·s。实验数据列于本题附表中,试求:(1) 不同操作压力下的过滤常数 K、q_e、r;(2) 压缩性指数 s。

题 2-9 附表

过滤压差 ΔP/kPa	过滤时间/θ/s	滤液体积/V/L	v/m³/m³
34.3	92	2.24	0.17
	860	7.72	
103.0	50	2.45	0.15
	510	8.58	

2-10 用一台板框压滤机在 20 ℃、53.2 kPa 下过滤质量分数为 14%、颗粒直径为 0.01 mm、黏度为 1.0×10⁻³ Pa·s 的 CaCO₃悬浮液,滤框的尺寸为 160 mm×160 mm×

18 mm,总框数为 5 个。已知 CaCO$_3$ 为球形颗粒,密度为 2930 kg/m^3。实验数据列于本题附表中。实验完毕后测得 1 m^3 滤饼烘干后的质量为 1600 kg(滤饼为不可压缩滤饼),试求:过滤常数 K、V_e、比阻 r、滤饼的空隙率 ε、滤饼颗粒的比表面积 α。

题 2-10 附表

过滤时间/Δt/s	37.33	38.40	39.56	40.97	43.62
滤液体积/ΔV/mL	768	755	752	772	800

2-1 非均相物系与均相物系的判定依据是什么?

2-2 重力沉降与自由沉降的区别与联系是什么?

2-3 球形颗粒在流体中沉降,流体的温度、流速、黏度对沉降速度如何影响?

2-4 利用降尘室分离气体中尘粒的分离依据,影响尘粒分离效果的因素有哪些?

2-5 如何从离心分离因素值去评价离心分离效果?

2-6 重力沉降与离心沉降在工业生产中联合使用的方法及意义是什么?

2-7 影响过滤速率的因素有哪些?

2-8 恒压过滤时过滤常数 K 如何确定?影响因素有哪些?

2-9 恒压过滤操作时压缩因子 s 如何确定?

2-10 分析板框压滤机过滤与洗涤时滤液与洗水的走向。

工程案例

催化裂化装置三级旋风分离器工况分析

我国国内炼油企业有催化裂化装置(简称 FCC 装置)100 多套,其中 95% 的装置内采用了烟气轮机来回收能量。催化裂化装置再生器出口烟气中的催化剂质量浓度一般为 0.3~1.0 g/m^3,平均粒径为 15~20 μm。根据催化裂化生产工艺的要求,来自再生器出口的烟气需经三级旋风分离器将其中的细粉颗粒浓度降到 100 mg/m^3 以下且基本没有 10 μm 以上的颗粒,才能送入烟气轮机,以保证烟气轮机长周期安全运行。因此,三级旋风分离器除尘效果的好坏直接影响烟气轮机的安全长周期运行。现对某催化裂化装置的三级旋风分离器(以下简称三旋)的工况进行分析。

此三级旋风分离器的结构为压力外壳加吊筒式的双层隔板结构,吊桶、上隔板、下隔板、套筒和单管是三级旋风分离器最关键的部分。上、下隔板将三级旋风分离器分割成 3 个室:

集气室、气体分配室、集尘室。烟气和催化剂颗粒的分离过程在气体分配室中完成,净化后的气体上升进入集气室,固体颗粒下降进入集尘室。典型的多管式旋风分离器分离各种催化剂颗粒的效率为:$>5\ \mu m$ 可除去 91%,$>10\ \mu m$ 可除去 99%,$>12\ \mu m$ 以上的颗粒可全部除净。此三旋存在的问题有:① 三旋分离效率不高;② 三旋出口烟气中始终存在一些粒径大于 $10\ \mu m$ 的催化剂颗粒,对烟机动叶片出气边造成较大冲蚀或沉积;③ 四旋排灰次数频繁,对排灰管线的磨损很大。2010 年进行检修时,发现三级旋风分离器隔板变形,单管内有细粉烧结硬物堵塞,部分单管失效。

原因分析:

(1)上下隔板发生形变 运行时,三级旋风分离器的上、下隔板承受着较大的重力载荷、外压力及管道热膨胀推力。按照三级旋风分离器的结构,高温烟气通过进气管进入进气段,进气管上装有膨胀节。上隔板与进气管下端焊接成处支点,三级旋风分离器外壳头盖则与进气管上端焊接成处支点。运行时进气管承受 650 ℃左右高温,外壳、外头盖衬里设计温度为 300 ℃,三者之间温差很大。由于三级旋风分离器单管产生了压降,因此集气室和集尘室压力均低于进气室压力。上隔板虽然承受正压,符合拱盖的受力要求,但由于中心进气管直径较大,在压降作用下,热膨胀产生很大的内推力,当上隔板上孔周围应力大于材料高温屈服强度时,就会产生局部失稳,形成凹陷。隔板直径越大,中心进气管直径越大,温度越高,这种局部变形现象越易发生。与上隔板不同,下隔板承受负压。正常操作时负压值略小于单管压降。出现以下几种不正常操作时则可能使下隔板损坏:① 泄料线上临界流速喷嘴磨损较大,无法满足限制泄气量的要求,使下隔板上、下压差更大;② 三级旋风分分离器系统堵塞(如单管堵或泄料线堵),三级旋风分离器进气室气体从单管旋分管进入后直接到排气管强行通过集气室排空,此时下隔板承受的负压值会突然增大到接近三级旋风分离器操作压力,为正常状态差压值的 10 倍以上,严重超温超压。以上情况都会造成下隔板的某一薄弱部位先行凹陷,进而整个下隔板翻转变形,即由上凸变为下凹。

(2)单管堵塞及部分失效 三级旋风分离器单管内细粉烧结残留硬物的情况比较普遍,部分单管被堵塞。2011 年催化装置检修时发现,三级旋风分离共 72 根分离单管中有一部分为堵塞状态。分离单管中烧结硬物的主要成分为催化剂中的超细粉。高速气流中存在的超细固体超细物是产生烧硬物的内应因。由于钙、钠、镁盐高温下有熔融特性,如果原油预处理不达标,钙、钠、镁盐浓度较大,随馏分油带入重油催化,在高温条件下,这些金属盐发生熔融,对贴边壁的具有较小动能的细小颗粒有较强的粘连能力而形成以熔融物为中心的盐性结核物。烧结硬物在高温下气体黏性增加,对于依靠离心力场的旋分器更不易分离细小固体颗粒。这些细小粒子中的部分将随气流在设备流道中运动及边壁贴附,使得细粉烧结硬物出现在设备的许多部位上。流道变径的变形也有助于烧结中心的形成和烧结硬物的聚集加厚。这也是在烟气轮机叶片上、三级旋风分离器单管排灰口以及导向叶片等部位硬物较多的原因。当临界流速喷嘴严重磨损时,泄气量会大幅增加。

（3）再生器一、二级旋风分离器失　再生器一级旋风分离器和二级旋风分离器失效（破损、磨穿或料腿堵塞时）、再生烟气尾燃、催化剂热崩破碎、入口烟道处理不干净以及一级旋风分离器入口烟气粉尘质量浓度过大或线速度偏高均可导致三级旋风分离器处理粉尘负荷大幅增加，使其分离单管内易产生烧结硬物或被其磨损，导致失效。根据对一再旋风分离器进行的测试结果，其线速明显偏高。催化剂在一、二级旋风分离器中发生了严重的磨损和粉碎，许多较大颗粒的催化剂被磨粉成小粒径的细粉。

（4）泄气量的影响　三级旋风分离器集尘室回收的催化剂依靠各单管总泄气排出器外，泄气量的大小对三级旋风分离器非常重要。根据实际运行经验，正常泄气量是烟气量的3％～5％。三旋中几十根或上百根单管压降不均，有一部分单管在泄气率3％或4％状况下工作，另一部分单管则在泄气率2％或1％甚至不泄气或返混状态下工作，各单管的排尘口催化剂颗粒返混互窜明显加剧，三级旋风分离器出口净化气中大于10 μm的大颗粒含量增加。这就是多管式三旋运行中整体效率不高甚至失效的原因。

措施及对策：

（1）将三级旋风分离器隔板由上凸型改为下凹型，从结构上改变受力状况，消除隔板变形的隐患。简单管的结构，减少内部异径异形部位并加大下泄气（3％～4％），单管的数量由72根增加为80根，单管的额定处理量2000 m³/h。

（2）加强原油脱盐工艺参数控制，保证催化原料中含盐量合格。降低烟气中水汽体积分数，平稳操作，防止三级旋风分离器操作温度剧变导致硬物线收缩发生脱落堵塞。控制单管设计流量，防止在过高线速的情况下，催化剂固体颗粒被磨成超细粉。

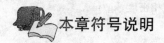 **本章符号说明**

英文字母

a——颗粒的比表面积，m²/m³；加速度，m/s²；常数；

A——截面积，m²；

b——降尘室的宽度，m；

B——旋风分离器的进口宽度，m；

C——悬浮物系中的分散相浓度，kg/m³；

d——颗粒直径，m；

d_c——临界粒径，m；

d_{eb}——床层流道的当量直径，m；

d_e——当量直径，m；

D——设备直径，m；

F——作用力，N；

g——重力加速度，m/s²；

h——旋风分离器的进口高度，m；

H——降尘室的高度，m；

k——滤浆的特性常数，m⁴/（N·s）；

K——纲量为1数群；过滤常数，m²/s；

K_c——分离因数；

l——降尘室长度，m；

L——滤饼厚度或床层高度，m；

n——转速，r/min；

N_e——旋风分离器内气体的有效回转圈数；

Δp——压强降或过滤推动力,Pa;

Δp_b——床层压强降,Pa;

Δp_b—滤液通过滤饼层的压强降,Pa;

q——单位过滤面积获得的滤液体积,m^3/m^2;

q_e——单位过滤面积上的当量滤液体积,m^3/m^2;

Q——过滤机的生产能力,m^3/h;

r——滤饼的比阻,$1/m^2$;

r'——单位压强差下滤饼的比阻,$1/m^2$;

R——滤饼阻力,$1/m$;固气比,kg 固/kg 气;

R_m——过滤介质阻力;

s——滤饼的压缩性指数;

S——表面积,m^2;

S_p——颗粒的表面积,m^2;

u——流速或过滤速度,m/s;

u_h——颗粒的水平沉积速度,m/s;

u_i——旋风分离器的进口气速,m/s;

u_r——离心沉降速度或径向速度,m/s;

u_R——恒速阶段的过滤速度,m/s;

u_t——沉降速度或带出速度,m/s;

u_T——切向速度,m/s;

v——滤饼体积与滤液体积之比;

V——滤液体积或每个操作周期所得滤液体积,m^3;球形颗粒的体积,m^3;

V_e——过滤介质的当量滤液体积,m^3;

V_p——非球形颗粒的实际体积,m^3;

V_s——体积流量,m^3/s;

希腊字母

ε——床层空隙率;

ξ——阻力系数;

η_o——分离总效率;

η_p——粒级分离效率;

θ——停留时间或过滤时间,s;

θ_e——过滤介质的当量过滤时间,s;

θ_t——沉降时间,s;

Φ_s——颗粒的形状系数或球形度;

ω——角速度,rad/s;

μ——流体黏度或滤液黏度,Pa·s;

ρ——流体密度,kg/m^3;

ρ_s——固相或分散相密度,kg/m^3。

下标

a——空气;

b——浮力、床层;

c——离心、临界、滤饼或滤渣;

d——阻力;

e——当量、有效;

f——进料;

g——重力;

i——进口;

i——第 i 分段;

m——介质;

o——总的;

p——部分,颗粒,粒级;

r——径向;

R——等速过滤阶段;

s——固相或分散相;

t——终端;

T——切向;

1——进口;

2——出口。

参考文献

［1］　王志魁,刘丽英,刘伟.化工原理[M].北京:化学工业出版社,2011.
［2］　夏清,贾绍义.化工原理:上册[M].天津:天津大学出版社,2012.
［3］　柴诚敬.化工原理:上册[M].北京:高等教育出版社,2011.
［4］　陈敏恒,从德滋,等.化工原理[M].北京:化学工业出版社,2011.
［5］　李凤华,于士君.化工原理[M].大连:大连理工大学出版社,2006.
［6］　赵汝傅,管国锋.化工原理[M].北京:化学工业出版社,1999.

第3章 传 热

一、学习目的

通过本章学习,熟悉、掌握和了解传热相关的基本概念、传热过程、基本规律、基本计算及传热设备的工程设计和计算方法。

二、学习要点

重点掌握傅里叶定律;单层、多层平壁和圆管壁热传导速率方程及其应用;换热器的热量衡算,总传热速率方程和总传热系数,平均温差法;对流传热系数的关联式及影响因素;换热器的结构与传热的强化方法。

掌握传热方式、热边界层、对流传热机理、辐射传热机理与两固体间的辐射传热速率方程。

一般了解传热单元数法及一般传热设备设计规范与方法、相关计算与设备选型要考虑的问题。

§3.1 传热过程概述

由温度差所引起的能量转移过程称为热量传递,简称传热。根据热力学第二定律,凡是存在温度差的地方,就必然有热量自发地从高温处向低温处传递,因此传热是自然界和工程技术领域中普遍存在的一种传递现象。化工生产中对传热的要求通常有以下两种情况:一种是强化传热过程,如各种换热设备中的传热;另一种是削弱传热过程,如设备和管道的保温。

传热过程中,若传热系统中各点的温度仅随位置变化而不随时间变化,则这种传热过程称为稳定传热,其特点是传热速率在任何时刻都为常数,连续生产过程多为稳定传热;若传热系统中各点的温度不仅随位置发生变化,而且也随时间变化,则这种传热过程称为不稳定传热,连续生产的开、停车及间歇生产过程为不稳定传热过程。

根据传递机理的不同,热量传递可分为三种基本方式:传导、对流和辐射。在实际过程传热过程中,热量传递可以一种方式进行,也可以两种或三种方式同时进行,如对于间壁换热过程,热量传递往往同时包含了热传导和热对流,对于高温流体则还包含热辐射。

§3.2 热传导

热传导不是依靠内部各部分质点的宏观混合运动,而是由物质内部分子、原子和自由电子等微观粒子的热运动而产生的热量传递现象。热传导的机理非常复杂,简而言之,非金属固体内部的热传导是通过相邻分子在碰撞时传递振动能实现的;金属固体的导热主要通过自由电子的迁移传递热量;在流体特别是气体中,热传导则是由于分子不规则的热运动引起的。

3.2.1 傅里叶定律

1. 温度场和等温面

物体、系统或空间内各点温度在时空中的分布,称为温度场,可用下式表示:

$$t = f(x,y,z,\theta) \tag{3-1}$$

式中:t 为某点温度;x,y,z 为某点空间坐标;θ 为时间。

根据稳定的定义,稳定场中温度不随时间而改变,则式(3-1)中可去掉 θ。

在同一瞬间,温度相同的点组成的面称为等温面。因为空间内任一点不可能同时具有两个不同温度,所以温度不同的等温面彼此不会相交。

2. 温度梯度

从任一点开始,沿等温面移动,温度无变化,所以沿等温面无热量传递;而沿和等温面相交的任何方向移动,都有温度变化,在与等温面垂直的方向上温度变化率最大。将相邻两等温面之间的温度差 Δt 与两等温面之间的垂直距离 Δn 之比的极限称为温度梯度,其数学定义式为

$$\mathrm{grad}t = \lim \frac{\Delta t}{\Delta n} = \frac{\partial t}{\partial n} \tag{3-2}$$

温度梯度为向量,其方向垂直于等温面,并以温度增加的方向为正,如图 3-1 所示。用偏导数的意义是指不同等温面间的导热只需考虑其沿法线方向的温度差。对稳定的一维温度场,温度梯度可表示为

$$\mathrm{grad}t = \frac{\mathrm{d}t}{\mathrm{d}x} \tag{3-2a}$$

3. 傅里叶定律

物体内热流的产生是由于存在温度梯度的结果,其方向永远与温度降低的方向一致,即与温度梯度方向相反。导热的机理相当复杂,但其宏观规律可用傅里叶定律来描述,其数学表达式为

$$dQ = -\lambda dS \frac{\partial t}{\partial n} \qquad (3-3)$$

式中：$\frac{\partial t}{\partial n}$ 为温度梯度，是向量，其方向指向温度增加方

向，℃/m；Q 为导热速率，W；S 为等温面的面积，m^2；λ 为

比例系数，称为导热系数，W(m·℃)。

式中的负号表示热流方向与温度梯度的方向相反，

如图 3-1 所示。

傅里叶定律表明：在热传导时，其传热速率与温度梯

度及传热面积成正比。

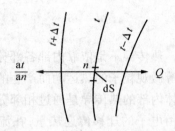

图 3-1 温度梯度与傅里叶定律

3.2.2 导热系数

导热系数表征物质的导热能力，是物质的物理性质之一。其大小与物质的组成、结构、
温度、湿度、压强及聚集状态等许多因素有关，可用实验方法测得，常见物质的导热系数可以
从手册中查取。一般说来，金属的导热系数最大，非金属次之，液体的较小，而气体的最小。
各种物质导热系数的大致范围如表 3-1 所示。

表 3-1 导热系数的大致范围

物质种类	纯金属	金属合金	液态金属	非金属固体	非金属液体	绝热材料	气体
导热系数 /W·m^{-1}·K^{-1}	100～1400	50～500	30～300	0.05～50	0.5～5	0.05～1	0.005～0.5

1. 固体的导热系数

固体材料的导热系数与温度有关，对于大多数均质固体，其 λ 值与温度大致成线性
关系：

$$\lambda = \lambda_0 (1 + bt) \qquad (3-4)$$

式中：λ 为固体在 t ℃时的导热系数，W/(m·℃)；λ_0 为物质在 0 ℃时的导热系数，
W/(m·℃)；b 为温度系数，℃$^{-1}$；对大多数金属材料 b 为负值，而对大多数非金属材料 b 为
正值。

同种金属材料在不同温度下的导热系数可在化工手册中查到，当温度变化范围不大时，
一般采用该温度范围内的平均值。

2. 液体的导热系数

液态金属的导热系数比一般液体高，而且大多数液态金属的导热系数随温度的升高而
减小。在非金属液体中，水的导热系数最大。除水和甘油外，绝大多数液体的导热系数随温
度的升高而略有减小。一般说来，纯液体的导热系数比其溶液的要大。溶液的导热系数在
缺乏数据时可按纯液体的 λ 值进行估算。各种液体导热系数如图 3-2 所示。

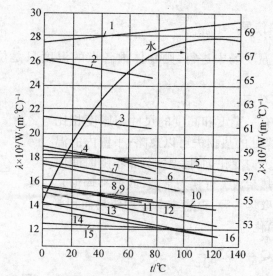

1—无水甘油;2—蚁酸;3—甲醇;4—乙醇;5—蓖麻油;6—苯胺;7—醋酸;8—丙酮;9—丁醇;
10—硝基苯;11—异丙醇;12—苯;13—甲苯;14—二甲苯;15—凡士林;16—水(用右边的比例尺)

图 3-2 各种液体的导热系数

3. 气体的导热系数

气体的导热系数随温度升高而增大。在相当大的压强范围内,气体的导热系数与压强
几乎无关。由于气体的导热系数太小,因而不利于导热,但有利于保温与绝热。工业上所用
的保温材料,例如玻璃棉等,就是因为其空隙中有气体,所以导热系数低,适用于保温隔热。
各种气体的导热系数如图 3-3 所示。

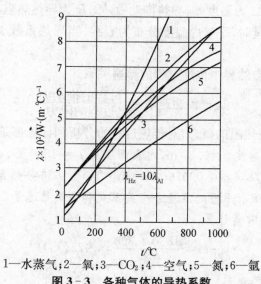

1—水蒸气;2—氧;3—CO_2;4—空气;5—氮;6—氩

图 3-3 各种气体的导热系数

3.2.3 平壁稳定热传导

若导热是在稳定的温度场中进行,则物体内各点的温度只是位置的函数,不随时间变化。

1. 单层平壁稳定热传导

如图 3-4 所示,设有一宽度和高度的尺寸与厚度相比为无限大的平壁,壁边缘处的热损失可以忽略;平壁内的温度只沿垂直于壁面的 x 方向变化,而且温度分布不随时间而变化;平壁材料均匀,导热系数 λ 可视为常数(或取平均值)。对于此种稳定的一维平壁热传导,导热速率 Q 和传热面积 S 都为常量,式(3-3)可简化为

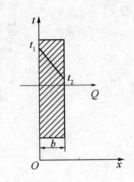

$$Q = -\lambda S \frac{\mathrm{d}t}{\mathrm{d}x} \qquad (3-5)$$

当 $x=0$ 时,$t=t_1$;$x=b$ 时,$t=t_2$;且 $t_1 > t_2$。将式(3-5)积分后,可得:

图 3-4 单层平壁的热传导

$$Q = \frac{\lambda}{b} S(t_1 - t_2) \qquad (3-6)$$

或

$$Q = \frac{t_1 - t_2}{\dfrac{b}{\lambda S}} = \frac{\Delta t}{R} \qquad (3-7)$$

式中:b 为平壁厚度,m;Δt 为温度差,导热推动力,℃;R 为导热热阻,℃/W。

当导热系数 λ 为常量时,平壁内温度分布为直线;当导热系数 λ 随温度变化时,平壁内温度分布为曲线。

式(3-7)可归纳为自然界中传递过程的普遍关系式:

$$过程传递速率 = \frac{过程的推动力}{过程的阻力}$$

必须强调指出,应用热阻的概念,对传热过程的分析和计算都是十分有用的。

【例 3-1】 某平壁厚度 $b=0.37$ m,内表面温度 $t_1=1650$ ℃,外表面温度 $t_2=300$ ℃,平壁材料导热系数 $\lambda=0.815+0.00076t$,W/(m·℃)。若将导热系数分别按常量(取平均导热系数)和变量计算,试求平壁的温度分布关系式和导热热通量。

解:(1)导热系数按常量计算

平壁的平均温度 $t_{\mathrm{m}} = \dfrac{t_1 + t_2}{2} = \dfrac{1650 + 300}{2} = 975$(℃)

平壁材料的平均导热系数

$$\lambda_m = 0.815 + 0.00076 \times 975 = 1.556 [W/(m \cdot ℃)]$$

导热热通量为：

$$q = \frac{\lambda}{b}(t_1 - t_2) = \frac{1.556}{0.37}(1650 - 300) = 5677(W/m^2)$$

设壁厚 x 处的温度为 t，则由式(3-6)可得

$$q = \frac{\lambda}{x}(t_1 - t)$$

故

$$t = t_1 - \frac{qx}{\lambda} = 1650 - \frac{5677}{1.556}x = 1650 - 3649x$$

该式即为平壁的温度分布关系式，表示平壁距离 x 和等温表面的温度呈直线关系。

(2) 导热系数按变量计算，由式(3-5)得

$$q = -\lambda \frac{dt}{dx} = -(\lambda_0 + a't)\frac{dt}{dx} = -(0.815 + 0.0076t)\frac{dt}{dx}$$

或

$$-qdx = (0.815 + 0.0076t)dt$$

积分

$$-q\int_0^b dx = \int_{t_1}^{t_2}(0.815 + 0.00076t)dt$$

得

$$-qb = 0.815(t_2 - t_1) + \frac{0.00076}{2}(t_2^2 - t_1^2) \tag{a}$$

$$q = \frac{0.815}{0.37}(1650 - 300) + \frac{0.00076}{2 \times 0.37}(1650^2 - 300^2) = 5677(W/m^2)$$

当 $b = x$ 时，$t_2 = t$，代入式(a)，可得

$$-5677x = 0.815(t - 1650) + \frac{0.00076}{2}(t^2 - 1650^2)$$

整理上式得

$$t^2 + \frac{2 \times 0.815}{0.00076}t + \frac{2}{0.00076}\left[5677x - \left(0.815 \times 1650 + \frac{0.00076}{2} \times 1650^2\right)\right] = 0$$

解得

$$t = -1072 + \sqrt{7.41 + 10^6 - 1.49 \times 10^7 x}$$

该式即为当 λ 随 t 呈线性变化时单层平壁的温度分布关系式，此时温度分布为曲线。

计算结果表明，将导热系数按常量或变量计算时，所得的导热通量是相同的，而温度分布则不同，前者为直线，后者为曲线。

2. 多层平壁的热传导

如图 3-5 所示,以三层平壁为例,各层的壁厚分别为 b_1、b_2 和 b_3,导热系数分别为 λ_1、λ_2 和 λ_3。假设层与层之间接触良好,即相接触的两表面温度相同。各表面温度分别为 t_1、t_2、t_3 和 t_4,且 $t_1 > t_2 > t_3 > t_4$。

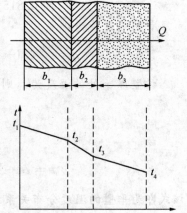

在稳定导热时,通过各层的导热速率必相等,即 $Q = Q_1 = Q_2 = Q_3$。

$$Q = \frac{\lambda_1 S(t_1 - t_2)}{b_1} = \frac{\lambda_2 S(t_2 - t_3)}{b_2} = \frac{\lambda_3 S(t_3 - t_4)}{b_3}$$

由上式可得

$$\Delta t_1 = t_1 - t_2 = Q \frac{b_1}{\lambda_1 S} \qquad (3-8)$$

$$\Delta t_2 = t_2 - t_3 = Q \frac{b_2}{\lambda_2 S} \qquad (3-9)$$

图 3-5 三层平壁的热传导

$$\Delta t_3 = t_3 - t_4 = Q \frac{b_3}{\lambda_3 S} \qquad (3-10)$$

$$\Delta t_1 : \Delta t_2 : \Delta t_3 = \frac{b_1}{\lambda_1 S} : \frac{b_2}{\lambda_2 S} : \frac{b_3}{\lambda_3 S} = R_1 : R_2 : R_3 \qquad (3-11)$$

可见,各层的温差与热阻成正比。

将式(3-8)、(3-9)、(3-10)相加,并整理得

$$Q = \frac{\Delta t_1 + \Delta t_2 + \Delta t_3}{\frac{b_1}{\lambda_1 S} + \frac{b_2}{\lambda_2 S} + \frac{b_3}{\lambda_3 S}} = \frac{t_1 - t_4}{\frac{b_1}{\lambda_1 S} + \frac{b_2}{\lambda_2 S} + \frac{b_3}{\lambda_3 S}} \qquad (3-12)$$

式(3-12)即为三层平壁的热传导速率方程式。

对 n 层平壁,热传导速率方程式为

$$Q = \frac{t_1 - t_{n+1}}{\sum\limits_{i=1}^{n} \frac{b_i}{\lambda_i S}} = \frac{\sum \Delta t}{\sum R} = \frac{总推动力}{总热阻} \qquad (3-13)$$

由上可知,多层平壁热传导的总推动力为各层温度差之和,总热阻为各层热阻之和。

3.2.4 圆筒壁的热传导

圆筒壁与平壁热传导的不同之处在于圆筒壁的传热面积随半径而变,温度也随半径而变。

1. 单层圆筒壁的热传导

如图 3-6 所示,设圆筒的内、外半径分别为 r_1 和 r_2,内外表面分别维持恒定的温度 t_1 和 t_2,管长 L 足够长,则圆筒壁内的传热属一维稳定导热。若在半径 r 处沿半径方向取一厚度

为 dr 的薄壁圆筒,则其传热面积可视为定值,即 $2\pi rL$。根据傅里叶定律:

$$Q = -\lambda S \frac{dt}{dr} = -\lambda(2\pi rL)\frac{dt}{dr} \qquad (3-14)$$

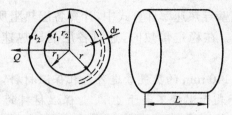

图 3-6 单层圆筒壁的热传导图

分离变量后积分,整理得

$$Q = \frac{2\pi L\lambda(t_1 - t_2)}{\ln \frac{r_2}{r_1}} \qquad (3-15)$$

或

$$Q = \frac{2\pi L\lambda(t_1 - t_2)\cdot(r_2 - r_1)}{\ln \frac{r_2}{r_1}\cdot(r_2 - r_1)} = \frac{2\pi L\lambda r_m(t_1 - t_2)}{b}$$

$$= \frac{\lambda S_m(t_1 - t_2)}{b} = \frac{t_1 - t_2}{\frac{b}{\lambda S_m}} = \frac{t_1 - t_2}{R} \qquad (3-16)$$

式中:$b = r_2 - r_1$ 为圆筒壁厚度,m;$S_m = 2\pi Lr_m$ 为圆筒壁的对数平均面积,m^2;$r_m = \dfrac{r_2 - r_1}{\ln \dfrac{r_2}{r_1}}$

为对数平均半径,m。

当 $\dfrac{r_2}{r_1} < 2$ 时,可采用算术平均值 $r_m = \dfrac{r_1 + r_2}{2}$ 代替对数平均值进行计算。

2. 多层圆筒壁的热传导

对层与层之间接触良好的多层圆筒壁,如图 3-7 所示(以三层为例)。假设各层的导热系数分别为 λ_1、λ_2 和 λ_3,厚度分别为 b_1、b_2 和 b_3。仿照多层平壁的热传导公式,则三层圆筒壁的导热速率方程为

$$Q = \frac{t_1 - t_4}{\dfrac{b_1}{\lambda_1 S_{m1}} + \dfrac{b_2}{\lambda_2 S_{m2}} + \dfrac{b_3}{\lambda_3 S_{m3}}} = \frac{t_1 - t_4}{R_1 + R_2 + R_3}$$

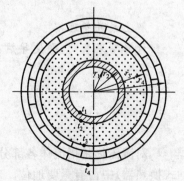

图 3-7 多层圆筒壁热传导

$$= \frac{t_1 - t_4}{\dfrac{\ln \dfrac{r_2}{r_1}}{2\pi L \lambda_1} + \dfrac{\ln \dfrac{r_3}{r_2}}{2\pi L \lambda_2} + \dfrac{\ln \dfrac{r_4}{r_3}}{2\pi L \lambda_3}} \qquad (3-17)$$

应当注意,在多层圆筒壁导热速率计算式中,计算各层热阻所用的传热面积不相等,应采用各自的对数平均面积。在稳定传热时,通过各层的导热速率相同,但热通量却并不相等。

【例3-2】 在外径为 140 mm 的蒸气管道外包扎保温材料,以减少热损失。蒸气管外壁温度为 390 ℃,保温层外表面温度不大于 40 ℃。保温材料的 λ 与 t 的关系为 $\lambda = 0.1 + 0.0002t$(t 的单位为℃,λ 的单位为 W/(m·℃))。若要求每米管长的热损失 Q/L 不大于 450 W/m,试求保温层的厚度以及保温层中温度分布。

解:此题为圆筒壁热传导问题,已知:$r_2 = 0.07$ m $t_2 = 390$ ℃ $t_3 = 40$ ℃

先求保温层在平均温度下的导热系数,即

$$\lambda = 0.1 + 0.0002\left(\frac{390 + 40}{2}\right) = 0.143 [W/(m·℃)]$$

(1) 保温层温度 将式(4-15)改写为

$$\ln \frac{r_3}{r_2} = \frac{2\pi \lambda (t_2 - t_3)}{Q/L}$$

$$\ln r_3 = \frac{2\pi \times 0.143(390 - 40)}{450} + \ln 0.07$$

得 $$r_3 = 0.141 (m)$$

故保温层厚度为

$$b = r_3 - r_2 = 0.141 - 0.07 = 0.071 \text{ m} = 71 (mm)$$

(2) 保温层中温度分布 设保温层半径 r 处的温度为 t,代入式(3-15)可得

$$\frac{2\pi \times 0.143(390 - t)}{\ln \dfrac{r}{0.07}} = 450$$

解上式并整理得 $$t = -501\ln r - 942$$

计算结果表明,即使导热系数为常数,圆筒壁内的温度分布也不是直线而是曲线。

§3.3 对流传热

对流传热是指流体各部分发生相对位移而引起的传热现象,它在化工传热过程(如间壁式换热器)中占有重要地位。对流传热过程机理较复杂,其传热速率与很多因素有关。根据流体在传热过程中的状态,对流传热可分为两类。

(1) 流体无相变的对流传热

流体在传热过程中不发生相变化,依据流体流动原因不同,可分为两种情况:① 强制对流传热,流体因外力作用而引起的流动;② 自然对流传热,仅因温度差而产生流体内部密度差引起的流体对流流动。

(2) 流体有相变时的对流传热

流体在传热过程中发生相变化,它分为两种情况:① 蒸气冷凝,气体在传热过程中全部或部分冷凝为液体;② 液体沸腾,液体在传热过程中沸腾汽化,部分液体转变为气体。

对于上述几类,对流传热过程机理不尽相同,影响对流传热速率的因素也有区别。

3.3.1 对流传热分析

当流体流过壁面被加热或冷却时,会引起沿壁面法线方向上温度分布的变化,形成一定的温度梯度。和流动边界层相似,靠近壁面处流体温度有显著的变化(或存在温度梯度)的区域称为温度边界层或传热边界层,如图 3-8 所示。

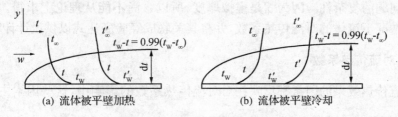

图 3-8 对流传热的温度分布

热边界层的厚度为 $t_w - t = 0.99(t_w - t_\infty)$ 处与壁面的垂直距离;在热边界层内,$\dfrac{dt}{dy} \neq 0$;热边界层外,$\dfrac{dt}{dy} = 0$(等温区)。

对流传热发生在流体对流的过程中,所以它与流体流动有密切的关系。在第 1 章中已叙述过流体经过固体壁面时形成流动边界层,在边界层内存在速度梯度,即使流体达到湍流,在层流底层内流体仍作层流流动,因而可知热量传递在此层内以导热方式进行。多数流体都是导热系数较小的不良导体,所以在层流底层具有很大的热阻,形成很大的温度梯度。层流底层以外,由于旋涡运动使流体质点发生相对位移,因此,热量传递除热传导外,还有热对流,使温度梯度逐渐变小。在湍流主体内,由于旋涡运动,热量传递以对流方式为主,热阻因而大为减小,温度分布趋于一致。

3.3.2 牛顿冷却定律和对流传热系数

对流传热大多是指流体与固体壁面之间的传热,其传热速率与流体性质及边界层的状况密切相关。为了便于处理问题,假定对流传热在一厚度为 δ_t 的假想有效膜内进行,而且膜内只有热传导。

若热流体向冷壁作一维稳定传热,如图 3-8 所示,则传热速率方程可写为

$$Q = -\lambda S \frac{dt}{dx}$$

积分后得
$$Q = \frac{\lambda}{\delta_t} S(T - T_w) \tag{3-18}$$

或
$$Q = \alpha S(T - T_w) \tag{3-19}$$

式中:T、T_w 分别为对热流体和冷壁温度,℃;$\alpha = \frac{\lambda}{\delta_t}$ 为对流传热系数,W/(m²·℃),表示单位传热面积、单位传热温度差时,壁面与流体对流传热量的大小。

同理对于热壁向冷流体传热,有

$$Q = \alpha S(t_w - t) \tag{3-20}$$

式中:t_w、t 分别为热壁和冷流体温度,℃。

式(3-19)、(3-20)均称为牛顿冷却定律。应当指出,对流传热过程按牛顿冷却定律处理并不改变问题的复杂性。因为 δ_t 是虚拟厚度,所以 α 尚不能从理论上求得。一般通过实验测定不同情况下流体的对流传热系数,并将其关联成经验表达式以供设计计算时使用。

3.3.3 对流传热系数

影响对流传热效果的因素都反映在对对流传热系数的影响中,这些因素主要表现在以下几个方面:

(1) 流体的种类和相变化的情况

液体、气体和蒸气的对流传热系数各不相同,牛顿型流体和非牛顿型流体也有区别。本书只限于讨论牛顿型流体的对流传热系数。

流体有无相变化,对传热有不同的影响,因此,后面将分别予以讨论。

(2) 流体性质

不同流体的性质不同,对对流传热系数影响较大的是流体的比热容、导热系数、密度和黏度等。要注意流体性质不仅随流体种类变化,还和温度、压强有关。

(3) 流体流动状态

当流体为湍流流动时,湍流主体中流体质点呈混杂运动,热量传递充分,随着 Re 的增大,靠近固体壁面处的层流底层厚度变薄,传热速率提高,即 α 增大。当流体为层流流动时,流体中无混杂的质点运动,所以其 α 值较湍流时的小。

(4) 流体对流起因

流体流动有强制对流和自然对流两种。强制对流是流体在泵、风机等外力作用下产生的流动,其流速 u 的改变对 α 有较大影响;自然对流是流体内部冷(温度 t_1)、热(温度 t_2)各部分的密度 ρ 不同所引起的流动。因为 $t_2 > t_1$,所以 $\rho_2 < \rho_1$。若流体的体积膨胀系数为 β,则

ρ_1 与 ρ_2 的关系为 $\rho_1 = \rho_2(1+\beta\Delta t)$，$\Delta t = t_2 - t_1$。于是在重力场内，单位体积流体由于密度不同所产生的浮升力为

$$(\rho_1 - \rho_2)g = \rho_2 g\beta\Delta t$$

通常，强制对流的流速比自然对流的高，因而 α 也高。例如，空气自然对流时的 α 值约为 5~25 W/($m^2 \cdot$ ℃)，而强制对流时的 α 值可达 10~250 W/($m^2 \cdot$ ℃)。

（5）传热面的形状、相对位置与尺寸

传热面的形状（管、板、翅片等）、传热面的方向和布置（水平、旋转等）及流道尺寸（管径、管长等）都直接影响对流传热系数。

由上述影响因素对流传热可简单分为：① 无相变化传热：有强制对流和自然对流两种形式；② 有相变传热：蒸气冷凝和液体沸腾两种形式。

3.3.4 无相变对流传热过程

利用第 1 章的因次分析的方法可获得描述对流传热的几个重要的特征数：

$$Nu = f(R_e, P_r, G_r)$$

$$Nu = \frac{d}{\lambda} \text{（努塞尔数）} \tag{3-21}$$

$$Re = \frac{l\rho u}{\mu} \text{（雷诺数）} \tag{3-22}$$

$$Pr = \frac{C_p\mu}{\lambda} \text{（普朗特数）} \tag{3-23}$$

$$Gr = \frac{g\beta\Delta t l^3 \rho^2}{\mu} \text{（格拉晓夫数）} \tag{3-24}$$

无相变化对流传热时，特征数之间的关系：

$$N_u = f(Re, Pr, Gr)$$

强制对流：$Nu = f(Re, Pr)$　$Gr/Re^2 \leqslant 0.1$

自然对流：$Nu = f(Gr, Pr)$　$Gr/Re^2 \geqslant 10$

混合对流：$Nu = f(Re, Gr, Pr)$　$0.1 \leqslant Gr/Re^2 \leqslant 10$

四个特征数的物理意义如表 3-2 所示，在传热过程中，流体的温度各处不同，流体的物性也必随之而变。因此，在计算上述各数群数值时，存在一个定性温度和特征尺寸的确定问题，即以什么温度为基准查取所需的物性数据。

表 3-2　准数的符号及物理意义

准数名称	符　号	意　义
努塞尔数（Nusselt number）	$Nu = \frac{\alpha l}{\lambda}$	$Nu = \alpha/(\lambda/l)$，反映和纯导热相比，对流使传热系数增大的倍数

准数名称	符 号	意 义
雷诺数（Reynolds number）	$Re = \dfrac{lu\rho}{\mu}$	Re 是流体所受惯性力和黏性力之比，表征流体的流动状态和湍动程度对对流传热的影响
普兰特数（Prandtl number）	$Pr = \dfrac{c_p\mu}{\lambda}$	表示流体物性对对流传热的影响
格拉斯霍夫数（Grashof number）	$Gr = \dfrac{\beta g \Delta t l^3 \rho^2}{\mu^2}$	表示自然对流对对流传热的影响

定性温度的选择，本质上是对物性取平均值的问题。流体的各种物性随温度变化的规律各不相同，选一个各种物性皆适合的定性温度，实际上是不可能的。一般工程上采用流体的平均温度作为定性温度来确定物性数据。所以在使用经验公式时，必须注意实际测定和关联时所选用的定性温度。

特征尺寸：指对对流传热过程产生直接影响的传热面的几何尺寸。圆管的特征尺寸取管径 d；非圆形管，通常取当量直径 d_e 为特征尺寸；对大空间内自然对流，取加热（或冷却）表面的垂直高度为特征尺寸。

1. 无相变时流体在管内强制对流

（1）流体在圆型直管内作强制湍流

此时自然对流的影响不计，准数关系式可表示为

$$Nu = CRe^m Pr^n \qquad (3-25)$$

研究者对不同的流体在光滑管内传热进行大量的实验发现在下列条件下：

① $Re > 10000$，即流动是充分湍流的；

② $0.7 < Pr < 160$；

③ 流体黏度较低（不大于水的黏度的 2 倍）；

④ $L/d > 60$，即进口段只占总长的一小部分，管内流动是充分发展的。

式（3-25）中的系数 C 为 0.023，指数 m 为 0.8，指数 n 与热流方向有关：当流体被加热时，$n=0.4$；当流体被冷却时，$n=0.3$。即

$$Nu = 0.023Re^{0.8}Pr^n \qquad (3-26)$$

或

$$\alpha = 0.023 \frac{\lambda}{d_i} \left(\frac{d_i u\rho}{\mu}\right)^{0.8} \left(\frac{c_p\mu}{\lambda}\right)^n \qquad (3-27)$$

上式的定性温度为流体主体温度在进、出口的算术平均值，特征尺寸为管内径 d_i。

n 取不同数值，是为了校正热流方向的影响。由于热流方向的不同，层流底层的厚度及温度也各不相同。液体被加热时，层流底层的温度比液体平均温度高，因液体黏度随温度升高而降低，所以层流底层减薄，从而使对流传热系数增大。液体被冷却时，则情况相反。对大多数液体，$Pr > 1$，故液体被加热时 n 取 0.4，冷却时 n 取 0.3。当气体被加热时，由于气体

的黏度随温度升高而增大,所以层流底层因黏度升高而加厚,使对流传热系数减小;气体被冷却时,情况相反。对大多数气体,因 $Pr<1$,所以加热气体时 n 仍取 0.4,而冷却时 n 仍取 0.3。因此利用 n 取值不同使 α 计算值与实际值保持一致。

如上述条件得不到满足,则对按式(3-27)计算所得的结果,应适当加以修正。

① 对于高黏度液体,因黏度 μ 的绝对值较大,固体表面与流体之间的温度差对黏度的影响更为显著。此时利用指数 n 取值不同加以修正的方法已得不到满意的关联式,需引入无因次的黏度比加以修正,式(3-27)变为

$$\alpha = 0.027 \, Re^{0.8} \, Pr^{0.33} \left(\frac{\mu}{\mu_{\mathrm{w}}}\right)^{0.14} \tag{3-28}$$

式中:μ 为液体在主体平均温度下的黏度;μ_{w} 为液体在壁温下的黏度。

一般说,壁温是未知的,近似取 $\left(\dfrac{\mu}{\mu_{\mathrm{w}}}\right)^{0.14}$ 为以下数值能满足工程要求:

液体被加热时:$\left(\dfrac{\mu}{\mu_{\mathrm{w}}}\right)^{0.14} = 1.05$

液体被冷却时:$\left(\dfrac{\mu}{\mu_{\mathrm{w}}}\right)^{0.14} = 0.95$

式(3-28)适用于 $Re>10^4$、$Pr=0.5\sim100$ 的各种液体,但不适用于液体金属。

② 对于 $l/d_{\mathrm{i}} < 60$ 的短管,因管内流动尚未充分发展,层流底层较薄,热阻小。因此将式(3-27)计算得的 α 再乘以大于 1 的系数 $[1+(d_{\mathrm{i}}/l)^{0.7}]$ 加以校正。

(2) 流体在圆形直管中作过渡流

对 $Re=2000\sim10000$ 的过渡流,因湍流不充分,层流底层较厚,热阻大而 α 小。此时需将式(3-28)计算得的 α 乘以小于 1 的系数 f

$$f = 1 - \frac{6\times10^5}{Re^{1.8}} \tag{3-29}$$

(3) 流体在圆型弯管内作强制湍流

式(3-27)只适用于圆型直管。流体在弯管内流动时,由于离心力作用扰动加剧,使对流传热系数增加。实验结果表明,弯管中的 α 可将式(3-28)计算结果乘以大于 1 的修正系数 f':

$$f' = 1 + 1.77 \frac{d_{\mathrm{i}}}{R} \tag{3-30}$$

式中:d_{i} 为管内径,m;R 为弯管的曲率半径,m。

(4) 流体在非圆型管中作强制湍流

非圆型管中对流传热系数的计算有两个途径,一是沿用圆型管的各相应计算公式,而将定性尺寸代之以当量直径 d_{e},这种方法较简单,但计算结果的准确性欠佳;另一种是对一些常用的非圆型管路,直接根据实验关联计算对流传热系数的经验公式。例如,对套管的环

隙,用空气和水做实验,在雷诺数 $Re = 1.2 \times 10^4 \sim 2.2 \times 10^5$,外、内管径比 $d_2/d_1 = 1.65 \sim 17.0$ 的范围内,关联得如下经验式:

$$\alpha = 0.02 \frac{\lambda}{d_e} Re^{0.8} Pr^{0.33} (d_2/d_1)^{0.53} \tag{3-31}$$

此式亦可用于其他流体。

任何准数关系式都可加以变换,使每个变量在方程式中单独出现。如将式(3-31)去括号,可得(取 $n = 0.4$)

$$\alpha = 0.023 \frac{\rho^{0.8} c_p^{0.4} \lambda^{0.6}}{\mu^{0.4}} \cdot \frac{u^{0.8}}{d_i^{0.2}} \tag{3-32}$$

由上式可知,当流体的种类(即物性)和管径一定时,α 与 $u^{0.8}$ 成正比。

【例 3-3】 有一列管式换热器,由 38 根 $\phi 25\ mm \times 2.5\ mm$ 的无缝钢管组成。苯在管内流动,由 20 ℃ 被加热至 80 ℃,苯的流量为 8.32 kg/s。外壳中通入水蒸气进行加热。试求管壁对苯的传热系数。当苯的流量提高一倍,传热系数有何变化。

解:苯在平均温度 $t_m = \frac{1}{2}(20 + 80) = 50(℃)$ 下的物性可由附录查得:

密度 $\rho = 860\ kg/m^3$;比热容 $c_p = 1.80\ kJ/(kg \cdot ℃)$;黏度 $\mu = 0.45\ mPa \cdot s$;导热系数 $\lambda = 0.14\ W/(m \cdot ℃)$。

加热管内苯的流速为

$$u = \frac{q_v}{\frac{\pi}{4} d_i^2 n} = \frac{\frac{8.32}{860}}{0.785 \times 0.02^2 \times 38} = 0.81(m/s)$$

$$Re = \frac{d_i u \rho}{\mu} = \frac{0.02 \times 0.81 \times 860}{0.45 \times 10^{-3}} = 30960$$

$$Pr = \frac{c_p \mu}{\lambda} = \frac{(1.8 \times 10^3) \times 0.45 \times 10^{-3}}{0.14} = 5.79$$

以上计算表明本题的流动情况符合式(3-32)的实验条件,故

$$\alpha = 0.023 \frac{\lambda}{d_i} Re^{0.8} Pr^{0.4} = 0.023 \times \frac{0.14}{0.02} \times (30960)^{0.8} \times (5.79)^{0.4}$$
$$= 1272 [W/(m^2 \cdot ℃)]$$

若忽略定性温度的变化,当苯的流量增加一倍时,给热系数为 α'

$$\alpha' = \alpha \left(\frac{u'}{u}\right)^{0.8} = 1272 \times 2^{0.8} = 2215 [W/(m^2 \cdot ℃)]$$

(5) 流体在圆型直管内作强制层流

流体作强制层流流动时,一般应考虑自然对流对传热的影响。只有当管径、流体与壁面间的温度差较小时,自然对流对对流传热系数的影响可以忽略,这种情况的经验关联式为

$$Nu = 1.86 Re^{1/3} Pr^{1/3} \left(\frac{d_i}{L}\right)^{1/3} \left(\frac{\mu}{\mu_w}\right)^{0.14} \tag{3-33}$$

应用范围　$Re < 2300, 0.6 < Pr < 6700, \left(RePr\dfrac{d_i}{L}\right) > 100$。

特征尺寸　管内径 d_i。

定性温度　除 μ_w 取壁温外,均取流体进、出口温度的算术平均值。

应指出,通常在换热器的设计中,为了提高总传热系数,流体多呈湍流流动。

2. 无相变时流体在管外强制对流

(1) 流体垂直管束流动

管子的排列方式分为直列和错列两种。错列中又有正方形和等边三角形两种,如图 3 - 9 所示。

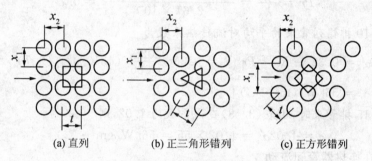

(a) 直列　　(b) 正三角形错列　　(c) 正方形错列

图 3 - 9　管子的排列

流体在错列管束外流过时,平均对流传热系数可用下式计算,即

$$Nu = 0.33Re^{0.6}Pr^{0.33} \tag{3-34}$$

流体在直列管束外流过时,平均对流传热系数可用下式计算,即

$$Nu = 0.26Re^{0.6}Pr^{0.33} \tag{3-35}$$

应用范围:

① $Re > 3000$。

② 特征尺寸　管外径 d_o,流速取流体通过每排管子中最狭窄通道处的速度。其中错列管距最狭处的距离应在 $(x_1 - d_o)$ 和 $2(t - d_o)$。两者中取小者。

③ 管束排数应为 10,若不是 10 时,上述公式的计算结果应乘以下表的系数。

表 3 - 3　管束排数与修正系数

排数	1	2	3	4	5	6	7	8	9	10	12	15	18	25	35	75
错列	0.18	0.75	0.83	0.89	0.92	0.95	0.97	0.98	0.99	1.0	1.01	1.02	1.03	1.04	1.05	1.06
直列	0.64	0.80	0.83	0.90	0.92	0.94	0.96	0.98	0.99	1.0						

【例 3 - 4】　在预热器内将压强为 101.3 kPa 的空气从 10 ℃ 加热到 50 ℃。预热器由一

束长度为 1.5 m，直径为 $\phi 86 \times 1.5$ mm 的错列直立钢管所组成。空气在管外垂直流过，沿流动方向共有 15 行，每行有管子 20 列，行间与列间管子的中心距为 110 mm。空气通过管间最狭处的流速为 8 m/s。管内有饱和蒸气冷凝。试求管壁对空气的平均对流传热系数。

解：空气的定性温度 $=\dfrac{1}{2}(10+50)=30(℃)$

查得空气在 30 ℃ 时的物性如下：

$$\mu = 1.86 \times 10^{-5} \text{ Pa·s} \qquad \rho = 1.165 \text{ kg/m}^3$$

$$\lambda = 2.67 \times 10^{-2} \text{ W/(m·℃)} \qquad c_p = 1 \text{ kJ/(kg·℃)}$$

所以
$$Re = \frac{du\rho}{\mu} = \frac{0.086 \times 8 \times 1.165}{1.86 \times 10^{-5}} = 43100$$

$$Pr = \frac{c_p\mu}{\lambda} = \frac{1 \times 10^3 \times 1.86 \times 10^{-5}}{2.67 \times 10^{-2}} = 0.7$$

空气流过 10 排错列管束的平均对流传热系数为

$$\alpha' = 0.33 \frac{\lambda}{d_0} Re^{0.6} Pr^{0.33} = 0.33 \frac{0.0267}{0.086} (43100)^{0.6} (0.7)^{0.33}$$

$$= 55 [\text{W/(m}^2 \cdot ℃)]$$

空气流过 15 排管束时，由表(3-3)查得系数为 1.02，则
$$\alpha = 1.02\alpha' = 1.02 \times 55 = 56 [\text{W/(m}^2 \cdot ℃)]$$

（2）流体在换热器管间流动

图 3-10、图 3-11 为常用的列管式换热器。换热器的外壳是圆筒，管束中的各列管子数目不同，一般都装有折流挡板，流体在管间流动时，流向和流速均不断变化，因而在 $Re > 100$ 时即可达到湍流，所以对流传热系数较大。折流挡板的形式很多，其中以图 3-12 中的 (c)，即圆缺形挡板最为常用。

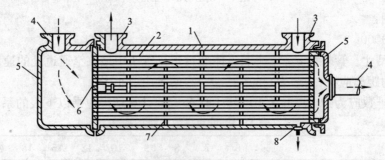

1—外壳；2—管束；3、4—接管；5—封头；6—管板；7—挡板；8—泄水管
图 3-10 单程列管式换热器

在管束间安装挡板后，虽然对流传热系数增大，但是流动阻力也增大。有时因挡板与壳体、挡板与管束之间的间隙过大而产生旁流，反而使对流传热系数减小。

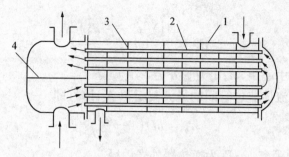

1—壳体；2—管束；3—挡板；4—隔板

图 3-11　双程列管式换热器

换热器内装有圆缺形挡板(缺口面积为 25％的壳体内截面积)时，壳内流体的对流传热系数的关联式为

$$Nu = 0.36Re^{0.55}Pr^{1/3} \qquad (3-36)$$

或

$$\alpha = 0.36\left(\frac{\lambda}{d_e}\right)\left(\frac{d_e u\rho}{\mu}\right)^{0.55}Pr^{1/3}\left(\frac{\mu}{\mu_w}\right)^{0.14} \qquad (3-37)$$

上式的应用范围为

① $Re = 2\times10^3 \sim 1\times10^6$。

② 定性温度　除 μ_w 取壁温外，均取流体进、出口温度的算术平均值。

③ 特征尺寸　当量直径 d_e。d_e 可根据图 3-13 所示的管子排列的情况分别用不同的式子进行计算：

若管子为正方形排列，则

$$d_e = \frac{4\left(t^2 - \frac{\pi}{4}d_o^2\right)}{\pi d_o} \qquad (3-38)$$

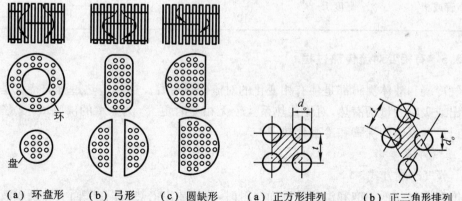

（a）环盘形　　（b）弓形　　（c）圆缺形

图 3-12　换热器折流挡板

（a）正方形排列　　（b）正三角形排列

图 3-13　管间当量直径推导

若管子为正三角形排列，则

$$d_e = \frac{4\left(\frac{\sqrt{3}}{2}t^2 - \frac{\pi}{4}d_o^2\right)}{\pi d_o} \tag{3-39}$$

式中:t 为相邻两管的中心距,m;d_o 为管外径,m。

④ 流速 u　根据流体流过管间的最大截面积 A 计算,即

$$A = hD\left(1 - \frac{d_o}{t}\right) \tag{3-40}$$

式中:h 为两挡板间的距离,m;D 为换热器外壳内径。

⑤ $(\mu/\mu_w)^{0.14}$,气体可取为 1.0,液体被加热时取 1.05,被冷却时取 0.95。

3. 无相变时大空间自然对流

大空间自然对流是指传热壁面放置在很大的空间内,由于壁面温度与周围流体的温度不同而引起的自然对流。例如,管道或设备表面与周围大气之间的传热。

大空间自然对流时的对流传热系数仅与反映流体自然对流状况的 Gr 准数以及 Pr 准数有关,其准数关系式为

$$Nu = c(GrPr)^n \tag{3-41}$$

式中的定性温度取膜的平均温度,即壁面温度和流体平均温度的算术平均值,c 与 n 由实验测定,列于表 3-4 中。

表 3-4　c 和 n 值

加热表面形状	特征尺寸	$(GrPr)$ 范围	c	n
水平圆管	外径 d_o	$10^4 \sim 10^9$	0.53	1/4
		$10^9 \sim 10^{12}$	0.13	1/3
垂直管或板	高度 L	$10^4 \sim 10^9$	0.59	1/4
		$10^9 \sim 10^{12}$	0.10	1/3

3.3.5　有相变对流传热过程

蒸气冷凝和液体沸腾都是伴有相变化的对流传热过程。这类传热过程的特点是相变流体要放出或吸收大量的潜热,对流传热系数较无相变时更大,例如水的沸腾或水蒸气冷凝。本节只讨论纯流体的沸腾和冷凝传热。

1. 蒸气冷凝传热

(1) 蒸气冷凝方式

当饱和蒸气与低于饱和温度的壁面接触时,蒸气放出潜热,并在壁面上冷凝成液体。蒸气冷凝有膜状冷凝和滴状冷凝两种方式。

① 膜状冷凝

若冷凝液能够润湿壁面,则在壁面上形成一层完整的液膜,称为膜状冷凝,如图 3-14(a)和(b)所示。在壁面上一旦形成液膜后,蒸气的冷凝只能在液膜的表面上进行,即蒸气冷凝时放出的潜热,必须通过液膜后才能传给冷壁面。由于蒸气冷凝时有相的变化,一般热阻很小,因此这层冷凝液膜往往成为膜状冷凝的主要热阻。若冷凝液膜在重力作用下沿壁面向下流动,则所形成的液膜愈往下愈厚,故壁面愈高或水平放置的管径愈大,整个壁面的平均对流传热系数也就愈小。

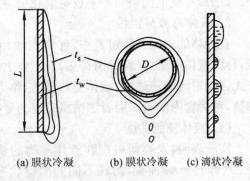

(a) 膜状冷凝　　(b) 膜状冷凝　　(c) 滴状冷凝

图 3-14　蒸气冷凝方式

② 滴状冷凝

若冷凝液不能润湿壁面,由于表面张力的作用,冷凝液在壁面上形成许多液滴,并沿壁面落下,此种冷凝称为滴状冷凝,如图 3-14(c)所示。

在滴状冷凝时,壁面大部分的面积直接暴露在蒸气中,可供蒸气冷凝。由于没有大面积的液膜阻碍热流,因此滴状冷凝传热系数比膜状冷凝可高几倍甚至十几倍。

工业上遇到的大多是膜状冷凝,因此冷凝器的设计总是按膜状冷凝来处理。

(2)影响冷凝传热的因素

饱和蒸气冷凝时,热阻集中在冷凝液膜内。因此液膜的厚度及其流动状况是影响冷凝传热的关键因素。

① 冷凝液膜两侧的温度差 Δt　当液膜呈层流流动时,若 Δt 加大,则蒸气冷凝速率增加,因而膜层厚度增厚,使冷凝传热系数降低。

② 流体物性　由膜状冷凝传热系数计算式可知,液膜的密度、黏度及导热系数,蒸气的冷凝潜热,都影响冷凝传热系数。

③ 蒸气的流速和流向　蒸气以一定的速度运动时,和液膜间产生一定的摩擦力,若蒸气和液膜同向流动,则摩擦力将使液膜加速,厚度减薄,使 α 增大;若逆向流动,则 α 减小。但这种力若超过液膜重力,液膜会被蒸气吹离壁面,此时随蒸气流速的增加,α 急剧增大。

④ 蒸气中不凝性气体的影响　若蒸气中含有空气或其他不凝性气体,则壁面可能被气体(导热系数很小)层所遮盖,增加了一层附加热阻,使 α 急剧下降。

⑤ 冷凝壁面的影响　若沿冷凝液流动方向积存的液体增多,则液膜增厚,使传热系数下降。例如,对于管束,为了减薄下面管排上液膜的厚度,一般需减少垂直列管的数目或把管子的排列旋转一定的角度,使冷凝液沿下一根管子的切向流过,如图 3-15 所示。

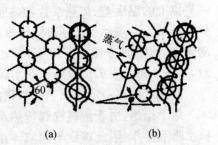

(a)　　　　　(b)

图 3-15　冷凝器中管子的切向旋转

此外,冷凝壁面粗糙不平或有氧化层,则会使膜层加厚,增加膜层阻力,因而 α 降低。

2. 液体的沸腾传热

在液体的对流传热过程中,伴有由液相变为气相,即在液相内部产生气泡或气膜的过程,称为液体沸腾(又称沸腾传热)。工业上液体沸腾的方法有两种:一种是将加热壁面浸没在无强制对流的液体中,液体受热沸腾,称为大容积沸腾;另一种是液体在管内流动时受热沸腾,称为管内沸腾。后者沸腾机理更为复杂,下面主要讨论大容积沸腾。

(1) 液体沸腾曲线

实验表明,大容器内饱和液体沸腾的情况随温度差 Δt(即 $t_w - t_s$)而变,出现不同的沸腾状态。下面以常压下水在大容器中沸腾传热为例,分析沸腾温度差 Δt 对沸腾传热系数 α 和热通量 q 的影响。如图 3-17 所示,当温度差 Δt 较小($\Delta t \leqslant 5\ ℃$)时,加热表面上的液体轻微过热,使液体内部产生自然对流,但没有气泡从液体中逸出液面,而仅在液体表面发生蒸发,此阶段 α 和 q 都较低,如图 3-16 中 AB 段所示。

当 Δt 逐渐升高($\Delta t = 5 \sim 25\ ℃$)时,在加热表面的局部位置上产生气泡,该局部位置称为汽化核心。气泡产生的速度随 Δt 上升而增加,且不断地离开壁面上升至蒸气空间。由于气泡的生成、脱离和上升,使液体受到剧烈的扰动,因此 α 和 q 都急剧增大,如图 3-16 中 BC 段所示,此段称为泡核沸腾或泡状沸腾。

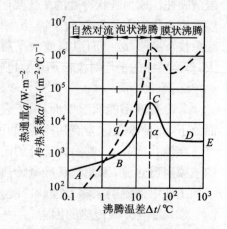

图 3-16 水的沸腾曲线

当 Δt 再增大($\Delta t > 25\ ℃$)时,加热面上产生的气泡也大大增多,且气泡产生的速度大于脱离表面的速度。气泡在脱离表面之前连接起来,形成一层不稳定的蒸气膜,使液体不能和加热表面直接接触。由于蒸气的导热性能差,气膜的附加热阻使 α 和 q 都急剧下降。气膜开始形成时是不稳定的,有可能形成大气泡脱离表面,此阶段称为不稳定的膜状沸腾或部分泡状沸腾,如图 3-16 中 CD 段所示。由泡核沸腾向膜状沸腾过渡的转折点 C 称为临界点。临界点上的温度差、传热系数和热通量分别称为临界温度差 Δt_c、临界沸腾传热系数 α_c 和临界热通量 q_c。当达到 D 点时,传热面几乎全部为气膜所覆盖,开始形成稳定的气膜。以后随着 Δt 的增加,α 基本上不变,q 又上升,这是由于壁温升高,辐射传热的影响显著增加所致,如图 3-16 中 DE 段所示。实际上一般将 CDE 段称为膜状沸腾。

其他液体在一定压强下的沸腾曲线与水的有类似的形状,仅临界点的数值不同而已。

应予指出,由于泡核沸腾传热系数较膜状沸腾的大,工业生产中一般总是设法控制在泡核沸腾下操作,因此确定不同液体在临界点下的有关参数具有实际意义。

（2）沸腾传热系数的计算

关于沸腾传热至今还没有可靠的一般的经验关联式，但可按以下函数形式进行关联。

$$\alpha = C\Delta t^{2.5} B^{t_s} \tag{3-42}$$

式中：t_s 为蒸气的饱和温度，℃；C 和 B 分别为通过实验测定的两个参数。

（3）影响沸腾传热的因素

① 液体的性质　液体的导热系数、密度、黏度和表面张力等均对沸腾传热有重要的影响。一般情况下，α 随 λ、ρ 的增加而增大，而随 μ 及 σ 的增加而减小。

② 温度差 Δt　温度差（$t_w - t_s$）是控制沸腾传热过程的重要参数。曾经有人在特定的实验条件（沸腾压强、壁面形状等）下，对多种液体进行泡核沸腾时传热系数的测定，整理得到下面形式的经验式：

$$\alpha = a(\Delta t)^n \tag{3-43}$$

式中 a 和 n 是随液体种类和沸腾条件而异的常数，其值由实验测定。

③ 操作压强　提高沸腾压强相当于提高液体的饱和温度，使液体的表面张力和黏度均降低，有利于气泡的生成和脱离，强化了沸腾传热。在相同的 Δt 下，α 和 q 都更高。

④ 加热壁面　加热壁面的材料和粗糙度对沸腾传热有重要的影响。一般新的或清洁的加热面，α 较高。当壁面被油脂沾污后，会使 α 急剧下降。壁面愈粗糙，气泡核心愈多，有利于沸腾传热。此外，加热面的布置情况，对沸腾传热也有明显的影响。

§3.4　传热过程的计算

传热过程的计算主要为设计型和操作型两类问题。设计型计算是根据给定生产要求的热流量和工艺条件等，确定换热设备的传热面积以及其他结构尺寸，从而设计或选用合适的换热器。操作型计算是根据所给定换热器的结构参数以及物系操作条件，通过计算确定其传热效果，以判断其是否满足生产任务的要求或预测生产过程中某些参数的变化对换热器传热能力的影响，从而改进换热设备的操作条件。这两类问题均需要以总传热速率方程和热流量衡算为计算基础。

3.4.1　热量衡算

流体在间壁两侧进行稳定传热时，在不考虑热损失的情况下，单位时间热流体放出的热量应等于冷流体吸收的热量，即

$$Q = Q_c = Q_h \tag{3-44}$$

式中：Q 为换热器的热负荷，即单位时间热流体向冷流体传递的热量，W；Q_h 为单位时间热流体放出热量，W；Q_c 为单位时间冷流体吸收热量，W。

若换热器间壁两侧流体无相变化,且流体的比热容不随温度而变或可取平均温度下的比热容时,式(3-44)可表示为

$$Q = W_h c_{ph}(T_1 - T_2) = W_c c_{pc}(t_2 - t_1) \tag{3-45}$$

式中:c_p 为流体的平均比热容,kJ/(kg·℃);t 为冷流体的温度,℃;T 为热流体的温度,℃;W 为流体的质量流量,kg/h。

若换热器中的热流体有相变化,例如饱和蒸气冷凝,则

$$Q = W_h r = W_c c_{pc}(t_2 - t_1) \tag{3-46}$$

式中:W_h 为饱和蒸气(即热流体)的冷凝速率,kg/h;r 为饱和蒸气的冷凝潜热,kJ/kg。

式(3-46)的应用条件是冷凝液在饱和温度下离开换热器。若冷凝液的温度低于饱和温度时,则式(3-46)变为

$$Q = W_h[r + c_{ph}(T_s - T_2)] = W_c c_{pc}(t_2 - t_1) \tag{3-47}$$

式中:c_{ph} 为冷凝液的比热容,kJ/(kg·℃);T_s 为冷凝液的饱和温度,℃。

3.4.2 总传热速率方程

如图3-17所示,以冷热两流体通过圆管的间壁进行换热为例,热流体走管内,温度为 T,冷流体走管外温度为 t,管壁两侧温度分别为 T_w 和 t_w,壁厚为 b,其热导率为 λ,内外两侧流体与固体壁面间的表面传热系数分别为 α_i 和 α_o。根据牛顿冷却定律及傅立叶定律分别列出对流传热及导热的速率方程:

对于管内侧:

$$Q = \alpha_i A_i (T - T_w) \tag{3-48}$$

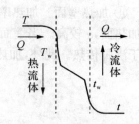

图3-17 传热时温度差变化

对于管壁导热:

$$Q = \frac{\lambda}{b} A_m (T_w - t_w) \tag{3-49}$$

对于管外侧:

$$Q = \alpha_o A_o (t_w - t) \tag{3-50}$$

$$Q = \frac{T - T_w}{\dfrac{1}{\alpha_i A_i}} = \frac{T_w - t_w}{\dfrac{b}{\lambda A_m}} = \frac{t_w - t}{\dfrac{1}{\alpha_o A_o}} \tag{3-51}$$

故有

$$Q = \frac{T - t}{\dfrac{1}{\alpha_i A_i} + \dfrac{b}{\lambda A_m} + \dfrac{1}{\alpha_o A_o}} \tag{3-52}$$

令

$$\frac{1}{KA} = \frac{1}{\alpha_i A_i} + \frac{b}{\lambda A_m} + \frac{1}{\alpha_o A_o} \tag{3-53}$$

则
$$Q = KA(T - t) \tag{3-54}$$

该式称为总传热速率方程。A 为传热面积,可以是内外或平均面积,K 与 A 是相对应的。

3.4.3　传热系数和传热面积

1. 传热系数 K 和传热面积 A 的计算

传热系数 K 是表示换热设备性能的极为重要的参数,是进行传热计算的依据。K 的大小取决于流体的物性、传热过程的操作条件及换热器的类型等,K 值通常可以由实验测定,或取生产实际的经验数据,也可以通过分析计算求得。

传热系数 K 可利用式(3-53)进行计算。但传热系数 K 应和所选的传热面积 A 相对应,假设和传热面积 A_i、A_m 和 A_o 相对应的传热系数 K 分别为 K_i、K_m 和 K_o,则其相互关系为:

$$\frac{1}{K_o A_o} = \frac{1}{K_i A_i} = \frac{1}{K_m A_m} = \frac{1}{\alpha_i A_i} + \frac{b}{\lambda A_m} + \frac{1}{\alpha_o A_o} \tag{3-55}$$

在工程上,一般以圆管外表面积 A_o 为基准计算总传热系数 K_o,除加以说明外,常将 A_o、K_o 分别以 A、K 表示,即:

$$\frac{1}{K} = \frac{1}{K_o} = \frac{A_o}{\alpha_i A_i} + \frac{b A_o}{\lambda A_m} + \frac{1}{\alpha_o} \tag{3-56}$$

该式又可以改写为:

$$\frac{1}{K} = \frac{1}{K_o} = \frac{1}{\alpha_i} \cdot \frac{d_o}{d_i} + \frac{b}{\lambda} \cdot \frac{d_o}{d_m} + \frac{1}{\alpha_o} \tag{3-57}$$

式中:d_i,d_o,d_m 分别为圆管的内径、外径、管壁的平均直径。

2. 污垢热阻

换热器的传热表面在经过一段时间运行后,壁面往往积一层污垢,对传热形成附加的热阻,称为污垢热阻,这层污垢热阻在计算传热系数 K 时一般不容忽视。由于污垢层的厚度及其热导率不易估计,通常根据经验确定污垢热阻。若管壁内、外侧表面上的污垢热阻分别用 R_{di} 和 R_{do} 表示,根据串联热阻叠加原则,式(3-57)变为

$$\frac{1}{K} = \frac{1}{K_o} = \frac{1}{\alpha_i} \cdot \frac{d_o}{d_i} + R_{di} \frac{d_o}{d_i} + \frac{b}{\lambda} \cdot \frac{d_o}{d_m} + R_{do} + \frac{1}{\alpha_o} \tag{3-58}$$

污垢热阻往往对换热器的操作有很大影响,需要采取措施防止或减少污垢的积累或定期清洗。

3. 壁温的计算

在计算自然对流、强制对流、冷凝和沸腾表面传热系数以及在选用换热器类型和管材时需要知道壁温,可由以下各式求得

$$T_W = T - \frac{Q}{\alpha_i A_i}; t_W = T_W - \frac{bQ}{\lambda A_m} \text{ 或 } t_W = t + \frac{Q}{\alpha_o A_o} \qquad (3-59)$$

壁温接近表面传热系数大的一侧流体温度。

【例3-5】 一废热锅炉，由 $\phi 25 \times 2$ 锅炉钢管组成，管长 $l = 6$ m。管外为水沸腾，绝对压力为 2.55 MPa。管内通高温的合成转化气，其平均温度为 523 ℃。已知转化气一侧 $\alpha_i = 300$ W/(m²·℃)，沸腾水一侧 $\alpha_o = 10000$ W/(m²·℃)，若忽略管壁结垢所产生的热阻，试求：a) 对流传热速率大小；b) 锅炉钢管两侧的壁温。

解：a) 对流传热的速率

根据式(3-57)得

$$K_o = \frac{1}{\frac{1}{\alpha_i} \frac{d_o}{d_i} + \frac{b}{\lambda} \frac{d_o}{d_m} + \frac{1}{\alpha_o}}$$

$$= \frac{1}{\frac{1}{300} \times \frac{0.025}{0.021} + \frac{0.002}{45} \times \frac{0.025}{0.023} + \frac{1}{10000}}$$

$$= \frac{1}{0.003968 + 0.00004381 + 0.0001} = 242.9(\text{W/m}^2 \cdot \text{℃})$$

对流传热的速率：

$$Q = KA(T-t)$$

式中，传热面积 A 按外表面积为 $\pi \times 0.025 \times 6$，$t$ 为 2.55 MPa 下水的饱和温度，即 $t = 227$ ℃，将已知数代入上式，即得

$$Q = 242.9 \times (\pi \times 0.025 \times 6) \times (523 - 227) = 33882(\text{W})$$

b) 锅炉钢管两侧的壁温

由式(3-59)得转化气一侧的壁温为

$$T_W = T - \frac{Q}{\alpha_i A_i} = 523 - \frac{33882}{300 \times \pi \times 0.021 \times 6} = 237.5(\text{℃})$$

由式(3-59)得钢管另一侧的壁温为

$$t_W = T_W - \frac{bQ}{\lambda A_m} = 237.5 - \frac{0.002 \times 33882}{45 \times \pi \times 0.023 \times 6} = 234.5(\text{℃})$$

可见，由于水侧的热阻很小，温差很小，水侧壁温接近水温；同时，管壁热阻很小，管壁两侧的温度差也很小，热阻主要集中在转化气与壁面之间。因此，虽然转化气温度较高，但转化气侧的壁温并不高，故可采用一般的锅炉钢管。

3.4.4 平均温度差

由于换热器中沿程流体的温度、物性是变化的，传热温差 $(T-t)$ 和传热系数 K 一般也

就会变动,在工程计算中通常用平均传热温差代替,于是得到总的传热速率方程的表达式:

$$Q = KA\Delta t_{m} \tag{3-60}$$

间壁两侧流体平均温度差的计算方法与换热器中两流体的相互流动方向有关,而两流体的温度变化情况,可分为恒温传热和变温传热。

1. 恒温传热时的平均温度差

换热器的间壁两侧流体均有相变化时,例如在蒸发器中,间壁的一侧,液体保持在恒定的沸腾温度 t 下蒸发,间壁的另一侧,加热用的饱和蒸气在一定的冷凝温度 T 下进行冷凝,属恒温传热,此时传热温度差$(T-t)$不变,即

$$\Delta t_{m} = T - t \tag{3-61}$$

2. 变温传热时的平均温度差

变温传热时,两流体相互流动的方向不同,则对温度差的影响不同,分述如下。逆流和并流时的平均温度差在换热器中,冷、热两流体平行而同向流动,称为并流;两者平行而反向的流动,称为逆流。

由图 3-18 可见,温度差沿管长不断变化,故需求出平均温度差。

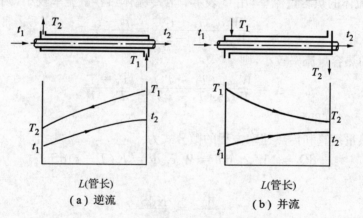

图 3-18 变温传热时的温度差变化示意图

经推导得,对数平均温度差表达式为

$$\Delta t_{m} = \frac{\Delta t_{1} - \Delta t_{2}}{\ln \dfrac{\Delta t_{1}}{\Delta t_{2}}} \tag{3-62}$$

为对数平均温差:

逆流:$\Delta t_{1} = T_{1} - t_{2}$ $\Delta t_{2} = T_{2} - t_{1}$

并流:$\Delta t_{1} = T_{1} - t_{1}$ $\Delta t_{2} = T_{2} - t_{2}$

对于同样的进出口条件,$\Delta t_{m逆} > \Delta t_{m并}$,并可以节省加热剂或冷却剂的用量,工业上一般采用逆流。对于一侧有变化,另一侧恒温,$\Delta t_{m逆} = \Delta t_{m并}$。

在工程计算中,当 $\Delta t_1 > \Delta t_2$,且 $\dfrac{\Delta t_1}{\Delta t_2} < 2$ 时,可用算术平均温度差($\dfrac{\Delta t_1 + \Delta t_2}{2}$)来代替对数平均温度差。

3.4.5 传热效率和传热单元数法

1. 传热效率

传热效率 $\varepsilon = \dfrac{Q}{Q_{\max}}$。

若流体无相变化,不考虑热损失,则实际传热量

$$Q = W_c c_{pc}(t_2 - t_1) = W_h c_{ph}(T_1 - T_2) \tag{3-63}$$

理论上热流体能被冷却到的最低温度为冷流体的进口温度 t_1,而冷流体最高出口温度为热流体的进口温度 T_1,因此理论上两种流体可能达到的最大温差为($T_1 - t_1$)。根据热量衡算式,只有 Wc_p 值较小的流体才可能达到($T_1 - t_1$),因此

$$Q_{\max} = (Wc_p)_{\min}(T_1 - t_1) \tag{3-64}$$

式中:Wc_p 称为流体的热容量流率,用 C 表示。若冷流体热容量流率较小,则

$$\varepsilon_c = \frac{W_c c_{pc}(t_2 - t_1)}{W_c c_{pc}(T_1 - t_1)} = \frac{t_2 - t_1}{T_1 - t_1} \tag{3-65}$$

若热流体的热容量流率较小,则

$$\varepsilon_h = \frac{W_h c_{ph}(T_1 - T_2)}{W_h c_{ph}(T_1 - t_1)} = \frac{T_1 - T_2}{T_1 - t_1} \tag{3-66}$$

2. 传热单元数 NTU

换热器的热量衡算和传热速率方程的微分式为

$$dQ = -W_h c_{ph} dT = W_c c_{pc} dt = K(T - t) dS$$

上式可改写为

$$\frac{dt}{T - t} = \frac{K dS}{W_c c_{pc}}$$

$$\frac{dT}{T - t} = \frac{K dS}{W_h c_{ph}}$$

上两式的积分式分别称为基于冷流体的传热单元数和基于热流体的传热单元数,分别用 $(NTU)_c$ 和 $(NTU)_h$ 表示,则

$$(NTU)_c = \int_{t_1}^{t_2} \frac{dt}{T - t} = \int_0^S \frac{K dS}{W_c c_{pc}} = \frac{KS}{W_c c_{pc}} \tag{3-67}$$

$$(NTU)_h = \int_{T_1}^{T_2} \frac{dt}{T - t} = \int_0^S \frac{K dS}{W_h c_{ph}} = \frac{KS}{W_h c_{ph}} \tag{3-68}$$

3. 传热效率和传热单元数的关系

对一定型式的换热器(以单程并流换热器为例),传热效率和传热单元数的关系如下:

（1）并流

若冷流体热容量流率小，并令

$$C_{\min} = W_{\mathrm{c}} c_{pc} \qquad C_{\max} = W_{\mathrm{h}} c_{ph}$$

则

$$(NTU)_{\min} = \frac{KS}{C_{\min}}$$

$$\varepsilon = \frac{1 - \exp\left[-(NTU)_{\min}\left(1 + \dfrac{C_{\min}}{C_{\max}}\right)\right]}{1 + \dfrac{C_{\min}}{C_{\max}}} \qquad (3-69)$$

若热流体为最小热容量流率流体，则

$$(NTU)_{\min} = \frac{KS}{W_{\mathrm{h}} c_{ph}} \qquad C_{\min} = W_{\mathrm{h}} c_{ph} \qquad C_{\max} = W_{\mathrm{c}} c_{pc}$$

（2）逆流

逆流时传热效率和传热单元数的关系为

$$\varepsilon = \frac{1 - \exp\left[-(NTU)_{\min}\left(1 + \dfrac{C_{\min}}{C_{\max}}\right)\right]}{1 - \dfrac{C_{\min}}{C_{\max}} \exp\left[-(NTU)_{\min}\left(1 - \dfrac{C_{\min}}{C_{\max}}\right)\right]} \qquad (3-70)$$

针对各种传热情况，其传热效率和传热单元数均有相应的公式，并绘制成图，可供设计时直接使用。图 3 - 19 至 3 - 21 分别为并流、逆流和折流时的 ε - NTU 关系图。

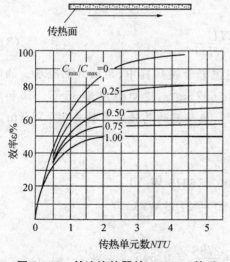

图 3 - 19　并流换热器的 ε - NTU 关系

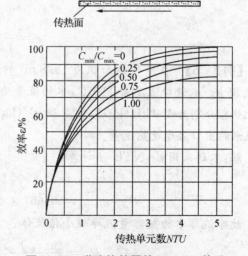

图 3 - 20　逆流换热器的 ε - NTU 关系

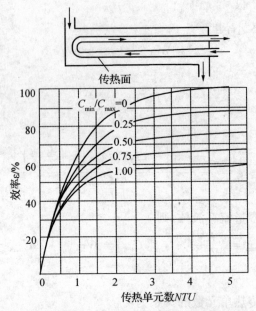

图 3 - 21　折流换热器的 ε - NTU 关系（单壳程，2、4、6 管程）

当两流体之一有相变化时，$(Wc_p)_{max}$ 趋于无穷大，故式(3-69)和式(3-70)可简化为

$$\varepsilon = 1 - \exp[-(NTU)_{min}] \tag{3-71}$$

当两流体的 Wc_p 相等时，式(3-69)和式(3-70)可分别简化为

$$\varepsilon = \frac{1 - \exp[-2(NTU)]}{2} \tag{3-72}$$

及

$$\varepsilon = \frac{NTU}{1 + NTU} \tag{3-72a}$$

【例 3-6】　在一传热面积为 15.8 m² 的逆流套管换热器中，用油加热冷水。油的流量为 2.85 kg/s，进口温度为 110 ℃，水的流量为 0.667 kg/s，进口温度为 35 ℃。油和水的平均比热容分别为 1.9 kJ/(kg℃)及 4.18 kJ/(kg℃)，换热器的总传热系数为 320 W/(m²·℃)。试求水的出口温度及热流量。

解：本题采用 ε - NTU 法计算：

$$m_h c_{ph} = 2.85 \times 1900 = 5415 \text{ W/℃}$$

$$m_c c_{pc} = 0.667 \times 4180 = 2788 \text{ W/℃}$$

故冷流体水为热容量流率较小值流体：

$$R_c = \frac{(m_c c_{pc})_{min}}{m_h c_{ph}} = \frac{2788}{5415} = 0.515$$

$$(NTU)_{\min} = \frac{KA}{m_c c_{pc}} = \frac{320 \times 15.8}{2788} = 1.8$$

查图得 $\varepsilon = 0.73$

传热效率：

$$\varepsilon_c = \frac{t_2 - t_1}{T_1 - t_1} = 0.73$$

则 $\qquad t_2 = 0.73 \times (110 - 35) + 35 = 89.8 (^\circ\text{C})$

即水的出口温度 89.8 ℃

热流量： $\qquad Q = m_c c_{pc}(t_2 - t_1) = 0.667 \times 4180 \times (89.8 - 35)$
$$= 152.8 (\text{kW})$$

显然，对操作型计算问题，传热单元法要比平均温度差法方便。

§3.5 辐射传热

辐射传热又称为热辐射，是指由本身温度引起的能量辐射，在一定波长范围内（0.4～40 μm 之间，主要是可见光和红外光），表现为热能。

特点：传播方式以电磁波的形式，不需要任何介质进行传递。

3.5.1 基本概念和定律

1. 基本概念

（1）热辐射的特性

热辐射和可见光一样，具有反射、折射和吸收的特性，服从光的反射和折射定律，能在均一介质中作直线传播。如图所示，假设投射到某一物体上的总辐射能为 Q，一部分能量 Q_A 被吸收，一部分能量 Q_R 被反射，余下的能量 Q_D 透过物体。如图 3-22 所示。

根据能量守恒定律可得

$$Q = Q_A + Q_R + Q_D \qquad (3-73)$$

定义：

吸收率：$A = \dfrac{Q_A}{Q}$；反射率：$R = \dfrac{Q_R}{Q}$；透射率：$D = \dfrac{Q_D}{Q}$，则：

$A + R + D = 1$。

（2）黑体、镜体、透热体和灰体

黑体：能全部吸收辐射能的物体 $A = 1$；

镜体（绝对白体）：能全部反射辐射能的物体 $R = 1$；

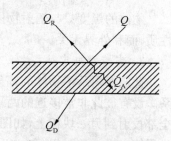

图 3-22　辐射能的吸收、
　　　　　反射和透过

透热体:能全部透过辐射能的物体 $D=1$。

灰体:能以相同的吸收率 A 吸收全部波长辐射能的物体。

工业上遇到的多数物体,能部分吸收所有波长的辐射能,但 A 不相同,相差不多,可近似视为灰体。

2. 斯蒂芬-波尔兹曼定律

理论研究表明,黑体的辐射能流率为单位时间单位黑体表面向外界辐射的全部波长的总能量,服从斯蒂芬-波尔兹曼定律:

$$\psi_b = \sigma_0 T^4 \tag{3-74}$$

式中:ψ_b 为黑体的辐射能流率,W/m^2;σ_0 为黑体的辐射常数,其值为 5.67×10^{-8} $W/(m^2 \cdot K^4)$;T 为黑体的绝对温度,K。

通常将上式写成:

$$\psi_b = c_0 \left(\frac{T}{100}\right)^4 \tag{3-75}$$

式中:c_0 为黑体的辐射系数,其值为 5.67 $W/(m^2 \cdot K^4)$。

由此看出辐射传热与对流传热及热传导不同,并且辐射传热对温度特别敏感。对灰体其辐射能流率也可表示为

$$\psi = c \left(\frac{T}{100}\right)^4 \tag{3-75a}$$

式中:c 为灰体的辐射系数,不同物体的 c 值不同,并且和物质的性质、表面情况及温度有关,其值小于 c_0。所以在同一温度下灰体的辐射能流率总是小于黑体的辐射能流率,其比值称为黑度,用 ε 表示。所以有

$$\varepsilon = \frac{\psi}{\psi_b} \tag{3-76}$$

由此可计算灰体的辐射能力:

$$\psi = \varepsilon \psi_b = \varepsilon c_0 \left(\frac{T}{100}\right)^4 \tag{3-76a}$$

物体的黑度只与辐射物体本身情况有关,它是物体的一种性质,而和外界无关。

3. 克希霍夫定律

此定律揭示了物体的辐射能流率 ψ 与吸收率 a 之间的关系。设有彼此非常接近的两平行平板,一块板上的辐射能可以全部投射到另一块板上,如图 3-23 所示。若板 1 为灰体,板 2 为黑体。设 ψ_1、a_1、T_1 和 ψ_2、a_2、T_2 表示板 1、2 的辐射能流率、吸收率和表面温度,且 $T_1 > T_2$。现讨论两块板之间的热量平衡情况。以单位时间内单位面积为基准。由于是黑体,板 1 辐射出

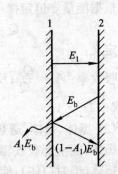

图 3-23　平行平板间辐射传热

的 ψ_2 能被板2全部吸收,而板2辐射的 ψ_2 被板1吸收了 $a_1\psi_1$,余下的 $(1-a_1)\psi_2$ 被反射回板2,并被全部吸收。对板1来说,辐射传热的结果:

$$q = \psi_1 - a_1\psi_2$$

式中:q 为两板间辐射传热的热流密度,W/m^2。

当两板达到热平衡,即 $T_1 = T_2$ 时,$q = 0$,也即 $\psi_1 = a_1\psi_2$。表明板1辐射和吸收的能量相等。

或

$$\frac{\psi_1}{a_1} = \psi_2 = \psi_b \tag{3-77}$$

若用任何板代替板1,则可写成下式:

$$\frac{\psi_1}{a_1} = \frac{\psi_2}{a_2} = \cdots = \frac{\psi}{a} = f(T) = \psi_b \tag{3-78}$$

此式为克希霍夫定律。它说明任何物体的辐射能流率和吸收率的比值均相等,并且等于黑体的辐射能流率,即仅和物体的绝对温度有关。

将式(3-76a)代入式(3-78)得

$$\psi = ac_0 \left(\frac{T}{100}\right)^4 = c \left(\frac{T}{100}\right)^4 \tag{3-79}$$

式中:$c = ac_0$ 为灰体的辐射系数。

对于实际物体 $a < 1$,所以 $c < c_0$。

由式(3-76)和式(3-78)看出在同一温度下,物体的吸收率和黑度在数值上相等,但物理意义不同。

3.5.2 两固体间的辐射传热

工业上遇到的两固体间的辐射传热多在灰体中进行。两灰体间的辐射能相互进行着多次的吸收和反射过程,因此在计算传热时,要考虑到它们的吸收率、反射率、形状和大小以及两者间的距离及相互位置。

图3-24所示为两面积很大的相互平行的两灰体,两板间的介质为透热体。因两板很大又很近,故认为从板发射出的辐射能可全部投到另一板上,并且 $D = 0$,$a + R = 1$。

从板1发射的辐射能流率为 ψ_1,被板2吸收了 $a_2\psi_1$,被板2反射回 $R_2\psi_1$,这部分又被板1吸收和反射……如此进行到 ψ_1 被完全吸收为止。从板2发射的辐射能 ψ_2

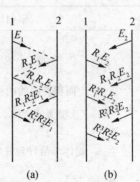

图3-24 平行灰体平板间的辐射过程

也有类似的吸收和反射过程。

两平行板间单位时间、单位面积上净辐射传热量,即两板间辐射能的总能量差为

$$q_{1\text{-}2} = \frac{c_0}{\dfrac{1}{\varepsilon_1} + \dfrac{1}{\varepsilon_2} - 1} \left[\left(\frac{T_1}{100} \right)^4 - \left(\frac{T_2}{100} \right)^4 \right] \qquad (3-80)$$

或

$$q_{1\text{-}2} = c_{1\text{-}2} \left[\left(\frac{T_1}{100} \right)^4 - \left(\frac{T_2}{100} \right)^4 \right] \qquad (3-80\text{a})$$

式中:$c_{1\text{-}2}$ 为总辐射系数。

$$c_{1\text{-}2} = \frac{c_0}{\dfrac{1}{\varepsilon_1} + \dfrac{1}{\varepsilon_2} - 1} = \frac{1}{\dfrac{1}{c_1} + \dfrac{1}{c_2} - \dfrac{1}{c_0}}$$

若两平行板的面积均为 A 时则有

$$\Phi_{1\text{-}2} = A c_{1\text{-}2} \left[\left(\frac{T_1}{100} \right)^4 - \left(\frac{T_2}{100} \right)^4 \right] \qquad (3-81)$$

若两板间的大小与其距离之比不够大时,一个板面发射的辐射能流率只有一部分到达另一面,此份数用角系数 φ 表示,为此得普遍式为

$$\Phi_{1\text{-}2} = A c_{1\text{-}2} \varphi \left[\left(\frac{T_1}{100} \right)^4 - \left(\frac{T_2}{100} \right)^4 \right] \qquad (3-82)$$

式中:$\Phi_{1\text{-}2}$ 为净的辐射传热速率,W;A 为辐射面积,m^2;T_1、T_2 分别为高温和低温物体表面的绝对温度,K;φ 为角系数。

角系数的大小不仅和两物体的几何排列有关,还要和选定的辐射面积 A 相对应。几种简单情况的 φ 值如表 3-5 和图 3-25 所示。

表 3-5　φ 值与 $c_{1\text{-}2}$ 的计算式

序号	辐射情况	面积 A	角系数 φ	总辐射系数 $c_{1\text{-}2}$
1	极大的两平行面	A_1 或 A_2	1	$\dfrac{c_0}{\dfrac{1}{\varepsilon_1} + \dfrac{1}{\varepsilon_2} + 1}$
2	面积有限的两相等的平行面	A_1	$<1^*$	$\varepsilon_1 \cdot \varepsilon_2 \cdot c_0$
3	很大的物体 2 包住物体 1	A_1	1	$\varepsilon_1 c_0$
4	物体 2 恰好包住物体 1,$A_1 \approx A_2$	A_1	1	$\dfrac{c_0}{\dfrac{1}{\varepsilon_1} + \dfrac{1}{\varepsilon_2} + 1}$
5	在 3、4 两种情况之间	A_1	1	$\dfrac{c_0}{\dfrac{1}{\varepsilon_1} + \dfrac{A_1}{A_2}\left(\dfrac{1}{\varepsilon_2} - 1\right)}$

*此种情况的 φ 值由图 3-25 查得。

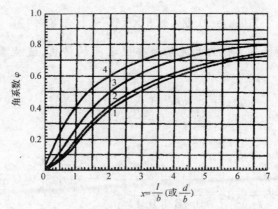

$$\frac{d}{b} \text{ 或 } \frac{L}{b} = \frac{\text{边长（长方形用短边）或直径}}{\text{辐射面的间距}}$$

1—圆盘形；2—正方形；3—长方形（边长之比为 2∶1）；4—长方形（狭长）

图 3-25　平行面间辐射传热的角系数

【**例 3-7**】　车间内有一高和宽各为 3 m 的铸铁铁炉门，温度为 227 ℃，室内温度为 27 ℃。为了减少热损失，在炉门前 50 mm 处放置一块尺寸和炉门相同而黑度为 0.11 的铝板，试求放置铝板前、后因辐射而损失的热量。

解：（1）放置铝板前因辐射损失的热量，由式（3-81）知：

$$\Phi_{1\text{-}2} = c_{1\text{-}2}\varphi A\left[\left(\frac{T_1}{100}\right)^4 - \left(\frac{T_2}{100}\right)^4\right]$$

取铸铁的黑度 $\varepsilon_1 = 0.78$。

本题为很大物体 2 包住物体 1 的情况，故

$$\varphi = 1$$
$$A = A_1 = 3 \times 3 = 9(\text{m}^2)$$
$$c_{1\text{-}2} = c_0\varepsilon_1 = 5.67 \times 0.78 = 4.423[\text{W}/(\text{m}^2 \cdot \text{k}^4)]$$

所以　　　$$\Phi_{1\text{-}2} = 4.423 \times 1 \times 9 \times \left[\left(\frac{227 + 273}{100}\right)^4 - \left(\frac{27 + 273}{100}\right)^4\right]$$
$$= 2.166 \times 10^4 (\text{W})$$

（2）放置铝板后因辐射损失的热量。以下标 1、2 和 i 分别表示炉门、房间和铝板。假定铝板的温度为 T_i，则铝板向房间辐射的热量为

$$\Phi_{\text{i}\text{-}2} = A c_{\text{i}\text{-}2}\varphi\left[\left(\frac{T_i}{100}\right)^4 - \left(\frac{T_2}{100}\right)^4\right]$$

式中：

$$A_i = 3 \times 3 = 9(\text{m}^2)$$
$$c_{\text{i}\text{-}2} = \varepsilon_i c_0 = 0.11 \times 5.67 = 0.624[\text{W}/(\text{m}^2 \cdot \text{k}^4)]$$

所以

$$\Phi_{r-2} = 0.624 \times 9 \times \left[\left(\frac{T_i}{100} \right)^4 - 81 \right] \qquad (a)$$

炉门对铝板的辐射传热可视为两无限大平板之间的传热,故放置铝板后因辐射损失的热量为

$$\Phi_{r-1} = c_{1-i} \varphi A_1 \left[\left(\frac{T_1}{100} \right)^4 - \left(\frac{T_i}{100} \right)^4 \right]$$

式中:

$$\varphi = 1$$

$$c_{1-i} = \frac{c_0}{\frac{1}{\varepsilon_1} + \frac{1}{\varepsilon_2} - 1} = \frac{5.67}{\frac{1}{0.78} + \frac{1}{0.11} - 1} = 0.605 [\mathrm{W/(m^2 \cdot k^4)}]$$

所以

$$\Phi_{1-i} = 0.605 \times 1 \times 9 \times \left[625 - \left(\frac{T_i}{100} \right)^4 \right] \qquad (b)$$

当传热到达稳定时,$\Phi_{1-i} = \Phi_{r-2}$。

即

$$0.605 \times 9 \times \left[625 - \left(\frac{T_i}{100} \right)^4 \right] = 0.624 \times 9 \times \left[\left(\frac{T_i}{100} \right)^4 - 81 \right]$$

解得

$$T_i = 432 (\mathrm{K})$$

将 T_i 值代入式(b)得

$$\Phi_{1-i} = 0.605 \times 9 \times \left[625 - \left(\frac{432}{100} \right)^4 \right] = 1510 (\mathrm{W})$$

放置铝板后辐射热损失减少的百分率为

$$\frac{\Phi_{1-2} - \Phi_{1-i}}{\Phi_{1-2}} \times 100\% = \frac{21650 - 1510}{21650} \times 100\% = 93\%$$

由以上结果可知,设置隔热挡板是减少辐射散热的有效方法,而且挡板材料的黑度越低,挡板的层数越多,热损失越少。

§3.6 换热器简介

换热器是化工、石油、动力、食品及其他许多工业部门的通用设备,在生产中占有重要地位。工业生产中所用的换热器按其用途可分为加热器、冷却器、冷凝器、蒸发器和再沸器等,应用甚为广泛。换热器的种类很多,但根据冷、热流体热量交换的原理和方式基本上可分为三大类:间壁式,直接接触式,蓄热式。其中间壁式换热器应用最多,下面重点讨论此类换热

器的类型、计算等。

3.6.1 间壁式换热器的类型

1. 管式换热器

（1）蛇管换热器

蛇管换热器分为两种，一种是沉浸式，另一种是喷淋式。

① 沉浸式蛇管换热器

这种换热器是将金属管弯绕成各种与容器相适应的形状（如图 3-26）并沉浸在容器内的液体中。蛇管换热器的优点是结构简单，能承受高压，可用耐腐蚀材料制造；其缺点是容器内液体湍动程度低，管外对流传热系数小。为提高总传热系数，容器内可安装搅拌器。

② 喷淋式蛇管换热器

这种换热器是将换热管成排地固定在钢架上，如图 3-27，热流体在管内流动，冷却水从上方喷淋装置均匀淋下，故也称喷淋式冷却器。喷淋式换热器的管外是一层湍动程度较高的液膜，管外对流传热系数较沉浸式增大很多。另外，这种换热器大多放置在空气流通之处，冷却水的蒸发亦可带走一部分热量，可起到降低冷却水温度、增大传热推动力的作用。因此，和沉浸式相比，喷淋式换热器的传热效果大为改善。

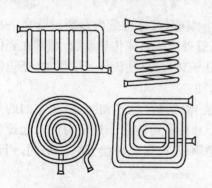

图 3-26 蛇管的形状

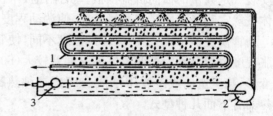

1—弯管；2—循环泵；3—控制钢

图 3-27 喷淋式换热器

（2）套管式换热器

套管式换热器系用管件将两种尺寸不同的标准管连接成为同心圆的套管，然后用 180°的回弯管将多段套管串联而成，如图 3-28 所示。每一段套管称为一程，程数可根据传热要求而增减。每程的有效长度为 4～6 m，若管子太长，管中间会向下弯曲，使环形中的流体分布不均匀。

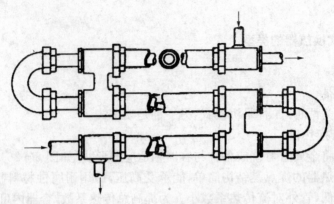

图 3-28 套管式换热器

套管换热器结构简单,能承受高压,应用方便(可根据需要增减管段数目)。特别是由于套管换热器同时具备总传热系数大、传热推动力大及能够承受高压强的优点,在超高压生产过程(例如操作压力为 300 MPa 的高压聚乙烯生产过程)中所用的换热器几乎全部是套管式。

(3) 列管式换热器

列管式(又称管壳式)换热器是最典型的间壁式换热器,它在工业上的应用有着悠久的历史,而且至今仍在所有换热器中占据主导地位。

列管式换热器主要由壳体、管束、管板和封头等部分组成,流体在管内每通过管束一次称为一个管程,每通过壳体一次称为一个壳程。为提高管外流体对流传热系数,通常在壳体内安装一定数量的横向折流挡板。折流挡板不仅可防止流体短路、使流体速度增加,还迫使流体按规定路径多次错流通过管束,使湍动程度大为增加。

列管换热器中,由于两流体的温度不同,使管束和壳体的温度也不相同,因此它们的热膨胀程度也有差别。若两流体的温度差较大(50 ℃以上)时,就可能由于热应力而引起设备的变形,甚至弯曲或破裂,因此必须考虑这种热膨胀的影响。根据热补偿方法的不同,列管换热器有下面几种型式。

① 固定管板式

所谓固定管板式即两端管板和壳体连接成一体,因此它具有结构简单和造价低廉的优点。但是由于壳程不易检修和清洗,因此壳方流体应是较洁净且不易结垢的物料。当两流体的温度差较大时,应考虑热补偿。图 3-29 为具有补偿圈(或称膨胀节)的固定板式换热器,即在外壳的适当部位焊上一个补偿圈,当外壳和管束热膨胀不同时,补偿圈发生弹性变形(拉伸或压缩),以适应外壳和管束的不同的热膨胀程度。这种热补偿方法简单,但不宜用于两流体的温度差太大(不大于 70 ℃)和壳方流体压强过高(一般不高于 600 kPa)的场合。

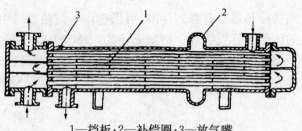

1—挡板；2—补偿圈；3—放气嘴

图3-29 具有补偿圈的固定管板式换热器

② U 型管换热器

U 型管换热器如图3-30所示。U 型管式换热器的每根换热管都弯成 U 型,进出口分别安装在同一管板的两侧,每根管子皆可自由伸缩,而与外壳及其他管子无关。

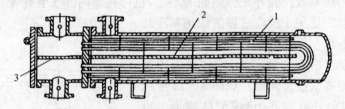

1—U 型管；2—壳程隔板；3—管程隔板

图3-30 U 型管换热器

这种型式的换热器的结构比较简单,重量轻,适用于高温和高压的场合。其主要缺点是管内清洗比较困难,因此管内流体必须洁净;且因管子需一定的弯曲半径,故管板的利用率较差。

③ 浮头式换热器

浮头式换热器如图3-31所示,两端管板之一不与外壳固定连接,该端称为浮头。当管子受热(或受冷)时,管束连同浮头可以自由伸缩,而与外壳的膨胀无关。浮头式换热器不但可以补偿热膨胀,而且由于固定端的管板是以法兰与壳体相连接的,因此管束可从壳体中抽出,便于清洗和检修,故浮头式换热器应用较为普遍。但该种热换器结构较复杂,金属耗量较多,造价也较高。

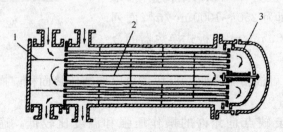

1—管程隔板；2—壳程隔板；3—浮头

图3-31 浮头式换热器

以上几种类型的列管换热器都有系列标准,可供选用。规格型号中通常标明型式、壳体直径、传热面积、承受的压强和管程数等。例如 $F_A 600 - 130 - 16 - 2$ 的换热器,F_A 表示浮头式 A 型,换热管为 $\phi 19 \times 2$ mm,正三角形排列(F_B 表示浮头 B 型,其换热管为 $\phi 25 \times 2.5$ mm,正方形排列),壳体公称直径为 600 mm,公称传热面积为 130 m²,公称压强为 16 atm,管程数 2。

2. 板式换热器

(1) 夹套式换热器

这种换热器是在容器外壁安装夹套制成,结构简单,但其加热面受容器壁面限制,总传热系数也不高,为提高总传热系数且使釜内液体受热均匀,可在釜内安装搅拌器。当夹套中通入冷却水或无相变的加热剂时,亦可在夹套中设置螺旋板或其他增加湍动的措施,以提高夹套一侧的对流传热系数。为补充传热面的不足,也可在釜内部安装蛇管。

夹套式换热器广泛用于反应过程的加热和冷却。

(2) 板式换热器

板式换热器是由一组金属薄板、相邻薄板之间衬以垫片并用框架夹紧组装而成。如图 3-32 所示为矩形板片,其四角开有圆孔,形成流体通道。冷热流体交替地在板片两侧流过,通过板片进行换热。板片厚度为 0.5～3 mm,通常压制成各种波纹形状,既增加刚度,又使流体分布均匀,加强湍动,提高总传热系数。

板式换热器的主要优点是:

① 由于流体在板片间流动湍动程度高,而且板片又薄,故总传热系数 K 大。例如,在板式换热器内,水对水的总传热系数可达 $1500 \sim 4700$ W/(m² · ℃)。

② 板片间隙小(一般为 46 mm),结构紧凑,单位容积所提供的传热面为 $250 \sim 1000$ m²/m³;而列管式换热器只有 $40 \sim 150$ m²/m³。板式换热器的金属耗量可减少一半以上。

③ 具有可拆结构,可根据需要调整板片数目以增减传热面积。操作灵活性大,检修清洗也方便。

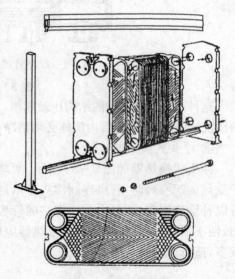

图 3-32 板式换热器

板式换热器的主要缺点是允许的操作压强和温度比较低。通常操作压强不超过 2 MPa,压强过高容易渗漏。操作温度受垫片材料的耐热性限制,一般不超过 250 ℃。

（3）螺旋板式换热器

如图 3-33 所示，螺旋板式换热器是由两块薄金属板焊接在一块分隔挡板（图中心的短板）上并卷成螺旋形而制成的。两块薄金属板在器内形成两条螺旋形通道，在顶、底部上分别焊有盖板或封头。进行换热时，冷、热流体分别进入两条通道，在器内作严格的逆流流动。

因用途不同，螺旋板式换热器的流道布置和封盖形式，有下面几种型式：

"Ⅰ"型结构　两个螺旋流道的两侧完全为焊接密封的"Ⅰ"型结构，是不可拆结构，如图 3-33(a) 所示。两流体均作螺旋流动，通常冷流体由外周流向中心，热流体从中心流向外周，即完全逆流流动。这种型式主要应用于液体与液体间传热。

"Ⅱ"型结构　Ⅱ型结构如图 3-33(b) 所示。一个螺旋流道的两侧为焊接密封，另一流道的两侧是敞开的，因而一流体在螺旋流道中作螺旋流动，另一流体则在另一流道中作轴向运动。这种型式适用于两流体流量差别很大的场合，常用作冷凝器、气体冷却器等。

"Ⅲ"型结构　"Ⅲ"型结构如图 3-33(c) 所示。一种流体作螺旋流动，另一流体是轴向流动和螺旋流动的组合。适用于蒸气的冷凝冷却。

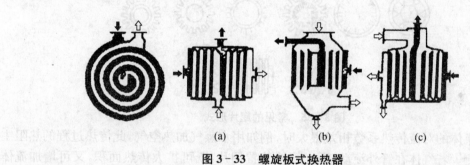

(a)　　　　　(b)　　　　　(c)

图 3-33　螺旋板式换热器

螺旋板换热器的直径一般在 1.6 m 以内，板宽 200～1200 mm，板厚 2～4 mm，两板间的距离为 5～25 mm。常用材料为碳钢和不锈钢。

螺旋板换热器的优点：

① 总传热系数高。由于流体在螺旋通道中流动，在较低的雷诺值（一般 $Re=1400$～1800，有时低到 500）下即可达到湍流，并且可选用较高的流速（对液体为 2 m/s，气体为 20 m/s），故总传热系数较大。

② 不易堵塞。由于流体的流速较高，流体中悬浮物不易沉积下来，并且任何沉积物将减小单流道的横断面，因而使速度增大，对堵塞区域又起到冲刷作用，故螺旋板换热器不易被堵塞。

③ 能利用低温热源和精密控制温度。这是由于流体流动的流道长及两流体完全逆流的缘故。

④ 结构紧凑。单位体积的传热面积为列管换热器的 3 倍。

螺旋板换热器的缺点：

① 操作压强和温度不宜太高,目前最高操作压强为 2000 kPa,温度约在 400 ℃以下。

② 不易检修。因整个换热器为卷制而成,一旦发生泄漏,修理内部很困难。

3. 翅片式换热器

(1) 翅片管式换热器

如图 3-34 所示,翅片管式换热器的构造特点是在管子表面上装有径向或轴向翅片。常见的翅片如图 3-35 所示。

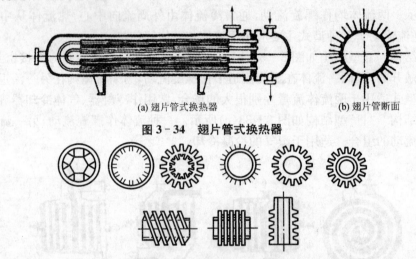

(a) 翅片管式换热器　　(b) 翅片管断面

图 3-34　翅片管式换热器

图 3-35　常见的翅片形式

当两种流体的对流传热系数相差很大时,例如用水蒸气加热空气,此传热过程的热阻主要在气体一侧。若气体在管外流动,则在管外装置翅片,既可扩大传热面积,又可增加流体的湍动程度,从而提高换热器的传热效果。一般来说,当两种流体的对流传热系数之比为 3:1 或更大时,宜采用翅片式换热器。

翅片的种类很多,按翅片高度的不同,可分为高翅片和低翅片两种,低翅片一般为螺纹管。高翅片适用于管内、对外流传热系数相差较大的场合,现已广泛地应用于空气冷却器上。低翅片适用于两流体的对流传热系数相差不太大的场合,如对黏度较大液体的加热或冷却等。

(2) 板翅式换热器

板翅式换热器的结构形式很多,但其基本结构元件相同,即在两块平行的薄金属板(平隔板)间,夹入波纹状的金属翅片,两边以侧条密封,组成一个单元体。将各单元体进行不同的叠积和适当地排列,再用钎焊给予固定,即可得到常用的逆、并流和错流的板翅式换热器的组装件,称为芯部或板束,如图 3-36 所示。将带有流体进、出口的集流箱焊到板束上,就成为板翅式换热器。目前常用的翅片形式有光直型翅片、锯齿形翅片和多孔型翅片,如图 3-37所示。

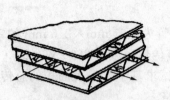  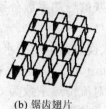 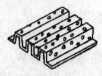

(a) 光直翅片　　　　(b) 锯齿翅片　　　　(c) 多孔翅片

图 3-36　板翅式换热器的板束　　　图 3-37　板翅式换热器的翅片形式

板翅式换热器的主要优点：

① 总传热系数高，传热效果好。由于翅片在不同程度上促进了流体的湍动程度，故总传热系数高。同时冷、热流体间换热不仅以平隔板为传热面，而且大部分热量通过翅片传递，因此提高了传热效果。

② 结构紧凑。单位体积设备提供的传热面积一般能达到 2500 m^2，最高可达 4300 m^2，而列管式换热器一般仅有 160 m^2。

③ 轻巧牢固。因结构紧凑，一般用铝合金制造，故重量轻。在相同的传热面积下，其质量约为列管式换热器的十分之一。波纹形翅片不仅是传热面的支撑，而且是两板间的支撑，故其强度很高。

④ 适应性强、操作范围广。由于铝合金的导热系数高，且在零度以下操作时，其延性和抗拉强度都可提高，故操作范围广，可在热力学零度至 200 ℃ 的范围内使用，适用于低温和超低温的场合。适应性也较强，既可用于各种情况下的热交换，也可用于蒸发或冷凝。操作方式可以是逆流、并流、错流或错逆流同时并进等。此外还可用于多种不同介质在同一设备内进行换热。

板翅式换热器的缺点：

① 由于设备流道很小，故易堵塞，压降增加；换热器一旦结垢，清洗和检修很困难，所以处理的物料应较洁净或预先进行净制。

② 由于隔板和翅片都由薄铝片制成，故要求介质对铝不发生腐蚀。

习 题

3-1　由一层 400 mm 厚的耐火砖和一层 200 mm 厚的绝缘砖砌成的燃烧炉，稳定后，测得炉的内表面温度为 1500 ℃，外表面温度为 100 ℃，试求导热的热通量及两砖间的界面温度。设两砖接触良好，已知耐火砖的导热系数为 $\lambda_1 = 0.8 + 0.0006t$，绝缘砖的导热系数为 $\lambda_2 = 0.3 + 0.0003t$，W/(m·℃)。两式中的 t 可分别取为各层材料的平均温度。

3-2　一保温管，直径为 $\phi 57$ mm × 3.5 mm 的钢管用 40 mm 厚的软木包扎，其外又包扎 100 mm 厚的保温灰作为绝热层。现测得钢管外壁面温度为 -120 ℃，绝缘层外表面温度为 10 ℃。软木和保温灰的导热系数分别为 0.043 W/(m·℃)和 0.07 W/(m·℃),试求每米管长的冷损失量。

3-3 在某管壳式换热器中用冷水冷却热空气。换热管为 ϕ 25 mm×2.5 mm 的钢管,其导热系数为 45 W/(m·℃)。冷却水在管程流动,其对流传热系数为 2600 W/(m²·℃),热空气在壳程流动,其对流传热系数为 52 W/(m²·℃)。试求基于管外表面积的总传热系数 K,以及各分热阻占总热阻的百分数。设污垢热阻可忽略。

3-4 一平板式换热器中,用水冷却某种溶液,两流体呈逆流流动,有效传热面积为 40 m² 的。冷却水的流量为 30000 kg/h,其温度由 22 ℃升高到 36 ℃。溶液温度由 115 ℃降至 55 ℃。若换热器清洗后,在冷、热流体流量和进口温度不变的情况下,冷却水的出口温度升至 40 ℃,试估算换热器在清洗前壁面两侧的总污垢热阻。假设:两种情况下,冷、热流体的物性可视为不变,水的平均比热容为 4.174 kJ/(kg·℃);两种情况下,α_i、α_o 分别相同;忽略壁面热阻和热损失。

3-5 单程管壳式换热器中,用冷水将常压下的纯苯蒸气冷凝成饱和液体。已知苯蒸气的体积流量为 1600 m³/h,常压下苯的沸点为 80.1 ℃,汽化热为 394 kJ/kg。冷却水的入口温度为 20 ℃,流量为 35000 kg/h,水的平均比热容为 4.17 kJ/(kg·℃)。总传热系数为 450 W/(m²·℃)。设换热器的热损失可忽略,试计算所需的传热面积。

3-6 单壳程、双管程的换热器中,水在壳程内流动,进口温度为 30 ℃,出口温度为 65 ℃。油在管程流动,进口温度为 120 ℃。出口温度为 75 ℃,试求其传热平均温度差。

3-7 水以 1.5 m/s 的流速在长为 3 m、直径为 ϕ25 mm×2.5 mm 的管内由 20 ℃加热至 40 ℃,试求水与管壁之间的对流传热系数。

思考题

3-1 传热过程有哪三种基本方式?

3-2 请解释"一维稳态热传导"和"热阻"。

3-3 物体的导热系数与哪些因素有关?

3-4 对流传热的定义是什么? 说明对流传热的机理及计算对流传热系数的途径?

3-5 流动对传热的贡献主要表现在哪些方面?

3-6 自然对流中的加热面与冷却面的位置应如何放才有利于充分传热?

3-7 液体沸腾的必要条件是什么? 沸腾给热的强化可以从哪两个方面着手?

3-8 蒸气冷凝时为什么要定期排放不凝性气体?

3-9 为什么低温时热辐射往往可以忽略,而高温时热辐射则往往成为主要的传热方式? 影响辐射传热的主要因素有哪些?

3-10 为什么有相变时的对流给热系数大于无相变时的对流给热系数?

工程案例

高温取热炉爆管原因分析及解决措施

某石化公司炼油事业部2.0 Mt/a重油催化裂化装置（以下简称三催化）的整个烟气能量回收系统中，由于高温取热炉位于第一再生器、第二再生器的烟气混合烟道上，是再生排烟的必经之路，其前后烟气流程如图1所示。

在高温取热炉内除氧水利用间壁传热吸收高温烟气的显热，并产生中压饱和蒸汽。高温烟气经高温取热炉后温度降至740℃以下，再依次进入三级旋风分离器和烟机。因此高温取热炉能否安全正常运行将直接影响整个装置的平稳运行。但是，该装置自1998年开车成功后的两个月内高温取热炉就发生了六次爆管，导致生产装置两次非计划停工，造成很大的经济损失。

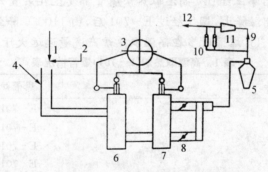

1——再生烟气；2—二再烟气；3—高温取热炉汽包；4—烟道燃烧补氧风；5—三级旋风分离器；
6—高温取热炉E-701；7—高温取热炉E-702；8—E-702旁路；9—烟气至烟机；
10—烟机旁路；11—烟机；12—烟气至余热锅炉

图1 高温取热炉前后烟气流程

高温取热炉为中压炉，采用单锅筒并联两个炉膛的结构，如图2所示。两个炉膛沿烟气流动方向串联，每个炉膛分为四组管束。炉管数目为：第1组和第4组各3排共17×2根，第2,3组各2排共19×2根，总共72根炉管。炉管为夹套式，中心为下降管，夹套层为蒸发管，每根管子构成一个单独的循环回路。饱和水由汽包经下降管进入入口联箱，然后由联箱分配给各炉管的中心给水管。在给水管底部改变流动方向（180°）后进入蒸发管，在此受热形成汽水混合物后经蒸汽导管进入出口联箱，最后经过导汽管进入汽包进行水汽分离。

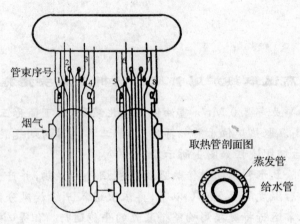

管束序号

烟气

取热管剖面图

蒸发管
给水管

图 2　取热炉简图

高温取热炉发生的爆管事件如表 1 所示。分析爆管现象及原因时,发现:① 爆管通常是先发生在第二组,然后第三组;② 高温取热炉爆管都发生在装置开工初期,而高温取热炉 E-701 在装置开工初期温降大,烟气经过 E-701 后,由 1100 ℃ 降到 800 ℃,降低了 300 ℃(设计温降仅为 200 ℃);③ 爆管时多在高温取热炉产汽量远远大于设计值发生。

表 1　高温取热炉(E-701)爆管情况表

序号	爆管炉管位置
1	E-701 第二组
2	E-701 第三组
3	E-701 第四组
4	E-701 第一组
5	E-701 第二组
6	E-701 第三组

为了分析爆管原因需对这台取热炉的水循环进行一下核算。炉管有两个主要参数,循环流速 w_0 和循环倍率 K。w_0 是指进入导汽管的水的流速,w_0 越大,管内水流速度越高,工质放热系数就大,就能更好地把管壁传来的热量带走,同时能把产生的气泡冲走,从而维持管壁强度正常。反之,w_0 小,那么工质流动得慢,就不能很快地把管壁热量带走,将导致管壁温度升高,以至管壁超温而发生爆管,w_0 可以表示进入导汽管的水量,但它只是按入口水量进行计算,当管内水沿管段不断吸热产生蒸汽后,水的流速就无法用 w_0 表示,因此,引入循环倍率 K 的概念。K 指的是导汽管中每产生 1 kg 蒸汽,由下面进入管子的水量,K 大,表示管子出口段汽水混合物中水的份额大,可以保证在管壁上形成一层水膜,这层水膜除有效地带走热量外,还能带走蒸发后沉淀下的盐分,以防止盐分在壁管上沉积形成盐垢,破坏传热,造成壁管超温发生爆管。由于高温取热炉 E-701 第 2 组最先爆管,因此首先计算出第 2 组炉管的 w_0 及 K 值。

通过查阅设备资料并进行相关计算,得到不同给水管循环流速下原锅炉机组水力学计算结果,见表2。

表2 不同给水管循环流速下原锅炉机组水力学计算结果

给水管循环流速/m·s^{-1}	1.3	1.5	1.7
给水质量流率 G/kg·h^{-1}	7398	8536	9675
给水管总阻力	695.4	925.8	1189.2
下降管总阻力	441.0	587.0	753.7
蒸发管受热段阻力	180	216	255
蒸发管不受热段阻力	92.1	108.8	126.4
蒸发段引出管阻力	744.2	886.6	1122.1
导汽管摩擦阻力	902.0	1066.4	1237.2
动压头合计	8116	7812	7528
蒸发管动压头	4357.5	4146.2	3954.4
不受热段动压头	1745	1716	1687
导汽管动压头	2013	1950	1887
有效压头 S_{yx}	3721	2580	1330
下降管阻力 ΔP_{xj}	1136	1531	1943

再应用简单水循环三点法求解出四组管束的循环倍率,结果见表3。

表3 E-701四组炉管循环倍率值

管束序号	1	2	3	4
循环倍率 K	18.1	14.8	16.1	18.1

高温取热炉属于中压炉,推荐的循环倍率为20~30,最低不应低于15。从计算结果来看,第二组炉管的循环倍率为14.8,低于推荐的最低值。第三组的循环倍率为16.1,略高于推荐的最低值。第一组合第四组的循环倍率均为18.1,虽然高于最低值,但仍不在最佳范围之内。因此第二组水循环最差,其次是第三组,这与实际爆管顺序是吻合的,证明这台高温取热炉在结构上存在不合理之处,在正常开工中,尤其是在开工初期,不能保证高温取热炉的安全运行。

根据以上现象及计算结果进行分析,总结出导致高温取热炉爆管的主要原因是由于高温炉取热管束多,而导致取热量太大。

针对造成爆管原因,在2011年3月检修时采取了减少去热管束(如表4),从而减小取热量的技术改造方案。

表4　E-701取热管数目变化明细表

组数	1	2	3	4	合计
原有根数	17	19	19	17	72
现有根数	15	15	15	15	60
减少根数	2	4	4	2	12

　　高温取热炉改造完成后,从2001年3月开始投入运行至今,设备运行状况良好,没有再发生爆管事故。高温取热炉E-701前后烟气降温200℃左右,总产气量45 t/h。因此,改造方案是科学的,效果是明显的,通过改造,彻底解决了高温取热炉的爆管问题,为了装置"安、稳、长、满、优"运行创造条件。

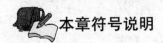 **本章符号说明**

英文字母

a'——温度系数,1/℃；

A——流通面积,m²；

a——辐射吸收率；

b——厚度,m；

b——润湿周边,m；

c——辐射系数,W/(m²·K⁴)；

c_P——定压比热容,kJ/(kg·℃)；

C——热容量流率比；

d——管径,m；

D——换热器壳径,m；

D——透过率；

E——辐射能力,W/m²；

f——摩擦因数；

F——系数；

g——重力加速度,m/s²；

h——挡板间距,m；

H——高度,m；流体的焓,kJ/kg；

K——总传热系数,W/(m²·℃)；

l——长度,m；

L——长度,m；

m——指数；

M——冷凝负荷,kg/(m·s)；

n——指数；

n——管数；

N——程数；

p——压强,Pa；

q——热通量,W/m²；

Q——传热速率,W；

r——半径,m；

r——汽化热或冷凝潜热,kJ/kg；

R——热阻,m²·℃/W；

R——反射率；

R——对比压强；

S——传热面积,m²；

t——冷流体温度,℃；

T——热流体温度,℃；

T——热力学温度,K；

u——流速,m/s；

W——质量流量,kg/s；

x,y,z——空间坐标；

Z——参数。

希腊字母

α——对流传热系数，W/(m² · ℃)；

β——体积膨胀系数，1/℃；

δ——边界层厚度，m；

Δ——有限差值；

ε——传热效率；

ε——系数；

ε——黑度；

θ——时间，s；

λ——导热系数，W/(m · ℃)；

Λ——波长，μm；

μ——黏度，Pa · s；

ρ——密度，kg/m³；

σ——表面张力，N/m；

σ——斯蒂芬-波尔茨曼常数，W/(m² · K⁴)；

φ——系数；

φ——角系数；

ψ——校正系数。

下标

b——黑体；

c——冷流体；

c——临界；

e——当量；

h——热流体；

i——管内；

m——平均；

o——管外；

s——污垢；

s——饱和；

t——传热；

v——蒸气；

w——壁面；

Δt——温度差；

min——最小；

max——最大。

参考文献

[1] 陈敏恒,丛德滋,方图南等. 化工原理:上册[M]. 3 版. 北京:化学工业出版社,2006.

[2] 柴诚敬. 化工原理:上册[M]. 2 版. 北京:高等教育出版社,2010.

[3] 王志魁. 化工原理[M]. 3 版. 北京:化学工业出版社,2004.

[4] 陈敏恒,潘鹤林,齐鸣斋. 化工原理(少学时)[M]. 上海:华东理工大学出版社,2008.

[5] 姚玉英. 化工原理:上册. 天津:天津科学技术出版社,1995.

[6] 关醒凡. 现代泵技术手册[M]. 北京:宇航出版社,1995.

第4章 气体吸收

一、学习目的

通过本章学习,熟悉、掌握和了解气体吸收相关的基本概念,低组成气体吸收过程的计算过程及方法以及填料塔的基本知识等内容。

二、学习要点

重点掌握气体在液体中的溶解度;亨利定律;相平衡的应用;分子扩散、菲克定律及其在等摩尔反向扩散和单向扩散中的应用;对流传质概念;双膜理论要点;总传质系数及总传质速率方程;吸收过程物料衡算、操作线方程;最小液气比及吸收剂用量的计算;填料层高度的计算;传质单元数的计算(平均推动力法和吸收因数法)。

掌握吸收剂的选择;各种形式的单相传质速率方程、膜传质系数和传质推动力的对应关系;各种传质系数间的关系;气膜控制与液膜控制;吸收塔的操作型计算;解吸;气体通过填料层的压降;泛点气速的计算;填料塔塔径的计算。

一般了解分子扩散系数及影响因素;传质单元数的图解积分法;填料塔的结构及填料特性;填料塔附件。

§4.1 概 述

4.1.1 吸收及其在化工中的应用

气体吸收是分离气体混合物常用的单元操作。当气体混合物与具有选择性的液体接触时,混合物中溶解度大的组分大部分进入液相形成溶液,而溶解度小或几乎不溶解的组分仍留在气相中。这种利用混合气中各组分在液体溶剂中溶解度的差异来分离气体混合物的单元操作称为气体吸收。例如以水为溶剂处理空气和氨的混合物,氨在水中的溶解度很大,空气几乎不溶于水,因此可以用水吸收的方法将氨与空气分离。

吸收操作在化工生产中的主要用途为:

(1) 制备某种液体产品。如:用水吸收氯化氢、三氧化硫、二氧化氮制得相应的酸,用水吸收甲醛制取福尔马林等。

（2）分离混合气体并回收有用的组分。如：从裂化气或天然气的高温裂解气中分离乙炔，从乙醇催化裂解气中分离丁二烯，用硫酸吸收煤气中的氨得到副产物硫酸铵等。

（3）除去气体混合物中的有害组分以净化气体。如：合成氨工业中用水或碱液脱除原料气中的二氧化碳，用铜氨液除去原料气中的一氧化碳等。

（4）工业废气的治理。在化工生产过程中所排放的废气中常含有少量 H_2S、SO_2 气体，工业上在这些废气排放之前，通常用碱性吸收剂来吸收这些有害气体。

实际吸收过程往往同时兼有净化和回收等双重目的。

为获得纯净的产品和溶剂再生后循环使用，溶质需从吸收所得到的吸收液中回收出来，这种使溶质从溶液中脱除的过程称为解吸（或脱吸）。一个完整的吸收流程包括吸收和解吸两部分。

4.1.2　吸收设备

吸收设备有多种形式，最常用的是填料塔和板式塔，如图 4-1 所示。

图 4-1(a) 为填料塔的示意图。塔内装有诸如瓷环之类的填料，液体自塔顶均匀淋下并沿填料表面流下，气体通过填料间的空隙上升与液体作连续的逆流接触。在这种设备中，气体中的可溶组分不断地被吸收，其浓度自下而上连续的减小，液体中可溶组分的浓度则由上而下连续的增大。所以，填料塔是连续接触式的传质设备。

图 4-1(b) 为板式塔的示意图。气体自下而上通过板上小孔上升，在每一块板上与溶剂接触，其中可溶组分被部分地溶解。在此设备中，气体逐板上升，其中可溶组分的浓度阶跃式的降低；溶剂逐板下降，其中可溶组分的浓度则阶跃式升高。所以，板式塔是逐级接触式的传质设备。

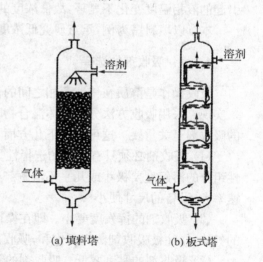

(a) 填料塔　　　(b) 板式塔

图 4-1　两类吸收塔设备

4.1.3　吸收操作的分类

吸收操作通常有以下几种分类方法。

1. 物理吸收与化学吸收

吸收过程中，如果吸收质与吸收剂之间不发生显著的化学反应，可认为是气体溶解于液体的物理过程，称为物理吸收。如用水吸收二氧化碳，洗油吸收焦炉气中的苯等。在吸收过程中，如果吸收质与吸收剂之间发生显著的化学反应，则称为化学吸收。如硫酸吸收氨，碱液吸收二氧化碳等。化学吸收可大幅度地提高溶剂对溶质组分的吸收能力。

2. 单组分吸收与多组分吸收

若混合气体中只有一个组分在吸收剂中有一定的溶解度,其余组分不溶或微溶于吸收剂,称为单组分吸收。如果混合气体中有两个或多个组分溶解于吸收剂中,称为多组分吸收。

3. 等温吸收与非等温吸收

气体溶于吸收剂时,常伴随热效应。若热效应很小,或被吸收的组分在气相中的浓度很低,而吸收剂用量很大,吸收过程中液相的温度变化不显著,则可认为是等温吸收。若吸收过程中发生化学反应,反应热很大,液相的温度变化明显,则为非等温吸收过程。若吸收设备散热良好,能及时引出热量而维持液相温度近似不变,也可认为是等温吸收过程。

4. 低浓度吸收与高浓度吸收

通常,当混合气中溶质组分 A 的摩尔分数大于 0.1,且被吸收的溶质量大时,称为高浓度吸收;反之,如果溶质在气液两相中摩尔分数均小于 0.1 时,该吸收过程称为低浓度吸收。对于低浓度吸收,可认为气液两相流经吸收塔的流率为常数,因溶解而产生的热效应很小,引起的液相温度变化不显著,故低浓度的吸收可视为等温吸收过程。

本章以填料塔为例,重点研究低浓度、单组分、等温的物理吸收过程。

4.1.4 吸收剂的选择

吸收操作是溶质在气液两相之间的传质过程,依据气体溶质在吸收剂中的良好溶解性来实现。采用吸收方法分离气体混合物时,若使过程进行得既经济又有效,则选择性能优良的吸收剂至关重要。这可从以下几方面考虑:

(1) 吸收剂必须具有良好的选择性。即吸收剂对吸收质要有较大的溶解度而对其他惰性组分的溶解度要极小或几乎不溶解。这样可以提高吸收效果、减小吸收剂的用量。吸收速率大,设备的尺寸便小。

(2) 吸收剂的挥发度要小。即在操作温度下吸收剂的蒸气压要小。因为离开吸收设备的气体,往往被吸收剂蒸气所饱和,吸收剂的挥发度愈高,其损失便愈大。

(3) 吸收剂的黏度要低。吸收剂的黏度越低,其在塔内流动时受到的阻力越小,扩散系数越大,这有助于提高传质速率。

(4) 吸收剂应尽可能无毒、无腐蚀性、不易燃、不发泡、价廉易得和具有化学稳定性等特点。

实际上,很难找到一个理想的溶剂能够满足所有要求。因此,应对可供选用吸收剂作全面评价后做出经济合理的选择。

§4.2 气液相平衡关系

吸收过程是气液两相间的物质传递过程,气液相平衡能指出传质过程能否进行、进行的方向以及最终的极限,所以分析吸收过程首先要研究气液两相平衡关系。

4.2.1 气体的溶解度

在一定压力和温度下,使一定量的吸收剂与混合气体充分接触,气相中的溶质便向液相溶剂中转移,经长期充分接触后,液相中溶质组分的浓度不再增加,气液两相达到平衡,此状态为平衡状态,溶质在液相中的浓度为平衡浓度,也称溶解度,气相中溶质的分压为平衡分压。平衡时溶质组分在气液两相中的浓度存在一定的关系,即相平衡关系。

将平衡时溶质在气、液两相间组成关系在坐标图上用曲线表示,此曲线称为溶解度曲线。影响平衡关系的主要因素如下:

(1) 温度的影响

一般规律是,对于一定的物系,当总压不变时,若吸收温度下降,则溶解度增大。由图 4-2 中 SO_2 在 101.3 kPa 下在水中的溶解度可看出这一点。因此,在吸收工艺中吸收剂常常经冷却后进入吸收塔。

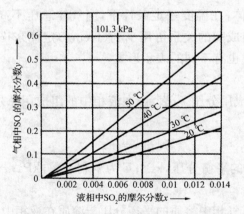

图 4-2 101.3 kPa 下 SO_2 在水中的溶解度

(2) 总压的影响

当总压不太高时,对接近理想状态的混合气体,如果增加惰性气体的量以提高压力,由于溶质的分压没有改变,溶质在吸收剂中的溶解度不发生变化,即总压的变化对溶解度没有影响;如果提高压力时,溶质气体与惰性气体按原有的摩尔比同时增加,由于溶质的分压增大,溶质在吸收剂中的溶解度增大。图 4-3 给出 20 ℃下 SO_2 在水中的溶解度曲线,由图可知,气相中 SO_2 的摩尔分数不变时,随着总压增加,SO_2 在水中的溶解度增加。

不同气体在同一溶剂中的溶解度的差别很大。以 NH_3、SO_2 和 O_2 在水中的溶解度为例,在同一温度及同一分压下,NH_3 的溶解度最大,其次为 SO_2,O_2 最小。对于同样浓度的溶液,易溶气体在溶液上方的气相平衡分压低,难溶气体在溶液上方的气相平衡分压高。换言之,欲得到一定浓度的溶液,易溶气体所需的分压较低,而难溶气体所需的分压较高。

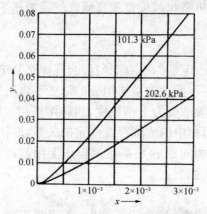

图 4 - 3 20 ℃下 SO_2 在水中的溶解度

4.2.2 亨利定律

对于稀溶液或难溶气体,在温度一定条件下,当气体总压不高(通常不超过 500 kPa)时,互成平衡的气液两相组成间的关系可用亨利(Henry)定律来描述。因为气液两相组成的表示方法不同,亨利定律也有不同的表示形式。

1. p 与 x 关系

若溶质在气相中的组成用分压 p_A 表示,在液相中的组成用摩尔分数 x 表示,则亨利定律的数学表达式为

$$p_A^* = Ex \qquad\qquad (4-1)$$

式中:p_A^* 为溶质在气相中的平衡分压,kPa;E 为亨利系数,kPa;x 为溶质在液相中的摩尔分率。

该式表明,稀溶液上方气相中溶质的平衡分压与溶质在液相中的摩尔分率成正比。

对于理想溶液,在压力不太高、温度不变的的条件下,$p_A^* \sim x$ 的关系在整个浓度范围内都服从亨利定律。亨利系数 E 不仅随温度而变化,同时也随溶质的性质、溶质的气相分压及溶剂特性而变化。对于大多数物系,温度上升,E 值增大,气体溶解度减少。在同一种溶剂中,难溶气体的 E 值大,溶解度小;而易溶气体的 E 值小,溶解度大。

亨利系数一般由实验测定,常见物系的亨利系数也可从有关手册中查得。

2. p 与 c 关系

若溶质在气相中的组成用分压 p_A，溶质在液相中的组成用摩尔浓度 c_A 表示，则亨利定律的数学表达式为

$$p_A^* = \frac{c_A}{H} \tag{4-1a}$$

式中：c_A 为溶质在液相中的摩尔浓度，$kmol/m^3$；H 为溶解度系数，$kmol/(m^3 \cdot kPa)$。

将式（4-1a）与式（4-1）比较可知，溶解度系数 H 与亨利系数 E 的关系为

$$H = \frac{c_A}{Ex} \tag{4-2}$$

溶液中溶质的浓度 c_A 与摩尔分数 x 的关系为

$$c_A = c \cdot x \tag{4-3}$$

式中：c 为溶液的总浓度（溶液中溶剂浓度与溶质浓度之和），$\dfrac{k\,mol\ 溶液}{m^3\ 溶液} = \dfrac{k\,mol\ 溶剂 + k\,mol\ 溶质}{m^3\ 溶液}$。

将式（4-3）代入式（4-2），得

$$H = \frac{c}{E} \tag{4-4}$$

溶液总浓度 c 与溶液密度 ρ 的关系为

$$c = \frac{\rho}{M} \tag{4-5}$$

式中：ρ 为溶液密度，kg/m^3；M 为溶液的平均摩尔质量，$kg/kmol$。

对于稀溶液，式（4-5）可近似为

$$c \approx \frac{\rho_s}{M_s} \tag{4-6}$$

式中：ρ_s 为溶剂的密度，kg/m^3；M_s 为溶剂的摩尔质量，$kg/kmol$。

将式（4-6）代入式（4-4），得 H 与 E 的关系近似为

$$H \approx \frac{\rho_s}{EM_s} \tag{4-7}$$

溶解度系数 H 可视为在一定温度下溶质气体分压为 $1\,kPa$ 时液相的平衡摩尔浓度，它随温度的升高而降低，易溶气体 H 值较大，难溶气体 H 值较小。

3. y 与 x 关系

若溶质在气相和液相中的组成分别用摩尔分率 y、x 表示，则亨利定律表示成如下形式：

$$y^* = mx \tag{4-1b}$$

式中：y^* 为平衡时溶质在气相中的摩尔分率；m 为相平衡常数，无因次。

相平衡常数 m 与亨利系数 E 的关系：

当系统总压 p 不太高时,气体可以视为理想气体,根据道尔顿分压定律可知溶质在气相中的分压为

$$p_A^* = py^*   \tag{4-8}$$

将式(4-8)代入式(4-1)整理后得

$$y^* = \frac{E}{p}x   \tag{4-9}$$

比较式(4-9)与式(4-1b),可得

$$m = \frac{E}{p}   \tag{4-10}$$

4. Y 与 X 关系

若溶质在气相和液相中的组成分别用摩尔比 Y、X 表示,

$$x = \frac{X}{1+X}   \tag{4-11}$$

$$y = \frac{Y}{1+Y}   \tag{4-12}$$

式中:X 为液相的摩尔比,$X = \dfrac{\text{液相中溶质的物质的量}}{\text{液相中溶剂的物质的量}} = \dfrac{x}{1-x}$;$Y$ 为气相的摩尔比,$Y = \dfrac{\text{气相中溶质的物质的量}}{\text{气相中惰性气体的物质的量}} = \dfrac{y}{1-y}$。

将(4-11)、(4-12)两式代入式(4-1b)中,整理得

$$Y^* = \frac{mX}{1+(1-m)X}   \tag{4-13}$$

当溶液为低浓度时,$(1-m)X$ 可忽略,则亨利定律可写成如下形式

$$Y^* = mX   \tag{4-1c}$$

式中:Y^* 为与液相组成 X 相平衡的气相物质的量之比。

【例4-1】 总压为 101.3 kPa、温度为 25 ℃时,在 100 g 水中溶解 1 g 氨,此时溶液上方气相中氨的平衡分压为 986 Pa。此溶液可视为稀溶液,试求此条件下的亨利系数 E、溶解度系数 H 和相平衡常数 m。

解: 液相中氨的摩尔分数

$$x = \frac{n_A}{n_A + n_B} = \frac{\dfrac{1}{17}}{\dfrac{1}{17} + \dfrac{100}{18}} = 0.01048$$

亨利系数 $E = \dfrac{p_A^*}{x} = \dfrac{0.986}{0.01048} = 94.1 (\text{kPa})$

溶解度常数 $H \approx \dfrac{\rho_s}{EM_s} = \dfrac{1000}{94.1 \times 18} = 0.590 [\text{kmol}/(\text{m}^3 \cdot \text{kPa})]$

相平衡常数 $$m = \frac{E}{p} = \frac{94.1}{101.3} = 0.929$$

4.2.3 相平衡关系在吸收过程中的应用

当不平衡的气液两相接触时,溶质是被吸收还是被解吸,这主要由相平衡关系来决定。可依据物系的气液平衡关系来判断吸收过程进行的方向、限度和难易程度。

1. 判断相际传质的方向

气液两相接触后发生的是吸收过程还是解吸过程,常用气相组成 p_A(或 y)或液相组成 c_A(或 x)与与其接触的另一相的平衡组成比较后来判断。

如果溶质分压为 p_A 的气相与溶液浓度为 c_A 的液相接触,用相平衡关系由 c_A 计算出与其平衡的 p_A^* 值,若:

① $p_A > p_A^*$,溶质 A 由气相向液相传递,为吸收过程。

② $p_A < p_A^*$,溶质 A 由液相向气相传递,为解吸过程。

③ $p_A = p_A^*$,系统处于相平衡状态。

也可由气相分压 p_A 计算出与其相平衡的 c_A^* 的值,若

① $c_A < c_A^*$,溶质 A 由气相向液相传递,为吸收过程。

② $c_A > c_A^*$,溶质 A 由液相向气相传递,为解吸过程。

③ $c_A = c_A^*$,系统处于相平衡状态。

2. 计算相际传质推动力

在吸收过程中,通常以实际浓度与平衡浓度偏离的差值来表示吸收过程的推动力。实际浓度偏离平衡浓度越大,过程的推动力越大,过程的速率也越快。若吸收塔某截面处溶质在气液两相中的浓度分别为 y、x,则 $(y - y^*)$ 为以气相中溶质摩尔分率差表示吸收过程的推动力;$(x^* - x)$ 为以液相中溶质的摩尔分率差表示吸收过程的推动力。

气液两相的浓度还可以用 p_A、c_A、Y、X 表示,故吸收过程推动力也可以用其相关形式表示。

3. 判断相际传质的极限

相际传质的极限是指相互接触的两相之间达到了相平衡状态。相平衡限制了溶剂离塔时的最高浓度和气体离塔时的最低浓度。如将浓度为 y_1 的混合气送入某吸收塔的底部,与自塔顶淋下的浓度为 x_2 的溶剂作逆流吸收,则塔底液体的最大极限浓度只能是与气相浓度 y_1 平衡的液相浓度 x_1^*,即 $x_{1,max} = x_1^* = y_1/m$。出塔气体中溶质的极限浓度也只能降到 y_2^*,即 $y_{2,min} = y_2^* = mx_2$。

【例 4-2】 在温度 25 ℃、压强为 101.33 kPa 下,含有 CO_2 为 0.05(摩尔分数)的空气与含有 CO_2 为 1.1×10^{-3} kmol/m³ 的水溶液接触,试判断 CO_2 的传质过程方向,并计算传质推动力。

解:查表得 101.33 kPa、25 ℃下 CO_2 在水中的亨利系数 E 为 1.66×10^5 kPa。

将亨利系数 E 换算为相平衡常数 m：

$$m = \frac{E}{p} = \frac{1.66 \times 10^5 \times 10^3}{1.0133 \times 10^5} = 1.638 \times 10^3$$

液相中 CO_2 的摩尔分数为

$$x \approx \frac{c_A}{\dfrac{\rho_S}{M_S}} = \frac{1.1 \times 10^{-3}}{\dfrac{1000}{18}} = 1.98 \times 10^{-5}$$

由液相组成判断 CO_2 的传质过程方向：

$$x^* = \frac{y}{m} = \frac{0.05}{1.638 \times 10^3} = 3.05 \times 10^{-5}$$

因 $x^* > x$，故 CO_2 由气相传递到液相，传质过程为吸收。

传质推动力　$x^* - x = 3.05 \times 10^{-5} - 1.98 \times 10^{-5} = 1.07 \times 10^{-5}$

由气相组成判断 CO_2 的传质过程方向结论同上，传质过程为吸收。

§4.3　传质机理及吸收过程速率

吸收过程包括以下三个步骤：

(1) 溶质由气相主体向相界面传递，即在单一相(气相)内传递物质；

(2) 溶质在气液相界面上的溶解，由气相转入液相，即在相界面上发生溶解过程；

(3) 溶质自气液相界面向液相主体传递，即在单一相(液相)内传递物质。

气液两相界面与气相或液相之间的传质称为对流传质。对流传质中同时存在分子扩散和涡流扩散(又称湍流扩散)。

4.3.1　分子扩散与费克定律

在图 4-4 所示的容器中，用一块隔板将容器分为左右两室，并分别装有温度及压强相同的 A、B 两种气体。当抽出中间的隔板后，分子 A 借分子运动由高浓度的左室向低浓度的右室扩散，同理气体 B 由高浓度的右室向低浓度的左室扩散，扩散过程进行到整个容器里 A、B 两组分浓度均匀为止。如果对该系统加以搅拌，完全混合均匀的时间要比无搅拌的时间要短。前者为分子扩散现象，后者为涡流扩散现象。下面只讨论分子扩散。

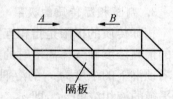

图 4-4　两种气体相互扩散

扩散进行的快慢用扩散通量来衡量。单位时间内通过垂直于扩散方向的单位截面积扩散的物质量，称为扩散通量（又称扩散速率），以符号 J 表示，单位为 kmol/(m²·s)。由两组分 A 和 B 组成的混合物，在恒定温度和总压条件下，若组分 A 只沿 z 方向扩散，则任一点处组分 A 的扩散通量与该处 A 的浓度梯度成正比，此定律称为菲克定律（Fick'law），数学表达式为

$$J_A = -D_{AB} \frac{dc_A}{dz} \tag{4-14}$$

式中：J_A 为组分 A 在扩散方向 z 上的扩散通量，kmol/(m²·s)；$\frac{dc_A}{dz}$ 为组分 A 在扩散方向 z 上的浓度梯度，kmol/m⁴；D_{AB} 为组分 A 在组分 B 中的扩散系数，m²/s；负号表示扩散方向与浓度梯度方向相反，扩散沿着浓度降低的方向进行。

对于理想气体，有 $c_A = \frac{p_A}{RT}$，$dc_A = \frac{dp_A}{RT}$，代入（4-14），得费克定律的另一表达式为

$$J_A = -\frac{D_{AB}}{RT} \frac{dp_A}{dz} \tag{4-15}$$

式中：p_A 为混合气体中组分 A 的分压，kPa；T 为热力学温度，K；R 为摩尔气体常数，8.314 kJ/(kmol·K)。

菲克定律是对分子扩散现象基本规律的描述，它与描述热传导规律的傅里叶定律及描述层流流体中动量传递规律的牛顿黏性定律在形式上相似。

分子扩散有两种基本形式，一是等摩尔反向扩散，二是单向扩散，下面分别予以讨论。

4.3.2 等摩尔反向扩散

设有两个容积很大的容器 α 和 β，如图 4-5 所示。用一粗细均匀的连通管将它们连通。两容器内装有浓度不同的 A-B 混合气体，其中 $c_{A1} > c_{A2}$，$c_{B2} > c_{B1}$。两容器内装有搅拌器，以保证各处浓度均匀。由于连通管两端存在组分 A、B 的浓度差，故在连通管内发生分子扩散现象，组分 A 由容器 α 向容器 β 扩散，组分 B 由容器 β 向容器 α 扩散。因两容器总压相同，所以 A、B 两组分相互扩散的物质的量 n_A 与 n_B 必相等，故称为等摩尔反向扩散。

此时，通过连通管内任一截面处两个组分的扩散速率大小相等，方向相反，即

$$J_A = -J_B \tag{4-16}$$

对于 B 组分

$$J_B = -D_{BA} \frac{dc_B}{dz} \tag{4-14a}$$

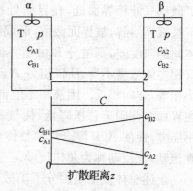

图 4-5 等摩尔反向扩散

与菲克定律式(4-16)比较,得

$$D_{AB} = D_{BA} = D$$

在双组分混合物中,组分 A 在组分 B 中的扩散系数等于组分 B 在组分 A 中的扩散系数,可用统一的符号 D 表示。

吸收过程的传质速率定义为单位时间内通过垂直于传递方向的单位面积传递的物质的量,记作 N。定态过程中组分 A 的传质速率为

$$N_A = \frac{D}{z}(c_{A1} - c_{A2}) \tag{4-17}$$

如果 A、B 组成的混合物为理想气体,则 $c_A = \dfrac{p_A}{RT}$,式(4-17)可表示为

$$N_A = \frac{D}{RTz}(p_{A1} - p_{A2}) \tag{4-18}$$

式(4-17)和式(4-18)为等摩尔反向扩散时的传质速率方程式。等摩尔反向扩散通常发生于两种气体在一有限空间的混合及精馏过程中两组分的相向扩散。

4.3.3　单向扩散

气体混合物由能溶解的溶质组分 A 和不溶解的惰性组分 B 组成,用液体溶剂吸收此混合气体,组分 A 不断地溶解于液体中,而组分 B 由于不溶于液体,可以看成静止不动,扩散通量为零。因此,该吸收过程为组分 A 通过"静止"组分 B 的单向扩散。

如图 4-6 所示,随着组分 A 的溶解,组分 A 在气相主体与界面间产生浓度差,使得组分 A 不断由气相主体扩散到气液相界面处,在界面处被液体溶解。而组分 B 不被液体溶解,被界面截留,形成组分 B 在界面与气相主体间的浓度差,则组分 B 由相界面向气相主体扩散。因气相主体浓度不变,所以组分 A 与组分 B 的扩散通量大小相等,方向相反。因液相不能向界面提供组分 B,造成在界面左侧附近总压降低,使气相主体与界面间产生一小压差,促使 A、B 混合气体整体由气相主体向界面处宏观流动,此流动称为总体流动。

上述总体流动是因分子扩散而不是依靠外力引起的宏观流动。如图 4-6 所示,此总体流动使组分 A 和组分 B 具有相同的传递方向,组分 A 和组分 B 在总体流动通量中各占的比例与其摩尔分率相同,即总体流动速率为 N_M,组分 A 和 B 因总体流动产生的传质速率分别为

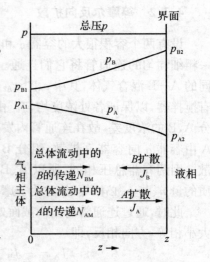

图 4-6　单向扩散

$$N_{AM} = N_M \frac{c_A}{c} \text{ 和 } N_{BM} = N_M \frac{c_B}{c}.$$

由于总体流动的存在,传质速率为扩散速率和总体流动所产生传质速率之和。因组分 B 不能通过气液界面,故在定态条件下,组分 B 的传质速率为零,即 $N_B = 0$。这说明组分 B 的分子扩散与总体流动的作用相抵消。

$$J_B = -N_{BM} = -N_M \frac{c_B}{c} \tag{4-19}$$

对于组分 A,扩散的方向与总体流动的方向一致,所以组分 A 的传质速率为 N_A,即

$$N_A = J_A + N_{AM} \tag{4-20}$$

由于 $N_{AM} = N_{BM}\frac{c_A}{c_B}$,$N_{BM} = -J_B = J_A$,所以

$$N_A = \left(1 + \frac{c_A}{c_B}\right)J_A \tag{4-21}$$

将 $c_A + c_B = c$ 及 $J_A = -D\frac{dc_A}{dz}$ 代入式(4-21),并整理得

$$N_A = -\frac{Dc}{c-c_A}\frac{dc_A}{dz} \tag{4-22}$$

对于定态吸收过程,N_A 为定值。当操作条件、物系一定时,D、c、T 均为定值。在 $z=0$,$c_A = c_{A1}$;$z=z$,$c_A = c_{A2}$ 的边界条件下,对式(4-22)进行积分

$$N_A\int_0^z dz = \int_{c_{A1}}^{c_{A2}} -\frac{Dc}{c-c_A}dc_A$$

解得

$$N_A = \frac{Dc}{zc_{Bm}}(c_{A1} - c_{A2}) \tag{4-23}$$

式中:

$$c_{Bm} = \frac{c_{B2} - c_{B1}}{\ln\frac{c_{B2}}{c_{B1}}}$$

c_{Bm} 为组分 B 在气相主体和界面处浓度的对数平均值。从以上方程式可以看出,在单向扩散过程中,组分 A 的浓度沿扩散方向的分布为曲线。式(4-23)也适用于液相。

若气体是理想气体,$c = \frac{p}{RT}$,式(4-23)可表示为

$$N_A = \frac{Dp}{RTz}\ln\frac{p_{B2}}{p_{B1}} \tag{4-24}$$

或写成

$$N_A = \frac{Dp}{RTzp_{Bm}}(p_{A1} - p_{A2}) \tag{4-25}$$

式中：

$$p_{Bm} = \frac{p_{B2} - p_{B1}}{\ln \dfrac{p_{B2}}{p_{B1}}}$$

$\dfrac{p}{p_{Bm}}$、$\dfrac{c}{c_{Bm}}$ 称为"漂流因子"或"移动因子"，其值总大于 1。

将式（4-17）与（4-23）、式（4-18）与（4-25）比较，可以看出，漂流因子的大小反映了总体流动对传质速率的影响程度，溶质的浓度愈高，其影响愈大。当混合物中溶质 A 的浓度较低时，即 c_A 或 p_A 很小，$p \approx p_{Bm}$，$c \approx c_{Bm}$，即 $\dfrac{p}{p_{Bm}} \approx 1$，$\dfrac{c}{c_{Bm}} \approx 1$，总体流动可以忽略不计。

【例 4-3】 水杯内装有水，水面距杯口距离为 1 cm，在 30 ℃ 的恒定温度下水汽扩散进入大气。杯口处的空气中水汽分压可设为零，总压 101.3 kPa。已知 30 ℃、大气压为 101.3 kPa 下，水汽通过空气层的扩散系数为 2.68×10^{-5} m²/s。求水汽的扩散速率是多少？

解： 本题因水温、大气温度和大气压力恒定，故分子扩散的推动力恒定，故此题为一维定态单向分子扩散问题，其传质速率为

$$N_A = \frac{Dp}{RTz p_{Bm}}(p_{A1} - p_{A2})$$

查表得 30 ℃ 时水的饱和蒸汽压为 4242 Pa。所以气相主体中空气（惰性组分）的分压为

$$p_{B1} = p - p_{A1} = 101.3 - 4.242 = 97.058 (\text{kPa})$$

气液界面上空气（惰性组分）的分压为

$$p_{B2} = p - p_{A2} = 101.3 \ \text{kPa}$$

$$p_{Bm} = \frac{p_{B2} - p_{B1}}{\ln \dfrac{p_{B2}}{p_{B1}}} = \frac{101.3 - 97.058}{\ln \dfrac{101.3}{97.058}} = 99.164 (\text{kPa})$$

将上述数据代入式（4-25）：

$$
\begin{aligned}
N_A &= \frac{D}{RTz} \frac{p}{p_{Bm}}(p_{A1} - p_{A2}) \\
&= \frac{2.68 \times 10^{-5}}{8.314 \times 303 \times 0.01} \frac{101.3}{99.164}(4.242 - 0) \\
&= 4.61 \times 10^{-6} [\text{kmol}/(\text{m}^2 \cdot \text{s})]
\end{aligned}
$$

4.3.4 分子扩散系数

分子扩散系数随介质的种类、温度、浓度或总压的不同而变化。扩散系数一般由实验测得，也可通过物质的基础数据用半经验公式来估算。常见物质的扩散系数可从相关手册查得。

1. 气体中的扩散系数

通常在压力不太高的条件下，气体中的扩散系数仅与温度、压力有关。一些组分在空气

中的扩散系数见表 4-1。从表 4-1 中可见,在常压下,气体扩散系数的范围约为 $10^{-5} \sim 10^{-4}$ m²/s。

表 4-1 一些物质在空气中的扩散系数(101.3 kPa,0 ℃)

扩散物质	扩散系数 $D \times 10^4$,m²/s	扩散物质	扩散系数 $D \times 10^4$,m²/s
H_2	0.611	NH_3	0.170
N_2	0.132	H_2O	0.220
O_2	0.178	C_6H_6	0.077
CO_2	0.138	C_7H_8	0.076
HCl	0.130	CH_3OH	0.132
SO_2	0.103	C_2H_5OH	0.102
SO_3	0.095	CS_2	0.089

下面介绍一个计算气相分子扩散系数的半经验公式,即吉利兰(Gilliland)公式:

$$D = \frac{4.36 \times 10^{-5} \, T^{3/2}}{p \, (v_A^{1/3} + v_B^{1/3})^2} \left(\frac{M_A + M_B}{M_A M_B} \right)^{1/2} \qquad (4-26)$$

式中:D 为气体中的扩散系数,m²/s;T 为绝对温度,K;p 为总压,kPa;M_A、M_B 为组分 A、B 的千摩尔质量,kg/kmol;v_A、v_B 为组分 A,B 的分子摩尔体积,cm³/mol。

气体扩散系数与温度、压力的关系为

$$D = D_0 \left(\frac{p_0}{p} \right) \left(\frac{T}{T_0} \right)^{3/2} \qquad (4-27)$$

式中:D_0 为 T_0、p_0 下的扩散系数,m²/s;D 为 T、p 下的扩散系数,m²/s。

2. 液体中的扩散系数

溶质在液体中的扩散系数与物质的种类、温度有关,同时与溶液的浓度密切相关,溶液浓度增加,其黏度发生较大变化,溶液偏离理想溶液的程度也将发生变化。有关液体的扩散系数数据多以稀溶液为主,液体的扩散系数比气体的扩散系数小得多,其值一般在 $1 \times 10^{-10} \sim 1 \times 10^{-9}$ m²/s 范围内,这主要是由于液体中的分子比气体中的分子密集得多的缘故。

对于非电解质稀溶液,扩散系数可用下式进行估算:

$$D = \frac{7.4 \times 10^{-8} \, (\alpha M_B)^{0.5} T}{\mu v_A^{0.6}} \qquad (4-28)$$

式中:D 为组分 A 在液体中的扩散系数,cm²/s;T 为溶液的绝对温度,K;μ 为溶液的黏度,mPa·s;M_B 为溶剂 B 的摩尔质量,kg/kmol;v_A 为组分 A 的分子摩尔体积,cm³/mol;α 为溶剂的缔合因子。对于水 $\alpha = 2.6$,对于甲醇 $\alpha = 1.9$,对于乙醇 $\alpha = 1.5$,对于苯、乙醚等非缔合液体 $\alpha = 1.0$。

4.3.5 单相内的对流传质

在工业生产中,流体与某一界面(如气液相界面)之间进行传质时,经常是分子扩散与涡流扩散同时存在,这种传递现象称为对流传质。

1. 有效膜模型

图4-7左侧为一直立湿壁塔的一小段,右面为气液界面附近的气相浓度分布示意图,靠近界面的是一厚度为z'_G的层流内层,该层传质形式为分子扩散,浓度分布为直线;与层流内层相邻的是过渡层,传质方式包括分子扩散和涡流扩散;与过渡层相邻的是湍流区,主要是涡流扩散质,浓度变化很小,其浓度分布近乎水平直线。

由于从理论上很难推导出涡流扩散的传质速率方程,所以仿照对流传热的方法来解决对流传质问题。将界面以外的对流

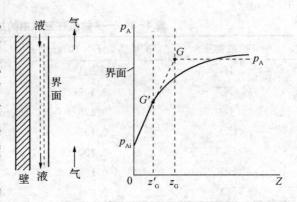

图4-7 对流传质浓度分布图

传质视为通过一厚度为z_G的层流层的分子扩散,如图4-7所示。设层流内层分压梯度线延长线与气相主体分压线p_A相交于一点G,则厚度z_G为G到界面的垂直距离。厚度为z_G的膜层称为有效层流膜或虚拟膜,这种模型称为有效膜模型。以上处理方法的实质是把对流传质的阻力全部集中在一层虚拟的膜层内,膜层内的传质形式仅为分子扩散。流体湍流程度愈剧烈,层流内层厚度z'_G愈薄,有效膜厚z_G也愈薄,对流传质阻力愈小。

2. 气相对流传质速率方程

根据上述有效膜模型,将流体对界面的对流传质转换成在有效膜内的分子扩散,仿照式(4-25),将扩散距离用z_G代入,p_{A1}和p_{A2}分别用溶质在气相主体的分压p_A和界面处的分压p_{Ai}代替,得到气相与界面间对流传质速率方程式为

$$N_A = \frac{Dp}{RTz_G p_{Bm}}(p_A - p_{Ai}) \tag{4-29}$$

令

$$k_G = \frac{Dp}{RTz_G p_{Bm}}$$

则

$$N_A = k_G(p_A - p_{Ai}) = \frac{p_A - p_{Ai}}{\frac{1}{k_G}} = \frac{气膜传质推动力}{气膜传质阻力} \tag{4-30}$$

式中:N_A为气相对流传质速率,$kmol/(m^2 \cdot s)$;k_G为以分压差为推动力的气相对流传质系数,也叫气膜传质系数,$kmol/(m^2 \cdot s \cdot kPa)$。

式(4-30)为气相对流传质速率方程。可见,传质速率等于传质系数乘以传质的推动力。

因混合物中组分的浓度可以用不同的形式表示,传质的推动力有多种不同的表示法,对应的传质速率方程也有多种形式。

$$N_A = k_G(p_A - p_{Ai}) \tag{4-30a}$$

$$N_A = k_y(y - y_i) \tag{4-30b}$$

$$N_A = k_Y(Y - Y_i) \tag{4-30c}$$

式中:k_G 为以气相分压差表示推动力的气相传质系数,$kmol/(m^2 \cdot s \cdot kPa)$;$k_y$ 为以气相摩尔分率差表示推动力的气相传质系数,$kmol/(m^2 \cdot s)$;k_Y 为以气相摩尔比差表示推动力的气相传质系数,$kmol/(m^2 \cdot s)$;p_A、y、Y 分别为溶质在气相主体中的分压、摩尔分率和摩尔比;p_{Ai}、y_i、Y_i 分别为溶质在相界面处的分压、摩尔分率和摩尔比。

各气相传质系数之间的关系可通过组成表示法间的关系推导,例如:当气相总压不太高时,气体按理想气体处理,根据道尔顿分压定律可知:

$$p_A = py, \quad p_{Ai} = py_i$$

将其代入式(4-30)并与式(4-30b)比较得

$$k_y = pk_G \tag{4-31}$$

同理,推导出低浓度气体吸收时

$$k_Y = \frac{pk_G}{(1+Y)(1+Y_i)} = \frac{k_y}{(1+Y)(1+Y_i)} \tag{4-32}$$

3. 液相对流传质速率方程

参照处理气相对流传质的方法,得到溶质 A 在液相中的对流传质速率为

$$N_A = k_L(c_{Ai} - c_A) = \frac{c_{Ai} - c_A}{\dfrac{1}{k_L}} = \frac{液膜传质推动力}{液膜传质阻力} \tag{4-33}$$

$$k_L = \frac{Dc}{z_L c_{Bm}}$$

式中:k_L 为以液相摩尔浓度差表示推动力的液相传质系数,也称液膜传质系数,m/s;z_L 为液相有效膜厚,m;c 为液相主体总摩尔浓度,$kmol/m^3$;c_A 为液相主体中溶质 A 的摩尔浓度,$kmol/m^3$;c_{Ai} 为相界面处溶质 A 的摩尔浓度,$kmol/m^3$;c_{Bm} 为吸收剂 B 在液相主体与相界面处摩尔浓度的对数平均值,$kmol/m^3$。

液相传质速率方程有以下几种形式

$$N_A = k_L(c_{Ai} - c_A) \tag{4-33a}$$

$$N_A = k_x(x_i - x) \tag{4-33b}$$

$$N_A = k_X(X_i - X) \tag{4-33c}$$

式中:k_x 为以液相摩尔分率差表示推动力的液相传质系数,$kmol/(m^2 \cdot s)$;k_X 为以液相摩尔比差表示推动力的液相传质系数,$kmol/(m^2 \cdot s)$;c_A、x、X 分别为溶质在液相主体中的摩尔浓度、摩尔分率及摩尔比;c_{Ai}、x_i、X_i 分别为溶质在界面处的摩尔浓度、摩尔分率及摩

尔比。

液相传质系数之间的关系

$$k_x = ck_L \tag{4-34}$$

当吸收后所得溶液为稀溶液时

$$k_X = \frac{ck_L}{(1+X)(1+X_i)} = \frac{k_x}{(1+X)(1+X_i)} \tag{4-35}$$

4.3.6 相际对流传质及总传质速率方程

吸收过程是溶质在两流体流动时通过相界面由气相向液相进行的传质过程,此为相际对流传质。为了揭示影响传质过程的主要因素,确定吸收过程的传质速率,科学家们建立了一些吸收机理模型,如双膜理论、溶质渗透理论、表面更新理论等。其中双膜理论影响较大,得到了广泛的认可。

1. 双膜理论

双膜理论是在双膜模型的基础上提出的,其模型如图4-8所示,它的基本假设如下:

(1)相互接触的气液两相之间存在一个稳定的相界面,相界面两侧分别存在着稳定的气膜和液膜。膜内流体流动状态为层流,溶质 A 以分子扩散方式连续通过气膜和液膜,由气相主体传递到液相主体。

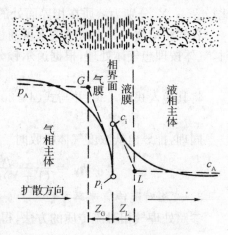

图4-8 双膜理论示意图

(2)相界面处,气液两相达到相平衡,界面处无扩散阻力。

(3)在气膜和液膜以外的气液主体中,由于流体的充分湍动,溶质 A 的浓度均匀,溶质主要以涡流扩散的形式传质。

双膜理论把复杂的传质过程简化为溶质通过两个层流膜的分子扩散过程,而在相界面处及两相主体均无传质阻力。因此,通过两个膜的传质阻力决定了传质速率的大小。

2. 气相总传质速率方程

总传质速率方程与单相传质速率方程类似,总传质速率等于总传质系数乘以总传质推动力。气相传质推动力用气相浓度与液相平衡时的气相浓度的差值表示,因浓度的表示方式不同,对应的气相总传质速率方程的表达式也不同,具体如下

$$N_A = K_G(p_A - p_A^*) \tag{4-36a}$$

$$N_A = K_y(y - y^*) \tag{4-36b}$$

$$N_A = K_Y(Y - Y^*) \tag{4-36c}$$

式中:K_G 为以气相分压差 $(p_A - p_A^*)$ 表示推动力的气相总传质系数,$kmol/(m^2 \cdot s \cdot kPa)$;

K_y 为以气相摩尔分率差 $(y-y^*)$ 表示推动力的气相总传质系数，$\mathrm{kmol/(m^2 \cdot s)}$；$K_Y$ 为以气相摩尔比差 $(Y-Y^*)$ 表示推动力的气相总传质系数，$\mathrm{kmol/(m^2 \cdot s)}$。

3. 液相总传质速率方程

液相传质推动力用与气相平衡时的液相浓度与液相浓度的差值表示，同样因浓度表示方式不同，对应的液相总传质速率方程的表达式也不同，具体如下

$$N_A = K_L(c_A^* - c_A) \tag{4-37a}$$

$$N_A = K_x(x^* - x) \tag{4-37b}$$

$$N_A = K_X(X^* - X) \tag{4-37c}$$

式中：K_L 为以液相浓度差 $(c_A^* - c_A)$ 表示推动力的液相总传质系数，$\mathrm{m/s}$；K_x 为以液相摩尔分率差 $(x^* - x)$ 表示推动力的液相总传质系数，$\mathrm{kmol/(m^2 \cdot s)}$；$K_X$ 为以液相摩尔比差 $(X^* - X)$ 表示推动力的液相总传质系数，$\mathrm{kmol/(m^2 \cdot s)}$。

4. 相界面上的组成

定态传质过程，界面上无溶质的积累，所以溶质在气相中的传质速率等于在液相中的传质速率

$$N_A = k_G(p_A - p_{Ai}) = k_L(c_{Ai} - c_A) \tag{4-38}$$

根据双膜理论，界面处的 p_{Ai} 与 c_{Ai} 满足相平衡方程

$$p_{Ai} = f(c_{Ai}) \tag{4-39}$$

当已知 k_G、k_L 时，联立式 (4-38) 和 (4-39) 可求得界面组成 p_{Ai}、c_{Ai}；当平衡关系满足亨利定律时，将式 $c_{Ai} = Hp_{Ai}$ 与式 (4-39) 联立可得到 p_{Ai}、c_{Ai} 的解析解；界面组成也可通过作图法求得，将式 (4-49) 变形为 $\dfrac{p_A - p_{Ai}}{c_A - c_{Ai}} = -\dfrac{k_L}{k_G}$，该式在 $p_A \sim c_A$ 坐标系下为斜率为 $-\dfrac{k_L}{k_G}$ 的直线，该直线与平衡线的交点为 $I(c_{Ai}, p_{Ai})$，所求的界面组成即为 (c_{Ai}, p_{Ai})，如图 4-9 所示。

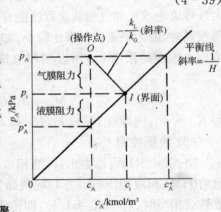

图 4-9　界面浓度计算图

4.3.7　传质系数之间的关系及吸收过程中的控制步骤

1. 总传质系数与单相传质系数的关系

根据双膜理论，利用相平衡关系式及传质速率方程可推导得

$$\frac{1}{K_G} = \frac{1}{HR_L} + \frac{1}{k_G} \tag{4-40}$$

$$\frac{1}{K_L} = \frac{1}{k_L} + \frac{H}{k_G} \tag{4-41}$$

$$\frac{1}{K_y} = \frac{m}{k_x} + \frac{1}{k_y} \tag{4-42}$$

$$\frac{1}{K_x} = \frac{1}{k_x} + \frac{1}{mk_y} \tag{4-43}$$

$$\frac{1}{K_Y} = \frac{m}{k_X} + \frac{1}{k_Y} \tag{4-44}$$

$$\frac{1}{K_X} = \frac{1}{k_X} + \frac{1}{mk_Y} \tag{4-45}$$

通常传质速率可以用传质系数乘以推动力表达,也可用推动力与传质阻力之比表示。从以上总传质系数与单相传质系数关系式可以看出,当界面阻力为零或界面处的气液两相平衡时,总传质阻力等于气相传质阻力加上液相传质阻力,这也是相际传质过程的双阻力概念。

2. 吸收过程中的控制步骤

(1) 气膜控制

由式(4-40)可以看出,以气相分压差 $p_A - p_A^*$ 表示推动力时的总传质阻力 $1/K_G$ 是由气相传质阻力 $1/k_G$ 和液相传质阻力 $1/Hk_L$ 两部分加和构成,当 k_G 与 k_L 数量级相当时,对于 H 值较大的易溶气体,有 $1/K_G \approx 1/k_G$,即传质阻力主要集中在气相,此吸收过程由气相阻力控制或称气膜控制。如用水吸收氯化氢、氨气等过程。

对于气相阻力控制的吸收过程,要想提高吸收的传质速率,应减少气相传质阻力。如增大气体流速或增加气相湍流程度能有效地降低传质阻力,从而提高总传质速率。吸收由气膜控制时,因为平衡线斜率比较小,如图 4-10(a)所示,气液相界面浓度 c_{Ai} 近似等于溶质在液相主体中的浓度 c_A,所以气相总推动力近似等于气相内的推动力,即 $p_A - p_A^* \approx p_A - p_{Ai}$,则

$$N_A = K_G(p_A - p_A^*) \approx k_G(p_A - p_A^*) \tag{4-46}$$

即 $K_G \approx k_G$。同理得 $K_y \approx k_y$,$K_Y \approx k_Y$。

(2) 液膜控制

由式(4-41)可以看出,以液相浓度差 $c_A^* - c_A$ 表示推动力的总传质阻力是由气相传质阻力 H/k_G 和液相传质阻力 $1/k_L$ 两部分加和构成的。对于 H 值较小的难溶气体,当 k_G 与 k_L 数量级相当时,有 $1/K_L \approx 1/k_L$,即传质阻力主要集中在液相,此吸收过程由液相阻力控制或称液膜控制。如用水吸收二氧化碳、氧气等吸收过程。

对于液相阻力控制的吸收过程,要想提高吸收的传质速率,应减少液相传质阻力。如提高液体流速或增加液相湍动程度能有效地降低传质阻力,从而提高总传质速率。当吸收过程由液膜控制时,平衡线斜率较大,如图 4-10(b)所示,气相界面分压 p_{Ai} 近似等于溶质在气相主体中的分压 p_A,以液相浓度表示的吸收总推动力近似等于液相内的推动力,即 $c_A^* - c_A \approx c_{Ai} - c_A$,则

$$N_A = K_L(c_A^* - c_A) \approx k_L(c_A^* - c_A)$$

即 $K_L \approx k_L$。同理得 $K_x \approx k_x$，$K_X \approx k_X$。

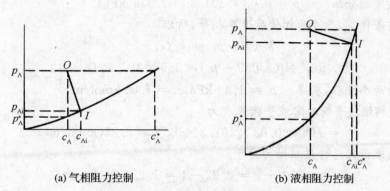

(a) 气相阻力控制　　　　　(b) 液相阻力控制

图4-10　传质总阻力在两相中的分配

对于气、液两相传质阻力相当的吸收过程，称为双膜阻力控制过程，此情况多为溶质是中等程度的溶解度，提高该吸收过程传质速率的办法是同时增加气液两相的湍动程度。

3. 总传质系数间的关系

将式(4-41)除以 H，得

$$\frac{1}{HK_L} = \frac{1}{Hk_L} + \frac{1}{k_G}$$

与式(4-40)比较得

$$K_G = HK_L \tag{4-47}$$

同理，利用相平衡关系式推导出

$$K_x = mK_y \tag{4-48}$$
$$K_X = mK_Y \tag{4-49}$$
$$K_y = pK_G \tag{4-50}$$
$$K_x = cK_L \tag{4-51}$$

浓度低时：

$$K_Y \approx K_y \approx pK_G, K_X \approx K_x \approx cK_L$$

【例4-4】 操作压力为 101.3 kPa，在某吸收塔截面上，含氨摩尔分数为 0.03 的气体与氨浓度为 1 kmol/m³ 的溶液发生吸收过程，已知气膜传质分系数为 $k_G = 5 \times 10^{-6}$ kmol/(m²·s·kPa)，液膜传质分系数为 $k_L = 1.5 \times 10^{-4}$ m/s，操作条件下的溶解度系数为 $H = 0.73$ kmol/(m²·kPa)，试计算：

(1) 气液相界面上两相的组成；

(2) 以分压差和摩尔浓度差表示的总传质推动力、总传质系数和传质速率；

(3) 分析传质阻力。

解：(1) 设气液相界面上的压力为 p_i，浓度为 c_i。

因为相界面上,气液平衡,所以 $\qquad c_i = Hp_i, c_i = 0.73p_i$

气相中氨气的分压 $\qquad p = 0.03 \times 101.3 = 3.039(kPa)$

稳态传质条件下,气液两相传质速率相等,所以

$$k_G(p - p_i) = k_L(c_i - c)$$

$$5 \times 10^{-6} \times (3.039 - p_i) = 1.5 \times 10^{-4} \times (c_i - 1)$$

根据上面两个方程,求得 $\qquad p_i = 1.44 \text{ kPa}, c_i = 1.05 \text{ kmol/m}^3$

(2) 与气相组成平衡的溶液平衡浓度为

$$c^* = Hp = 0.03 \times 101.3 \times 0.73 = 2.22(\text{kmol/m}^3)$$

用浓度差表示的总传质推动力为

$$\Delta c = c^* - c = 2.22 - 1 = 1.22(\text{kmol/m}^3)$$

与水溶液平衡的气相平衡分压为

$$p^* = c/H = 1/0.73 = 1.370(\text{kPa})$$

所以用分压差表示的总传质推动力 $\quad \Delta p = p - p^* = 3.039 - 1.370 = 1.669(\text{kPa})$

总气相传质系数

$$K_G = \frac{1}{1/k_G + 1/Hk_L} = \frac{1}{1/(5 \times 10^{-6}) + 1/(0.73 \times 1.5 \times 10^{-4})}$$
$$= 4.78 \times 10^{-6}[\text{kmol/(m}^2 \cdot \text{s} \cdot \text{kPa})]$$

总液相传质系数 $\quad K_L = K_G/H = 4.78 \times 10^{-6}/0.73 = 6.55 \times 10^{-6}(\text{m/s})$

传质速率 $\quad N_A = K_G \Delta p = 4.78 \times 10^{-6} \times 1.669 = 7.978 \times 10^{-6}[\text{kmol/(m}^2 \cdot \text{s})]$

或者 $\quad N_A = K_L \Delta c = 6.55 \times 10^{-6} \times 1.22 = 7.991 \times 10^{-6}[\text{kmol/(m}^2 \cdot \text{s})]$

(3) 以气相总传质系数为例进行传质阻力分析:

总传质阻力 $\quad 1/K_G = 1/(4.78 \times 10^{-6}) = 2.092 \times 10^5[(\text{m}^2 \cdot \text{s} \cdot \text{kPa})/\text{kmol}]$

其中气膜传质阻 $\quad 1/k_G = 1/(5 \times 10^{-6}) = 2 \times 10^5[(\text{m}^2 \cdot \text{s} \cdot \text{kPa})/\text{kmol}]$

气膜传质阻力占总阻力 $\quad \dfrac{2 \times 10^5}{2.092 \times 10^5} \times 100\% = 95.6\%$

液膜传质阻力 $\quad 1/Hk_G = 1/(0.73 \times 1.5 \times 10^{-4}) = 9.1 \times 10^3[(\text{m}^2 \cdot \text{s} \cdot \text{kPa})/\text{kmol}]$

液膜传质阻力占总阻力 $\quad \dfrac{9.1 \times 10^3}{2.092 \times 10^5} \times 100\% = 4.4\%$

所以这个过程是气膜控制的传质过程。

§4.4　填料吸收塔的计算

本节以连续接触操作的填料塔为例,介绍吸收的设计型计算和操作型计算。吸收塔的

设计型计算包括:吸收剂用量、吸收液浓度、塔高和塔径等的设计计算。吸收塔的操作型计算是指在塔设备和物系一定的情况下,对指定的生产任务,核算塔设备是否适用,以及操作条件发生变化,吸收结果将怎样变化等问题进行处理。

4.4.1 物料衡算和操作线方程

1. 全塔物料衡算

在气体吸收过程中,通过吸收塔的惰性气体流量 $q_{n,V}$ 和吸收剂流量 $q_{n,L}$ 为一定值,故吸收计算时气液组成以摩尔比表示比较方便。吸收过程中气、液两相可以采用逆流流动,也可以采用并流流动,实际生产中常采用逆流流动。

逆流吸收塔的气液流率和组成如图 4-11 所示,在全塔范围内对溶质 A 作物料衡算得

$$q_{n,V}Y_1 + q_{n,L}X_2 = q_{n,V}Y_2 + q_{n,L}X_1 \qquad (4-52)$$

或

$$q_{n,V}(Y_1 - Y_2) = q_{n,L}(X_1 - X_2) \qquad (4-52a)$$

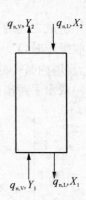

图 4-11 物料衡算示意图

式中:$q_{n,V}$ 为单位时间通过任一塔截面惰性气体的量,kmol/s;$q_{n,L}$ 为单位时间通过任一塔截面纯溶剂的量,kmol/s;Y_1、Y_2 分别为进塔、出塔气体中溶质的摩尔比;X_1、X_2 分别为出塔、进塔液体中溶质的摩尔比。

溶质回收率 η 指单位时间内溶质被吸收的量与入塔混合气体中溶质的量之比。

$$\eta = \frac{Y_1 - Y_2}{Y_1} \qquad (4-53)$$

通常处理的混合气量、进塔气体中溶质的浓度由生产任务规定,进塔吸收剂中溶质的组成及流量由生产流程及工艺要求确定,则 V、Y_1、X_2 及 L 皆为已知。当规定了溶质 A 的回收率 η 后,出塔气中溶质的组成可根据下式计算

$$Y_2 = Y_1(1 - \eta) \qquad (4-54)$$

通过吸收物料衡算式(4-52),可求出塔底排出液中溶质的浓度为

$$X_1 = X_2 + q_{n,V}(Y_1 - Y_2)/q_{n,L} \qquad (4-55)$$

2. 吸收操作线方程与操作线

设填料塔内气液两相逆流流动,今在塔内任取一截面 mn,如图4-12所示,在截面 mn 与塔顶间对溶质 A 进行物料衡算

$$q_{n,V}Y + q_{n,L}X_2 = q_{n,V}Y_2 + q_{n,L}X \qquad (4-56)$$

或

$$Y = \frac{L}{V}X + (Y_2 - \frac{L}{V}X_2) \qquad (4-56a)$$

若在塔底与塔内任一截面 mn 间对溶质 A 作物料衡算,则得到

$$q_{n,V}Y_1 + q_{n,L}X = q_{n,V}Y + q_{n,L}X_1 \qquad (4-57)$$

或

$$Y = \frac{q_{n,L}}{q_{n,V}}X + (Y_1 - \frac{q_{n,L}}{q_{n,V}}X_1) \qquad (4-57a)$$

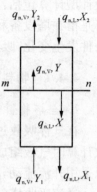

图 4-12 逆流吸收操作线推导示意图

这两个公式反映了塔内任一截面上气相组成 Y 与液相组成 X 之间的关系,称为逆流吸收操作线方程式。

当定态连续吸收时,若 $q_{n,L}$、$q_{n,V}$ 一定,Y_1、X_2 恒定,吸收操作线在 $X \sim Y$ 直角坐标图上为通过塔顶 $A(X_2,Y_2)$ 及塔底 $B(X_1,Y_1)$ 的直线,见图 4-13,其斜率为 $\frac{q_{n,L}}{q_{n,V}}$。$\frac{q_{n,L}}{q_{n,V}}$ 称为吸收操作的液气比。K 点表明塔某截面气液相组成之间的关系,这种关系称为操作关系。

吸收操作时,$Y > Y^*$ 或 $X^* > X$,故吸收操作线在平衡线 $Y^* = f(X)$ 的上方,且塔内某一截面 mn 处吸收的推动力为操作线上点 $K(X,Y)$ 与平衡线的垂直距离 $(Y-Y^*)$ 或水平距离 (X^*-X),见图 4-14。操作线离平衡线愈远,吸收的推动力愈大。

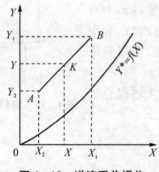

图 4-13 逆流吸收操作

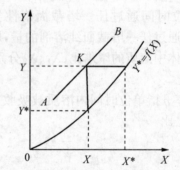

图 4-14 吸收操作线推动力示意图

4.4.2 吸收剂用量与最小液气比

在吸收塔的计算中,当 $q_{n,V}$、Y_1、Y_2 及 X_2 均已知时,吸收操作线的起点 $A(X_2,Y_2)$ 是固定的,吸收剂用量是影响吸收操作的关键因素之一。如图 4-15 所示,操作线末端 B 随吸收剂用量的不同而变化,即随吸收操作的液气比 $\frac{q_{n,L}}{q_{n,V}}$ 的变化,B 点在平行于 X 轴的直线 $Y = Y_1$ 上移动。从 B 点位置的变化可以看出,当吸收剂用量减少时,吸收操作线斜率变小,吸收液出口浓度变大,吸收操作线靠近平衡线,吸收推动力变小,吸收困难。若欲满足一定的分离要求,所需相际传质面积增大,吸收塔的塔高增加。

当吸收剂用量减少到操作线与平衡线相交时,交点为 $D(X_1^*,Y_1)$,X_1^* 为与气相组成 Y_1 相平衡的液相组成。这是吸收操作液气比的下限,称为最小液气比,以 $\left(\frac{q_{n,L}}{q_{n,V}}\right)_{min}$ 表示。对应

的吸收剂用量称为最小吸收剂用量,记作 $q_{n,L\min}$。最小液气比是针对一定的分离任务、操作条件和吸收物系,当塔内某截面吸收推动力为零时,达到分离程度所需塔高为无穷大时的液气比。

最小液气比可根据物料衡算采用图解法求得,当平衡曲线符合图 4-15 所示的情况时:

$$\left(\frac{q_{n,L}}{q_{n,V}}\right)_{\min} = \frac{Y_1 - Y_2}{X_1^* - X_2} \qquad (4-58)$$

若平衡关系符合亨利定律,则采用下列解析式计算最小液气比

$$\left(\frac{q_{n,L}}{q_{n,V}}\right)_{\min} = \frac{Y_1 - Y_2}{\dfrac{Y_1}{m} - X_2} \qquad (4-59)$$

如果平衡线是如图 4-16 所示的形状,在操作线随液气比减小时在中间某点 g 与平衡线相切,此时操作线在 $Y = Y_1$ 处不与平衡线相交。最小液气比由此情况下操作线的斜率确定,即过点 A 作平衡线的切线,水平线 $Y = Y_1$ 与切线相交于点 $D(X_{1,max}, Y_1)$,最小液气比按下式计算:

$$\left(\frac{q_{n,L}}{q_{n,V}}\right)_{\min} = \frac{Y_1 - Y_2}{X_{1,\max} - X_2} \qquad (4-60)$$

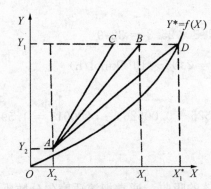
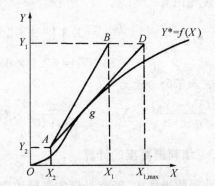

图 4-15　逆流吸收液气比影响　　　图 4-16　最小液气比计算示意图

增大吸收剂用量,操作线远离平衡线,吸收的推动力增大,所需的相际传质面积将减小,塔高减小,设备费用降低。但吸收剂消耗量增大,操作费用增加。考虑吸收剂用量对设备费和操作费两方面的综合影响,应选择适宜的液气比,使设备费和操作费之和最小。根据经验,通常适宜液气比为最小液气比的 1.1~2.0 倍,即

$$\frac{q_{n,L}}{q_{n,L}} = (1.1 \sim 2.0)\left(\frac{q_{n,L}}{q_{n,V}}\right)_{\min} \qquad (4-61)$$

需要指出,吸收剂用量必须保证在操作条件下,填料表面被液体充分润湿。

【例 4-5】　在一填料塔中,用洗油逆流吸收混合气体中的苯。已知混合气体的流量为 1600 m³/h,进塔气体中含苯 5%(摩尔分数,下同),要求吸收率为 90%,操作温度为 25 ℃,

压力为 101.3 kPa,洗油进塔浓度为 0.00015,相平衡关系为 $Y^* = 26X$,操作液气比为最小液气比的 1.3 倍。试求吸收剂用量及出塔洗油中苯的含量。

解:先将摩尔分数换算为摩尔比:

$$y_1 = 0.05 \qquad Y_1 = \frac{y_1}{1-y_1} = \frac{0.05}{1-0.05} = 0.0526$$

根据吸收率的定义:

$$Y_2 = Y_1(1-\eta) = 0.0526(1-0.90) = 0.00526$$

$$x_2 = 0.00015 \qquad X_2 = \frac{x_2}{1-x_2} = \frac{0.00015}{1-0.00015} = 0.00015$$

混合气体中惰性气体量为

$$q_{n,V} = \frac{1600}{22.4} \times \frac{273}{273+25} \times (1-0.05) = 62.2 \, (\text{kmol/h})$$

由于气液相平衡关系 $Y^* = 26X$,则

$$\left(\frac{q_{n,L}}{q_{n,V}}\right)_{\min} = \frac{Y_1 - Y_2}{\dfrac{Y_1}{m} - X_2} = \frac{0.0526 - 0.00526}{\dfrac{0.0526}{26} - 0.00015} = 25.3$$

实际液气比为

$$\frac{q_{n,L}}{q_{n,V}} = 1.3 \left(\frac{q_{n,L}}{q_{n,V}}\right)_{\min} = 1.3 \times 25.3 = 32.9$$

$$q_{n,L} = 32.9V = 32.9 \times 62.2 = 2.05 \times 10^3 \, (\text{kmol/h})$$

出塔洗油苯的含量为

$$X_1 = \frac{q_{n,V}(Y_1 - Y_2)}{q_{n,L}} + X_2 = \frac{62.2}{2.05 \times 10^3} \times (0.0526 - 0.00526) + 0.00015 = 1.59 \times 10^{-3}$$

4.4.3 填料层高度的计算

在工业吸收操作中,经常处理的是低浓度气体的吸收。通常把溶质摩尔分数小于 10% 的混合气体称为低浓度混合气体。这里只介绍低浓度气体定态吸收过程填料层高度的计算,高浓度气体的吸收情况较复杂,这里不作讨论。

1. 填料层高度计算基本公式

填料塔中气液两相组成均沿塔高连续变化,不同截面上的吸收推动力不同,导致塔内各截面上的吸收速率也不同。为解决填料层高度的计算,必须从分析填料层内某一微元 dZ 内的溶质吸收过程入手。

在图 4-17 所示的填料层内,取填料高度 dZ 的微元,其传质面积为 $dA = a\Omega dZ$,其中 a 为单位体积填料的有效气液传质面积,m^2/m^3;Ω 为填料塔的横截面积,m^2。

定态吸收时,气相中溶质减少的量等于液相中溶质增加的量,即单位时间由气相转移到

液相的溶质 A 的量可用下式表达

$$dG_A = q_{n,V}dY = q_{n,L}dX \qquad (4-62)$$

根据吸收速率定义,dZ 段内吸收溶质的量为

$$dG_A = N_A dA = N_A(a\Omega dZ) \qquad (4-63)$$

式中:G_A 为单位时间吸收溶质的量,kmol/s;N_A 为微元填料层内溶质的传质速率,kmol/(m^2 · s)。

将吸收速率方程 $N_A = K_Y(Y-Y^*)$ 代入上式得

$$dG_A = K_Y(Y-Y^*)a\Omega dZ \qquad (4-64)$$

将式(4-62)与(4-64)联立得

$$dZ = \frac{q_{n,V}}{K_Y a\Omega} \frac{dY}{Y-Y^*} \qquad (4-65)$$

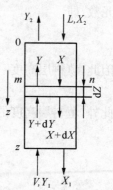

图 4-17 填料层高度计算图

对稳态的吸收操作,V、L、Ω、a 皆不随时间变化,也不随截面位置变化。对于低浓度吸收,气、液两相在塔内的流率几乎不变,全塔流动状况不变,故 k_y、k_x、K_Y、K_X 在全塔内近似为常数,或取平均值。将式(4-65)积分得

$$Z = \int_{Y_2}^{Y_1} \frac{q_{n,V}dY}{K_Y a\Omega(Y-Y^*)} = \frac{q_{n,V}}{K_Y a\Omega} \int_{Y_2}^{Y_1} \frac{dY}{Y-Y^*} \qquad (4-66)$$

式(4-66)为低浓度定态吸收填料层高度计算基本公式。式中单位体积填料层内的有效传质面积 a 是指那些被流动的液体膜层所覆盖且能提供气液接触的有效面积。a 值与填料的类型、形状、尺寸、填充情况有关,还随流体物性、流动状况而变化。其数值不易直接测定,通常将它与传质系数的乘积作为一个物理量,称为体积传质系数。如 $K_Y a$ 为气相总体积传质系数,单位为 kmol/(m^3 · s)。

由式(4-64)整理得

$$K_Y a = \frac{dG_A}{(Y-Y^*)\Omega dZ}$$

体积传质系数的物理意义:在单位推动力下,单位时间、单位体积填料层内吸收的溶质量。在低浓度吸收的情况下,体积传质系数在全塔范围内为常数,可取平均值,通常通过实验测定。

2. 传质单元数与传质单元高度

填料层高度可写为传质单元高度和传质单元数乘积的形式。式(4-66)中 $\frac{q_{n,V}}{K_Y a\Omega}$ 的单位为 m,故将 $\frac{q_{n,V}}{K_Y a\Omega}$ 称为气相总传质单元高度,以 H_{OG} 表示,即

$$H_{OG} = \frac{q_{n,V}}{K_Y a\Omega} \qquad (4-67)$$

式(4-66)中定积分 $\int_{Y_2}^{Y_1} \frac{dY}{Y-Y^*}$ 是一无因次的数值,工程上以 N_{OG} 表示,称为气相总传

质单元数,即

$$N_{OG} = \int_{Y_2}^{Y_1} \frac{dY}{Y - Y^*} \tag{4-68}$$

因此,填料层高度

$$Z = N_{OG} \cdot H_{OG} \tag{4-69}$$

此外,填料层高度的计算还有以下表达式

$$Z = N_{OL} \cdot H_{OL} \tag{4-70}$$

$$Z = N_G \cdot H_G \tag{4-71}$$

$$Z = N_L \cdot H_L \tag{4-72}$$

式中:$H_{OL} = \dfrac{L}{K_X a\Omega}$,$H_G = \dfrac{V}{k_Y a\Omega}$,$H_L = \dfrac{L}{k_X a\Omega}$ 分别为液相总传质单元高度及气相、液相传质单元高度,m;$N_{OL} = \int_{X_2}^{X_1} \dfrac{dX}{X^* - X}$,$N_G = \int_{Y_2}^{Y_1} \dfrac{dY}{Y - Y_i}$,$N_L = \int_{X_2}^{X_1} \dfrac{dX}{X_i - X}$ 分别为液相总传质单元数及气相、液相传质单元数。

对传质单元高度和传质单元数作如下说明:

(1)传质单元数 N_{OG}、N_{OL}、N_G、N_L 计算式中的分子为吸收过程中气相或液相组成变化,分母为吸收过程的推动力。吸收要求的溶质回收率愈高,吸收的推动力愈小,传质单元数就愈大。所以传质单元数反映了吸收过程的难易程度。当吸收要求一定时,欲减少传质单元数,则应增大吸收的推动力。

(2)传质单元的意义 以 N_{OG} 为例,由积分中值定理得

$$N_{OG} = \int_{Y_2}^{Y_1} \frac{dY}{Y - Y^*} = \frac{Y_1 - Y_2}{(Y - Y^*)_m} \tag{4-68a}$$

气体流经一段填料,气相中溶质组成变化($Y_1 - Y_2$)等于该段填料平均吸收推动力($Y - Y^*)_m$时,$N_{OG} = 1$,该段填料为一个传质单元。

(3)传质单元高度 传质单元高度的物理意义是完成一个传质单元分离效果所需的填料层高度。因在 $H_{OG} = \dfrac{q_{n,V}}{K_Y a\Omega}$ 中,$\dfrac{1}{K_Y a}$ 为传质阻力,体积传质系数 $K_Y a$ 与填料性能和填料润湿情况有关,故传质单元高度的数值反映了吸收设备传质效能的高低。H_{OG} 愈小,吸收设备传质效能愈高,完成一定分离任务所需填料层高度愈小。H_{OG} 与物系性质、操作条件及传质设备结构参数有关。为减少填料层高度,应减少传质阻力,降低传质单元高度。

(4)体积总传质系数与传质单元高度的关系 体积总传质系数与传质单元高度同样反映了设备分离效能,但传质单元高度的单位与填料层高度单位相同,避免了体积总传质系数单位的复杂换算;另外体积总传质系数随流体流量的变化较大,一般 $K_Y a \propto V^{0.7 \sim 0.8}$,而传质单元高度受流体流量变化的影响很小,$H_{OG} = \dfrac{q_{n,V}}{K_y a\Omega} \propto q_{n,V}^{0.3 \sim 0.2}$,通常 H_{OG} 的变化在

0.15～1.5 m 范围内,具体数值通过实验测定,故工程上采用传质单元高度反映设备的分离效能更方便。

(5) 各种传质单元高度之间的关系　当气液平衡关系符合亨利定律或在操作范围内平衡线为直线,其斜率为 m。将式 $\dfrac{1}{K_Y} = \dfrac{1}{k_Y} + \dfrac{m}{k_X}$ 各项乘以 $\dfrac{q_{n,V}}{a\Omega}$ 得

$$\frac{q_{n,V}}{K_Y a\Omega} = \frac{q_{n,V}}{k_Y a\Omega} + \frac{mq_{n,V}}{k_X a\Omega} \cdot \frac{q_{n,V}}{q_{n,L}}$$

$$H_{OG} = H_G + \frac{mq_{n,V}}{q_{n,L}} H_L \tag{4-73}$$

同理,由式 $\dfrac{1}{K_X} = \dfrac{1}{k_X} + \dfrac{1}{mk_Y}$ 推导出

$$H_{OL} = H_L + \frac{q_{n,L}}{mq_{n,V}} H_G \tag{4-74}$$

将上式与式(4-73)比较得

$$H_{OL} = \frac{mq_{n,V}}{q_{n,L}} H_{OG} \tag{4-75}$$

其中,令 $\dfrac{mq_{n,V}}{q_{n,L}} = S$,$S$ 为解吸因数;令 S 的倒数 $\dfrac{q_{n,L}}{mq_{n,V}} = A$,$A$ 为吸收因数。从式 $\dfrac{q_{n,L}}{mq_{n,V}} = A$ 可以看出吸收因数的意义为吸收操作线的斜率与平衡线斜率的比。

3. 传质单元数的计算

下面根据物系平衡关系的不同,介绍几种传质单元数的求解方法。

(1) 对数平均推动力法

当气液平衡线是直线时,设直线为 $Y^* = mX + b$;若操作线也是直线,即 $Y = \dfrac{q_{n,L}}{q_{n,V}} X +$

$\left(Y_1 - \dfrac{q_{n,L}}{q_{n,V}} X_1\right)$,则 $Y - Y^*$ 随 $X(Y)$ 变化也为直线关系。设任一塔截面吸收的推动力为 $\Delta Y = Y - Y^* = AY + B$($A$、$B$ 为常数),塔底吸收推动力为 $\Delta Y_1 = Y_1 - Y_1^*$,塔顶吸收推动力为 $\Delta Y_2 = Y_2 - Y_2^*$,则

$$\frac{d(\Delta Y)}{dY} = \frac{\Delta Y_1 - \Delta Y_2}{Y_1 - Y_2} = \frac{(Y - Y^*)_1 - (Y - Y^*)_2}{Y_1 - Y_2}$$

所以

$$N_{OG} = \int_{Y_2}^{Y_1} \frac{dY}{Y - Y^*} = \int_{Y_2}^{Y_1} \frac{dY}{\Delta Y}$$

$$= \int_{\Delta Y_2}^{\Delta Y_1} \frac{Y_1 - Y_2}{\Delta Y_1 - \Delta Y_2} \frac{d\Delta Y}{\Delta Y} = \frac{Y_1 - Y_2}{\Delta Y_1 - \Delta Y_2} \ln \frac{\Delta Y_1}{\Delta Y_2}$$

令

$$\Delta Y_m = \frac{\Delta Y_1 - \Delta Y_2}{\ln \dfrac{\Delta Y_1}{\Delta Y_2}} = \frac{(Y_1 - Y_1^*) - (Y_2 - Y_2^*)}{\ln \dfrac{Y_1 - Y_1^*}{Y_2 - Y_2^*}}$$

则

$$N_{OG} = \frac{Y_1 - Y_2}{\Delta Y_m} \tag{4-76}$$

式中：ΔY_m 为塔顶与塔底两截面上气相吸收推动力的对数平均值，称为气相对数平均推动力。式(4-73)中的 $(Y-Y^*)_m = \Delta Y_m$。

同理，可以推导出液相总传质单元数的计算式：

$$N_{OL} = \int_{X_2}^{X_1} \frac{dX}{X^* - X} = \frac{X_1 - X_2}{\Delta X_m} \tag{4-77}$$

式中：

$$\Delta X_m = \frac{\Delta X_1 - \Delta X_2}{\ln \dfrac{\Delta X_1}{\Delta X_2}} = \frac{(X_1^* - X_1) - (X_2^* - X_2)}{\ln \dfrac{X_1^* - X_1}{X_2^* - X_2}}$$

当 $\dfrac{\Delta Y_1}{\Delta Y_2} < 2$、$\dfrac{\Delta X_1}{\Delta X_2} < 2$ 时，对数平均推动力可用算术平均推动力替代。当平衡线与操作线平行时，即 $\dfrac{q_{n,L}}{mq_{n,V}} = 1$ 时，$Y - Y^* = Y_1 - Y_1^* = Y_2 - Y_2^*$ 为常数，对式(4-68)积分得

$$N_{OG} = \frac{Y_1 - Y_2}{Y_1 - Y_1^*} = \frac{Y_1 - Y_2}{Y_2 - Y_2^*} \tag{4-76a}$$

(2) 吸收因数法

若气液平衡关系服从亨利定律，可用吸收因数法求解总传质单元数。下面以气相总传质单元数为例进行推导。

设平衡关系式为 $Y^* = mX$，由逆流吸收的操作线方程得 $X = \dfrac{q_{n,V}}{q_{n,L}}(Y - Y_2) + X_2$，所以

$$N_{OG} = \int_{Y_2}^{Y_1} \frac{dY}{Y - Y^*} = \int_{Y_2}^{Y_1} \frac{dY}{Y - mX} = \int_{Y_2}^{Y_1} \frac{dY}{Y - m\left[\dfrac{q_{n,V}}{q_{n,L}}(Y - Y_2) + X_2\right]}$$

$$= \int_{Y_2}^{Y_1} \frac{dY}{\left(1 - \dfrac{mq_{n,V}}{q_{n,L}}\right)Y + \left(\dfrac{mq_{n,V}}{q_{n,L}}Y_2 - mX_2\right)}$$

$$= \frac{1}{1 - \dfrac{mq_{n,V}}{q_{n,L}}} \ln \frac{\left(1 - \dfrac{mq_{n,V}}{q_{n,L}}\right)Y_1 + \left(\dfrac{mq_{n,V}}{q_{n,L}}Y_2 - mX_2\right)}{\left(1 - \dfrac{mq_{n,V}}{q_{n,L}}\right)Y_2 + \left(\dfrac{mq_{n,V}}{q_{n,L}}Y_2 - mX_2\right)}$$

将上式对数项中的分子中加入 $\left(\dfrac{m^2 q_{n,V}}{q_{n,L}}X_2 - \dfrac{m^2 q_{n,V}}{q_{n,L}}X_2\right)$，整理得气相总传质单元数的计算式为

$$N_{OG} = \frac{1}{1 - \dfrac{mq_{n,V}}{q_{n,L}}} \ln \left[\left(1 - \dfrac{mq_{n,V}}{q_{n,L}}\right)\frac{Y_1 - mX_2}{Y_2 - mX_2} + \frac{mq_{n,V}}{q_{n,L}}\right] \tag{4-78}$$

由

$$\frac{mq_{n,V}}{q_{n,L}} = S$$

得
$$N_{OG} = \frac{1}{1-S}\ln\left[(1-S)\frac{Y_1 - mX_2}{Y_2 - mX_2} + S\right] \qquad (4-79)$$

为方便计算,以解吸因数 S 为参数, $\frac{Y_1 - mX_2}{Y_2 - mX_2}$ 为横坐标, N_{OG} 为纵坐标,在半对数坐标上绘制式(4-79)的函数关系,得到图 4-18,由此图可方便地查出 N_{OG} 值。

当物系及气、液相进口浓度一定时,即 m、Y_1、X_2 一定时,吸收率愈高, Y_2 愈小, $\frac{Y_1 - mX_2}{Y_2 - mX_2}$ 愈大,则对应一定 S 的 N_{OG} 就愈大,所需填料层高度愈高。当 $X_2 = 0$ 时, $\frac{Y_1 - mX_2}{Y_2 - mX_2} = \frac{Y_1}{Y_2} = \frac{1}{1-\eta}$。所以 $\frac{Y_1 - mX_2}{Y_2 - mX_2}$ 值的大小反映了溶质 A 吸收率的高低。

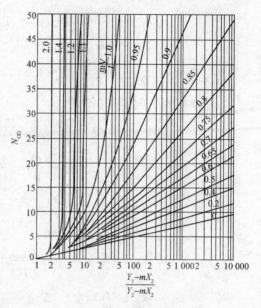

图 4-18 $N_{OG} \sim \dfrac{Y_1 - mX_2}{Y_2 - mX_2}$ 关系图

解吸因数 S 值为平衡线斜率与吸收操作线斜率的比值, S 反映了吸收过程推动力的大小。当溶质的吸收率和气、液相进出口浓度一定时, S 越大,吸收操作线越靠近平衡线,则吸收过程的推动力越小, N_{OG} 值增大,对吸收不利。反之,若 S 减小,吸收操作线远离平衡线,吸收过程的推动力变大,则 N_{OG} 值必减小。

由 $\frac{Y_1 - mX_2}{Y_2 - mX_2}$ 和 S 的物理意义可以判断: $\frac{Y_1 - mX_2}{Y_2 - mX_2}$ 和 S 越小,所需传质单元数越少,填料层高度越低。但当操作条件、物系一定时, S 减少意味着吸收剂流量增大,吸收的操作费用增加。一般认为, S 取 $0.5 \sim 0.8$ 时,在经济上是合理的。

吸收因数法的推导基于平衡线是通过原点的直线,但平衡线为不通过原点的直线也可推导出相同的计算公式。当已知吸收塔气、液相进出口三个浓度时,使用吸收因数法更为方便。

前面介绍了用吸收因数法求 N_{OG},同理可推导出液相总传质单元数的计算式:
$$N_{OL} = \frac{1}{1-A}\ln\left[(1-A)\frac{Y_1 - mX_2}{Y_1 - mX_1} + A\right] \qquad (4-80)$$

【例 4-6】 常压下,在填料吸收塔中用清水吸收焦炉气中的氨。焦炉气入塔的温度为 30 ℃,空塔气速为 1.1 m/s,焦炉气的流量为 5000 Nm³/h,其中氨的浓度为 0.01 kg/Nm³,要求氨的回收率不低于 99%。水的用量为最小用量的 1.5 倍,操作条件下的平衡关系为 $Y^* = 1.2X$,气相总体积传质系数 $K_Ya = 200$ kmol/(m³·h)。试求总传质单元数(分别用对数平均推动力法及吸收因数法计算)及填料层高度。

解：
$$y_1 = \frac{0.01 \times 10^3/17}{1000/22.4} = 0.01318 = 1.318 \times 10^{-2}$$

$$Y_1 = \frac{y_1}{1-y_1} = \frac{1.318 \times 10^{-2}}{1-1.318 \times 10^{-2}} = 0.01335$$

$$Y_2 = (1-\eta)Y_1 = (1-0.99) \times 0.01335 = 1.335 \times 10^{-4}$$

$$q_{n,V} = \frac{5000}{22.4}(1-1.318 \times 10^{-2}) = 2.2027 \times 10^2 \,(\text{kmol/h})$$

操作条件下气体体积流量
$$Q = \frac{5000}{3600} \times \frac{273.15+30}{273.15} = 1.5414 \,(\text{m}^3/\text{s})$$

$$\Omega = \frac{Q}{u} = \frac{1.5414}{1.1} = 1.4013 \,(\text{m}^2)$$

$$\left(\frac{q_{n,L}}{q_{n,V}}\right)_{\min} = \frac{Y_1-Y_2}{\dfrac{Y_1}{m}-X_2} = \frac{0.99 \times 1.335 \times 10^{-2}}{\dfrac{1.335 \times 10^{-2}}{1.2}-0} = 1.188$$

$$\frac{q_{n,L}}{q_{n,V}} = 1.5\left(\frac{q_{n,L}}{q_{n,V}}\right)_{\min} = 1.5 \times 1.188 = 1.782$$

$$X_1 = \frac{q_{n,V}}{q_{n,L}}(Y_1-Y_2) = \frac{0.99 \times 1.335 \times 10^{-2}}{1.782} = 7.42 \times 10^{-3}$$

① 对数平均推动力法
$$\Delta Y_1 = Y_1 - Y_1^* = 1.335 \times 10^{-2} - 1.2 \times 7.42 \times 10^{-3} = 4.45 \times 10^{-3}$$

$$\Delta Y_2 = Y_2 - Y_2^* = 1.335 \times 10^{-4}$$

$$\Delta Y_m = \frac{\Delta Y_1 - \Delta Y_2}{\ln \dfrac{\Delta Y_1}{\Delta Y_2}} = \frac{4.45 \times 10^{-3} - 1.335 \times 10^{-4}}{\ln \dfrac{4.45 \times 10^{-3}}{1.335 \times 10^{-4}}} = 1.23 \times 10^{-3}$$

$$N_{OG} = \frac{Y_1 - Y_2}{\Delta Y_m} = \frac{0.99 \times 1.335 \times 10^{-2}}{1.23 \times 10^{-3}} = 10.75$$

$$H_{OG} = \frac{q_{n,V}}{K_Y a \cdot \Omega} = \frac{2.2027 \times 10^2}{200 \times 1.4013} = 0.786 \,(\text{m})$$

$$Z = H_{OG} N_{OG} = 0.786 \times 10.75 = 8.45 \,(\text{m})$$

② 吸收因数法
$$S = \frac{m q_{n,V}}{q_{n,L}} = \frac{1.2}{1.782} = 0.6734$$

$$N_{OG} = \frac{1}{1-S} \ln\left[(1-S)\frac{Y_1-mX_2}{Y_2-mX_2}+S\right]$$

$$= \frac{1}{1-0.6734} \ln\left[(1-0.6734)\frac{1.335 \times 10^{-2}}{1.335 \times 10^{-4}}+0.6734\right]$$

$$= 10.74$$

计算结果与用对数平均推动力法所得结果相同。

（3）图解积分法

当物系的平衡线为曲线时，即使操作线为直线，吸收塔内不同截面处的推动力也不同，如图4-19(a)所示。此情况下，须采用图解积分法求传质单元数。根据定积分的几何意义，$N_{OG} = \int_{Y_2}^{Y_1} \frac{dY}{Y - Y^*}$ 表示 N_{OG} 数值上等于曲线 $f(Y) = \frac{1}{Y - Y^*}$ 与 Y 轴及 $Y = Y_1$、$Y = Y_2$ 所围成图形的面积。

图解积分法步骤如下：

① 在 Y-X 坐标图上绘出平衡曲线 $Y^* = f(X)$ 和操作线 AB，见图4-19(a)。

② 在操作线上取若干个点，每一点代表塔内某一截面上气液两相的组成。分别从每一点作垂线与平衡线相交，求出各点的气相传质推动力 $(Y - Y^*)$ 和 $f(Y) = \frac{1}{Y - Y^*}$。

③ 作 $f(Y)$ 对 Y 的曲线，如图4-19(b)所示，曲线下的面积即为 N_{OG} 的值。

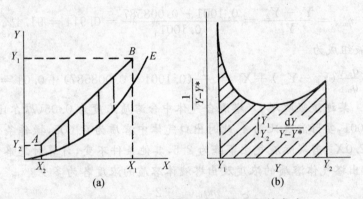

图4-19 平衡线为曲线时传质单元数的求法

4.4.4 吸收塔的操作型计算

吸收塔的操作型计算是指当吸收塔塔高一定时，吸收操作条件与吸收效果间的分析和计算。常见的吸收塔的操作型计算有两种类型。

（1）填料高度 Z 一定，改变某一操作条件（$q_{n,L}$、$q_{n,V}$、T、p、Y_1、X_2），研究其对吸收效果 Y_2 和 X_1 的影响。若平衡关系服从亨利定律，用吸收因数法解题比较方便。

（2）对一定的填料高度和分离要求，计算吸收剂用量 $q_{n,L}$ 和吸收剂的出塔浓度 X_1。此类计算需采用试差法或图解法求解。

【例4-7】 在填料吸收塔中，用循环溶剂逆流吸收混合气中的溶质。进塔气相组成为 0.091（摩尔分数），入塔液相组成为 21.74 g 溶质/kg 溶液。操作条件下气液平衡关系为

$y^* = 0.86x(y、x$ 为摩尔分数)。若液气比为 0.9,试求最大吸收率和出塔吸收液的组成。已知溶剂摩尔质量为 18 kg/kmol,溶质摩尔质量为 40 kg/kmol。

解:先将已知的气液相组成换算为摩尔比,即

$$Y_1 = \frac{y_1}{1 - y_1} = \frac{0.091}{1 - 0.091} = 0.1001$$

$$x_2 = \frac{\frac{21.74}{40}}{\frac{21.74}{40} + \frac{1000 - 21.74}{18}} = 0.0099$$

$$X_2 = \frac{x_2}{1 - x_2} = \frac{0.0099}{1 - 0.0099} = 0.01$$

当逆流操作时,因 $q_{n,L}/q_{n,V} > m$,平衡线和操作线交点的位置在塔顶,即

$$y_2^* = 0.86x_2 = 0.86 \times 0.0099 = 0.008514$$

$$Y_2^* = \frac{0.008514}{1 - 0.008514} = 0.008587$$

最大吸收率为

$$\eta_{max} = \frac{Y_1 - Y_2^*}{Y_1} = \frac{0.1001 - 0.008587}{0.1001} = 0.914 = 91.4\%$$

出塔吸收液组成为

$$X_1 = \frac{q_{n,V}}{q_{n,L}}(Y_1 - Y_2^*) + X_2 = \frac{1}{0.9}(0.1001 - 0.008587) + 0.01 = 0.112$$

【例 4-8】 某逆流吸收塔,入塔混合气体中含溶质浓度为 0.05(摩尔比,下同),吸收剂进口浓度为 0.001,实际液气比为 4,此时出口气体中溶质为 0.005,操作条件下气液相平衡关系为 $Y^* = 2.0X$。若实际液气比下降为 2.5,其他条件不变,计算时忽略传质单元高度的变化,试求此时出塔气体溶质的浓度及出塔液体溶质的浓度各为多少?

解:原工况

$$S = \frac{mq_{n,V}}{q_{n,L}} = \frac{2}{4} = 0.5$$

$$N_{OG} = \frac{1}{1 - S}\ln\left[(1 - S)\frac{Y_1 - mX_2}{Y_2 - mX_2} + S\right]$$

$$N_{OG} = \frac{1}{1 - 0.5}\ln\left[(1 - 0.5)\frac{0.05 - 2 \times 0.001}{0.005 - 2 \times 0.001} + 0.5\right] = 4.280$$

新工况

$$S' = \frac{mq'_{n,V}}{q'_{n,L}} = \frac{2}{2.5} = 0.8$$

$$N'_{OG} = \frac{1}{1 - S'}\ln\left[(1 - S')\frac{Y_1 - mX_2}{Y'_2 - mX_2} + S'\right]$$

因传质单元高度不变,即

$$H'_{OG} = H_{OG}$$

又因

$$Z' = Z$$

所以传质单元数不变,即

$$N'_{OG}=N_{OG}=\frac{1}{1-0.8}\ln\left[(1-0.8)\frac{0.05-2\times0.001}{Y'_2-2\times0.001}+0.8\right]=4.280$$

解得
$$Y'_2=8.179\times10^{-3}$$

$$X'_1=X_2+\left(\frac{q_{n,V}}{q_{n,L}}\right)'(Y_1-Y'_2)=0.001+\frac{1}{2.5}(0.05-8.179\times10^{-3})=0.01773$$

§4.5 解 吸

一个完整的气体分离过程包含吸收和解吸两个流程。解吸过程与吸收过程相反,将离开吸收塔的吸收液送到解吸塔塔顶,与塔底通入的惰性气体或蒸气逆流接触,使溶质从溶液中释放出来进入气相。工业上常用的解吸方法包括气提解吸、减压解吸和加热解吸。通常,工业上很少单独使用一种解吸方法,而是结合工艺条件和物系的特点,联合使用上述方法。如将吸收液先加热,再送到低压塔中解吸,其解吸效果比单独使用一种解吸方法好。

4.5.1 解吸操作线与最小气液比

图 4-20 为逆流解吸,解吸气量为 V,待解吸的吸收液流量为 L,解吸前后溶液的组成为 X_2、X_1,进塔解吸气体的组成为 Y_1,出塔气体组成为 Y_2。通常吸收液流量,溶液的进、出口组成及进塔气体组成由工艺规定,所要计算的是解吸气流量 V 及填料层高度。

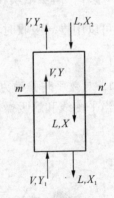

采用与处理吸收操作类似的方法,通过物料衡算,得到解吸操作线方程

$$Y=\frac{q_{n,L}}{q_{n,V}}X+\left(Y_1-\frac{q_{n,L}}{q_{n,V}}X_1\right)\qquad(4-81)$$

此解吸操作线在 $X\sim Y$ 图上为一直线,斜率为 $\frac{q_{n,L}}{q_{n,V}}$,通过

图 4-20 逆流解吸示意图

塔底 $A'(X_1,Y_1)$ 和塔顶 $B'(X_2,Y_2)$,如图 4-21 所示直线 $A'B'$。

当解吸气量 V 减少时,解吸操作线斜率 $\frac{q_{n,L}}{q_{n,V}}$ 增大,出塔气体组成 Y_2 增大,操作线 $A'B'$ 向平衡线靠近。当解吸平衡线为直线或上凸曲线时,$A'B'$ 的极限位置是与平衡线相交的点 B''。此时,为达到指定的解吸任务 X_1 所需的气液比为最小气液比,其计算式如下:

$$\left(\frac{q_{n,V}}{q_{n,L}}\right)_{min}=\frac{X_2-X_1}{Y_2^*-Y_1}\qquad(4-82)$$

当平衡线为下凹线时,见图4-22,由塔底点A'作平衡线的切线,根据切线的斜率同样可以确定最小气液比。

实际操作气液比为最小气液比的$1.1\sim2.0$倍,即

$$\frac{q_{n,V}}{q_{n,L}} = (1.1\sim2.0)\left(\frac{q_{n,V}}{q_{n,L}}\right)_{\min} \tag{4-83}$$

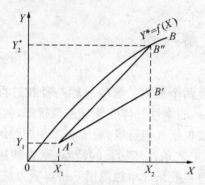

图4-21 解吸操作线及最小气液比示意图   图4-22 解吸最小气液比

4.5.2 解吸塔填料层高度计算

可以用推导吸收时填料层高度计算式相同的方法,得到解吸塔填料层高度计算式

$$Z = H_{OL} \cdot N_{OL} = \frac{L}{K_X a\Omega}\int_{X_1}^{X_2}\frac{\mathrm{d}X}{X-X^*} \tag{4-84}$$

1. 对数平均推动力法

当平衡线和解吸操作线均为直线时,传质单元数可以采用平均推动力法计算:

$$N_{OL} = \frac{X_2-X_1}{\Delta X_m} \tag{4-85}$$

式中:

$$\Delta X_m = \frac{\Delta X_2 - \Delta X_1}{\ln\dfrac{\Delta X_2}{\Delta X_1}}, \Delta X_1 = X_1 - X_1^*, \Delta X_2 = X_2 - X_2^*$$

2. 吸收因数法

如果解吸时气液平衡关系服从亨利定律$Y^* = mX$,可用吸收因数法计算N_{OL},其计算式为

$$N_{OL} = \frac{1}{1-A}\ln\left[(1-A)\frac{X_2-X_1^*}{X_1-X_1^*}+A\right] \tag{4-86}$$

式(4-86)与式(4-79)形式类似。图4-18也可用来求算解吸时的N_{OL},只是参数换为A,横坐标换为$\left[\dfrac{X_2-X_1^*}{X_1-X_1^*}\right]$,纵坐标换为$N_{OL}$。

§4.6 填料塔

4.6.1 填料塔的结构与填料

1. 填料塔的结构

填料塔由塔体、填料、液体分布装置、填料压紧装置、填料支承装置、液体再分布装置等构成。结构如图 4-23 所示。

填料塔的塔身是一直立式圆筒,底部装有填料支承板,填料以乱堆或整砌的方式放置在支承板上,填料的上方安装填料压板,以防被上升气流吹动。液体从塔顶经液体分布器喷淋到填料上,并沿填料表面流下;气体从塔底送入,与液体呈逆流通过填料层的空隙,在填料表面上气液两相互相接触进行传质。填料塔属于连续接触式气液传质设备,两相组成沿塔高连续变化。当液体在填料层内流动时,有向塔壁流动的趋势,塔壁附近液体流量会逐渐增大,这种现象称为壁流。壁流的结果是气液两相在填料层内分布不均,所以当填料层较高时,填料层分成若干段,段间设置液体再分布器。

填料塔具有生产能力大、分离效率高、压降小、持液量小、操作弹性大等优点。但也有一些不足之处,如填料造价高;当液体负荷较小时不能有效地润湿填料表面,使传质效率降低;不能直接用于有悬浮物或容易聚合的物料等。

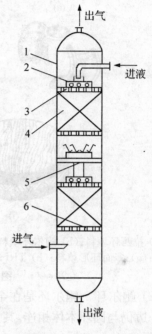

1—塔体;2—液体分布器;
3—填料压紧装置;4—填料层;
5—液体再分布器;6—支承装置图

图 4-23 填料塔结构示意图

2. 填料的类型

填料按装填方式可分为乱堆填料和整砌填料。工业上常见填料的形状和结构如图 4-24 所示:

(1)拉西环 拉西环填料是工业上最早应用的一种填料,见图 4-24(a)。它是具有内外表面的环状实壁填料,高与直径相等。常用的直径为 25～75 mm,陶瓷环壁厚 2.5～9.5 mm,金属环壁厚 0.6～1.6 mm。

拉西环形状简单,制造容易。但当拉西环横卧放置时,内表面不易被液体润湿且气体不能通过,而且彼此容易重叠,使部分表面互相屏蔽,导致气液有效接触面积减小,流体流动阻力增大。目前,拉西环填料在工业上应用日趋减少。

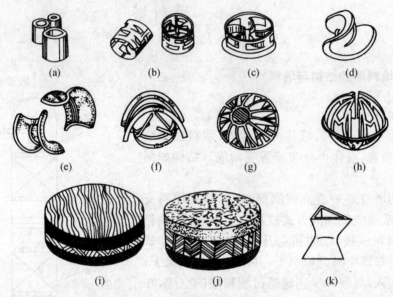

(a) 拉西环填料;(b) 鲍尔环填料;(c) 阶梯环填料;(d) 弧鞍形填料;(e) 矩鞍形填料;(f) 金属环矩鞍形填料;(g) 多面环形填料;(h) TRI 球形填料;(i) 金属丝网波纹填料;(j) 金属板波纹填料;(k) 脉冲填料

图 4-24 几种常用填料及新型填表

(2) 鲍尔环 鲍尔环是在金属质拉西环上冲出一排或两排正方形或长方形的金属条,条的一边仍与圆环本体相连,其余边向内弯曲形成舌片,从而在环上形成开孔,如图 4-24(b)所示。

鲍尔环的性能优于拉西环。鲍尔环具有生产能力大、气体流动阻力小、操作弹性较大、传质效率较高等优点,被广泛应用于工业生产中。鲍尔环可用陶瓷、金属或塑料等材料制造。

(3) 阶梯环 阶梯环填料是在鲍尔环填料的基础上改进而成的。与鲍尔环相比,阶梯环高度通常只有直径的一半并在一端增加一个锥形翻边,环上也有开孔和内弯的舌片,其结构如图 4-24(c)。因阶梯环的一端有向外翻的喇叭口,故散装堆积过程中环与环之间呈点接触,这样填料间互相屏蔽的可能性大为减少,增加了填料间的空隙,可以促进液膜的表面更新,有利于传质效率的提高。

(4) 弧鞍形填料 弧鞍形填料又称贝尔鞍填料,如 4-24(d)所示。它的外形似马鞍,两面是对称的,使液体在两侧分布同样均匀,表面利用率高;流道呈弧形,流动阻力小。但由于其结构的特点,弧鞍形填料装填时容易产生套叠,使有效比表面积减小。目前,弧鞍形填料在工业中已很少采用。

(5) 矩鞍形填料 矩鞍形填料是在弧鞍形填料的基础上发展起来的,不同的是两端由弧形面改为矩形面,且两面大小不相等,结构如 4 - 24(e)。由于它的内外表面形状不同,填料堆积时不易重叠,填料层的均匀性大为提高,同时机械强度也有所提高。矩鞍形填料处理能力大,气体流动阻力小,是一种性能优良的填料。

(6) 金属环矩鞍形填料 1978 年美国 Norton 公司开发了金属环矩鞍形填料,结构如 4 - 24(f)所示。金属环矩鞍形填料巧妙地将环形结构和鞍形结构结合在一起,集中了鲍尔环填料、鞍形填料、低高径比填料阶梯环三者的优点于一身,具有低压降、高通量、液体分布性能好、传质效率高、操作弹性大等优良的综合性能,在现有的工业散装填料中占有明显的优势。

(7) 波纹填料 在处理高沸点物料或热敏性物料时,要求填料塔在减压下操作,填料塔的压降应尽可能小,以维持塔底的真空度和较低的沸点。由于散装填料阻力较大,便出现了具有规则气液通道的新型整砌填料。波纹填料是由许多层波纹薄板或金属网组成,由高度相同但长度不等的若干块波纹薄板搭配排列成波纹填料盘,结构如 4 - 24(i)和(j)所示。波纹与水平方向成 45°倾角,相邻盘旋转 90°后重叠放置,使其波纹倾斜方向互相垂直。气液两相在各波纹盘内呈曲折流动以增加湍动程度。

波纹填料具有气液分布均匀、接触面积大、通量大、传质效率高、流体阻力小等优点,是一种高效节能的新型填料。这种填料的缺点是造价较高,不适于有沉淀物、容易结疤、聚合或黏度较大的物料。波纹填料可用金属、陶瓷、塑料、玻璃钢等材料制造。

(8) 新型填料

随着化工技术水平的高速发展,相继出现了一些新型填料,如多面球形填料、TRI 球形填料、脉冲填料等,见图 4 - 24。

3. 填料的特性

填料的主要特性有以下几个方面:

(1) 比表面积 a

填料的比表面积指填料塔内单位体积填料层具有的表面积,m²/m³。填料比表面积的大小是气液有效传质比表面积大小的基础条件。须说明两点:第一,操作中有部分填料表面不被润湿,以致填料表面积中只有部分表面积是润湿面积。第二,有的部位填料表面虽然润湿,但液流不畅,液体有某种程度的停滞现象。这种停滞的液体与气体接触时间长,气液趋于平衡态,在塔内几乎不构成有效传质区。因此,须把比表面积与有效的传质比表面积加以区分。

(2) 空隙率 ε

填料的空隙率指单位体积填料所提供的空隙体积,记为 ε,其单位是 m³(空隙体积)/m³(填料层体积),或以百分数表示。填料的空隙率越大,流体流过填料的能力越大且阻力小。因此,空隙率是评价填料性能优劣的一个重要指标。

（3）干填料因子 ϕ

干填料因子是填料的比表面积与填料空隙率三次方之比，记为 ϕ，$\phi = \dfrac{a}{\varepsilon^3}$，单位为 m^{-1}。

干填料因子反映了气体通过干填料时的流动特性。不同几何形状的填料，其传质、流体力学性能差别很大，从而影响气液传质效率。形状理想的填料既能提供较大的传质面积，使流体流动易湍动，又能提供一定的空隙率使气液通量大、气体流动压降小。

（4）填料因子

填料因子也叫湿填料因子，是指填料层内有液体流过时润湿的填料实际比表面积与填料实际空隙率三次方之比。当液体流过填料时，填料的部分孔隙被液体占据，填料层内的实际空隙率变小，填料的比表面积也将发生变化，气体通过填料的流动特性随之变化，故提出湿填料因子。它反映气体通过湿填料的流动特性。同一填料的湿填料因子与干填料因子数值不同，但都反映了填料层的流体力学性能。

常见填料的特性见表 4-2。

表 4-2　几种常用填料的特性数据

填料名称	规格(直径×高×厚)/mm	材质及堆积方式	比表面积 /(m²/m³)	空隙率 /(m³/m³)	每立方米填料个数	堆积密度 /(kg/m³)	干填料因子/m⁻¹	填料因子/m⁻¹
拉西环	10×10×1.5	瓷质乱堆	440	0.70	720×10³	700	1280	1500
	10×10×0.5	钢质乱堆	500	0.88	800×10³	960	740	1000
	25×25×2.5	瓷质乱堆	190	0.78	49×10³	505	400	450
	25×25×0.8	钢质乱堆	220	0.92	55×10³	640	290	260
	50×50×4.5	瓷质乱堆	93	0.81	6×10³	457	177	205
	50×50×4.5	瓷质整砌	124	0.72	8.83×10³	673	339	—
	50×50×1	钢质乱堆	110	0.95	7×10³	430	130	175
	80×80×9.5	瓷质乱堆	76	0.68	1.91×10³	714	243	280
	76×76×1.6	钢质乱堆	68	0.95	1.87×10³	400	80	105
鲍尔环	25×25	瓷质乱堆	220	0.76	48×10³	505	—	300
	25×25×0.6	钢质乱堆	209	0.94	61.1×10³	480	—	160
	25	塑料乱堆	209	0.90	51.1×10³	72.6	—	170
	50×50×4.5	瓷质乱堆	110	0.81	6×10³	457	—	130
	50×50×0.9	钢质乱堆	103	0.95	6.2×10³	355	—	66
阶梯环	25×12.5×1.4	塑料乱堆	223	0.90	81.5×10³	97.8	—	172
	33.5×19×1.0	塑料乱堆	132.5	0.91	27.2×10³	57.5	—	115
弧鞍形	25	瓷质	252	0.69	78.1×10³	725	—	360
	25	钢质	280	0.83	88.5×10³	1400	—	148
	50	钢质	106	0.72	8.87×10³	645	—	148
矩鞍形	25×3.3	瓷质	258	0.775	84.6×10³	548	—	320
	50×7	瓷质	120	0.79	9.4×10³	532	—	130

4.6.2 填料塔的流体力学性能

填料塔的流体力学性能主要包括填料层的持液量、气体通过填料的压降、泛点气速等。

1. 填料层的持液量

填料层的持液量是指在一定操作条件下，单位体积填料层内所积存的液体体积，以$(m^3$液体$)/(m^3$填料$)$表示。持液量可分为静持液量H_s、动持液量H_0和总持液量H_t。静持液量是指当填料被充分润湿后，停止气液两相进料，并经排液至无液体流出时存留于填料层中的液体量。它取决于填料和流体的特性，与气液负荷无关。动持液量是指填料塔停止气液两相进料时流出的液体量。它与填料、液体特性及气液负荷有关。总持液量是指在一定操作条件下存留于填料层中的液体总量。显然，总持液量为静持液量和动持液量之和，即

$$H_t = H_0 + H_s \tag{4-87}$$

填料层的持液量可由实验测出，也可由经验公式计算。一般来说，适当的持液量对填料塔操作的稳定性和传质是有益的。但持液量过大，将减少填料层的空隙和气相流通截面，使压降增大，塔处理能力下降。

2. 气体通过填料的压降

气液两相在填料层中作逆流流动时，气体靠压差自下而上通过填料，液体靠重力自上而下流过填料层。这时气体通过填料层的流动与过滤章节所讲的在颗粒层内流动相似，但由于填料的空隙大，气体通过填料层的流速高，流动呈湍流。将气体体积流量与塔截面积之比定义为空塔气速（简称气速，以区别于填料中的实际气速）u，单位为 m/s。

图4-25在双对数坐标系下给出了在不同液体喷淋密度（单位面积、单位时间的液体喷淋量）下单位填料层高度的压降$\Delta p/Z$与空塔气速u之间的关系。喷淋密度$L=0$时，气体

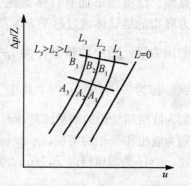

图4-25 压降与空塔气速的关系

通过填料层的压降称为干板压降，此时，$\Delta p/Z \sim u$为一直线，如图中最右边的直线所示。液体喷淋密度越大，单位高度填料层的压降就越大，液体喷淋密度$L_3 > L_2 > L_1$时的压降对流速的关系如图4-25所示。

在一定的喷淋密度下，压降随空塔气速的变化曲线大致可分为三段。当气速低于A点时，气体流动对液膜的曳力很小，液体流动不受气流的影响，填料表面上覆盖的液膜厚度基本不变，因而填料层的持液量不变，该区域称为恒持液量区。此时$\Delta p/Z \sim u$为一直线，位于干填料压降线的左侧，且基本上与干填料压降线平行。当气速超过A点时，气体对液膜的曳力较大，对液膜流动产生阻滞作用，使液膜增厚，填料层的持液量随气速的增加而增大，此现象称为拦液。开始发生拦液现象时的空塔气速称为载点气速，曲线上的转折点A称为载点。若气速继续增大，到达图中B点时，由于液体不能顺利向下流动，使填料层的持液量不

断增大,填料层内几乎充满液体。此时,气速增加很小便会引起压降的剧增,此现象称为液泛。开始发生液泛现象时的气速称为泛点气速,曲线上 B 点称为泛点。从载点到泛点的区域称为载液区,泛点以上的区域称为液泛区。

3. 泛点气速

由前所述,泛点气速是填料塔的操作上限,适宜的操作气速应低于泛点气速。当气速接近但小于泛点气速时,气液两相湍动程度较大,有利于传质;但此时操作极不稳定,生产过程稍有波动便可能液泛。气体流速的正常范围应为载点气速到泛点气速之间,一般取泛点气速的 $0.6 \sim 0.8$ 倍。

泛点气速受到多种因素的影响,如填料性质、气液负荷、液体物性等。人们根据大量的实验数据得到了一些关联图和经验关联式,以此获得泛点气速,作为设计填料塔塔径的依据。

目前,工程设计中广泛采用埃克特(Eckert)通用关联图来求取泛点气速及气体压力降,如图 4 - 26 所示。图的右上方为整砌拉西环、弦栅填料和乱堆填料的泛点线。泛点线下面有许多等压力降线,压力降指的是气体通过每平方米乱堆填料层的压力降。图中的横坐标为 $\dfrac{W_L}{W_V}\left(\dfrac{\rho_V}{\rho_L}\right)^{0.5}$,

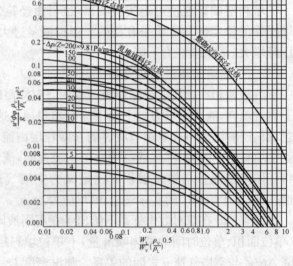

纵坐标为 $\dfrac{u^2 \phi \psi}{g}\left(\dfrac{\rho_V}{\rho_L}\right)\mu_L^{0.2}$,其中 W_L、W_V 分别为液相和气相的质量流量,kg/h;ρ_L、ρ_V 分别为液相和气相的密度,kg/m³;u 为空塔气速,m/s;ϕ 为湿填料因子,1/m;ψ 为液体密度校正系数,$\psi = \dfrac{\rho_水}{\rho_L}$;$\mu_L$ 为液体黏度,mPa·s。

图 4 - 26 填料塔泛点气速和压洋通用关联图

使用图 4 - 26 时,首先根据气液质量流量及密度求出 $\dfrac{W_L}{W_V}\left(\dfrac{\rho_V}{\rho_L}\right)^{0.5}$ 的值,若使用乱堆填料,则在图的上方乱堆填料泛点线上读取 $\dfrac{W_L}{W_V}\left(\dfrac{\rho_V}{\rho_L}\right)^{0.5}$,相应得到纵坐标值 $\dfrac{u^2 \phi \psi}{g}\left(\dfrac{\rho_V}{\rho_L}\right)\mu_L^{0.2}$,由此求出泛点气速 u_f。

若求气体通过单位高度填料层的压降,则利用图 4 - 26 中左下方的等压降线,将操作气速代入 $\dfrac{u^2 \phi \psi}{g}\left(\dfrac{\rho_V}{\rho_L}\right)\mu_L^{0.2}$ 中,根据 $\dfrac{W_L}{W_V}\left(\dfrac{\rho_V}{\rho_L}\right)^{0.5}$、$\dfrac{u^2 \phi \psi}{g}\left(\dfrac{\rho_V}{\rho_L}\right)\mu_L^{0.2}$ 的值确定横坐标和纵坐标的交点,由此交点确定对应的压降线,即可得到单位填料层高度的压降 Δp。通常,常压塔中 Δp 在 $150 \sim 500$ Pa/m 为宜,真空塔中 Δp 在 80 Pa/m 以下适宜。若已知气体压降 Δp 和横坐标的

数值,则由此确定纵坐标,从而可求出对应的空塔气速。

4.6.3 填料塔塔径的计算

填料塔塔径的计算公式如下:

$$D = \sqrt{\frac{4V_S}{\pi u}} \tag{4-88}$$

式中:D 为吸收塔的塔径,m;V_S 为混合气体通过塔的实际体积流量,m³/s;u 为空塔气速,m/s。

在吸收过程中溶质不断进入液相,故实际混合气体积流量因溶质的吸收沿塔高是变化的,混合气在进塔时气量最大,在离塔时气量最小。计算时气体流量通常取全塔中气量最大值,即以进塔气量作为设计塔径的依据。

计算塔径关键是确定适宜的空塔气速,要从经济上的合理性与技术上的可行性两个方面综合考虑。空塔气速一般取泛点气速的 50%~80%。

按式(4-88)计算出的塔径,还应根据国家压力容器公称直径的标准进行圆整。

【例 4-9】 若设计一用水分离混合气体中 SO_2 的填料吸收塔。已知混合气体处理量为 1000 m³/h,用水量为 27.2 m³/h,平均气体密度为 1.34 kg/m³,清水密度为 1000 kg/m³,黏度为 1 mP·s,填料为 25×25×2.5 mm 的乱堆陶瓷鲍尔环,求填料吸收塔的塔径。

解: 气体质量流量 $W_V = \rho_V V_V = 1.34 \times 1000 = 1340 (\text{kg/h})$

液体质量流量 $W_L = \rho_L V_L = 1000 \times 27.2 = 27200 \text{ kg/h}$

$$\frac{W_L}{W_V}\left(\frac{\rho_V}{\rho_L}\right)^{0.5} = \frac{27200}{1340} \times \left(\frac{1.34}{1000}\right)^{0.5} = 0.743$$

查图 4-26,得到 $\dfrac{u_f^2 \phi \psi}{g}\left(\dfrac{\rho_V}{\rho_L}\right)\mu_L^{0.2} = 0.027$

对于 25×25×2.5 mm 的乱堆陶瓷鲍尔环,填料因子 $\phi = 300$,$\psi = \dfrac{\rho_{水}}{\rho_L} = 1$

$$u_f = \sqrt{\frac{0.027 g \rho_L}{\phi \psi \rho_V \mu_L^{0.2}}} = \sqrt{\frac{0.027 \times 9.81 \times 1000}{300 \times 1 \times 1.34 \times 1^{0.2}}} = 0.81 (\text{m/s})$$

取空塔气速为 u_f 的 80%,则 $u = 0.8$ $u_f = 0.8 \times 0.81 = 0.648 (\text{m/s})$

$$D = \sqrt{\frac{4V_S}{\pi u}} = \sqrt{\frac{4 \times 1000/3600}{3.14 \times 0.648}} = 0.739 (\text{m})$$

根据标准吸收塔径圆整为 0.8 m。

实际空塔气速为

$$u = \frac{V_S}{\frac{\pi}{4}D^2} = \frac{1000/3600}{0.785 \times 0.8^2} = 0.553 (\text{m/s})$$

4.6.4　填料塔的附属设备

填料塔的附属设备主要有液体分布器、除沫装置、液体再分布器及填料支承板等。

1. 液体分布器

液体分布器是将液体从塔顶均匀分布的部件。由于液体均匀分布的好坏与分离效率密切相关,所以设计和选用液体分布器非常重要。根据塔的大小和填料类型的不同,液体分布器有多种结构,见图4-27。管式分布器是使液体从总管流进,分流至各支管,再从支管底部及侧面的小孔喷出。这种装置要求液体洁净,以免发生小孔堵塞,影响布液的均匀性。槽式分布器不易堵塞,布液较均匀,但因液体是由分槽的 V 形缺口流出,故对安装的水平度有一定要求。莲蓬头式分布器优点是结构简单,缺点是小孔易堵塞,而且液体的喷洒范围与压头密切相关。

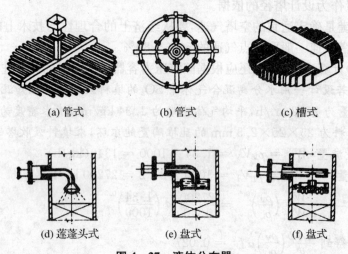

(a) 管式　　　　　(b) 管式　　　　　(c) 槽式

(d) 莲蓬头式　　　(e) 盘式　　　　　(f) 盘式

图 4-27　液体分布器

2. 除沫装置

当填料塔内气速大时,气体通过填料层顶部时会夹带大量的雾滴,通常在液体分布器的上部应设置除沫器,以捕集之。当气速较小时,气体中的液滴量很少,可不安装除沫器。工业上常用的除沫器有折板除沫器、丝网除沫器、旋流板除沫器等多种形式,其结构见图4-28。

3. 液体再分布器

液体从塔顶流下时有向塔壁流动的趋势(称为壁流效应),并造成填料层内传质面积减小,影响传质。因此,工程上采用液体再分布器来改善因壁流效应造成液体在填料层内的不均匀分布。通常,填料层内每隔一定高度设置一个液体再分布器。由于填料性能不同,其间隔也不同,如拉西环的壁流效应较严重,每段填料层的高度较小,通常取塔径的 3 倍;而鲍尔环和鞍形填料每段填料层高度可取塔径的 5~10 倍。常用的液体再分布器的结构如图4-29。

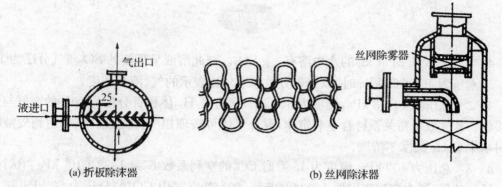

(a) 折板除沫器   (b) 丝网除沫器

图 4-28 除雾沫器

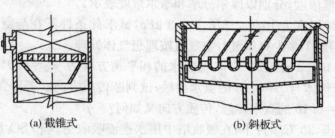

(a) 截锥式   (b) 斜板式

图 4-29 液体再分布器

4. 填料支承板

填料支承板是用以支承填料和塔内持液的部件。工业生产中要求支承板的设计应具备以下基本条件:

(1) 足够的机械强度;

(2) 支承板的自由截面应不小于填料层的自由截面积,以免气液在通过支承板时流动阻力过大,在支承板处首先发生液泛;

(3) 结构易于使流体分布均匀。

几种常用的填料支承板的结构如图 4-30 所示。

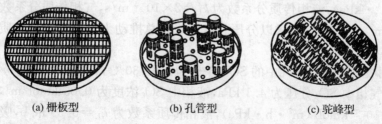

(a) 栅板型   (b) 孔管型   (c) 驼峰型

图 4-30 填料的支承板

习 题

4-1 在 20 ℃时，1 kg 的水中溶有 2 g SO_2。与此溶液呈平衡的 SO_2 蒸气分压为 1130 Pa。求总压为 101.325 kPa 时，以摩尔分数和摩尔比表示的气、液相浓度。

4-2 总压为 101.3 kPa，温度为 30 ℃下，含有 C_2H_2 体积百分比为 10% 的空气与水充分接触。若气液平衡关系符合亨利定律，混合气体可按理想气体处理。试求达到气液相平衡时水中 C_2H_2 的摩尔浓度。

4-3 总压为 100 kPa，温度为 15 ℃时 CO_2 的亨利系数 E 为 1.22×10^5 kPa。试计算：(1) H、m 的值（稀水溶液密度取 1000 kg/m^3）；(2) 若空气中 CO_2 的分压为 50 kPa，试求与其相平衡的水溶液浓度，分别以摩尔分率和摩尔浓度表示。

4-4 某系统温度为 10 ℃，总压 101.3 kPa，试求此条件下在与空气充分接触后的水中，每立方米水溶解了多少克氧气？空气可按理想气体处理。

4-5 设在 101.3 kPa、20 ℃下，稀氨水的相平衡方程为 $y^* = 0.94x$，现将含氨摩尔分数为 10% 的混合气体与 $x = 0.05$ 的氨水接触，试判断传质方向。若以含氨摩尔分数为 5% 的混合气体与 $x = 0.10$ 的氨水接触，传质方向又如何？

4-6 在常压，30 ℃条件下，在吸收塔中用水逆流吸收空气和 SO_2 混合气体中的 SO_2，已知气液相平衡关系式为 $y^* = 47.87x$，入塔混合气中 SO_2 摩尔分数为 0.05，出塔混合气 SO_2 摩尔分数为 0.002，出塔吸收液中每 100 g 含有 SO_2 0.356 g，试分别计算塔顶和塔底处的传质推动力，用 Δy、Δx、Δp、Δc 表示。

4-7 组分 A 通过另一停滞组分 B 进行扩散，若总压为 101.3 kPa，扩散两端组分 A 的分压分别为 23.2 kPa 和 6.5 kPa。实验测得的 A 组分的传质速率为 2.355×10^{-4} kmol/($m^2 \cdot s$)。若在相同的操作条件和组分浓度下，组分 A 和 B 进行等分子扩散，试求 A 组分的传质速率。

4-8 在填料吸收塔内用水吸收混合于空气中的甲醇，已知某截面上的气、液两相组成为 $p_A = 5$ kPa，$c_A = 2$ kmol/m^3，设在一定的操作温度、压力下，甲醇在水中的溶解度系数为 0.5 kmol/($m^3 \cdot$ kPa)，液相传质分系数为 $k_L = 2 \times 10^{-5}$ m/s，气相传质分系数为 $k_G = 1.55 \times 10^{-5}$ kmol/($m^2 \cdot s \cdot$ kPa)。求以分压表示的吸收总推动力、总阻力、总传质速率及液相阻力的分配。

4-9 用吸收塔吸收废气中的 SO_2，条件为常压，30 ℃，相平衡常数为 $m = 26.7$，在塔内某一截面上，气相中 SO_2 分压为 4.1 kPa，液相中 SO_2 浓度为 0.05 kmol/m^3，气相传质系数为 $k_G = 1.5 \times 10^{-2}$ kmol/($m^2 \cdot h \cdot$ kPa)，液相传质系数为 $k_L = 0.39$ m/h，吸收液密度近似水的密度。试求：(1) 截面上气液相界面上的浓度和分压；(2) 总传质系数、传质推动力和传质速率。

4-10　用清水逆流吸收混合气体中的 CO_2，已知混合气体的流量为 300 Nm^3/h，进塔气体中 CO_2 含量为 0.06（摩尔分率），操作液气比为最小液气比的 1.6 倍。操作条件下物系的平衡关系为 $Y^* = 1200X$。要求 CO_2 吸收率为 95%，试求：(1) 吸收液组成及吸收剂流量；(2) 写出操作线方程。

4-11　在逆流吸收塔中，用清水吸收混合气体溶质组分 A，吸收塔内操作压强为 106 kPa，温度为 30 ℃，混合气流量为 1300 m^3/h，组成为 0.03（摩尔分数），吸收率为 95%。操作条件下平衡关系为 $Y^* = 0.65X$，若吸收剂用量为最小用量的 1.5 倍。试求进入塔顶的清水用量及吸收液的组成。

4-12　某厂吸收塔填料层高度为 4 m，用水吸收尾气中的有害组分 A，已知平衡关系为 $Y^* = 1.5X$，塔顶 $X_2 = 0$，$Y_2 = 0.004$，塔底 $X_1 = 0.008$，$Y_1 = 0.02$，求：(1) 气相总传质单元高度；(2) 最小液气比和操作液气比各是多少？

4-13　某生产车间使用一填料塔，用清水逆流吸收混合气中的有害组分 A。已知操作条件下，气相总传质单元高度为 1.5 m，进塔混合气中组分 A 的摩尔分率为 0.04，出塔尾气组成为 0.0053，出塔溶液浓度为 0.01297，操作条件下的平衡关系为 $Y^* = 2.5X$。求：(1) 操作液气比为最小液气比的多少倍？(2) 所需的填料层的高度是多少米？

4-14　有一填料吸收塔，在 28 ℃ 及 101.3 kPa，用清水吸收 200 m^3/h 的氨-空气混合气中的氨，使其含量由 5% 降低到 0.04%（均为摩尔分率）。填料塔直径为 0.8 m，填料层体积为 3 m^3，平衡关系为 $Y^* = 1.4X$，已知 $K_ya = 38.5$ $kmol/m^3 \cdot h$。求：(1) 出塔氨水浓度为出口最大浓度的 80% 时，该塔能否适用？(2) 若在上述操作条件下，将吸收剂用量增大 10%，该塔能否适用？

4-15　某填料吸收塔用含溶质摩尔分率为 0.0002 的溶剂逆流吸收混合气中的溶质组分，操作液气比 $q_{n,L}/q_{n,V} = 2.5$，物系的平衡关系为 $Y^* = 1.8X$，入塔气相中溶质的摩尔分率为 0.01，吸收率为 90%。如果入塔吸收剂中溶质的摩尔分率升至 0.00035，试求：(1) 溶质组分的吸收率下降至多少？(2) 液相出塔浓度升高至多少？

4-16　用一个吸收塔吸收混合气体中的气态污染物 A，已知 A 在气液两相中的平衡关系为 $y^* = 1.0x$，气体入口浓度为 $y_1 = 0.1$，液体入口浓度为 $x_2 = 0.01$。如果要求吸收率达到 80%，求最小气液比为多少？

4-17　在逆流操作的吸收塔中，于 101.3 kPa、20 ℃ 下用清水吸收空气-氨混合气中的氨。入塔混合气的流量为 1000 kg/h，其中氨的分压为 1.33 kPa，出塔气体中氨的分压为 26.7 Pa，操作条件下的平衡关系为 $Y^* = 0.753X$。若吸收剂用量为理论最小用量的 1.3 倍，要求吸收率为 98%，试求操作液气比、吸收剂用量及出塔液相组成。若操作压力改为 202.6 kPa，而其他条件不变，再求操作液气比、吸收剂用量及出塔液相组成。

4-18　在填料层高度为 5 m 的填料塔内，用清水吸收空气中的某气态污染物。液气比为 1.0，吸收率为 90%，操作条件下的相平衡关系为 $Y^* = 0.5X$。如果改用另外一种填料，在相同的条件下,吸收率可以提高到 95%,计算前后填料的气相总体积传质系数之比。

4-19 在一填料塔中用清水逆流吸收原料气中的甲醇。已知处理气量为 1000 Nm³/h。原料气中含甲醇 100 g/m³,吸收后水中含甲醇量等于与进料气体中相平衡时甲醇浓度的 67%。设在常压、25 ℃下操作,吸收的平衡关系取为 $Y^* = 1.15X$,甲醇回收率为 98%,$K_Y = 0.5\ kmol \cdot m^{-2} \cdot h^{-1}$,塔内填料的比表面积为 $a = 200\ m^2 \cdot m^{-3}$,塔内气体的空塔气速为 $0.5\ m \cdot s^{-1}$。求:(1) 水的用量为多少?(2) 塔径;(3) 填料层高度。

4-20 某填料吸收塔用纯轻油吸收混合气中的苯,混合气进料量为 1000 Nm³/h。进料气中含苯 5%(体积百分数),其余为惰性气体。要求回收率 95%。操作时轻油含量为最小用量的 1.5 倍,平衡关系为 $Y^* = 1.4X$。已知体积吸收总系数为 $K_Ya = 125\ kmol/(m^3 \cdot h)$,轻油的平均分子量为 170。求轻油用量和完成该生产任务所需填料层高度?

思考题

4-1 吸收分离操作的依据是什么? 吸收操作在化工生产中有哪些应用?

4-2 气、液相组成有哪些表达方式? 如何相互换算?

4-3 写出亨利定律表达式,说明亨利定律的应用范围和条件。

4-4 写出亨利定律各系数 E, H, m 间的换算关系,物系、温度和压力如何影响系数 E, H 及 m?

4-5 简述相平衡在吸收过程中的应用。

4-6 如何选择吸收剂?

4-7 什么叫分子扩散? 写出费克定律表达式。

4-8 何谓等分子反向扩散? 何谓单向扩散? 各有何特点?

4-9 简述双膜理论的要点。

4-10 类比传热速率方程式和吸收速率方程式,说明它们之间有何异同。

4-11 吸收推动力和阻力各有哪些表示方法?

4-12 何谓气膜控制和液膜控制?

4-13 提高吸收速率的途径是什么?

4-14 吸收过程为什么常采用逆流操作?

4-15 写出吸收塔全塔衡算方程式和操作线方程式,它们各有何应用?

4-16 什么是最小液气比? 如何求算?

4-17 如何确定适宜液气比? 液气比的大小对吸收操作有何影响?

4-18 低浓度气体吸收过程有何特点?

4-19 写出计算填料层高度的基本公式,该式应用条件是什么?

4-20 何谓传质单元高度? 何谓传质单元数? 简述其物理意义。

4-21 何谓脱吸因数和吸收因数?

4-22 说明进塔液相组成大小对吸收操作的影响。

4-23 填料塔主要由哪些部件组成? 各有何作用?

4-24 简述填料的主要类型、作用和特性。

4-25 填料塔的流体力学性能主要包括哪些? 何谓载点? 何谓泛点?

 **工程案例**

脱丙烯干气带液的原因及对策

某化工公司在干气制乙苯生产过程中,由于种种原因,催化干气在脱丙烯后携带有部分吸收剂(二乙苯)进入烷基化反应器。高温下二乙苯在干气进料分布器以及催化剂的表面形成积炭,使催化剂活性和选择性下降,导致烷基化反应产物中杂质增多,乙苯产品纯度下降。

干气带液的原因分析:

(1) 空塔线速过高导致雾沫夹带严重 脱丙烯塔的直径为 1800 mm,在实际负荷状态下进入塔内的干气流量为 18 dam³/h,则该塔的空塔气速(ω)为 1.966 m/s。经计算,该脱丙烯塔的最大允许气速为 1.76 m/s,泛点率为 81.75%。虽然脱丙烯塔的泛点率在经验范围要求之内,但由于空塔气速已经远远超出该塔的最大允许气速,造成雾沫夹带量过大,这是脱丙烯干气带液的根本原因。

(2) 脱丙烯干气管线存在 U 形弯易造成液体积存 自吸收塔至烷基化反应器的脱丙烯干气管线在管廊上存在 U 形弯,因雾沫夹带而被携带出来的吸收剂极易在 U 形弯的低点积存。经过长时间的积累,大量的液体将管道的实际气体流通面积缩小,增大了气流阻力。气体经过该段管道时,因阻力变化而呈现脉冲式流动,将液体带入烷基化反应器。U 形弯的存在,也是脱丙烯干气容易带液的重要原因。

(3) 焦粉使吸收剂容易发泡 自催化装置来的干气中携带有少量的细微焦粉,它的存在,使得循环吸收剂的性质变差,容易产生泡沫。吸收剂发泡也是雾沫夹带产生的原因之一。

脱丙烯系统改造措施:

(1) 利用立体传质塔盘(CTST)改造脱丙烯塔:① 塔径不变的情况下,将脱丙烯塔的 30 层条形浮阀塔盘全部更换为立体传质塔盘;② 单号塔板溢流堰高度由 40 mm 降至 20 mm,双号塔板溢流堰高度由 50 mm 降至 30 mm,降低塔板持液量。

(2) 增设贫液预冷器 脱丙烯塔在三年的运行中,因冷冻水的原因无法将吸收剂温度降到设计温度 18 ℃,吸收效果变差。为改变这种状况,在吸收剂深冷前,增加一台贫液预冷器(循环水冷却),使吸收剂温度先降至 40 ℃ 左右,再用 7 ℃ 的冷冻水进行深冷,使吸收剂的温度降至设计范围内。

（3）增设旋风分离器　针对脱丙烯干气管线上存在 U 形弯,烷基化反应干气进料容易带液的问题,在脱丙烯干气至烷基化反应器的管路上增设一台旋风分离器,延长干气的停留时间,将携带的液体分离下来并排放到地下污油罐;旋风分离器设置在 U 形弯的最低位置,使脱丙烯干气管线的布置自脱丙烯塔至旋风分离器变为步步低无袋形,而自旋风分离器至烷基化反应器的进料管线布置变为步步高无袋形,以消除管线存液。

改造前后吸收效果对比:

2010 年 2 月,脱丙烯系统投入运行,从运行情况(表 1)及干气分析(表 2)的情况可以看出,在该塔操作压力、进料温度未变,吸收剂流量降低、温度下降的情况下,丙烯吸收效果明显优于改造前。

从表 1~表 3 可以看出,改造前吸收剂流量 130 t/h 时,丙烯的脱除率为 66%;改造后,吸收剂流量仅为 125 t/h,丙烯脱除率可达到 67.44%。脱丙烯塔的改造不仅消除了催化干气带液的问题,脱丙烯的效果也有所改善。

表 1　脱丙烯塔改造前后操作条件对比　φ,%

项目	改造前	改造后
塔顶温度/℃	25	18
塔顶压力/MPa	0.9	0.9
干气进料温度/℃	16	16
干气进料流量/($dam^3 \cdot h^{-1}$)	18.0	18.5
吸收剂流量(t·h^{-1})	130	125
吸收剂温度/℃	24	15

表 2　脱丙烯塔干气进料组成对比　φ,%

进料组成	改造前	改造后	进料组成	改造前	改造后
H_2	28.83	36.67	C_3H_6	1.34	1.24
CH_4	25.35	22.27	C_4^+	0.38	2.36
C_2H_6	11.26	11.78	CO	2.30	2.11
C_2H_4	14.39	13.74	CO_2	1.26	1.38
C_3H_8	0.29	0.28	N_2	14.60	10.45

表3 脱丙烯塔干气出料组成对比 φ,%

进料组成	改造前	改造后	进料组成	改造前	改造后
H_2	30.22	38.74	C_3H_6	0.50	0.45
CH_4	25.95	23.45	CO	2.20	2.23
C_2H_6	9.55	10.43	CO_2	1.18	1.36
C_2H_4	12.95	12.80	N_2	17.33	10.43
C_3H_8	0.11	0.11			

脱丙烯系统经过改造,吸收剂的温度可降至15~18℃,在吸收剂流量125 t/h的操作条件下,脱丙烯效果优于改造前。烷基化反应的操作也得到了明显改善,三段干气进料能够均匀分布,催化剂床层的温升比较均匀,特别是第三段催化剂在改造后投入运行近一年,催化剂床层温升没有明显的下降,这说明干气带液的现象已基本消除。乙苯产品中二甲苯的质量分数降至500~600 μg/g,苯乙烯产品的质量也优于改造前。脱丙烯系统的改造虽然已取得了明显的效果,但是要彻底消除干气带液,必须增大脱丙烯塔的直径,进一步降低空塔气速。

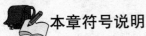 **本章符号说明**

A——吸收因数;

A——气液接触面积,m^2;

a——填料的比表面积,m^2/m^3;

a——缔合因子;

c——混合液总摩尔浓度,$kmol/m^3$;

c_A——溶液中溶质 A 的摩尔浓度,$kmol/m^3$;

D——分子扩散系数,m^2/s;

D——填料塔塔径,m;

E——亨利系数,kPa;

H——溶解度系数,$kmol/(m^3 \cdot kPa)$;

H_{OG}——气相总传质单元高度,m;

H_{OL}——液相总传质单元高度,m;

J——扩散速率,$kmol/(m^2 \cdot s)$;

k_G——气相传质系数,$kmol/(m^2 \cdot s \cdot kPa)$;

k_L——液相传质系数,m/s;

K_G——气相总传质系数,$kmol/(m^2 \cdot s \cdot kPa)$;

K_L——液相总传质系数,m/s;

L——溶剂流率,$kmol/s$;

m——相平衡常数;

N——传质速率,$kmol/(m^2 \cdot s)$;

N_{OG}——气相总传质单元数;

M——物质组分的千摩尔质量,$kg/kmol$;

V——物质组分的分子摩尔体积,cm^3/mol;

N_{OL}——液相总传质单元数;

p——总压力,kPa;

p_A——溶质 A 分压力,kPa;

S——解吸因数;

u——空塔气速,m/s;

$q_{n,V}$——惰性气体流率,$kmol/s$;

$q_{n,L}$——纯吸收剂液相流率,$kmol/s$;

X——溶液中溶质与溶剂的摩尔比;

x——溶液中溶质的摩尔分率;

Y——混合气体中溶质与惰性气体的摩尔比;

y——混合气体中溶质的摩尔分率;

ΔY_m——溶质的对数平均推动力;

Z——填料层高度,m;

z——扩散距离,m;

ε——填料层的空隙率,m^3/m^3;

η——溶质的回收率;

μ——黏度,$Pa \cdot s$;

ρ——流体的密度,kg/m^3;

ϕ——填料因子,$1/m$;

ψ——液体密度校正系数;

Ω——塔截面积,m^2。

下标

A——溶质;

B——惰性气体;

G——气相;

L——液相;

i——界面;

S——溶剂;

1——塔底;

2——塔顶。

参考文献

[1] 陈敏恒,丛德滋,方图南. 化工原理[M]. 2 版. 北京:化学工业出版社,2002.

[2] 姚玉英,陈长贵,柴诚敬. 化工原理[M]. 天津:天津大学出版社,2001.

[3] 蒋维钧,戴猷元,顾惠君. 化工原理[M]. 北京:清华大学出版社,1992.

[4] 张浩勤,陆美娟. 化工原理[M]. 2 版. 北京:化学工业出版社,2001.

[5] 王志魁,刘丽英,刘伟. 化工原理[M]. 4 版. 北京:化学工业出版社,2010.

[6] 大连理工大学化工原理教研室. 化工原理[M]. 大连:大连理工大学出版社,1992.

[7] 何潮洪,冯霄. 化工原理[M]. 北京:科学出版社,2001.

[8] 时钧,等. 化学工程手册[M]. 北京:化学工业出版社,1996.

第5章 蒸 馏

一、学习目的

通过本章学习,熟悉和了解蒸馏的基本原理、精馏过程的计算和优化,以及典型精馏设备——板式塔的基本结构、特性、操作等。

二、学习要点

重点掌握两组分理想溶液的相平衡关系,蒸馏原理和方法;掌握两组分连续精馏的计算;板式塔的基本结构、流体力学与负荷性能图;影响精馏操作过程的主要因素的分析。

一般了解间歇精馏过程计算、特殊精馏方法、板式塔的结构类型和工艺设计。

§5.1 概 述

化工生产中所处理的物料大多是由多个物质组分组成的混合物,并且其中以均相物系居多。对于混合物的分离,通常是利用该混合物中各组分某种性质上的差异,将均相物系转变成两相物系再进行分离。即,创造一种条件,使混合物中某种组分或某几个组分从一相转移到另一相以达到分离目的。譬如,待分离物系-乙醇水溶液是一个均相混合物系,该混合物系中有乙醇、水两个组分,通过加热,使液体部分汽化,由于乙醇的沸点比水要低,可使乙醇先汽化蒸出达到一定分离效果。此种分离方式虽然不能将混合物彻底分离,却可以通过采用这种方法反复进行分离待分离混合物系,最终达到目的纯度。

5.1.1 蒸馏过程概述

蒸馏是分离均相液体混合物最常用、最早工业化的一种典型单元操作过程。蒸馏分离是利用溶液中各组分挥发度(或沸点)的差异而实现各组分的分离。其中,较易挥发的组分称为易挥发组分(或轻组分);较难挥发的组分则称为难挥发组分(或重组分)。例如,在容器中将苯和甲苯的溶液加热使之部分汽化,形成气液两相。当气液两相趋于平衡时,由于苯的挥发性能比甲苯强(即苯的沸点较甲苯低),气相中苯的含量必然高于原来混合溶液中苯的含量,然后将蒸气引出并冷凝后,即可得到含苯浓度较高的液体;残留在容器中的液体中苯含量要低于原溶液,即甲苯的含量要高于原溶液。这样,混合溶液就得到了初步的分离。若多次进行上述分离过程,即可获得纯度较高的苯和甲苯。

5.1.2　蒸馏分离的特点

蒸馏是目前分离液体混合物应用最广的一类方法,其过程具有如下特点:

(1) 通过蒸馏分离可以直接获得所需要的产品。吸收、萃取等分离方法,由于有外加的溶剂,需进一步使所提取的组分与外加组分再行分离,因而蒸馏操作流程通常较为简单。

(2) 蒸馏分离的适用范围广,它不仅可以分离液体混合物,而且可用于气态或固态混合物的分离。例如,可将空气加压液化,再用精馏方法获得氧、氮等产品;再如,脂肪酸的混合物,可加热使其熔化,并在减压下建立气液两相系统,用蒸馏方法进行分离。

(3) 蒸馏过程适用于各种浓度混合物的分离,而吸收、萃取等操作,只有当被提取组分浓度较低时才比较经济。

(4) 蒸馏操作是通过对混合液加热建立气液两相体系的,所得到的气相还需要再冷凝液化。因此,蒸馏操作耗能较大。蒸馏过程中的节能是个值得重视的问题。

5.1.3　蒸馏过程的分类

工业上,蒸馏操作可按以下方法分类:

(1) 蒸馏操作方式　可分为简单蒸馏、平衡蒸馏(闪蒸),精馏和特殊精馏等。简单蒸馏和平衡蒸馏为单级蒸馏过程,常用于混合物中各组分的挥发度相差较大,对分离要求又不高的场合;精馏为多级蒸馏过程,适用于难分离物系或对分离要求较高的场合;特殊精馏适用于某些普通精馏难以分离或无法分离的物系。工业生产中以精馏的应用最为广泛。

(2) 蒸馏操作流程　可分为间歇蒸馏和连续蒸馏。间歇蒸馏具有操作灵活、适应性强等优点,主要应用于小规模、多品种或某些有特殊要求的场合;连续蒸馏具有生产能力大、产品质量稳定、操作方便等优点,主要应用于生产规模大、产品质量要求高等场合。间歇蒸馏为非稳态操作,连续蒸馏为稳态操作。

(3) 物系中组分的数目　可分为两组分精馏和多组分精馏。工业生产中,绝大多数为多组分精馏,但两组分精馏的原理及计算原则同样适用于多组分精馏,只是在处理多组分精馏过程时更为复杂些,因此常以两组分精馏为基础。

(4) 操作压力　可分为加压、常压和减压蒸馏。常压下为气态(如空气、石油气)或常压下泡点为室温的混合物,常采用加压蒸馏;常压下,泡点为室温至150 ℃左右的混合液,一般采用常压蒸馏;对于常压下泡点较高或热敏性混合物(高温下易发生分解,聚合等变质现象),宜采用减压蒸馏,以降低操作温度。

§5.2　两组分溶液气液平衡

蒸馏操作是气液两相间的传质过程,气液两相达到平衡状态是传质过程的极限。因此,气液平衡关系是分析蒸馏原理、解决蒸馏计算的基础。

5.2.1 两组分理想物系的气液平衡

所谓理想物系是指液相和气相应符合以下条件：

(1) 液相为理想溶液，遵循拉乌尔定律；

(2) 气相为理想气体，遵循道尔顿分压定律。当总压不太高(一般不高于 10^4 kPa)时气相可视为理想气体。

理想物系的相平衡是相平衡关系中最简单的模型。严格地讲，理想溶液并不存在，但对于化学结构相似、性质极相近的组分组成的物系，如苯—甲苯、甲醇—乙醇、常压及 150 ℃以下的各种轻烃的混合物，可近似按理想物系处理。

1. 相律

相律是研究相平衡的基本规律，它表示平衡物系中自由度数、相数及独立组分数间的关系。

$$F = C - \varphi + 2 \tag{5-1}$$

式中：F 为自由度数，C 为独立组分数，φ 为相数，数字 2 表示外界只有温度和压强两个条件可以影响物系的平衡关系。

对于双组分气液平衡，其中组分数为 2，相数为 2，所以由相律可知该平衡物系的自由度数为 2。由于气液平衡中可以变化的参数有 4 个，即温度、压强、某一组分的组成 x 和 y(另一组分组成不是独立的参数)，因此在这四个变量中，任意规定其中两个参数，此平衡体系状态也就确定了。如果再固定一个条件(通常为压强)，则该物系只有一个独立变量，其他变量都是它的函数。因此两组分的气液平衡可以用一定压强下的 $t-x$(或 y)及 $x-y$ 的函数关系或者相图表示。

气液平衡数据可以通过实验测定，也可以由热力学公式计算而得。

蒸馏计算时相组成一般用摩尔分数表示。液相组成用 x 表示，不同组分冠以下标 A 或 B，如 x_A 表示组分 A 在液相中的摩尔分数，x_B 表示 B 组分在液相中的组成。气相组成用 y 表示，同样以下标区别不同组分，记为 y_A 或 y_B。对于双组分理想物系，总有

$$x_A + x_B = 1 \tag{5-2}$$
$$y_A + y_B = 1 \tag{5-3}$$

为了方便起见，对于双组分物系，规定其中易挥发组分为组分 A，难挥发组分为组分 B。易挥发组分的气液组成分别用 y 和 x 表示，这样就可以省去下标。如组分 A 的气相组成为 y，那么组分 B 的气相组成就是 $1-y$；组分 A 的液相组成为 x，组分 B 的气相组成就是 $1-x$。

相组成也可以用质量分数表示。组分质量分数一般用 ω 表示，同样的，两组份混合物的质量组成分别用下标加以区别，且有

$$\omega_A + \omega_B = 1 \tag{5-3a}$$

质量分数与摩尔分数之间有如下换算关系：

$$x_A = \frac{\omega_A/M_A}{\omega_A/M_A + \omega_B/M_B} \tag{5-4}$$

或

$$\omega_A = \frac{x_A M_A}{x_A M_A + x_B M_B} \tag{5-4a}$$

式中：M 表示组分的摩尔质量，kg/kmol。

2. 拉乌尔定律

气液相平衡（vapor-liquid phase equilibrium）：溶液与其上方蒸气达到平衡时气液两相各组分组成的关系。物系可分为两类：理想物系和非理想物系。

理想溶液的气液平衡关系遵循拉乌尔定律，即

$$p_A = p_A^* x_A \tag{5-5}$$

$$p_B = p_B^* x_B = p_B^* (1 - x_A) \tag{5-5a}$$

式中：p 为溶液上方组分的平衡分压；p^* 为同温度下纯组分的饱和蒸气压；x 为溶液中组分的摩尔分率。

根据道尔顿分压定律，溶液上方的蒸气总压为

$$p_{\text{总}} = p_A + p_B = p^* x_A + p_B^* (1 - x_A) \tag{5-6}$$

$$x_A = \frac{p_{\text{总}} - p_B^*}{p_A^* - p_B^*} \tag{5-6a}$$

当总压 p 不高时，平衡的气相可视为理想气体，服从道尔顿分压定律，即

$$p_A = p_{\text{总}} y_A \tag{5-7}$$

$$y_A = \frac{p_A^*}{p_{\text{总}}} x_A \tag{5-7a}$$

式(5-6a)和(5-7a)为两组分理想物系的气液平衡关系式。对于两组分理想物系，用饱和蒸气压表示的气液平衡关系，利用了一定温度下纯组分的饱和蒸气压数据。而纯组分的饱和蒸气压与温度之间的关系通常可以用安托因方程求得：

$$\lg p^* = A - \frac{B}{t+C} \tag{5-8}$$

式中：A、B、C 为组分的安托因常数，可通过手册查取，其值因 p^*、t 的单位而变。

5.2.2 二元理想物系气液相平衡

式(5-6a)及式(5-7a)所表达的相平衡关系用相图来表达较为直观，尤其对两组分蒸馏的气液平衡关系的表达更为方便，影响蒸馏的因素可在相图上直接反映出来。蒸馏中常用的相图表达方法为恒压条件下的温度—组成图及气相—液相组成图。

1. 温度-组成 t-x-y 图

在恒定的总压下,溶液的平衡温度随组成而变,将平衡温度与液(气)相的组成关系标绘成曲线图,该曲线图为温度-组成图或 t-x-y 图。图中的纵坐标为温度,横坐标为易挥发组分在液相(或气相)的摩尔分数 $x(y)$。图中有两条曲线,上曲线为平衡时气相组成与温度的关系,称为气相线(露点曲线),该曲线上的点表示为某一组成的溶液刚好完全气化。该点温度称为露点温度,此时物系为饱和蒸汽状态。下曲线为平衡时液相组成与温度的关系,称为液相线(泡点曲线)。该曲线上各点表示溶液浓度达到饱和,即将产生第一个气泡时的状态。该点温度称为泡点温度,此时物系为饱和液体。两条曲线将图分成三个区域:① 液相区:饱和液相线以下的部分,为冷液状态;② 过热蒸汽区:露点线以上区域,为过热蒸汽状态;③ 气液共存区:泡点线和露点线之间的区域,为气液共存区,为气液混合状态。

由图 5-1 可见,气液两相呈平衡状态时,两相温度相同,气相组成总大于液相组成;若气液两相组成相同,则气相露点温度总大于液相的泡点温度。

2. 气液相平衡图(x-y 图)

在蒸馏计算中,通常会应用恒定总压下的 x-y 图,如图 5-2 所示。图 5-2 中,平衡线位于对角线的上方;通常平衡线离对角线越远,表示该溶液越易通过蒸馏方式分离。

注意:总压对 t-x-y 关系比对 x-y 关系的影响大;当总压变化不大时,总压对 x-y 关系的影响可以忽略不计,蒸馏中使用 x-y 图较 t-x-y 图更为方便。

x-y 图可以通过 t-x-y 图作出。恒定总压下,将 t-x-y 图中对应 x 和 y 值单独描绘成 x-y 图。

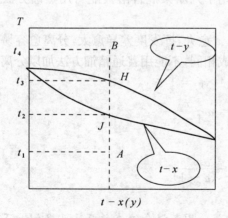

图 5-1　理想溶液的 t-x-y 图

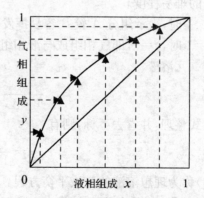

图 5-2　理想溶液的 x-y 图

3. 相对挥发度及气液平衡方程

蒸馏过程的主要依据是混合溶液中各个组分的挥发度差异(沸点高低差别)。通常纯液体的挥发度是指该液体在一定温度下的饱和蒸气压。溶液中各组分的挥发度(Volatility)定义为该组分在蒸气中的分压和与之相平衡的液相中的摩尔分率之比,即

$$v_A = p_A/x_A \tag{5-9}$$

$$v_B = p_B/x_B \tag{5-9a}$$

对于理想溶液,因符合拉乌尔定律,则有

$$v_A = p_A^* \quad v_B = p_B^*$$

由此可见,溶液中组分的挥发度随温度而变化,为简便起见,引出相对挥发度的概念。

相对挥发度(*Relative Volatility*)是指溶液中两组分挥发度之比,常以易挥发组分的挥发度为分子,难挥发组分的挥发度为分母,以 α 表示,即

$$\alpha = \frac{v_A}{v_B} = \frac{p_A/x_A}{p_B/x_B} \tag{5-10}$$

当总压不高时,气相服从道尔顿分压定律,则有

$$\alpha = \frac{p_{总} \, y_A/x_A}{p_{总} \, y_B/x_B} = \frac{y_A/x_A}{y_B/x_B} = \frac{y_A x_B}{y_B x_A} \tag{5-11}$$

通常,将式(5-10)作为相对挥发度的定义式。其数值可由实验测定。对于理想溶液,则有

$$\alpha = \frac{p_A^*}{p_B^*} \tag{5-12}$$

式(5-12)表明,理想溶液中组分的相对挥发度等于同温度下两纯组分的饱和蒸气压之比。由于 p_A^*、p_B^* 均随温度变化,而且变化趋势一致,而两者的比值变化却不大,所以在蒸馏操作中可将 α 视为定值,计算时可采用操作温度范围内的几何平均值来表示。

相对挥发度的意义在于:其值的大小可用于判断某混合溶液能否用蒸馏方法加以分离以及分离的难易程度。

当 a>1 时,表示组分 *A* 较 *B* 容易挥发,a 愈大,挥发度差异愈大,分离愈容易。

当 a=1 时,y=x,即气相组成与液相组成相同,不能用普通精馏方法加以分离。

对于二元溶液 $\quad x_B = 1 - x_A \quad y_B = 1 - y_A$

则有

$$\frac{y_A}{1-y_A} = \alpha \frac{x_A}{1-x_A}$$

将上式整理,并省去下标,则有

$$y = \frac{\alpha x}{1+(\alpha-1)x} \tag{5-13}$$

式(5-13)称为理想溶液的气液平衡方程。

【例5-1】 计算含苯 0.5(摩尔分率)的苯—甲苯混合液在总压 101.3 kPa 下的泡点温度。苯(*A*)—甲苯(*B*)的饱和蒸气压数据如表 5-1 所示。

表 5 - 1 例 5 - 1 附表

温度/℃	80.1	85.0	90.0	95.0	100.0	105.0
p_A^* ,kPa	101.3	116.9	135.5	155.7	179.2	204.2
p_B^* ,kPa	40.0	46.0	54.0	63.3	74.3	86.0

解：设泡点温度 $t = 95\ ℃$ ，查附表得

$$p_A^* = 155.7\ \text{kPa} \quad p_B^* = 63.3\ \text{kPa}$$

由式 $x_A = \dfrac{p_总 - p_B^*}{p_A^* - p_B^*}$ 解得 $\quad x_A = \dfrac{101.3 - 63.3}{155.7 - 63.3} = 0.411 < 0.5$

计算结果表明，所设泡点温度偏高。再设泡点温度 $t = 92.2\ ℃$ ，由附表数据插值求得

$$p_A^* = 144.4\ \text{kPa} \quad p_B^* = 58.1\ \text{kPa}$$

由式 $x_A = \dfrac{p_总 - p_B^*}{p_A^* - p_B^*}$ 解得 $x_A = \dfrac{101.3 - 58.1}{144.4 - 58.1} = 0.501 \approx 0.5$

故可知泡点温度为 $t = 92.2\ ℃$ 。

分析：求解本题的关键是明确用气液平衡关系求泡点温度时，需采用试差法。

5.2.3 两组分非理想溶液的气液平衡

实际生产中所遇到的大多数物系为非理想物系。非理想物系可能有如下三种情况：
(1) 液相为非理想溶液，气相为理想气体；
(2) 液相为理想溶液，气相为非理想气体；
(3) 液相为非理想溶液，气相为非理想气体。
精馏过程一般在较低的压力下进行，此时气相通常可视为理想气体，故多数非理想物系可视为第一种情况。

§5.3　蒸馏与精馏原理

5.3.1 平衡蒸馏（闪蒸）

1. 平衡蒸馏流程

平衡蒸馏是一种单级蒸馏操作，其装置如图 5 - 3 所示。将待分离的混合液体先加热至操作压力下的泡点之上，使其部分气化；或者，将混合蒸气冷却至露点以下，使其部分冷凝，在两相趋于平衡后将其两相分离。这样的操作方式称作平衡蒸馏。此过程的结果是使易挥发组分在气相中富集，难挥发组分在液相中富集。平衡蒸馏过程既可以间歇进行，也可以连

续进行。

如图 5-3,混合液先经加热器升温至指定温度(稍高于分离器压强下液体的泡点),然后经过减压阀降压后进入分离器。减压后的液体泡点下降,液体迅即变为过热状态,致使液体突然蒸发,部分汽化,汽化所需汽化热由液体显热提供,使液体温度下降。最后气液两相达到平衡,气相从分离器顶部排出,而液相从底部流出,即为平衡蒸馏产品。通常,平衡分离器也称为闪蒸罐或闪蒸塔。

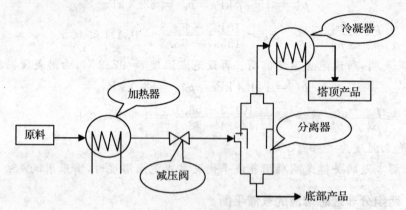

图 5-3 平衡蒸馏流程

蒸馏过程的数学描述包括物料衡算式、热量衡算式及反映具体过程特征的方程,现分别叙述。

2. 平衡蒸馏的计算

在平衡蒸馏计算中,通常在已知原料液流量、组成、温度及要求的气化率条件下,计算平衡的气液组成及温度。依据的关系为物料衡算、热量衡算和气液平衡关系。

(1) 物料衡算

设原料液摩尔流率为 $q_{n,F}$,kmol/s;组成(摩尔分率)为 x_F;气相产品摩尔流率为 $q_{n,D}$,kmol/s;摩尔分率 y,温度为 t_e;液相产物摩尔流率为 W,kmol/s;摩尔分率为 x,温度为 t_e。对此连续定态过程作物料衡算可得

总物料衡算:

$$q_{n,F} = q_{n,D} + q_{n,W} \tag{5-14}$$

易挥发组分的衡算:

$$q_{n,F} x_F = q_{n,D} y + q_{n,W} x \tag{5-15}$$

两式联立可得

$$\frac{q_{n,D}}{q_{n,F}} = \frac{x_F - x}{y - x}$$

设液相产物量 $q_{n,W}$ 占总加料量 $q_{n,F}$ 的分率为 q,q 称作液化率,$q = q_{n,W}/q_{n,F}$,其值 $0 < q <$

1;而 $q_{n,D}/q_{n,F}$ 叫做汽化率, $q_{n,D}/q_{n,F}=1-q$,代入上式得

$$y = \frac{q}{q-1}x - \frac{x_F}{q-1} \qquad (5-16)$$

式(5-16)表明平衡蒸馏中气液两相平衡组成的关系,式中 q 称为液化分率,因平衡蒸馏中 q 为恒定值(0～1 之间),故上式为一直线方程。在 $x-y$ 相图上代表通过点 $(x_F、y_F)$ 的直线,其斜率为 $\frac{q}{q-1}$。

(2) 热量衡算

对图 5-3 所示的加热器作热量衡算,忽略加热器热损失,则有

$$Q = q_{n,F}c_p(t - t_F) \qquad (5-17)$$

式中:Q 为加热器热负荷,kJ/h 或 kW;c_p 为原料液平均比热容,kJ/(kmol·℃);t_F 为原料液的温度,℃;t 为通过加热器后原料液的温度,℃。

原料液节流减压后进入分离器,物料放出的显热等于部分液体汽化所需汽化热,即

$$q_{n,F}c_p(t - t_e) = (1-q)q_{n,F}r \qquad (5-18)$$

式中:t_e 为分离器中的平均温度,℃;r 为平均摩尔汽化热,kJ/kmol。

则原料液离开加热器时的温度为

$$t = t_e + (1-q)\frac{r}{c_p} \qquad (5-19)$$

(3) 气液平衡关系

闪蒸过程中气液两相可认为互成平衡,若为理想溶液,有

$$y = \frac{\alpha x}{1 + (\alpha - 1)x}$$

平衡温度 t_e 与组成 x 应满足泡点方程

$$t_e = f(x)$$

可求得 y,x。

对于非理想溶液,难以用数学式表达平衡关系,通常采用图解法得到 y,x。

【例 5-2】 对某两组分理想溶液进行常压闪蒸,已知 x_F 为 0.5(摩尔分数),若要求气化率为 60%,试求闪蒸后平衡的气液相组成及温度。常压下该两组分理想溶液的 $x-y$ 及 t_e-x 关系如附图所示。

解:由题意,已知 $1-q = 0.6$,则 $q = 0.4$

所以 $\qquad \dfrac{q}{q-1} = -\dfrac{0.4}{0.6} = -0.667$

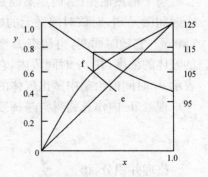

图 5-4 例 5-2 附图

在图 5-4 中通过 e 点(0.5,0.5)作斜率为 -0.667 的直线 ef,由该直线与 $x-y$ 平衡线交点 f 的坐标,即可求得平衡的气液组成,即

$$x \approx 0.387 \quad y = 0.575$$

再由附图中 $t_e - x$ 关系曲线,从 $x = 0.387$ 可求得平衡温度为 $t_e = 113\ ℃$。

5.3.2 简单蒸馏

简单蒸馏又称为微分蒸馏,是历史上最早应用的蒸馏方法,是一种单级蒸馏操作,常以间歇方式进行,其装置如图 5-5 所示。单级简单蒸馏多用于混合液的初步分离。

简单蒸馏操作原理:

将料液加热至泡点,溶液汽化,产生的蒸气随即进入冷凝器,冷凝成馏出液;随着过程的进行,釜中液相组成不断下降,使得与之相平衡的气相组成(馏出液组成)亦随之降低,而釜内液体的沸点逐渐升高。当馏出液的平均组成或釜残液组成降至某规定值后,即可停止蒸馏操作。在同一批操作中,若馏出液分批收集,则可得到不同组成的馏出液。

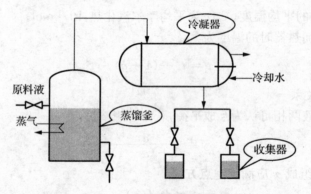

图 5-5 简单蒸馏流程

与平衡蒸馏相比,简单蒸馏是一个时变过程(非稳态过程)。因此对简单蒸馏必须取一个时间微元 $d\tau$,对该时间微元的始末作物料微分衡算。假设用 n_L 表示 τ 时刻釜中的液体量(kmol),它随时而变,由初态 L 变至终态 $n_L + dn_L$;最终变为 n_W(kmol);x 表示 τ 时刻釜中的液体的浓度,在 $d\tau$ 时间段内,它由初态 x 降至终态 $x + dx$,蒸出的易挥发组分量为 dn_D;y 表示 $d\tau$ 时间内由釜中蒸出气体的浓度;dn_L 表示 $d\tau$ 时间内蒸出的总的物料量。

现对 $d\tau$ 内作总物料与易挥发组分的物料衡算,得

$$-dn_L = dn_D \tag{5-20}$$

$$n_L x = (n_L - dn_L)(x - dx) + y dn_D \tag{5-21}$$

整理并积分,得

$$\ln \frac{n_F}{n_W} = \int_{x_W}^{x_F} \frac{dx}{y - x} \tag{5-22}$$

式(5-22)中右边的积分项,可根据气液平衡关系计算,如平衡关系采用曲线或表格数据表示,则可采用图解积分法求取;如果是理想溶液,则可根据理想溶液的气液平衡方程式(5-13)直接代入式(5-22),积分可得

$$\ln \frac{n_\mathrm{F}}{n_\mathrm{W}} = \frac{1}{\alpha - 1} \left[\ln \frac{x_\mathrm{F}}{x_\mathrm{W}} + \alpha \ln \frac{1 - x_\mathrm{W}}{1 - x_\mathrm{F}} \right] \tag{5-23}$$

特殊情况下,如果平衡关系可以用直线关系表示,即 $y = mx + b$,则将此直线关系代入式(5-22),可得到

$$\ln \frac{n_\mathrm{F}}{n_\mathrm{W}} = \frac{1}{m - 1} \ln \frac{(m-1)x_1 + b}{(m-1)x_2 + b} \tag{5-24}$$

若平衡线为通过原点的直线,即 $y = mx$,则进一步简化

$$\ln \frac{n_\mathrm{F}}{n_\mathrm{W}} = \frac{1}{m - 1} \ln \frac{x_1}{x_2} \tag{5-24a}$$

对于馏出液的平均组成 $\bar{y}$(或 $x_\mathrm{D,m}$)可通过一批操作的物料衡算联立方程求得,即
总物料

$$n_\mathrm{D} = n_\mathrm{F} - n_\mathrm{W} \tag{5-25}$$

易挥发组分

$$n_\mathrm{D} \bar{y} = n_\mathrm{F} x_\mathrm{F} - n_\mathrm{W} x_\mathrm{W} \tag{5-25a}$$

【例 5-3】 对例 5-2 中液体混合物进行简单蒸馏,若气化率仍为 60%,试求釜残液组成和馏出液平均组成。已知常压下该混合液平均相对挥发度为 2.16。

解:设原料液量为 100 kmol/h,则

$$n_\mathrm{D} = 100 \times 0.6 = 60 (\mathrm{kmol/h})$$

$$n_\mathrm{W} = n_\mathrm{F} - n_\mathrm{D} = 100 - 60 = 40 (\mathrm{kmol/h})$$

因该混合物平均线对挥发度为 $\alpha = 2.16$,则由

$$\ln \frac{n_\mathrm{F}}{n_\mathrm{W}} = \frac{1}{\alpha - 1} \left[\ln \frac{x_1}{x_2} + \alpha \ln \frac{1 - x_2}{1 - x_1} \right]$$

代入已知数据得到

$$0.916 = \frac{1}{2.16 - 1} \ln \frac{0.5}{x_2} + 2.16 \ln \frac{1 - x_2}{1 - 0.5}$$

上式可用试差法求解方程的解。试差得 $x_2 \approx 0.328$。

馏出液平均组成可由式(5-25a)求得,即

$$60 \bar{y} = 100 \times 0.5 - 40 \times 0.328 = 0.614$$

计算结果表明,与例 5-2 比较。在相同气化率下,简单蒸馏方式比平衡蒸馏可获得更好的分离效果,即馏出液组成更高(0.614>0.575)。但是平衡蒸馏的优点是能实现连续操作。

5.3.3 精馏

1. 精馏的原理

所谓精馏，就是多次部分汽化和部分冷凝的操作。经过一次部分汽化和部分冷凝有如下结果：$y_1 \geqslant x_1$（等号只有在全部汽化或全部冷凝才成立），而且 $y_F > x_F > x_W$。

y_F 为加热原料液时产生的第一个气泡的组成，x_W 为原料全部汽化后所剩的最后一滴液体的组成。

采用多次部分气化和多次部分冷凝，每一次部分汽化和部分冷凝，都能从气相得到较纯的易挥发组分，从液相得到较纯的难挥发组分。这样，经过多次部分汽化和部分冷凝的操作，就可以很大程度的提高塔顶产品中易挥发组分的组成，达到分离的要求。如图 5-6 所示。

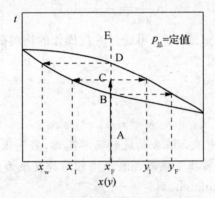

图 5-6 溶液部分汽化时的组成变化

精馏过程是将由挥发度不同的组分所组成的混合液在精馏塔中多次进行部分气化和部分冷凝，使其分离成高纯度组分的过程。

2. 板式塔内的精馏过程

图 5-7 为连续操作的板式精馏塔流程示意图。原料液自塔中部适宜位置进入塔内，塔顶冷凝器将升到塔顶的气流在冷凝器中冷凝成液体，仅抽出一部分作为塔顶产品，而另一部分返回塔顶作为回流液相（称为回流液），这样的操作方式称作回流。在精馏过程的初始阶段，往往进行全回流操作，也就是将塔顶蒸气冷凝后全部回流下来，此时塔顶产品量为零。塔的底部设置再沸器，加热塔釜的液体使其沸腾，以提供一定量沿塔上升的蒸气流。加料口将精馏段分为两段，上段称为精馏段，下段称为提馏段。在塔内的各层塔板上，气相与液相密切接触，在温度差和浓度差的作用下，气相发生部分冷凝，其中部分难挥发组分转入液相；同时，部分液

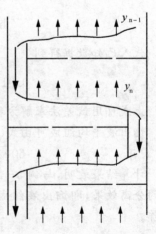

图 5-7 塔内气液的流动

体在气相冷凝时所释放潜热的作用下部分汽化,部分易挥发组分转入气相。经过多次汽化和冷凝后,气相中易挥发组分逐渐增浓,液相中难挥发组分增浓。

塔内的每层塔板均为一个气液接触场所,若气液两相在精馏塔塔板上充分接触,发生质量和热量的交换,当两相离开塔板时,若 y_n 和 x_n 满足气液平衡方程,则此层塔板称为理论塔板。

3. 精馏操作流程

通常一个精馏流程包括以下一些设备:精馏塔、塔底再沸器、塔顶冷凝器、原料预热器、回流液泵等。精馏过程有连续精馏和间歇精馏两种流程,流程如图5-8、图5-9所示。

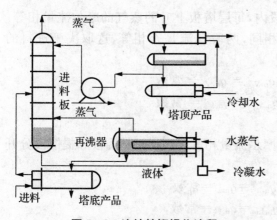

图 5-8 连续精馏操作流程

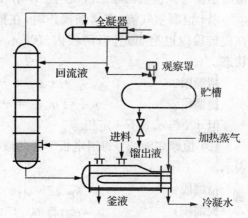

图 5-9 间歇精馏操作流程图

§5.4 两组分连续精馏的计算

两组分连续精馏工艺计算的主要内容包括:① 确定产品的流量;② 确定合适的操作条件:操作压强、回流比和加料状态等;③ 确定精馏塔所需的理论塔板数和加料位置;④ 选择精馏塔的类型、确定塔径、塔高及塔的其他参数;⑤ 冷凝器和再沸器的设计计算。

5.4.1 理论塔板的概念及恒摩尔流假设

1. 理论板的概念

在分析精馏原理时已提到理论板的概念。理论板是指离开该塔板的蒸气和液体呈平衡状态的塔板。而且塔板上液相组成可视为均匀。对于理想溶液,离开塔板时气液两相组成符合以下关系:

$$y_n = \frac{\alpha x_n}{1 + (\alpha - 1) x_n}$$

事实上,理论塔板并不存在,因为,精馏操作时气液两相在板上的接触时间是有限的,同时塔板上提供的气液两相的接触面积也有限,所以,无论是怎样的塔板形式,都不能保证气液两相达到平衡后才离开。之所以要讨论理论板,是因为理论板可以作为衡量实际板分离效率的依据和标准。通常,在工程设计中先求得理论板层数,然后再用板效率予以校正,即可得到实际板层数。

2. 恒摩尔流的假设

由于精馏过程涉及传热和传质过程,相互影响因素很多,为简化计算,通常假定塔内为恒摩尔流动。包括恒摩尔液流与恒摩尔气流。

(1) 恒摩尔气流:在精馏操作时,在精馏段内,每层塔板上升的蒸气的摩尔流量相等。在提馏段内也是如此,但两段内气流不一定相同,两段气流是否相等,这取决于进料的状态。

精馏段: $\qquad q_{n,V_1} = q_{n,V_2} = \cdots = q_{n,V_n} = q_{n,V} =$ 常数

提馏段: $\qquad q_{n,V_1'} = q_{n,V_2'} = \cdots = q_{n,V_m'} = q_{n,V'} =$ 常数

但 $q_{n,V}$ 与 $q_{n,V'}$ 不一定相等。

(2) 恒摩尔液流:每层塔板下降的液体的摩尔流量相等。同样按精馏段和提馏段分开表示。

精馏段: $\qquad q_{n,L_1} = q_{n,L_2} = \cdots = q_{n,L_n} = q_{n,L} =$ 常数

提馏段: $\qquad q_{n,L_1'} = q_{n,L_2'} = \cdots = q_{n,L_m'} = q_{n,L'} =$ 常数

$q_{n,L}$ 与 $q_{n,L'}$ 也不一定相等。

所谓恒摩尔流假设,就是恒摩尔气流和恒摩尔液流的总称。精馏过程中要满足恒摩尔流,实际上就是要作如下几点假设:

① 各组分的气化潜热相等;

② 不计气液接触时因温度不同而交换的显热(因温度发生变化而产生的热量。如温度变化很小,相较汽化潜热和冷凝潜热来讲,是很小的,故可忽略);

③ 塔设备保温良好,热损失可以忽略。

精馏操作时,恒摩尔流虽然只是一项假设,但实际操作时,某些系统基本上符合上述条件,因此在计算中还是很有用的。

5.4.2 物料衡算与操作线方程

1. 全塔物料衡算

通过全塔物料衡算,可以求取精馏产品流量、组成和进料流量、组成之间的关系。作物料衡算时,一般以单位时间作为衡算基准,对全塔在虚线范围内进行物料衡算。

图 5-10 是精馏过程示意图,我们可以对全塔进行物料衡算:

总物料:

$$q_{n,F} = q_{n,D} + q_{n,W} \qquad (5-26)$$

易挥发组分:

$$q_{n,F} x_F = q_{n,D} x_D + q_{n,W} x_W \qquad (5-27)$$

塔顶易挥发组分回收率:

$$\frac{q_{n,D} x_D}{q_{n,F} x_F} = \frac{x_F - x_W}{x_D - x_W} \qquad (5-28)$$

塔底难挥发组分的回收率:

$$\eta_A = \frac{q_{n,D} x_D}{q_{n,F} x_F} \times 100\% \qquad (5-29)$$

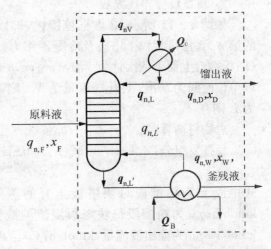

图 5-10 连续精馏操作流程示意图

式中:$q_{n,F}$ 为原料液流量,kmol/h;$q_{n,D}$ 为馏出液流量,kmol/h;$q_{n,W}$ 为釜残液流量,kmol/h;x_F 为原料液中易挥发组分的摩尔分率;x_D 为馏出液中易挥发组分的摩尔分率;x_W 为釜残液中易挥发组分的摩尔分率。

【例 5-4】 每小时将 15000 kg 含苯 40%(质量百分数,下同)和甲苯 60% 的溶液在连续精馏塔中进行分离,要求釜残液中含苯不高于 2%,塔顶馏出液中苯的回收率为 97.1%。试求馏出液和釜残液的流量及组成,以摩尔流量和摩尔分率表示。

解:苯的分子量为 78;甲苯的分子量为 92。

进料组成
$$x_F = \frac{40/78}{40/78 + 60/92} = 0.44$$

釜残液组成
$$x_W = \frac{2/78}{2/78 + 98/92} = 0.0235$$

原料液的平均分子量 $M_F = 0.44 \times 78 + 0.56 \times 92 = 85.8 (\text{kg/kmol})$

原料液流量 $q_{n,F} = 15000/85.8 = 175.0 (\text{kmol/h})$

依题意知: $q_{n,D} x_D/(q_{n,F} x_F) = 0.971 \qquad (a)$

所以 $q_{n,D} x_D = 0.971 \times 175 \times 0.44 \qquad (b)$

全塔物料衡算: $q_{n,D} + q_{n,W} = 175$

$$q_{n,D} x_D + q_{n,W} x_W = q_{n,F} x_F$$

或 $q_{n,D} x_D + q_{n,W} \times 0.0235 = 175 \times 0.44 \qquad (c)$

联立式(a)(b)(c),解得

$$q_{n,D} = 80.0 \text{ kmol/h} \quad q_{n,W} = 95.0 \text{ kmol/h} \quad x_D = 0.935$$

2. 精馏段操作线方程

如图 5-11 所示，在虚框范围内，即以精馏段的第 $n+1$ 层塔板以上塔段及冷凝器作为衡算范围（塔板数自上而下依次计为 $1,2,3,\cdots,n,n+1,\cdots$），以单位时间为基准，上升气流量为 V，下降液流量为 L 则有

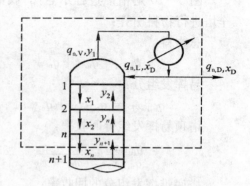

总物料衡算：$q_{n,V} = q_{n,L} + q_{n,D}$ (5-30)

易挥发组分：$q_{n,V}y_{n+1} = q_{n,L}x_n + q_{n,D}x_D$ (5-31)

图 5-11　精馏段操作线的推导

式中：$q_{n,V}$ 为精馏段每块塔板上升的蒸气流量，kmol/h；$q_{n,L}$ 为精馏段每块塔板溢流的液体流量，kmol/h；$q_{n,D}$ 为馏出液流量，kmol/h；y_{n+1} 为精馏段第 $n+1$ 板上升蒸气中易挥发组分的摩尔分率；x_n 为精馏段第 n 板下降的液体中易挥发组分的摩尔分率。

由上两物料衡算式得

$$y_{n+1} = \frac{q_{n,L}}{q_{n,V}}x_n + \frac{q_{n,D}}{q_{n,V}}x_D \tag{5-32}$$

令 $R = \dfrac{q_{n,L}}{q_{n,D}}$，（回流液量与塔顶流出液量之比，称为回流比），则有

$$y_{n+1} = \frac{R}{R+1}x_n + \frac{1}{R+1}x_D \tag{5-33}$$

根据恒摩尔流假设，$q_{n,L}$ 为定值，且在稳定操作时，$q_{n,D}$ 及 x_D 为定值，故 R 为常量。回流比大小一般由设计者选定，确定方法留待后面专门介绍。

式(5-33)即为精馏段操作线方程。它描述了任一板(第 n 层板)的液体组成与自相邻的下一塔板(第 $n+1$ 层)上升的蒸气组成之间的关系，为一线性关系，其中，斜率为 $R/(R+1)$，截距为 $x_D/(R+1)$。

3. 提馏段操作线方程

与精馏段操作线方程的求取方法相似，提馏段操作线方程也可以通过对提馏段进行物料衡算求取。自上一块板(第 m 板)下降的液相组成 x'_m 与由其下一层塔板(第 $m+1$ 板)上升的气相组成 y'_{m+1} 之间的关系称之为提馏段操作关系，描述它们之间关系的方程称为提馏段操作线方程。

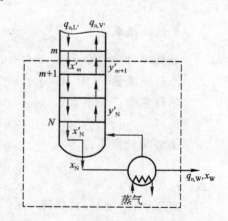

图 5-12　提馏段操作线的推导

如图 5-12 所示，在满足恒摩尔流假设情况下，下

降液流为 L'，上升蒸气流量为 V'。在虚框所示的衡算范围内作物料衡算，并整理可得

$$y'_{m+1} = \frac{q_{n,L'}}{q_{n,L'} - q_{n,W}} x'_m - \frac{q_{n,W}}{q_{n,L'} - q_{n,W}} x_W \qquad (5-34)$$

式(5-34)即为提馏段操作线方程。根据恒摩尔流假定，$q_{n,L'}$、$q_{n,V'}$ 为定值，且在稳态操作时，$q_{n,W}$ 及 x_W 也为定值，因而提馏段操作线方程为一直线方程。值得注意的是，提馏段液流量不如精馏段那么简单易得，它与进料量和进料热状况有关。该直线的斜率为 $\frac{q_{n,L'}}{q_{n,L'} - q_{n,W}}$，截距为 $\frac{q_{n,W}}{q_{n,L'} - q_{n,W}}$。

5.4.3 进料的热状况及选择

为了确定提馏段气液两相流量，需要清楚精馏过程中进料的情况。因为在精馏过程中，原料是从精馏塔中间某一确定位置上进入塔内的，因而按照前述精馏塔的划分，上面的部分为精馏段，下面的部分为提馏段。很显然，不同的进料热状况对两段气流或液流都会造成影响，而使两段中气流或液流流率大小不同。

原料入塔时的温度和状态叫进料的热状态。加料的热状态不同，精馏段与提馏段内两相流量的差别亦不同。

如图 5-13 所示，对进料板作总物料衡算和热量衡算。

由恒摩尔流假设可知，虽然各塔板上的组成不同，但精馏段和提馏段的摩尔流率分别相同，且不同组分的摩尔汽化潜热或冷凝潜热相等；同时，假设精馏塔保温良好，对外没有热损失。

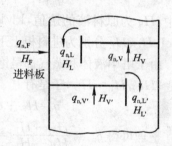

图 5-13 进料板上下流股示意图

现定义一个热状况参数 q：

$$q = \frac{1\ \text{kmol 原料液变成饱和蒸气所需热量}}{\text{原料的摩尔汽化潜热}}$$

$$= \frac{H_V - H_F}{H_V - H_L} = \frac{q_{n,L'} - q_{n,L}}{q_{n,F}} \qquad (5-35)$$

由此，我们可以归纳一下以下五种进料状况下 q 值大小及塔内气流和液流之间的相互关系。

(1) 若进料为饱和蒸汽，则 $q = 0$，$q_{n,L'} = q_{n,L}$，$q_{n,V'} = q_{n,V} - q_{n,F}$；

(2) 若进料为饱和液体，则 $q = 1$，$q_{n,L'} = q_{n,L} + q_{n,F}$，$q_{n,V'} = q_{n,V}$；

(3) 若进料为气液混合物，$0 < q < 1$，$q_{n,L'} = q_{n,L} + q \cdot q_{n,F}$，$q_{n,V} = q_{n,V'} + (1-q)q_{n,F}$。这种情况下 q 值可理解为进料中液相分率（液相流率占进料总流率的分数）。

(4) 若进料为冷液（$t_F < t_b$，t_F 为原料液进料温度，t_b 为原料液沸点，亦称泡点），则

$$q = \frac{H_V - H_F}{H_V - H_L} = \frac{\overline{c_p}(t_b - t_F) + \overline{r}}{\overline{r}}$$

式中：$\overline{c_P} = \sum x_i c_{pi}$ 表示原料液的平均比热容，kJ/(kmol·K)；$\overline{r} = \sum x_i r_i$ 表示原料液的平均汽化潜热，kJ/kmol。

定性温度 $$t_m = \frac{1}{2}(t_F + t_b)$$

（5）若进料为过热蒸气（$t_F > t_d$），t_d 是露点温度，即蒸气冷却时出现第一个露珠时的温度。由于是过热蒸气进料，所以精馏段上升蒸气量可理解为来自三个方面：提馏段上升蒸气量；原料液流量；为使原料蒸气下降至进料板上温度，一部分回流液提供相应的冷量，而自身被气化，与上述两股蒸气汇合，一同成为精馏段上升蒸气。由于精馏段下降液体有部分被汽化，所以下降至提馏段的液体流量必然减小。

在上面分析的基础上，对进料板进行物料衡算和焓衡算，即

$$q_{n,F} + q_{n,V'} + q_{n,L} = q_{n,V} + q_{n,L'} \tag{5-36}$$

$$q_{n,F}H_F + q_{n,V'}H_{V'} + q_{n,L}H_L = q_{n,V}H_V + q_{n,L'}H_{L'} \tag{5-37}$$

式中：H_F 为原料液的焓值，kJ/kmol；H_V、$H_{V'}$ 分别为进料板上下处饱和蒸汽的焓值，kJ/kmol；H_L、$H_{L'}$ 分别为进料板上下处饱和液体的焓值，kJ/kmol。

由于塔中液体和蒸气都呈饱和状态，且进料板上下处温度和组成各自都十分相近，所以 $H_V \approx H_{V'}$，$H_L \approx H_{L'}$，于是有

$$q_{n,F}H_F + q_{n,V'}H_V + q_{n,L}H_L = q_{n,V}H_V + q_{n,L'}H_L \tag{5-38}$$

整理可得 $q_n = \dfrac{H_V - H_F}{H_V - H_L} = \dfrac{q_{n,L'} - q_{n,L}}{q_{n,F}}$，此式就是我们定义的热状况参数的表达式。

运用热状况参数，可以方便地求出气液两相在精馏段或提馏段的流量之间的关系。

$$q_{n,V'} = q_{n,V} + (q-1)q_{n,F} \tag{5-39}$$

$$q_{n,L'} = q_{n,L} + q q_{n,F} \tag{5-40}$$

将式（5-39）代入提馏段操作线方程式（5-34），可写成

$$y'_{m+1} = \frac{q_{n,L} + q q_{n,F}}{q_{n,L} + q q_{n,F} - q_{n,W}} x'_m - \frac{q_{n,W}}{q_{n,L} + q q_{n,F} - q_{n,W}} x_W \tag{5-41}$$

【例 5-5】 若进料为饱和液体，选用的回流比 $R = 2.0$，已知原料液流量为 175 kmol/h，塔顶产品流量 80 kmol/h，要求残液流量为 95 kmol/h、组成为 0.0235，试求提馏段操作线方程式，并说明操作线的斜率和截距的数值。

解：由例可知 $q_{n,F} = 175$ kmol/h，$q_{n,W} = 95$ kmol/h，$x_W = 0.0235$

$$q_{n,L} = R q_{n,D} = 2.0 \times 80 = 160 \text{ kmol/h}$$

因泡点进料，故 $q = 1$

将以上数值代入提馏段操作线方程，即可求得提馏段操作线方程式

$$y'_{m+1} = \frac{160 + 1 \times 175}{160 + 175 - 95}x'_m - \frac{95}{160 + 175 - 95} \times 0.0235$$

或

$$y'_{m+1} = 1.4x'_m - 0.0093$$

该操作线的斜率为 1.4，在 y 轴上的截距为 -0.0093。由计算结果可看出，本题提馏段操作线的截距值是很小的，一般情况下也是如此。

5.4.4 理论板数的计算

理论板数的计算通常可采用逐板计算法（联立方程组求解）、图解法求得。求理论板层数时，必须已知原料液组成、进料的热状况、操作时的回流比和分离程度，并利用气液平衡方程、操作线方程求取。分别介绍如下：

1. 方程组的联立求解

设某精馏塔共有 N_T 块理论板（含再沸器），其中第 m 块为加料板，最末一块下方是再沸器。再沸器（或塔釜）进行一次部分汽化，因此，再沸器也相当一块理论板，因为离开再沸器（或塔釜）的气液两相温度相等，组成互成平衡。

现设提馏段下降液体量为 $q_{n,L'}$，上升蒸气量为 $q_{n,V'}$，塔釜釜液流量为 $q_{n,w}$，釜液组成为 x_w。对再沸器（或塔釜）列出物料衡算式：

物料衡算式：$q_{n,L}x_{N-1} = q_{n,L'}y_{N_T} + q_{n,w}x_w$（第 N 块理论板上的物衡式）

同理，对其他各理论板也能写出相应的物料衡算式。这样，对 N_T 块理论板可写出 N_T 个物料衡算式。

现设回流液体组成为 x_D，则 N_T 个物衡式依次列出如下：

第 1 块 $q_{n,L}x_D - (q_{n,L}x_1 + q_{n,V}y_1) + q_{n,V}y_2 = 0$

第 2 块 $q_{n,L}x_1 - (q_{n,L}x_2 + q_{n,V}y_2) + q_{n,V}y_3 = 0$

第 n 块 $q_{n,L}x_{n-1} - (q_{n,L}x_n + q_{n,V}y_n) + q_{n,V}y_{n+1} = 0$

当计算至某一块塔板上液相组成刚好等于或低于原料液组成时，进入提馏段。对于提馏段上某一块塔板，如第 m 块塔板，有

第 m 块（提馏段任一块） $q_{n,L'}x_{m-1} - (q_{n,L'}x_m + q_{n,V'}y_m) + q_{n,V'}y_{m+1} = 0$

第 N_T 块（再沸器或塔釜） $q_{n,L'}x_{N-1} - (q_{n,V'}y_{N_T} + q_{n,w}x_w) = 0$

除此之外，还有 N_T 个相平衡方程式，即

$$y_n = f(x_n), n = 1 - N_T$$

这样总共有 $2N_T$ 个联立方程，可求得 $2N_T$ 个未知数。

若 $q_{n,F}$、x_F、$q_{n,D}$、R、q、$q_{n,w}$ 确定，则气液两相流量及相平衡亦确定。又若设塔顶有全凝器，则 $y_1 = x_D$，这样联立求解 $2N_T$ 个方程就可求得 $x_1 \cdots x_{N_T}$ 及 $y_1 \cdots y_{N_T}$ 共 $2N_T$ 个未知数。但由于相平衡方程式是非线性的，求解过程必须试差迭代。具体算法为

假设一组$x'(x_1 \ldots\ldots x_{NN})$ $\xrightarrow{y_n-f(x_n)}$ $y(y_1\ldots\ldots y_{NN})$ $\xrightarrow{\text{代入物理式}}$ $x'(x_1\ldots\ldots x_N)$

比较 x', x, $x=x'$循环

方程组联立求解主要用于塔板数及加料板位置已知的精馏操作型计算。

2. 逐板计算法

若 x_D, x_W 已知,对于塔顶全凝器,则由 $y_1=x_D$,可按下面的计算步骤完成逐板计算。

x_D $\xrightarrow{\text{平衡关系}}$ x_1 $\xrightarrow{\text{操作线方程}}$ y_2 $\xrightarrow{\text{平衡关系}}$ x_2 操作线方程

$x_F \geqslant x_n$ $\xleftarrow{\text{平衡关系}}$ $\ldots\ldots$ $\xleftarrow{\text{平衡关系}}$ y_3

(泡点进料)

精馏段求完后,继续提馏段的计算。所不同的是操作线方程有所区别,精馏段理论塔板层数计算时用精馏段的操作线,提馏段理论板数用提馏段操作线,提馏段计算至 $x_m \leqslant x_W$ 为止。这样下标便是所需要的理论板数,记为 N_T。实际上,逐板计算法求理论板数中,运用平衡方程的次数就是所求理论板数。

逐板计算不必事先知道方程式的数目,故对板数 N_T 为待求变量的设计型计算问题尤为适用。

本章以下将对逐板计算法进行详细讨论,并介绍梯级图解法以便于分析和讨论各种参数对精馏过程的影响。

由于离开每层理论板的气液两相是互相平衡的,所以可以用气液平衡方程由 y_1 求得 x_1。而下一层塔板(第二层)上升蒸气组成 y_2 与 x_1 之间符合精馏段操作关系,故用精馏段操作线方程可由 x_1 求得 y_2,即

$$y_2 = \frac{R}{R+1}x_1 + \frac{1}{R+1}x_D$$

同理,由 y_2 与 x_2 互成平衡,可依据平衡方程求出 x_2,再由 x_2 通过操作线方程求出 y_3,如此反复交替利用操作线方程和平行线方程进行计算,至 $x_n \leqslant x_F$ 时(仅对饱和液体进料),说明第 n 板即为进料板。精馏段理论板数为 $n-1$,即每使用一次平衡关系就需要一块理论板。

精馏段计算完后对提馏段进行类似计算。与精馏段的计算不同的是代入的操作线方程是提馏段操作线方程。

逐板计算法是理论板层数计算方法中最基本的方法,计算结果准确,且可同时求出各板气液组成。但比较繁琐,尤其当理论板数较多时计算量很大,故一般在两组分精馏计算中不常采用。

3. 图解法

图解法求解理论板层数的基本原理与逐板计算法相同,区别是以平衡曲线和操作线代替了平衡方程和操作线方程,用相对较为直观简便的方法代替繁杂的计算。虽然图解法准确性较差,但因其简便易行,故在双组分精馏计算中被广泛采用。

(1) 操作线的作法

精馏操作时,精馏段和提馏段操作线方程在 $x-y$ 相图上均为直线。可以根据已知条件求出两条直线的斜率和截距,便可绘制出两条操作线。实际作图更可以简化一些,即在两条直线上分别找出两个特殊点,譬如,操作线与对角线(辅助线)的交点等,然后由这些点及各操作线的截距或斜率便可分别作出两条操作线。

① 精馏段操作线的作法

略去精馏段操作线中下标,则精馏段操作线可写为

$$y = \frac{R}{R+1}x + \frac{1}{R+1}x_D$$

对角线方程为 $y = x$

将上式联立求解,可得两条直线的交点为 (x_D, x_D),该点一定是在对角线上,再根据已知的 R 和 x_D,算出该操作线的截距为 $\frac{x_D}{R+1}$,连接两点即可得到精馏段的操作线。

② 提馏段操作线的作法

对于提馏段操作线方程,省去下标,并将 $q_{n,v} = (R+1)q_{n,D}$ 代入提馏段操作线方程式 (5-41),得

$$y' = \frac{Rq_{n,D} + qq_{n,F}}{(R+1)q_{n,D} - (1-q)q_{n,F}}x' - \frac{q_{n,F} - q_{n,D}}{(R+1)q_{n,D} - (1-q)q_{n,F}}x_W$$

当 $x = x_W$,则 $y = x_W$,故该直线过点 $c(x_W, x_W)$,很显然,该点亦落在对角线上。

接下来联立两条操作线方程(精馏段操作线方程和提馏段操作线方程)求解,可求出两条直线的交点 d 的坐标。

两直线交点坐标为 $\left(\dfrac{Rx_F + qx_D}{R+q}, \dfrac{(R+1)x_F + (q-1)x_D}{R+q} \right)$

连接 c, d 两点,则 cd 连线为提馏段操作线。

由于提馏段操作线方程中截距值一般很小,所以用截距和点 c 来作图会产生较大的误差。

$$y = \frac{q}{q-1}x - \frac{x_F}{q-1} \tag{5-42}$$

式(5-42)称为 q 线方程,或叫进料方程,代表了两操作线的交点的轨迹方程。q 线也是一条直线,其斜率为 $q/(q-1)$,截距为 $-x_F/(q-1)$。q 线与对角线的交点可由 q 线方程与对角线方程求得,其交点坐标为 (x_F, x_F)。由于进料方程比较简单,在作提馏段操作线时,可以根据精馏段操作线方程与 q 线方程联立,解得交点坐标,然后与提馏段上的特殊点

(x_W, x_W)相连,即可得到提馏段操作线。

③ 进料状况对 q 线及操作线的影响

进料热状况不同,q 线方程也不同,q 线与精馏段操作线的交点也会随之而变,从而影响提馏段操作线的位置。当进料组成、回流比及分离要求确定时,进料热状况对 q 线及操作线的影响关系如表 5-2 所列。

表 5-2 进料状况对 q 值及 q 线的影响

进料热状况	进料的焓值	q 值	q 线斜率	q 线在 $x-y$ 图上位置
冷液体	$I_F < I_L$	>1	$+$	右上方
饱和液体	$I_F = I_L$	1	∞	正上方
气液混合物	$I_L < I_F < I_V$	$0 < q < 1$	$-$	左上方
饱和蒸汽	$I_F = I_V$	0	0	水平向左
过热蒸汽	$I_F > I_L$	<0	$+$	左下方

④ 图解方法

理论板层数的图解方法如图 5-14,首先在 $x-y$ 图上作出平衡线和对角线,并依据上述方法作出精馏段操作线和提馏段操作线,然后在操作线与平衡线之间绘制梯级。

绘制方法如下:从 $y_1 = x_D$ 开始,即从点 $A(x_D, x_D)$ 开始作水平线交于相平衡曲线于 1 点,过 1 点作垂线交精馏段操作线,再从该点作水平线与平衡曲线相交,如此往复,直到 $x_{N_T} \leqslant x_W$ 为止。由此作得的梯级数目即为 N_T (包含塔釜再沸器)。在画梯级时,当梯级上组成低于进料线与精馏段操作线交点对应的组成时,应转入提馏段的操作线。要求比较精确的计算时,最后一块塔板如果

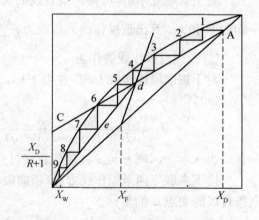

图 5-14 图解法求理论板数示意图

不足,也可根据水平线长度比例取小数。这种图解理论板层数的方法称为麦克布-蒂利(McCabe-Thiele)法,简称 M-T 法。

某些操作情况下,从塔顶出来的蒸气先在分凝器中部分冷凝,冷凝液作为回流液,未冷凝蒸气再经全凝气冷凝后作为塔顶产品。这种情况下,因分凝器亦相当于一块理论板,故精馏段的理论板数应比相应画出的梯级数少一。

⑤ 适宜进料板位置

从前面的分析我们已经知道,在进料组成 x_F 一定时,进料位置随进料热状况而异。适宜的进料位置一般应在塔内液相组成或气相组成与进料组成相同或接近的塔板上,这样在

同等情况下,分离效果可以达到更好。或者说,对于同样的分离要求,所需理论板数更少。当用图解法求取理论板层数时,进料位置应由精馏段和提馏段操作线的交点确定,适宜的进料板位置应该在跨越该交点的梯级上,对一定的分离任务,由此而作图得到的理论板层数最少。

在精馏塔的设计计算中,进料位置的确定是十分重要的,如果选择不当,将使理论板数增多;在实际精馏操作中,进料位置选择不当,会造成馏出液和釜液不能同时达到分离要求。进料位置在精馏塔上位置偏高,精馏段理论板数相对会减少,会使馏出液中难挥发组分含量增高,分离效果变差;反之,进料位置偏低,釜液中易挥发组分含量增高,塔顶易挥发组分回收率下降。

值得注意的是,上述求理论板层数的方法,都是基于塔内恒摩尔流的假设。这个假设所依据的主要条件是混合液中各个组分的摩尔汽化潜热基本相等。对于确实偏离这个条件很远的物系而言,上述方法自然就不能采用了,而应采用焓浓图等其他方法求解,这里不作介绍。

【例 5-6】 苯和甲苯混合物中,含苯 0.4,流量 1000 kmol/h,在一常压精馏塔内进行分离,要求塔顶馏出液中含苯 0.9(以上均为摩尔分率),塔顶苯的回收率不低于 90%,泡点进料,泡点回流,取回流比为最小回流比的 1.5 倍。已知 $\alpha=2.5$。试求:

(1) 塔顶产品量 D;

(2) 塔底残液量 W 及组成 x_W;

(3) 最小回流比;

(4) 精馏段操作线方程;

(5) 提馏段操作线方程;

(6) 若改用饱和蒸气进料,仍用(4)中所用之回流比,所需理论板数为多少?

解:由题目已知条件,经全塔物料衡算,可计算出塔顶产品和塔底残液量。

(1) $$q_{n,D}=1000\times0.4\times0.9/0.9=400(kmol/h)$$

(2) $$q_{n,w}=1000-400=600(kmol/h)$$

$$x_W=(1000\times0.4-400\times0.9)/600=0.0667$$

(3) $$x_q=x_F=0.4$$

$$y_q=2.5\times0.4/(1+1.5\times0.4)=0.625$$

$$R_{min}=(0.9-0.625)/(0.625-0.4)=1.22$$

(4) $$R=1.5\times1.22=1.83$$

$$y_{n+1}=(1.83/2.83)x_n+0.9/2.83=0.646x_n+0.318$$

(5) $$q_{n,V'}=q_{n,V}=2.83\times400=1132(kmol/h)$$

$$q_{n,L}=1.83\times400+1000=1732(kmol/h)$$

$$y'_{n+1}=(1732/1132)x'_n-600\times0.0667/1132=1.53x'_n-0.0353$$

(6)
$$x_q = x_F = 0.4$$
$$y_q = \alpha x_q / [1 + (\alpha - 1)x_q] \quad 得 \ x_q = 0.21$$
$$R_{min} = (0.9 - 0.4)/(0.4 - 0.21) = 2.63$$

因实际采用回流比为 1.83，$R < R_{min}$，所以 $N_T = \infty$。

【例 5 - 7】 常压下用连续精馏塔分离含苯 44% 的苯-甲苯混合物。进料为泡点液体，进料流率取 100 kmol/h 为计算基准。要求馏出液中含苯不小于 94%，釜液中含苯不大于 8%（以上均为摩尔百分率），设该物系为理想溶液，相对挥发度为 2.47。塔顶设全凝器，泡点回流，选用的回流比为 3。试计算精馏塔两端产品的流率及所需的理论塔板数。

解： 由全塔物料衡算：$q_{n,F} = q_{n,D} + q_{n,W}$；$q_{n,F} x_F = q_{n,D} x_D + q_{n,W} x_W$

将已知值代入，可解得 $q_{n,D} = 41.86$ kmol/h；$q_{n,W} = 58.14$ kmol/h。

精馏段操作线方程为

$$y_{n+1} = \frac{R}{R+1} x_n + \frac{1}{R+1} x_D$$

代入已知条件得
$$y_{n+1} = 0.75 x_n + 0.235$$

提馏段操作线方程
$$y_2' = \frac{q_{n,L} + q q_{n,F}}{q_{n,L} + q q_{n,F} - q_{n,W}} x_1' - \frac{q_{n,W}}{q_{n,L} + q q_{n,F} - q_{n,W}} x_W$$

即
$$y_{m+1}' = 1.3472 x_m' - 0.0278$$

泡点进料时，$q = 1$。平衡线方程 $y_n = \dfrac{\alpha x_n}{1 + (\alpha - 1)x_n}$ 解得

$$x_n = \frac{y_n}{2.47 - 1.47 y_n}$$

对于泡点进料，$x_F = x_q = 0.44$，设由塔顶开始计算（从上往下），第 1 块板上升蒸气组成 $y_1 = x_D = 0.94$，第 1 块板下降液体组成 x_1 由相平衡方程式计算：

$$x_1 = \frac{0.94}{2.47 - 1.47 \times 0.94} = 0.8638$$

第 2 板上升蒸气组成由精馏段操作方程计算 $y_2 = 0.75 \times 0.8638 + 0.235 = 0.8829$

第 2 板下降液体组成由相平衡方程计算，可得 $x_2 = 0.7532$

如此逐级往下计算，可得 $y_3 = 0.8$，$x_3 = 0.618 \cdots$

$$x_5 < x_q = 0.44$$

故第 5 块板为进料板，习惯上，将进料板包括在提馏段内，故精馏段有 4 块理论塔板。自第 5 块开始，操作线方程应改用提馏段操作方程式。由 x_m 求下一板上升蒸气组成 y_{m+1}'。

这样逐级进行计算直到 $y_9 < x_W = 0.08$，所求理论板数为 9（包括再沸器）。

【例 5 - 8】 在常压连续提馏塔中，分离两组分理想溶液。该物系平均相对挥发度为 2.0，原料液流量为 100 kmol/h，进料热状态参数 q 为 0.8，馏出液流量为 60 kmol/h。釜残液组成为 0.01（易挥发组分摩尔分率）试求：

（1）提馏段操作线方程；

（2）求塔内最下一层理论板下降的液相组成。

解：（1）由提馏段操作线方程

$$y_2' = \frac{q_{n,L} + qq_{n,F}}{q_{n,L} + qq_{n,F} - q_{n,W}}x_1' - \frac{q_{n,W}}{q_{n,L} + qq_{n,F} - q_{n,W}}x_W$$

$$q_{n,L'} = q_{n,L} + qq_{n,F} = 0 + 0.8 \times 100 = 80(\text{kmol/h})$$

$$q_{n,V} = q_{n,D} = 60 \text{ kmol/h}$$

$$q_{n,V'} = q_{n,V} + (q-1)q_{n,F} = 60 + (0.8-1) \times 100 = 40(\text{kmol/h})$$

$$q_{n,W} = q_{n,F} - q_{n,V'} = 100 - 60 = 40(\text{kmol/h})$$

所以

$$y_{m+1}' = \frac{80}{40}x_m' - \frac{40}{40} \times 0.01 = 2x' - 0.01$$

（2）再沸器相当于一层理论板，所以

$$y_W' = \frac{\alpha x_W}{1 + (\alpha-1)x_W} = \frac{2 \times 0.01}{1 + 0.01} = 0.0198$$

由操作线方程

$$y_W' = 2x_M' - 0.01 = 0.0198$$

即得塔内最下一层理论板下降的液相组成

$$x_M' = 0.0149$$

5.4.5 几种特殊情况下理论板数的求法

1. 直接蒸气加热

在前面讲述的精馏操作中，塔釜往往采用蒸气间接加热。而在某些精馏操作中，待分离物系为某轻组分与水的混合液时，如氨水，酒精等，则往往将加热蒸气直接通入塔釜以汽化釜液，这种精馏流程称为直接蒸气加热或开口蒸气加热。馏出液为非水组分，而釜液近似为纯水，该流程省去了塔釜再沸器。直接蒸气加热精馏流程如图 5-15 所示。

直接蒸气加热时的理论板数的计算方法与间接蒸气加热相似。但因为塔底中增多了一股蒸气，所以提馏段的操作线方程应予以修正。

对于上图所示的流程，假设通入蒸气量 $q_{n,V_0'}$，其物料衡算如下：

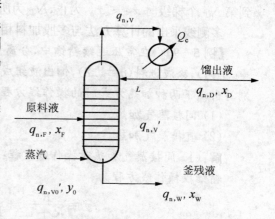

图 5-15 直接蒸气加热精馏示意图

总物料 $\qquad q_{n,V'} + q_{n,V_0} = q_{n,V'} + q_{n,w}$

轻组分 $\qquad q_{n,V'} x'_m + q_{n,V_0} y_0 = q_{n,V'} y'_{m+1} + q_{n,w} x_w$

式中：q_{n,V_0} 为直接加热蒸气的流量，kmol/h；y_0 为加热蒸气中易挥发组分的组成，一般情况下为 0。

按恒摩尔流假设，即 $q_{n,V'} = q_{n,V_0}$，$q_{n,L'} = q_{n,w}$，则上式可写成

$$q_{n,w} x'_m = q_{n,V_0} y'_m + q_{n,w} x_w \quad \text{或} \quad y'_{m+1} = \frac{q_{n,w}}{q_{n,V_0}} x'_m - \frac{q_{n,w}}{q_{n,V_0}} x_w \tag{5-43}$$

式(5-43)为直接蒸气加热时的提馏段方程。由式(5-43)可知，当 $y'_{m+1} = 0$ 时，$x'_m = x_w$，因此提馏段操作线一定通过横轴上 $x'_m = x_w$ 的点，该点与精馏段操作线和进料线的交点相连，即为提馏段操作线。与间接蒸气加热不同，提馏段与对角线的交点并非 (x_w, x_w)。

由于直接蒸气加热的蒸气冷凝后形成的水对溶液有稀释作用，所以，在相同工作条件下，采用直接蒸气加热所需理论板数一般要稍多于间接蒸气加热的情况。

2. 多股加料与侧线出料

在化工生产中，有时为分离不同浓度的原料液，在塔中间不同的塔板位置上设置不同的进料口，这种情况称为多股进料，有时为要获得不同规格的精馏产品，在精馏段或提馏段不同位置上开设侧线出料口，以引出不同产品浓度的饱和液体或饱和蒸气，这种精馏操作称为侧线出料。

现以两股不同浓度加料为例来介绍多股加料的理论板的计算。

多股进料较于单股进料的设计型计算有所不同，若有 i 股进料。则可把塔体分为 $(i+1)$ 段，即可列出每段的操作线方程。如对于 $i=2$，则塔体应分为 3 段，即 Ⅰ、Ⅱ、Ⅲ 段。

接下来在 $x\text{-}y$ 图中分别作出平衡线与各段操作线，并在平衡线与操作线间作梯级，直到第 N_T 个梯级时 $x_{N_T} \leqslant x_w$ 为止，N_T 为所求理论板数。

多侧线采出的计算方法与多股加料相同，这里不作介绍。

【例5-9】 在常压连续精馏中，分离甲醇—水混合液，原料液组成为 0.3（甲醇摩尔分率，下同），冷液进料（$q=1.2$），馏出液组成为 0.9，甲醇回收率 η 为 90%，回流比为 2.0，试分别写出以下两种加热方式时的操作线方程。

(1) 间接蒸气加热。

(2) 直接蒸气加热。

解：(1) 间接蒸气加热时操作线方程：

精馏段操作线方程为

$$y = \frac{R}{R+1} x + \frac{x_D}{R+1} = 0.667x + 0.3$$

提馏段操作线方程为

$$y' = \frac{q_{n,L} + q q_{n,F}}{q_{n,L} + q q_{n,F} - q_{n,w}} x' - \frac{q_{n,w}}{q_{n,L} + q q_{n,F} - q_{n,w}} x_w$$

对于易挥发组分，$\eta q_{n,F} x_F = q_{n,D} x_D$ 即 $\dfrac{q_{n,D}}{q_{n,F}} = \dfrac{\eta x_F}{x_D} = \dfrac{0.9 \times 0.3}{0.9} = 0.3$

$$\frac{q_{n,W}}{q_{n,F}} = 1 - \frac{q_{n,D}}{q_{n,F}} = 0.7$$

$$x_W = \frac{q_{n,F} x_F - q_{n,D} x_D}{q_{n,F} - q_{n,D}} = \frac{x_F - (q_{n,D}/q_{n,F}) \times x_D}{1 - q_{n,D}/q_{n,F}} = \frac{0.3 - 0.3 \times 0.9}{1 - 0.3} = 0.043$$

代入提馏段操作线方程得

$$y' = 1.636 x' - 0.0274$$

(2) 直接蒸气加热时操作线方程：

精馏段操作线方程与(1)相同，而提馏段操作线方程按物料衡算关系求解：因 $q_{n,W} = q_{n,L'} = R q_{n,D} + q q_{n,F}$

设 $q_{n,F} = 100$ kmol/h，则 $q_{n,W} = 2 \times 0.3 + 1.2 \times 1 = 1.8$(kmol/h)

加热蒸气量为 $\quad q_{n,V'} = q_{n,V} + (q-1)q_{n,F} \quad q_{n,V} = q_{n,L} + q_{n,0}$

故 $q_{n,V_0} = q_{n,V} = (R+1)q_{n,D} + (q-1)q_{n,F} = (2+1) \times 0.3 + (1.2-1) \times 1 = 1.1$(kmol/h)

$$x_W = \frac{(1-\eta)q_{n,F} x_F}{q_{n,W}} = \frac{(1-0.9) \times 1 \times 0.3}{1.8} = 0.0167$$

所以 $\qquad y' = \dfrac{1.8}{1.1} x' - \dfrac{1.8}{1.1} \times 0.0167$

即 $\qquad y' = 1.636 x' - 0.0273$

5.4.6 回流比的影响及其选择

回流是保证精馏塔连续稳定操作的必要条件之一。回流比的大小直接影响到精馏操作的操作费用和设备投资。对于一定的分离任务而言，精馏操作有其适宜的回流比。

回流比有两个极限情况，上限是全回流操作，回流比为 ∞，下限是最小回流比。实际操作时，回流比应介于二者之间，并确定一个适当值。

1. 全回流与最少理论板数

精馏操作时，若塔顶的蒸气经冷凝器冷凝后全部作为回流液回到塔内，这种操作方式称为全回流。此时，塔顶产品量为零，通常进料量和釜液排出量也为零，即不向塔内进料，也不从塔内取出产品。全塔无精馏段和提馏段之分，两段操作线重合。

全回流时的回流比 $R = \dfrac{q_{n,L}}{q_{n,D}} = \infty$，操作线斜率 $\dfrac{R}{R+1} = 1$，操作线与纵轴 y 的交点为其截距 $\dfrac{x_D}{R+1} = 0$。在 $x-y$ 图中操作线与对角线 $y = x$ 重合。与正常工作下的操作线比较，全回流对应的操作线离平衡线最远。因此对给定的分离程度而言，所需要的理论板层数最少，以 N_{min} 表示。N_{min} 可以在 $x-y$ 图中直接用图解法求得，也可以通过解析法求得。通过解析的方法所得到的计算方程,称为芬斯克(Fenske)方程。

$$N_{min} + 1 = \frac{\lg\left[\left(\dfrac{x_A}{x_B}\right)_D \left(\dfrac{x_B}{x_A}\right)_W\right]}{\lg\alpha_m} \tag{5-44}$$

对于两组分溶液,式(5-44)可略去下标 A、B,得到

$$N_{min} + 1 = \frac{\lg\left[\left(\dfrac{x_D}{1-x_D}\right)\left(\dfrac{1-x_W}{x_W}\right)\right]}{\lg\alpha_m} \tag{5-44a}$$

式中:N_{min} 为全回流时最少理论板数(不含再沸器);α_m 为全塔平均相对挥发度,当全塔 α 变化不大时,可取塔顶和塔底的 α 的几何平均值,即 $\alpha \approx \sqrt{\alpha_1\alpha_2}$。

式(5-44)与(5-44a)称为芬斯克方程式。可以用芬斯克方程式计算出全回流下最少理论板数。若将式中 x_W 换成 x_F,α 取塔顶和进料的平均值,则可求出精馏段的理论板数,同时可确定进料板位置。

全回流操作得不到精馏产品,生产能力为零,对正常生产无实际意义。但是在精馏操作的开工阶段或者从事试验研究时,多采用全回流操作,有利于过程的稳定与控制。

2. 最小回流比

当回流比 R 从全回流逐渐减小时,精馏段操作线截距随之增大,两操作线均向平衡线移动而靠近平衡线,所以达到指定分离要求(x_D 和 x_W)所需的理论板数增多(在 $x-y$ 图上作两操作线,并在操作线与平衡线之间画梯级,所能画出的梯级数增多)。

显然 R 减少到一定程度时,两操作线的交点会越来越靠近平衡线,最后会落在平衡线上。此时的回流比,称之为指定分离要求时的最小回流比,用 R_{min} 表示。当 $R=R_{min}$ 时,两操作线交点恰好落在平衡线上,该点所对应的理论板上增浓度为零,在其上下的诸多板上增浓度也非常小,为达到指定分离要求所需的理论板数为无穷多。如图 5-16 所示。

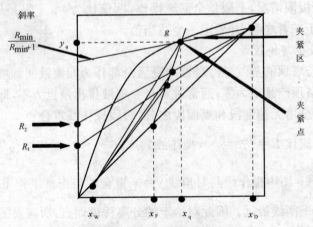

图 5-16 最小回流比的确定

最小回流比可以有两种方法求取。一种为作图法，另一种为解析法。

（1）作图法　根据平衡曲线形状不同，作图法有所区别。对于正常的平衡线，假如平衡线与精馏段操作线的交点为(x_q, y_q)，当然该点也是 q 线与平衡线的交点，同时也是两条操作线的交点。

根据精馏段操作线斜率可知

$$\frac{R_{min}}{R_{min}+1} = \frac{x_D - y_q}{x_D - x_q}$$

将上式整理即得

$$R_{min} = \frac{x_D - y_q}{y_q - x_q} \tag{5-45}$$

式中：x_q、y_q 为 q 线与平衡线的交点坐标，可直接在图中读取。

对于不正常的平衡线，若平衡线向下凹，那么在操作线与 q 线相交前，就与平衡线相交。此时，应从特殊点(x_D, x_D)向平衡线作切线，再由该切线的斜率或截距求 R_{min}。

（2）解析法　因在最小回流比下操作线与 q 线相交，其交点在平衡线上，而相对挥发度视为常量时，有

$$y_q = \frac{\alpha x_q}{1 + (\alpha - 1)x_q}$$

将上式代入(5-45)，可得

$$R_{min} = \frac{x_D - \dfrac{\alpha x_q}{1 + (\alpha - 1)x_q}}{\dfrac{\alpha x_q}{1 + (\alpha - 1)x_q} - x_q}$$

化简上式得

$$R_{min} = \frac{1}{\alpha - 1}\left[\frac{x_D}{x_q} - \frac{\alpha(1 - x_D)}{1 - x_q}\right] \tag{5-46}$$

对于某些特殊情况下的进料，还可进一步简化。

如对于饱和液体进料，$x_q = x_F$，有

$$R_{min} = \frac{1}{\alpha - 1}\left[\frac{x_D}{x_F} - \frac{\alpha(1 - x_D)}{1 - x_F}\right] \tag{5-46a}$$

对于饱和蒸气进料，$y_q = y_F$，有

$$R_{min} = \frac{1}{\alpha - 1}\left[\frac{\alpha x_D}{x_F} - \frac{(1 - x_D)}{1 - y_F}\right] - 1 \tag{5-46b}$$

式中：y_F 为饱和蒸气原料中易挥发组分的摩尔分数。

3. 适宜回流比的选择

由前面讨论可知，对于一定的分离任务而言，若精馏塔在全回流下工作，虽然所需理论板数最少，却得不到产品；若在最小回流比下工作，所需理论板数为无穷多。因此，实际回流

比总是在两种极端情况之间。事实上,最合适的回流比,应该通过经济衡算决定。精馏过程的总费用共分为两个方面:一方面是精馏过程的操作费用,主要由再沸器中加热蒸气用量和冷凝器中冷却水(或其他冷却介质)用量所决定,两者均取决于塔内上升蒸气量;另一方面是设备的折旧费,包括精馏塔、再沸器、冷凝器等设备的投资费乘以折旧率,这项费用主要决定于设备尺寸,如精馏塔中 R 越小,理论板数需要越多,设备费用无疑就会大大提高。二者的总和即为总费用。当精馏的操作费用和设备折旧费用之和为最低时的回流比时,才是适宜回流比。如图 5-17 所示。

在精馏塔的设计中,一般不会进行详细的经济衡算,而是根据经验选取回流比。一般地,操作回流比可取最小回流比的 1.1~2 倍,即

$$R = (1.1 \sim 2)R_{min}$$

5.4.7　简捷法求理论板层数

精馏塔理论板层数的求取除了采用图解法和逐板计算法外,还可以利用吉利兰图采用简捷法近似求得。该法简便易行,虽准确度差,但在初步计算时很方便。

1. 吉利兰(Gilliland)图

精馏塔的操作是在最小回流比和全回流两个极限之间进行。最小回流比时,所需理论板层数为无限多;全回流时,所需理论板层数为最少 N_{min};实际回流比下操作时,则需要一定的理论板数。为此,人们将 R_{min}、R、N_{min} 以及 N 四个变量之间的关系进行广泛研究,得出了它们之间的关联关系,并绘制在一个关联图中,这个图就是吉利兰图,如图 5-18 所示。

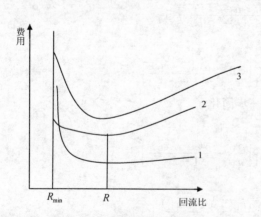

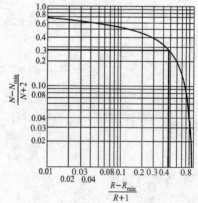

图 5-17　适宜回流比的确定　　　　图 5-18　吉利兰图

吉利兰关联图为双对数坐标图,横坐标为 $(R-R_{min})/(R+1)$,纵坐标为 $(N-N_{min})/(N+2)$,其中 N_{min} 及 N 为不包括塔釜再沸器的最少理论板层数及理论板层数。从吉利兰图中可以看出,曲线两端代表两种极限情况,右端表示全回流下的操作情况,左端表示最小回流比下的操作情况。吉利兰图是用八个不同物系在下面条件下,由逐板计算法得出的结

论绘制而成。这些条件是:组分数为 2～11;各种进料状态(5 种);R_{min} 从 0.53～7.0;组分间相对挥发度为 1.26～4.05;理论板层数为 2.4～43.1。

图中曲线的相应关系可用下述方程表示

$$Y = 0.545827 - 0.591422X + 0.002743/X \tag{5-47}$$

式中:$X = \dfrac{R - R_{min}}{R+1}$,$Y = \dfrac{N - N_{min}}{N+2}$,式(5-47)的使用条件为 $0.001 < X < 0.9$。

2. 求理论板层数的步骤

简捷法求理论板层数的步骤:

(1) 根据相应公式先求出 R_{min},并选择一个实际操作的 R。

(2) 按式(5-44)式求出 N_{min}。

(3) 计算 $(R - R_{min})/(R+1)$,并在吉利兰图上找到相应横坐标点,由此点向上作垂线与曲线相交,交点对应的纵坐标为 $(N - N_{min})/N+2$ 之值,算出理论板数 N 为不包括再沸器的精馏塔理论板层数。或者直接用式(5-47)求出 N。

(4) 确定进料板位置。按精馏段理论板层数计算方法,即式(5-44a)中 x_W 用 x_F 代替,可求出精馏段理论板层数,自然也就知道进料板位置了(进料板就是与进料位置相邻的下一块板,它的上段为精馏段,自进料位置以下为提馏段)。

5.4.8 塔高和塔径的计算

1. 塔高的计算

对于板式塔,实际塔板层数应该根据理论塔板层数,再结合塔板效率求得,然后再由实际塔板层数和板间距(相邻两块实际塔板之间的距离)来计算塔高;对于填料塔,则需知道等板高度,即相当于一层理论板所需填料层的高度,由理论板层数和等板高度相乘得到填料层高度。由此计算出的塔高实际上是精馏塔的有效高度,并不包括塔釜和塔顶空间的高度在内。

(1) 板效率和实际板数

气液两相在实际塔板上接触时,一般很难达到平衡状态,因此要完成一定的分离要求,所需实际塔板层数总是要多于理论塔板层数。理论板只是衡量实际塔板分离效果的标准。实际塔板和理论塔板在分离效果上的差异用"板效率"来表示。一般有两种表示方法。

① 单板效率 E_M

单板效率又称为默弗里(Murphree)效率。它是以气相或液相经过实际板时的组成变化值与经过理论板的组成变化值之比来表示的。根据定义,单板效率可分别按气相组成变化及液相组成变化表示,即

$$E_{MV} = \frac{y_n - y_{n+1}}{y_n^* - y_{n+1}} \tag{5-48}$$

$$E_{ML} = \frac{x_{n-1} - x}{x_{n-1} - x_n^*}$$ (5-48a)

式中:E_{MV}为气相默弗里效率;E_{ML}为液相默弗里效率;y_n^*为与x_n相平衡的气相组成,用摩尔分数表示;x_n^*为与y_n相平衡的液相组成,用摩尔分数表示。

单板效率一般通过实验测定。

② 全塔效率 E_T

全塔效率又称为总板效率。一般情况下,精馏操作时塔中各层塔板的单板效率是不同的,采用全塔效率对实际塔板的计算更方便。

$$E_T = \frac{N_T}{N_P} \times 100\%$$

式中:E_T为全塔效率;N_T为理论板层数;N_P为实际板层数。

全塔效率反映了精馏塔中塔板的平均效率,相当于是理论板层数的校正系数,其值在 0 到 1 之间。

全塔效率的影响因素很多,且非常复杂,目前尚无纯理论公式可以对它进行描述。实际设计精馏塔时,一般选用经验数据或经验公式。如奥康奈尔(O' connell)归纳出了全塔效率与液相黏度及相对挥发度之间的关联关系。

$$E_T = 0.49 \, (\alpha\mu_L)^{-0.245}$$ (5-49)

式中:α为塔顶与塔底平均温度下的相对挥发度;μ_L为塔顶与塔底平均温度下的液体黏度,mPa·s。

板式塔塔高的具体计算方法将在 5.7.3 中按式(5-59)求取。

(2) 理论板当量高度和填料层高度

精馏过程的设备除了可在板式塔内进行以外,也可在填料塔中进行。在填料塔中,由于填料是连续堆积的,上升蒸气和回流液体在填料表面是连续接触的,因此两相组成在塔内也是连续的。计算填料塔高度,需引入理论板当量高度的概念。

假设在填料塔中,将填料层分成若干相等的单元,每一单元的作用等同于一层理论板,即通过这一单元高度后,上升蒸气与下降液体传质达到平衡。此单位填料层高度就称为理论板当量高度,亦称等板高度,以 HETP 表示。理论板层数与等板高度的乘积即为所需填料层高度。

关于填料塔的塔高计算的具体计算方法,本章不作讨论。

2. 塔径的计算

精馏塔的直径,可通过塔内上升蒸气量(体积流量表示)及通过塔横截面的空塔线速度求得,即

$$q_{V,v} = \frac{\pi}{4} D^2 u$$

得

$$D = \sqrt{\frac{4q_{V,v}}{\pi u}} \qquad (5-50)$$

式中：D 为精馏塔内经，m；u 为空塔气速，m/s；$q_{V,v}$ 为塔内上升蒸气体积流量，m³/s。

空塔气速是影响精馏操作的重要因素，适宜的空塔气速一般为液泛速度大小的 60%～80%，具体求法在本章 5.7 节板式塔中介绍。

由于精馏操作中，精馏段和提馏段中上升蒸气不一定相同，因此两段的上升蒸气量应分别计算。

(1) 精馏段 $q_{V,v}$ 的计算

若已知精馏段上升蒸气的千摩尔流量为 $q_{n,v}$(kmol/h)，则可按下式换算成体积流量，即

$$q_{V,v} = \frac{q_{n,v}M_m}{3600\rho_v} \qquad (5-51)$$

式中：ρ_v 为精馏段平均操作压强和温度下气相密度，kg/m³；M_m 为气相平均摩尔质量，kg/kmol。

若精馏塔操作压强较低时，气相可视为理想气体混合物，则有

$$q_{V,v} = \frac{22.4q_{n,v}}{3600} \frac{Tp_0}{T_0 p} \qquad (5-51a)$$

式中：T、T_0 分别表示平均温度和标准状况下的温度，K；p、p_0 分别表示操作的平均压强和标准状况下的压强，Pa。

(2) 提馏段 $q_{V,v}$ 的计算

若提馏段上升蒸气的摩尔流量为 $q_{n,v}$，同样按照精馏段的求法解出 $q_{V,v'}$。

由于进料热状况及操作条件的差异，精馏段和提馏段上升蒸气流量有所不同，所以塔径也不同。但如果二者相差不大，可选取其中相对较大塔径（必要时需经圆整）作为精馏塔的塔径，这样可以简化精馏塔结构，降低设备成本。

5.4.9　连续精馏装置的焓衡算

对连续精馏装置进行焓衡算，目的是求得冷凝器、再沸器的热负荷以及冷却介质和加热介质的消耗量，为设计精馏过程中所需换热设备的选型提供依据。

1. 冷凝器的热负荷

对图 5-11 所示的精馏塔中全凝器作焓衡算，以单位时间为基准，忽略过程热损失，则有

$$Q_C = q_{n,v}H_{VD} - (q_{n,L}H_{LD} + q_{n,D}H_{LD})$$

由于 $V = L + D = (R+1)D$，代入上式整理可得

$$Q_C = (R+1)q_{n,D}(H_{VD} - H_{LD}) \qquad (5-52)$$

式中:Q_C 为全凝器的热负荷,kJ/h;H_{VD} 为塔顶上升蒸气的焓值,kJ/kmol;H_{LD} 为塔顶馏出液的焓值,kJ/kmol。

对应的冷却介质消耗量按下式计算:

$$q_{m,C} = \frac{Q_C}{c_{pc}(t_2 - t_1)} \tag{5-53}$$

式中:$q_{m,C}$ 为冷却介质消耗量,kg/h;c_{pc} 为冷却介质的比热容,kJ/(kg·℃);t_1、t_2 分别表示冷却介质进出口的温度,℃。

2. 再沸器的热负荷

在图 5-12 中,对塔底再沸器作焓衡算,同样以单位时间为基准,有

$$Q_B = q_{n,V'} H_{LW} + q_{n,W} H_{LW} - q_{n,L'} H_{Lm} + Q_L \tag{5-54}$$

式中:Q_B 为再沸器热负荷,kg/h;Q_L 为再沸器热损失,kg/h;H_{VW} 为再沸器中上升蒸气的焓,kJ/kmol;H_{LW} 为塔釜残液的焓,kJ/kmol;H_{Lm} 为提馏段最底层塔板下降液体的焓,kJ/kmol。

如果近似取 $H_{VW} = H_{Lm}$,且 $q_{n,V'} = q_{n,L'} - q_{n,W}$,则有

$$Q_B = q_{n,V'}(H_{VW} - H_{LW}) + Q_L \tag{5-54a}$$

加热介质的消耗量

$$q_{mh} = \frac{Q_B}{H_{B1} - H_{B2}} \tag{5-55}$$

式中:q_{mh} 为加热介质消耗量,kg/h;H_{B1}、H_{B2} 分别表示加热介质进出再沸器的焓,kJ/kg。

若加热介质为饱和蒸气,且排出时为饱和液体,即加热介质无显热交换,则加热蒸气消耗量为

$$q_{mh} = \frac{Q_B}{r} \tag{5-55a}$$

式中:r 为加热蒸气的汽化潜热,kJ/kg。

5.4.10 精馏塔的操作与调节

1. 影响精馏操作的主要因素

通常,对特定的精馏塔和物系,影响精馏操作的主要因素有:① 精馏塔的操作压力;② 进料量和塔顶、塔底产品量;③ 回流比的大小;④ 进料组成和进料热状况;⑤ 塔底再沸器和塔顶冷凝器的工作状态;⑥ 设备整体与外界的传热情况。这些影响因素十分复杂,相互制约。这里仅就其中主要因素作简要定性分析。

(1)物料平衡的影响和制约

由精馏塔的全塔物料衡算可知,在进料量 F 和组成 x_F 一定时,如果规定分离程度 x_D 和 x_W,则馏出液流量 D 和釜液流量 W 也是确定的。塔顶组成 x_D 和塔釜组成 x_W 取决于气液平衡关系 α、原料组成 x_F、进料热状况 q、进料板位置、回流比 R 和理论板数 N_T 等因素,因此 D 和 W 只能根据 x_D 和 x_W 来确定,而不能随意增减,否则进、出精馏塔的两个组分的量

之间不能平衡,造成塔内组成变化,操作不稳定,达不到预期分离效果。

(2) 回流比和回流温度的影响

在精馏塔操作中,回流比对精馏操作影响很大,不仅影响分离效果,而且影响精馏塔的经济性。一般来说,增大回流比,塔内传质推动力加大,在相同理论板数下馏出液组成提高,残液组成减小,即分离效果更好。反过来,降低回流比,分离效果变差。

另一方面,回流液温度的不同,实质上起到了改变回流比的作用。若回流液温度低于泡点,上升蒸气将会产生部分冷凝,同时释放出冷凝热将回流液加热至泡点温度,而冷凝下来的液体也成为回流液中的一部分,称该部分回流液为内回流。内回流增加了塔内气液两相的流量,提高了分离效果,但同时也使能耗增大。

回流比变化或回流液温度的变化,会使塔釜再沸器和塔顶冷凝器的热负荷产生变化。此外,还应考虑塔内气液负荷变化时,塔效率是否变化,若塔效率下降,则应减小原料量。

2. 精馏塔的操作型计算

前面对精馏操作进行了定性的分析,如需定量计算,所用基本关系式与前面相应章节介绍的设计型计算完全一致。不同的是,操作型计算更为复杂。

操作型计算对实际生产的实际意义在于:(1) 预估操作条件改变时,产品质量和生产能力的变化;(2) 分析确定为保证操作应该采取的相关措施。

3. 精馏塔的控制与调节

当精馏操作的产量和要求一定的情况下,由于生产中某一因素的干扰,如进料量的波动或传热量的变化等,都会影响产品质量,因此,应予以对精馏的操作及时调节控制。

在一定操作压力下,混合物的泡点和露点取决于混合物的组成,故而用比较容易测定的温度参数来评估塔内组成的变化比较方便。通常,塔顶温度反映馏出液组成,塔釜温度反映釜残液组成。对于高纯度的分离,塔内的温度变化较缓慢,如图 5-19 所示,不适合采用测量温度来控制塔顶组成。

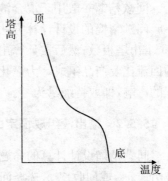

图 5-19　精馏塔内沿塔高的温度分布

从图 5-19 也可以看出,在精馏段和提馏段的某塔板上温度变化最为显著,也就是说这些塔板上的温度对外界影响因素的干扰最为灵敏,通常称之为灵敏板,工业上常用测量和控制灵敏板的温度来保证产品质量。

§5.5　间歇精馏

间歇精馏又称为分批精馏,其装置流程如图 5-9 所示。化工生产过程中,连续精馏一般是人们主要采用的操作方式,但在某些场合却宜采用间歇精馏操作。如精馏原料为分批生产得到,或实验室进行小批量生产等。因间歇精馏操作灵活方便,所以在上述场合选择此方法是比较合适的。

该装置流程具有的操作特点是:间歇操作,物料一批批的处理;在蒸馏过程中,不仅釜液的总量不断减少,而且由于馏出液的易挥发组分含量较高,使釜液总的易挥发组分含量逐渐减小,所以与组成相关的一系列操作参数都随着时间变化,因此属于不稳定的操作方式。就整个精馏过程而言,实际上前面讨论过的简单蒸馏就是间歇精馏的一种方式。

5.5.1 间歇精馏过程的特点

(1) 间歇精馏是一个非稳态过程。塔釜的液相组成随着精馏过程的进行而不断降低,因此塔内的操作参数(如温度、组成)不仅随位置变化,而且随时间变化。

(2) 间歇精馏塔只有精馏段。间歇精馏一般有两种操作方式:其一是保持馏出液组成恒定,相应的回流比不断进行调整(增大回流比);其二是保持回流比恒定,而馏出液组成不断下降。在实际生产过程中,有时也可以两种方式结合进行。

间歇精馏一般用于混合液的分离要求较高而料液品种或组成经常变化的情况。

间歇精馏的设计计算方法是,首先选择基准状态(一般为操作的始态和末态)作设计计算,求出塔板数;然后按计算出的塔板数,用操作型计算的方法,求取精馏过程中不同状态下的回流比及产品组成。为简化起见,在以下介绍的计算中均不计塔板上液体的持液量对过程的影响,即取持液量为零。

5.5.2 馏出液组成恒定的间歇精馏

间歇精馏设计计算的命题为:已知投料量 F 及料液组成 x_F,x_D 不变,操作至规定的釜液组成 x_W 或回收率 η,选择回流比的变化范围,求理论板数。

1. 计算基准

间歇精馏塔在操作过程中的塔板数是定值,x_D 不变但 x_W 不断下降,即分离要求逐渐提高。因此所涉及的精馏塔应满足过程的最大分离要求,设计应以操作终了时的釜液组成 x_W 为计算基准。

2. 最小回流比的确定

在操作终了时,将组成为 x_F 的釜液增浓至 x_D 必有一最小回流比 R_{min} 在此回流比下需要的理论板数为无穷多。

$$R_{min} = \frac{x_D - y_W}{y_F - x_F} \tag{5-56}$$

式中:y_F 为与 x_F 相平衡的气相组成,摩尔分数。

如前所述,按 $R = (1.1 \sim 2)R_{min}$ 选定一个合适的回流比。一旦 R 选定后,即可按图解法作出操作终了的操作线,并求出理论板数。

3. 馏出液组成

在恒定回流比下操作时,初始条件下釜液组成 $x_W = x_{W1}$,馏出液组成 $x_D = x_{D1}$,随着精馏过程的延续,釜液组成随即下降,欲维持馏出液组成不变,需增大回流比,操作线截距增大,操作线向上方移动,更靠近平衡线。

实际上,按恒回流比操作,不能得到易挥发组成和收率都较高的馏出液;而按恒馏出液组成操作,要求不断增大回流比来维持,也很难做到。事实上,常用的操作方法是将两种方式结合起来,阶段式的调节回流比,以保持流出液组成基本恒定不变。

5.5.3 回流比保持恒定的间歇精馏

因塔板数及回流比 R 不变,故在精馏过程中釜液组成 x_W 与馏出液组成 x_D 同时降低,自此只有使操作初期的馏出液组成适当提高,馏出液的平均浓度才能符合产品的质量要求。

恒回流比间歇操作时,组成与物料量之间的关系通过微分物料衡算求得。计算式与简单蒸馏完全相同,只是式中组成用瞬时组成代替。即

$$\ln \frac{n_F}{n_{W_e}} = \int_{x_{W_e}}^{x_F} \frac{dx_W}{x_D - x_W} \tag{5-57}$$

式中:n_{W_e} 为与釜液组成 x_W 相对应的釜液量,kmol。

因上式积分号内 x_D、x_W 均为变量,所以要找出二者的关系,可通过图解法或数值积分求得。

间歇精馏操作时,对一批物料作物料衡算,其方法与连续精馏基本相似,即

总物料: $\qquad q_{n,D} = q_{n,F} - q_{n,W}$

易挥发组分: $\qquad q_{n,D} x_{Dm} = q_{n,F} x_F - q_{n,W} x_W$

式中:x_{Dm} 为间歇精馏全时段内流出液组成,摩尔分数。

联立方程解得

$$x_{Dm} = \frac{q_{n,F} x_F - q_{n,W} x_W}{q_{n,F} - q_{n,W}} \tag{5-58}$$

此时由于回流比 R 恒定,所以一批操作时的汽化量 n_V 为

$$n_V = (R+1) n_D$$

若将汽化量除以汽化速率,即可得到精馏过程所需时间 $\tau = \dfrac{n_V}{q_{n,V}}$。

§5.6 特殊精馏

通常,精馏操作的依据是液体混合物中各组分的挥发度的差异性。不同物质组分间挥

发度差别愈大,则分离愈易进行。若溶液中两组分的挥发度非常接近,为完成一定分离任务所需塔板层数就会很多,则经济上不合理或在操作上难以实现。如果待分离的混合液体为恒沸液体,采用普通的精馏方法则难以实现分离。针对上述二种情况,可采用恒沸精馏或萃取精馏来处理。这两种特殊精馏的基本原理都是在混合液中加入第三组分,以提高各组分间相对挥发度的差别,使其得以分离。因此,两者均属于多组分非理想物系的分离过程。本节仅介绍恒沸精馏及萃取精馏的流程和特点。

5.6.1 恒沸精馏

若在两组分恒沸液中加入第三组分(称为挟带剂),该组分与原料液中的一个或两个组分形成新的恒沸液,从而使原料液能用普通精馏方法予以分离,这种精馏操作称为恒沸精馏。下面以乙醇-水混合液的恒沸精馏为例进行介绍。

如图 5-20 所示为分离乙醇—水混合液的恒沸精馏流程示意图。在原料液中加入适量的挟带剂苯,苯与原料液形成新的三元非均相恒沸液(相应的恒沸点为 64.85 ℃,恒沸摩尔组成为苯 0.539、乙醇 0.228、水 0.233)。只要苯量适当,原料液中的水分可全部转移到三元恒沸液中,因而使乙醇—水溶液得到分离。

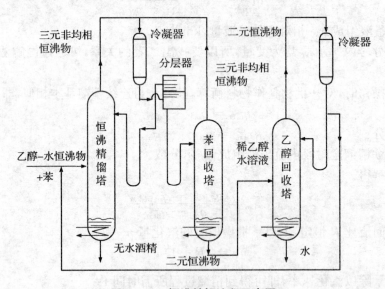

图 5-20 恒沸精馏流程示意图

由图 5-20 可见,原料液与苯进入恒沸精馏塔中,由于常压下此三元恒沸液的恒沸点为 64.85 ℃,故其由塔顶蒸出,塔底产品为近于纯态的乙醇。塔顶蒸气进入冷凝器中冷凝后,部分液相回流到恒沸精馏塔,其余的进入分层器,在器内分为轻重两层液体。轻相返回塔 1 作为补充回流。重相送入苯回收塔的顶部,以回收其中的苯。苯回收塔的蒸气由塔顶引出也进入冷凝器中,底部的产品为稀乙醇,被送到乙醇回收塔中。乙醇回收塔中塔顶产品为乙醇—水恒沸液,送回恒沸精馏塔作为原料,塔底产品几乎为纯水。在操作中苯是循环使用的,但因有损耗,故隔一段时间后需补充一定量的苯。

恒沸精馏可分离具有最低(最高)恒沸点的溶液及挥发度相近的物系。恒沸精馏的流程取决于挟带剂与原有组分所形成的恒沸液的性质。

在恒沸精馏中,需选择适宜的挟带剂。对挟带剂的要求是:(1)挟带剂应能与被分离组分形成新的恒沸液,其恒沸点要比纯组分的沸点低,一般两者沸点差不小于 10 ℃;(2)新恒沸液所含挟带剂的量愈少愈好,以便减少挟带剂用量及汽化、回收时所需的能量;(3)新恒沸液最好为非均相混合物,便于用分层法分离;(4)无毒性、无腐蚀性,热稳定性好;(5)来源容易,价格低廉。

5.6.2 萃取精馏

萃取精馏和恒沸精馏相似,也是向原料液中加入第三组分(称为萃取剂或溶剂),以改变原有组分间的相对挥发度而得到分离。但不同的是要求萃取剂的沸点较原料液中各组分的沸点高得多,且不与组分形成恒沸液。萃取精馏常用于分离各组分沸点(挥发度)差别很小的溶液。例如,在常压下苯的沸点为 80.1 ℃,环乙烷的沸点为 80.73 ℃,若在苯—环乙烷溶液中加入萃取剂糠醛,则溶液的相对挥发度发生显著的变化,如表 5 - 3 所示。

表 5 - 3 苯—环乙烷溶液中加入糠醛后 α 的变化

溶液中糠醛的摩尔分率	0	0.2	0.4	0.5	0.6	0.7
相对挥发度	0.98	1.38	1.86	2.07	2.36	2.7

由表 5 - 3 可见,相对挥发度随萃取剂量加大而增高。

图 5 - 21 为分离苯—环乙烷溶液的萃取精馏装置流程示意图。原料液进入萃取精馏塔 1 中,萃取剂(糠醛)由塔 1 顶部加入,以便在每层板上都与苯相结合。塔顶蒸出的为环乙烷蒸气。为回收微量的糠醛蒸气,在塔 1 上部设置回收段 2(若萃取剂沸点很高,也可以不设回收段)。塔底釜液为苯—糠醛混合液,再将其送入苯回收塔 3 中。由于常压下苯沸点为 80.1 ℃,糠醛的沸点为 161.7 ℃,故两者很容易分离。塔 3 中釜液为糠醛,可循环使用。在精馏过程中,萃取剂基本上不被汽化,也不与原料液形成恒沸液,这些都是有异于恒沸精馏的。

选择萃取剂时,主要应考虑:(1)萃取剂应使原组分间相对挥发度发生显著的变化;(2)萃取剂的挥发性应低些,即其沸点应较纯组分的为高,且不与原组分形成恒沸液;(3)无毒性、无腐蚀性,热稳定性好;(4)来源方便,价格低廉。

萃取精馏与恒沸精馏的特点比较如下:(1)萃取剂比挟带剂易于选择;(2)萃取剂在精馏过程中基本上不汽化,故萃取精馏的耗能量较恒沸精馏的为少;(3)萃取精馏中,萃取剂加入量的变动范围较大,而在恒沸精馏中,适宜的挟带剂量多为一定,故萃取精馏的操作较

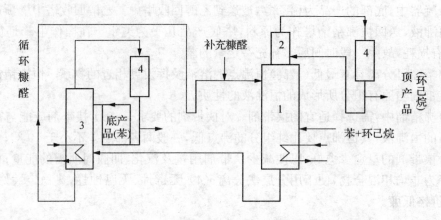

1—萃取精馏塔；2—萃取剂回收塔；3—苯回收塔；4—冷凝塔

图5-21　苯-环己烷萃取精馏流程示意图

灵活，易控制；(4) 萃取精馏不宜采用间歇操作，而恒沸精馏可采用间歇操作方式；(5) 恒沸精馏操作温度较萃取精馏的为低，故恒沸精馏较适用于分离热敏性溶液。

§5.7 板式塔

　　塔设备是实现蒸馏操作的气液传质设备，广泛应用于化工、石油化工等工业中。其结构形式基本上可以分为板式塔和填料塔两大类。在工业上，尤其处理量较大时多采用板式塔，而处理量相对较小时多采用填料塔。在一个具体工艺过程中，选用何种塔型，需根据两类塔各自的特点和工艺本身的要求而定。

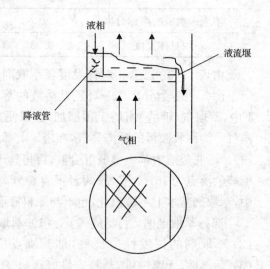

　　本章重点介绍板式塔的塔板类型和结构，分析其操作特点，介绍其工艺设计方法，并了解塔板效率的概念。如图5-22所示。

图5-22　板式塔塔板结构示意图

5.7.1　板式塔的结构

　　板式塔是一种逐级接触式的气液传质设备，根据塔板结构的不同，板式塔有三种基本形式：泡罩塔、筛板塔和浮阀塔。现以筛板塔为例，简单介绍其结构特点。在理想的传质情况下，每块塔板上气液两相必须保持密切、充分的接触，为传质过程提供足够大且不断更新的相际接触表面,以减小传质阻力。同时,在塔内气液两相应呈逆流流动,以提供较大的传质推动力。即总体上气液呈逆流流动,而在每块塔板上呈均匀错流。

5.7.2 板式塔塔板类型

按照塔内气液流动的方式,可将塔板分为错流塔板与逆流塔板两类。筛板塔为错流塔板,塔板上气液两相成错流流动,液体横向流过塔板,气体垂直通过塔板上的筛孔穿过液层,但就整体而言,两相在整个塔体内仍然是成逆流流动的。逆流塔板也称为穿流板,与错流塔板主要区别是板间不设置降液管,气液两相都通过板上孔道,逆向穿流而过。典型结构有栅板、淋降筛板等。

错流塔板降液管及液流堰的设置,能有效地控制板上液体流动路径和液层厚度,可以获得较高的效率。但降液管的设置会占去一部分塔板面积,影响塔的生产能力;而且液体横向流动时阻力较大,造成塔板上液层出现液面落差。当这种落差较大时,容易引起塔板上气体分布不均匀,从而降低了分离效率。逆流塔板结构简单,塔面利用率较高,但操作时需要较高的气流速度,才能维持板上一定的液层高度,所以操作弹性比较小,分离效率较低,目前在工业上应用并不多。

下面介绍几种常见的错流塔板。

1. 泡罩塔板

泡罩塔是应用最早的气液传质设备之一,泡罩塔板上开有若干小孔,孔上焊接有短管,短管的作用在于提供上升气体的通道,故称之为升气管。升气管上覆盖泡罩,泡罩下部周围开有许多齿缝。齿缝一般按三种形状设计:矩形、三角形及梯形,尤以矩形为常见。这些泡罩在塔板上一般按等边三角形排列,由于泡罩塔的使用最早,应用广泛,且比较成熟,所以在化工生产中,圆形泡罩主要结构参数也已经系列化。

正常工作情况下,塔板上液体横向流过塔面,依靠溢流堰使液体在塔板上保持一定厚度的液层,齿缝被淹没而形成液封。上升气体通过齿缝进入液层内,被分散成许多细小气泡或流股,即在板上形成了鼓泡层和泡沫层,为气液两相提供了大量的传质面积。

泡罩塔的优点在于:升气管高出液层,不易发生液漏现象,有较好的操作弹性。也就是说,在气液负荷有较大波动时,仍能维持比较恒定的塔板效率;且塔板不易堵塞,适用于处理各种物料。其缺点是:塔板结构较复杂,金属耗量大,造价较高;同时板上液层厚,气体流动路径曲折复杂,致使气流通过塔板的压降大,且难免会有雾沫夹带,限制了气流速度的提高,从而限制了生产能力和板效率。近些年来,泡罩塔已经逐步被筛板塔和填料塔所取代。

2. 筛板

塔板上开有许多均匀分布的筛孔,孔径一般为 3~8 mm,筛孔在塔板上呈正三角形排列。塔板上设置液流堰,以保证塔板上能保持一定厚度的液层。操作时,从下方上升的气流通过筛孔分布成若干细小的流股，与塔板上的液体充分接触，进行热量的传递和物质交换，然后经过气液传质的气体从板上液层中鼓泡而出，离开该块塔板，向上流动到上一块塔板，继续在上一块塔板上进行相同的传递过程，直至达到分离要求后离开精馏塔，进入塔顶全凝器。

正常工作情况下，通过筛孔上升的气流，应能阻止液体经过筛孔向下泄露。

综上所述，筛板塔中主要部件和作用可归纳如下：

（1）筛板——提供气液两相接触和停留的农场所；

（2）筛孔——提供气体上升的通道；

（3）溢流堰——维持塔板上一定高度的液层，以保证在塔板上气液两相有足够的接触面积；

（4）降液管——作为液体从上层塔板流至下层塔板的通道。

3. 浮阀塔板

浮阀塔板的结构特点是在塔板上开有若干个大孔（标准孔径为 39 mm），每个孔上装有一个上下可浮动的阀片。浮阀的形式大致有 5 种，最常见的有 F1 型和 V-4 型两种。

阀片有三条"腿"，插入阀孔后将腿底脚扳转成 90°角，用来限制操作时阀片在塔板上的上升高度（8.5 mm）；阀片周围冲出略向下弯的定距片，保证低气速下阀片与塔板间呈点接触，并使二者保持一定距离（2.5 mm），使气体能均匀流过，避免阀片启闭不匀造成脉动现象或因停工后阀片与板面发生黏结。

操作时，由阀孔上升的气流经过阀片与塔板间的间隙，与塔板上横流的液体之间接触，进行传质和传热。而阀片开度则受气流负荷的影响而变化，当气流较小时，气体仍能通过静止开度的缝隙而鼓泡。

浮阀塔具有如下优点：

（1）生产能力大　浮阀塔开孔率高，生产能力一般高于泡罩塔 20% 以上，与筛板塔接近；

（2）塔板效率高　气液接触充分，雾沫夹带小，板效率高；

（3）操作弹性大　阀片在一定范围内可自由升降，适应气量变化，维持正常操作所容许的负荷波动范围大于泡罩塔和筛板塔；

（4）塔板压降及液面落差小　气流流过浮阀塔板时阻力较小，气体压降及板上液面落差比泡罩塔要小；

（5）造价较低　结构简单，易于制造，其造价低于泡罩塔的 60%～80%，为筛板塔的120%～130%。

浮阀塔不宜处理黏度大或易结垢、结焦的系统，对于黏度稍大及有一般聚合现象的系统，浮阀塔也能正常操作。

4. 喷射型塔板

前面介绍的泡罩塔、筛板塔和浮阀塔,都属于气体分散型塔板,由于这类塔板上,气体分散于板上流动液层中,在鼓泡或泡沫状态下进行气液接触,容易引起雾沫夹带。为避免雾沫夹带,操作气速不能太高,限制了生产能力,喷射型塔板克服了这一弱点。在喷射塔板上,气体喷射方向与液体在塔面流动方向基本一致,充分利用了气体动能来促进两相间的混合。气体无需通过较深的液层鼓泡,这样塔板压降降低,雾沫夹带减少,传质效率提高,且能适应较高气速操作,提高了塔的生产能力。

喷射型塔板有三种基本构型:舌型塔板、浮动喷射型塔板和浮舌塔板。

以上所介绍的塔板结构各有特点,但都不能兼具所有性能。实际化工生产中应根据不同工艺要求和生产需要合理选择塔型。譬如,对难分离物系的高纯度分离就应优先考虑塔板效率;真空操作时需要较低的塔板压降;易分离且处理量大时则往往追求高的生产能力等等。

5.7.3 板式塔的工艺设计

板式塔虽然类型很多,但其设计原则与步骤基本相仿。一般工艺设计步骤如下:

(1) 塔的工艺尺寸计算:包括塔的有效高度、塔径、溢流装置设计、塔板布置、升气道设计与排列;

(2) 流体力学验算;

(3) 绘制塔板负荷性能图;

(4) 结合(2)(3),进行分析,修正不合理参数,调整尺寸大小,重复上述步骤,直至满意为止。

现以浮阀塔的工艺设计为例,简单介绍板式塔工艺设计过程。

1. 浮阀塔工艺尺寸的计算

(1) 塔高

根据给定的分离任务,按照前面所介绍的方法可求出塔内所需的理论塔板层数之后,再确定浮阀塔有效段高度,塔高可按下式计算:

$$Z = \frac{N_T}{E_T} H_T \qquad\qquad (5-59)$$

式中:Z 为塔高,m;N_T 为塔内所需理论塔板层数;E_T 为总板效率;H_T 为塔板间距(简称板距),m。

板距 H_T 直接影响塔高,塔高与塔的生产能力、操作弹性都有影响。采用较大的板距,能允许较高的空塔气速,而不致产生雾沫夹带现象。故对于一定的生产任务,可以采用小塔径,但要适当增加塔高。反之,若采用较小的板距,就需选择较小的空塔气速,增大塔径,同时可相应降低塔高。板距和塔径相互关联,需要结合经济权衡,反复调整,才可最终确定。

板距大小按规定进行圆整,如 300、350、450、500、600、800 mm 等。具体塔径和板距的对应关系可参照相应设计手册。另外,在确定板距时还应考虑安装、检修的需要。如塔体人孔处,应留有足够的工作空间,上下两层塔板间距不应小于 600 mm。

(2) 塔径

塔径的计算,可根据圆形管道内流体流量公式计算,塔径与气体流量及孔塔气速的关系由式(5-50)求取:

$$D = \sqrt{\frac{4q_{V,V}}{\pi u}}$$

由上式可见,计算塔径的关键在于确定适宜的空塔气速。当上升气体脱离塔板上鼓泡层时,气体破裂而将部分液体喷溅成若干细小的液滴及雾沫。上升气体的空塔气速不应超过一定限度,否则极易形成雾沫夹带,甚至破坏塔的正常操作。因此,可以根据悬浮液滴的沉降原理计算最大允许气速 u_{max}。

$$u_{max} = C\sqrt{\frac{\rho_L - \rho_V}{\rho_V}} \tag{5-60}$$

式中:ρ_L 为液相密度,kg/m³;ρ_V 为气流密度,kg/m³;u_{max} 为极限空塔气速,m/s;C 为负荷系数。

式(5-60)中负荷系数 C 取决于阻力系数及液滴直径,而液滴破裂所形成的液滴直径很难确定,阻力系数的影响也很复杂。研究表明,C 值与气液流量大小,密度、液滴沉降高度以及液体表面张力有关。史密斯(Smith, R. B)等人建立了符合系数与这些影响因素之间的关系,并绘制出曲线,称为史密斯关联图,为 C 值的求取提供了途径,这里不再详细介绍。

考虑到塔内结构的复杂性,按上式求出的极限气速并非实际操作过程中气速的最终选择,应再乘以一个安全系数(取值范围 0.6～0.8),这样得到的空塔气速才可被认为是适宜的空塔气速。即

$$u = (0.6 \sim 0.8)u_{max}$$

对于直径较大,板距较大,以及在加压或常压条件下不起泡的物系,安全系数可以取较高的数值,而对直径较小,板距较小,以及在减压操作条件下易起泡的物系,安全系数则应取较小的数值。

应该指出,这样计算出空塔气速以后,代入塔径计算公式,所计算出来的塔径还需要进一步圆整,以便符合标准化的生产。常用的标准塔径为 0.6、0.7、0.8、1.0、1.2、1.4、1.6、1.8、…、4.2 m。圆整完成后的塔径可以作为初步确定的塔径尺寸,之后再根据流体力学核算后确认。

对于板式精馏塔而言,如果精馏段和提馏段上升气体流量相差很大,为保证精馏塔平稳操作,可按两段塔径设计为不同的尺寸,分别进行计算。

（3）溢流装置

板式塔的溢流装置是指溢流堰和降液管。降液管有圆形和弓形之分。圆形降液管的流通面积比较小,气相夹带比较严重,塔板效率较低。同时,溢流周边的利用情况也影响塔的生产能力。所以,除小型塔以外一般不采用圆形降液管。而弓形降液管容积较大,塔板面积利用率高,应用较为普遍。

降液管的布置,决定了板上液体流动的途径。一般采用 U 形流、单溢流、双溢流及阶梯流几种型式。

关于塔板结构的设计,可参考相应塔设备结构设计方面的专业书籍,由于篇幅限制,在此不再赘述。

2. 浮阀塔的流体力学核算

塔板的流体力学验算,目的在于核验上述各项工艺尺寸已经确定的塔板,在设计任务规定的气液负荷下能否正常工作。

（1）气体通过浮阀塔板的压强降

塔内气体上升过程中,需要克服以下几种阻力:塔板自身的干板阻力,即阀孔与阀片造成的局部阻力;板上充气液层的静压力及液体表面张力。

气体通过浮阀塔板的压降大小是影响操作性能的重要参数之一,往往也作为设计任务规定指标之一。在保证效率的基础上应尽量减小压降,以降低能量消耗,改善塔的操作性能。

（2）雾沫夹带

雾沫夹带是指塔板上液体被上升气体带入上一层塔板的现象。过多的雾沫夹带会导致塔板效率的严重下降。为了保证板式塔的正常操作效果,应满足每千克上升气体夹带液体量不超过 0.1 千克的要求。

雾沫夹带的影响因素很多,最主要是空塔气速和板间距。其计算通常是间接地用操作时空塔气速与发生液泛时的空塔气速的比值作为估算雾沫夹带量大小的指标。称之为泛点百分数,或称泛点率。泛点率一般要求大塔低于 80%,小塔低于 70%。泛点率可以通过经验公式求取。

（3）漏液

当上升气体流速减小,气体通过阀孔动压不足时,板上液体就会经阀孔向下流动,出现漏液现象。漏液现象不利于气液充分接触,板效率严重下降。规定正常工作时,漏液量应小于 10%。漏液量与阀重、孔速及板上液层厚度相关。

3. 浮阀塔的负荷性能图

按照前述塔板的工艺尺寸计算及流体力学验算之后,便可确认所设计的塔板能在任务规定的气液负荷下正常操作。此时,仍有必要进一步揭示塔板的操作性能,即求出维持该塔板操作的允许气液负荷波动范围。这个范围可以用塔板负荷性能图直观表示。

板式塔操作状态的影响因素很多,包括物料参数、气液负荷和塔板结构尺寸等。在系统物性、塔板结构尺寸确定情况下,正常工作范围内,如何调整气液负荷,对操作稳定性、挖掘增产的潜力及减负荷运行,具有一定指导意义。可以气液两相流率为坐标,标绘出各种界限条件下的气液流率关系曲线,从而得到允许的负荷波动范围图形。这个图形就称为塔板的负荷性能图。

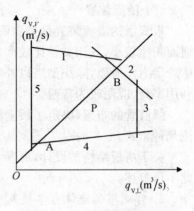

图 5-23 浮阀塔负荷性能图

浮阀塔板的负荷性能图大致如图 5-23 所示。图中五线所围成部分表示塔的适宜操作范围,通常由下列几条边界线圈定:

(1)雾沫夹带上限线

线 1 为雾沫夹带上限线。当气相负荷超过此线时,雾沫夹带过大,板效率严重下降,塔板适宜操作区应在该线以下区域。

(2)液泛线

线 2 为液泛线。塔板的适宜操作区应在该线以下,否则将发生液泛现象,板式塔无法正常工作。

(3)液相负荷上限线

线 3 为液相负荷上限线。该线又称为降液管超负荷线。液体流量超过此线,液体在降液管内停留时间过短,进入降液管中的气泡来不及与液相分离而被代入下层塔板,降低了塔板效率

(4)漏液线

线 4 为漏液线。漏液线又称气相负荷下限线。气相负荷低于此线将发生严重漏液现象。气液不能充分接触,板效率严重下降。

(5)液相负荷下限线

线 5 为液相负荷下限线。液相负荷低于该线时,塔板上液体无法均匀分布,导致板效率下降。

以上五条线所包围的区域,便是塔的适宜操作范围。图中通过原点的直线为分离操作的操作线,P 点为工作点。该点处于适中位置,意味着操作过程可望达到良好稳定的效果。如该点接近紧靠某一条边界线,则意味着当负荷稍有波动时,会使塔的正常操作受到破坏,也就是说,操作弹性较小。

5-1 在乙醇和水的混合液中,乙醇的质量为 15 kg,水为 25 kg。求乙醇和水分别在混

合液中的质量分数、摩尔分数和该混合液的平均摩尔质量。

5-2 若苯-甲苯混合液在 45 ℃时沸腾,外界压力为 20.3 kPa。已知在 45 ℃时,纯苯的饱和蒸气压 $p_A^* = 22.7$ kPa,纯甲苯的饱和蒸气压 $p_B^* = 6.70$ kPa。求其气液相的平衡组成。

5-3 苯-甲苯理想溶液在总压为 101.3 kPa 下,饱和蒸气压和温度的关系如下:在 85 ℃时,苯的饱和蒸气压为 116.9 kPa,甲苯饱和蒸气压为 46 kPa;在 105 ℃时,苯的饱和蒸气压为 204.2 kPa,而甲苯饱和蒸气压为 86 kPa。

求:(1) 在 85 ℃和 105 ℃时该溶液的相对挥发度及平均相对挥发度;(2) 在此总压下,若 85 ℃时,苯的液相组成为 0.78 时,用平均相对挥发度值求苯的气相组成。

5-4 在连续精馏塔中分离含苯 50%(质量百分数,下同)的苯-甲苯混合液。要求馏出液组成为 98%,釜残液组成为 1%(均为苯的组成)。求:甲苯的回收率。

5-5 在连续精馏塔中分离两组分理想溶液。已知原料液组成为 0.6(摩尔分数,下同),馏出液组成为 0.9,釜残液组成为 0.02。泡点进料。(1) 求每获得 1 kmol/h 馏出液时的原料液用量 $q_{n,F}$;(2) 若回流比为 1.5,它相当于最小回流比的多少倍?(3) 假设原料液加到加料板上后,该板的液相组成仍为 0.6,求上升到加料板上的气相组成。(物系的平均相对挥发度为 3)

5-6 含苯 0.45(摩尔分率)的苯-甲苯混合溶液,在 101.33 kPa 下的泡点温度为 94 ℃,此混合液的平均千摩尔比热容为 167.5 kJ/(kmol·℃),平均千摩尔汽化热为 30397 kJ/kmol,求该混合液在 55 ℃时的 q 值及 q 线方程。

5-7 在一双组分连续精馏塔中,已知精馏段操作线方程为 $y = 0.175x + 0.271$,q 线方程为 $y = 2.81x - 0.91$。求:(1) 回流比及进料热状况参数;(2) 馏出液及原料液组成;(3) 若回流比为 3,测得从精馏段第二层塔板下降液体的组成为 0.82(摩尔分数,下同),从第三层塔板上升的蒸气组成为 0.86,则此时的馏出液组成又为多少?

5-8 在一两组分连续精馏塔中,进入精馏段中某层理论板 n 的气相组成 y_{n+1} 为 0.75,从该板流出的液相组成 x_n 为 0.65(均为摩尔分数),塔内气液比 $q_{n,V}/q_{n,L} = 2$,物系的相对挥发度为 2.5,求:(1) 从该板上升的蒸气组成 y_n;(2) 流入该板的液相组成 x_{n-1};(3) 回流比 R。

5-9 在常压操作的连续精馏塔中分离含苯 0.46(摩尔分数)的苯-甲苯混合液。已知原料液的泡点为 92.5 ℃,苯的汽化热为 390 kJ/kg,甲苯的汽化热为 361 kJ/kg。求以下各种情况下的 q 值:(1) 进料温度为 20 ℃的冷液体;(2) 饱和液体进料;(3) 饱和蒸气进料。

5-10 在连续精馏塔中分离某两组分混合物。已知原料液流量为 100 kmol/h,组成为 0.5(易挥发组分摩尔分数,下同),饱和蒸气进料;馏出液组成为 0.98,回流比 R 为 2.6,若要求易挥发组分回收率为 96%,求:(1) 馏出液的摩尔流量 $q_{n,D}$;(2) 提馏段操作线方程。

5-11 在连续精馏塔中分离某组成为 0.5(易挥发组分的摩尔分数,下同)的两组分理想溶液。原料液于泡点下进入塔内。塔顶采用分凝器和全凝器。分凝器向塔内提供回流液,其组成为 0.88,全凝器提供组成为 0.95 的合格产品。塔顶馏出物中易挥发组分的回收率为 96%。若测得塔顶第一层板的液相组成为 0.79,试求:(1) 操作回流比和最小回流比;(2) 若馏出液流量为 100 kmol/h,则原料液流量为多少?

5-12　某连续操作精馏塔,分离苯—甲苯混合液,原料中含苯 45%,馏出液中含苯 95%,残液中含甲苯 95%(以上均为摩尔分数)。塔顶全凝器每小时全凝 28000 kg 蒸汽,液体在泡点下回流。提馏段回流液量为 470 kmol/h,原料液于泡点进料。求:(1) 釜残液和馏出液的流量($q_{n,W}$ 和 $q_{n,D}$);(2) 回流比 R。

5-13　在某两组分连续精馏塔中,已知原料液流量为 788 kmol/h,泡点进料;馏出液组成为 0.95(易挥发组分摩尔分数,下同);釜残液组成为 0.03;回流比 R 为 3,塔顶回流液量为 540 kmol/h。求:(1) 精馏段操作线方程;(2) 提馏段操作线方程及提馏段下流液量 $q_{n,L'}$。

5-14　在泡点进料下,某两组分连续精馏塔的操作线方程为:

(1) 精馏段:$y=0.723x+0.263$　(2) 提馏段:$y'=1.25x'-0.0187$

求:(1) 回流比;(2) 馏出液;(3) 釜残液的组成;(4) 原料液的组成。

5-15　有一相对挥发度平均值为 3 的两组分理想溶液,在泡点温度下进入连续精馏塔。进料组成为 0.6(摩尔分数,下同),馏出液组成为 0.9;回流比为 1.5,全塔效率为 0.5。求:(1) 用逐板计算法求精馏段所需要的理论板数 N_T;(2) 计算精馏段所需的实际板数 N_P。(假设塔顶为全凝器)

5-16　在常压连续精馏塔中分离两组分理想溶液,塔顶采用全凝器。该物系的平均相对挥发度为 2.5。原料液组成为 0.35(易挥发组分摩尔分率,下同),饱和蒸气加料。塔顶采出率为 40%,且已知精馏段操作线方程为 $y=0.75x+0.20$,试求:

(1) 提馏段操作线方程;

(2) 若塔顶第一板下降的液相组成为 0.7,求该板的气相默弗里效率 E_{mV1}。

5-17　在某连续操作的板式精馏塔中,分离两组分理想溶液。原料液流量为 100 kmol/h,组成为 0.3(易挥发组分的摩尔分数,下同),泡点进料。馏出液组成为 0.95,塔顶易挥发组分的回收率为 95%。操作回流比为 3,图解所需理论板数为 20(不包括再沸塔)。全塔效率为 50%,空塔气速为 0.8 m/s,板间距为 0.4 m,全塔平均操作温度为 60 ℃,平均压强为101.33 kPa。求:(1) 塔的有效高度 Z;(2) 塔径 D。

5-18　常压操作的连续精馏塔,分离含苯为 0.44(摩尔分数,下同)的苯—甲苯混合液。原料液流量为 175 kmol/h,馏出液组成为 0.975,釜残液组成为 0.0235。操作回流比为 3.5;加热蒸气绝压为 200 kPa,冷凝液在饱和温度下排出,再沸器热损失为 1.0×10^6 kJ/h。塔顶采用全凝器,泡点下回流;冷却水进、出冷凝器的温度分别为 25 ℃ 和 35 ℃,冷凝器的热损失可略。进料热状况参数 1.362。苯和甲苯的汽化热分别为 389 kJ/kg 和 360 kJ/

kg,冷却水的平均比热容可取 4.187 kJ/(kg·℃)。求：(1) 全凝器的热负荷 Q_C 和冷凝水消耗量 W_C；(2) 再沸器的热负荷 Q_B 和加热蒸气消耗量 W_h。

思考题

5-1 压强对气液平衡有何影响？一般如何确定精馏塔的操作压强？

5-2 如何选择进料热状况。

5-3 连续精馏流程中主要由哪些设备所组成？还有哪些辅助设备？

5-4 简述恒摩尔流假定。在精馏计算中有何意义？

5-5 何谓适宜回流比？在精馏设计计算中怎样确定？其范围如何？

5-6 什么时全塔效率 E_T？在精馏设计中 E_T 如何确定？

5-7 对于特定的精馏塔和物系，影响精馏操作的因素通常有哪些？

5-8 什么是间歇精馏的操作方式？适用哪些场合？

5-9 进料量对理论板数有无影响？为什么？

 **工程案例**

石油的炼制

石油，又称原油，是用途广泛的液体矿物。它由不同的碳氢化合物混合组成，其主要组成成分是烷烃，此外石油中还含硫、氧、氮、磷、钒等元素。石油主要被用来作为燃油和汽油，燃料油和汽油是世界上最重要的一次能源之一。石油也是许多化学工业产品如溶剂、化肥、杀虫剂和塑料等的原料。今天 90% 的运输能量是依靠石油获得的。石油运输方便、能量密度高，因此是最重要的运输驱动能源。

今天我们了解一下炼油过程：

石油加工，主要是指对原油的加工。世界各国基本上都是通过一次加工、二次加工以生产燃料油品，三次加工主要生产化工产品。原油在炼厂加工前，还需经过脱盐、脱水的预处理，使之进入蒸馏装置时，其各种盐类的总含盐量低于 5 mg/L，主要控制其对加工设备、管线的腐蚀和堵塞。

原油一次加工，主要采用常压、减压蒸馏的简单物理方法将原油切割为沸点范围不同、密度大小不同的多种石油馏分。各种馏分的分离顺序主要取决于分子大小和沸点高低。在常压蒸馏过程中，汽油的分子小、沸点低(200～50 ℃)，首先馏出，随之是煤油(60～5 ℃)、柴油(200～0 ℃)、残余重油。重油经减压蒸馏又可获得一定数量的润滑油的基础油或半成品(蜡油)，最后剩下渣油(重油)。一次加工获得的轻质油品(汽油、煤油、柴油)还需进一步精制、调配,才可作为合格油品投入市场。我国一次加工原油,只获得25%~40%的直馏轻质油品和20%左右的蜡油。

原油二次加工,主要用化学方法或化学-物理方法,将原油馏分进一步加工转化,以提高某种产品收率,增加产品品种,提高产品质量。进行二次加工的工艺很多,要根据油品性质和设计要求进行选择。主要有催化裂化、催化重整、焦化、减黏、加氢裂化、溶剂脱沥青等。如对一次加工获得的重质半成品(蜡油)进行催化裂化,又可将蜡油的40%左右转化为高牌号车用汽油,30%左右转化为柴油,20%左右转化为液化气、气态烃和干气。如以轻汽油(石脑油)为原料,采用催化重整工艺加工,可生产高辛烷值汽油组分(航空汽油)或化工原料芳烃(苯、二甲苯等),还可获得副产品氢气。

石油三次加工是对石油一次、二次加工的中间产品(包括轻油、重油、各种石油气、石蜡等),通过化学过程生产化工产品。如用催化裂化工艺所产干气中的丙烯生产丙醇、丁醇、辛醇、丙烯腈、腈纶;用丙烯和苯生产丙苯酚丙酮;用碳四(C4)馏分生产顺酐、顺丁橡胶;用苯、甲苯、二甲苯生产苯酐、聚酯、涤纶等产品。最重要并且最大量的是用石脑油、柴油生产乙烯。

在原油的一次加工过程中,首先要进行原油的预处理过程。所谓预处理,是指从油田送往炼油厂的原油往往含盐(主要是氯化物)、带水(溶于油或呈乳化状态),会导致设备的腐蚀,在设备内壁结垢和影响成品油的组成,需在加工前脱除。常用的办法是加破乳剂和水,使油中的水集聚,并从油中分出,而盐分溶于水中,再加以高压电场配合,使形成的较大水滴后可顺利除去。经预处理后的原油进入后续的常减压蒸馏塔分馏体系。

常压蒸馏和减压蒸馏习惯上合称常减压蒸馏。常减压蒸馏基本属物理过程。脱盐、脱水后的原料油在蒸馏塔里按蒸发能力分成沸点范围不同的油品(称为馏分),这些油有的经调和、加添加剂后以产品形式出厂,相当大的部分是后续加工装置的原料,因此,原油的预处理及常减压蒸馏又被称为原油的一次加工。在常减压蒸馏装置中,馏分分离过程如图1所示:

$$
原油 \xrightarrow{脱盐脱水} 石油 \xrightarrow{常压蒸馏}
\begin{cases}
石油气(C_1 \sim C_4) \\
汽油(C_5 \sim C_{12}) \\
煤油(C_{12} \sim C_{16}) \\
柴油(C_{15} \sim C_{18}) \\
润滑油(C_{16} \sim C_{20}) \\
重油(C_{20}以上)
\end{cases}
$$

$$
重油 \xrightarrow{减压分缩}
\begin{cases}
凡士林(液态烃和固态烃的混合物) \\
石蜡(含 C_{20} \sim C_{30} 的烃) \\
沥青(含 C_{30} \sim C_{40} 的烃)
\end{cases}
$$

常减压蒸馏流程示意图如图1所示:

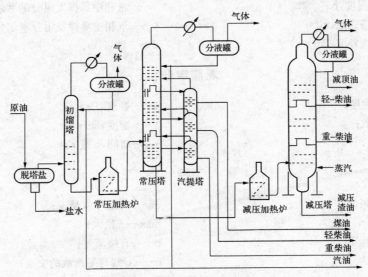

图 1　常减压蒸馏示意图

后续加工过程,如热裂化、催化裂化、催化重整、加氢裂化等加工过程在此不再介绍,读者可参照石油加工工艺方面的书籍。

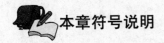 **本章符号说明**

英文字母

b——平衡线截距;

c——比热容,kJ/(kmol·℃)或 kJ/(kg·℃)

C——独立组分数;

D——塔径,m;

E——塔效率,%;

f——组分的逸度,Pa;

F——自由度数;

$HETP$——理论板当量高度,m;

H——物质的焓,kJ/kg;

K——平衡常数;

L——塔内下降的液体流量,kmol/h;

m——平衡常数;

m——提馏段理论板层数;

M——分子量,kg/kmol;

n——精馏段理论板层数;

N——理论板层数;

p——组分的分压,Pa;

$p_总$——系统总压或外压,Pa;

q——进料热状况参数;

q——流量;

Q——传热速率或负荷,kJ/h 或 kW;

r——加热蒸汽冷凝热,kJ/kg;

R——回流比;

t——温度,℃;

T——热力学温度，K；

u——气相空塔速度，m/s；

v——组分的挥发度，Pa；

x——液相中易挥发组分的摩尔分率；

y——气相中易挥发组分摩尔分率；

Z——塔高，m。

希腊字母

α——相对挥发度；

γ——活度系数；

ϕ——相数；

μ——黏度，Pa·s；

ρ——密度，kg/m³；

τ——时间，h 或 s。

下标

A——易挥发组分；

B——再沸器；

B——难挥发组分；

C——冷凝器；

D——馏出液；

F——原料液；

h——加热；

i——组分序号；

L——液相；

m——平均；

m——提馏段塔板序号；

min——最小或最少；

max——最大；

o——直接蒸气；

q——q线与平衡线的交点；

P——实际的；

s——秒；

T——理论的；

V——气相；

W——釜残液；

n——物质量，mol。

上标

*——平衡状态；

′——提馏段。

参考文献

[1] 姚玉英,黄凤廉,陈常贵等. 化工原理:下册[M]. 天津:天津科学技术出版社,2006.

[2] 大连理工大学. 化工原理:下册[M]. 北京:高等教育出版社,2002.

[3] 姚玉英,等. 化工原理例题与习题[M]. 北京:化学工业出版社,1990.

[4] 祁存谦,丁楠,吕树申. 化工原理[M]. 北京:化学工业出版社,2006.

[5] 黄少烈,邹华生. 化工原理[M]. 北京:高等教育出版社,2002.

[6] 柯尔森,等. 化学工程(中译本)卷Ⅱ单元操作[M].丁绪淮,等,译. 3 版. 北京:化学工业出版社,1997.

第6章　其他分离技术

一、学习目的

通过本章学习,熟悉和了解萃取、结晶、吸附、膜分离等其他分离技术或方法的基本原理、工艺过程、设备结构,以及其在工业中应用等。

二、学习要点

重点掌握液液相平衡关系、萃取剂的选择及单级萃取的计算方法,相平衡与溶解度、结晶机理、吸附分离的基本原理、特点、膜分离的基本原理、特点。掌握超临界流体萃取的基本原理及流程、反渗透、纳滤、超滤与微滤的差异性、泡沫分离的基本原理、高梯度磁分离的基本原理。

一般了解萃取设备的类型、结构特点及选用,超临界流体的特征、常见超临界流体性质、应用,结晶方法与设备、常规的膜结构和组件。

前面章节中介绍了一些常规分离技术,如沉降、过滤、蒸馏、吸收等目前在工业上应用最普遍的分离过程。但是,随着科技进步和生活水平的提高,现代生产和科技的发展对产品的质量和分离纯度提出了更高的要求;在生物技术、制药及环境保护等领域中需要特殊的分离技术。另外,实际被分离物质的物化性质是千差万别,对分离纯度的要求各不相同。上述各种需求,不但促使常规分离技术,如蒸馏、吸收、萃取、吸附、结晶等不断改进和发展,更使一些新的分离技术,如膜分离、超临界流体萃取、高梯度磁分离等得到重视和开发。本章简要介绍除蒸馏、吸收等最普遍的分离技术外的一些其他分离技术。

§6.1　液液萃取

6.1.1　概述

所谓萃取,是指利用液相混合物中各组分在溶剂中溶解度的差异,来分离各组分的单元操作过程,称为液液萃取,简称萃取。

萃取的基本过程如图 6-1 所示。原料中含有溶质 A 和溶剂 B,为使 A 与 B 尽可能分离,需选择一种溶剂(称为萃取剂)S,要求它对 A 的溶解能力要大,而与原溶剂(或称为稀释剂)B 的相互溶解度则愈小愈好。萃取的第 1 步是使原料与萃取剂在混合器中保持密切接触,溶质 A 通过两液相间的界面由原料液向萃取剂中传递。在充分接触、传质之后,第 2 步是使两液相在分层器中分为两层。其中一层以萃取剂 S 为主,并溶有较多的溶质 A,称为萃取相;另一层以原溶剂 B 为主,还含有未被萃取完的部分溶质 A,称为萃余相。

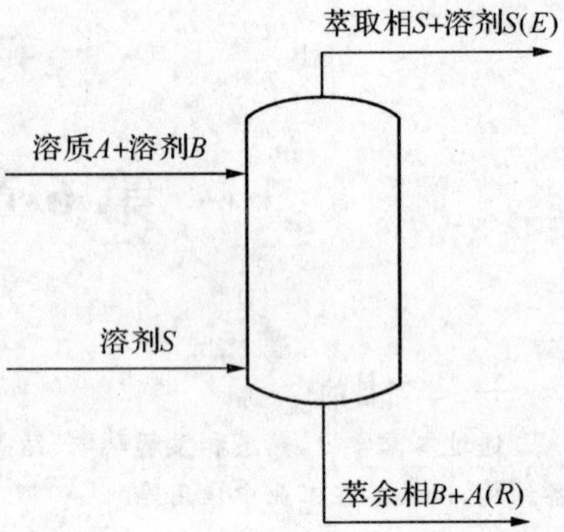

图 6-1 萃取操作示意图

适宜的萃取剂是萃取操作能够正常进行且经济合理的关键。萃取剂的选择主要考虑以下几个方面的因素。

1. 萃取剂的选择系数及选择性系数

萃取剂的选择性是指萃取剂 S 对原料液中不同组分溶解能力的差异。常用选择性系数 β 表示萃取剂的选择性,其定义式为

$$\beta = \frac{\text{萃取相中 } A \text{ 的质量分数}}{\text{萃取相中 } B \text{ 的质量分数}} \Big/ \frac{\text{萃余相中 } A \text{ 的质量分数}}{\text{萃余相中 } B \text{ 的质量分数}}$$

$$= \frac{y_A}{y_B} \Big/ \frac{x_A}{x_B} = \frac{y_A}{x_A} \Big/ \frac{y_B}{x_B} \tag{6-1}$$

将分配系数引入式(6-1)得

$$\beta = \frac{k_A}{k_B} \tag{6-2}$$

由式(6-2)可知,选择性系数 β 为组分 A、B 的分配系数之比。

萃取剂的选择性越高,则完成一定的分离任务所需萃取剂的量也越少,用于溶剂回收操作的能耗也越低。

2. 萃取剂回收的难易与经济性

萃取过程将一个难于分离的混合物转变为两个易于分离的混合物,通常采用蒸馏的方法分离萃取后的 E 相和 R 相,萃取剂回收的难易程度影响到整个萃取操作的费用,即在很大程度上决定萃取操作的经济性。因此,要求萃取剂 S 与原料液中组分间的相对挥发度要大,应避免形成恒沸物,且最好是易挥发组分的含量低。若被萃取的溶质不挥发或挥发度很低时,为节省能源,则要求 S 的汽化热要小。

3. 萃取剂的其他物性

当萃取剂与被分离混合物有较大的密度差时,两相在萃取剂中能较快地分层,以提高设备的生产能力。

两液相间的界面张力对萃取操作具有重要影响。萃取物系的界面张力较大时,分散相液滴易聚结,有利于分层,但界面张力过大时,液体不易分散,难以使两相充分混合,反而萃取效果降低。界面张力过小时,液体容易分散,但易产生乳化现象,使两相较难分离。因此,界面张力要适中。

溶剂的黏度对分离效果也有着重要的影响。低黏度溶剂有利于两相的混合与分层,也

有利于流动与传质,故当萃取剂的黏度较大时,往往加入其他溶剂以降低其黏度。

此外,选择萃取剂时,还应考虑萃取剂的化学稳定性、热稳定性、腐蚀性、来源、价格、易燃易爆性等。因此,很难找到能同时满足上述所有条件的萃取剂,这就需要根据实际情况加以权衡,以保证满足主要要求。

6.1.2 液液相平衡原理

1. 三元组成的表示法

萃取的基础是液液相平衡关系。萃取过程中至少要涉及溶质 A、原溶剂(稀释剂)B 和萃取剂 S。对于该三元物系,若 S 与 B 的相互溶解度在操作范围内可以忽略,则萃取相 E 和萃余相 R 均为双组分,其相平衡关系类似于吸收中的溶解度曲线,可在直角坐标上表示。但常见的情况是 S 与 B 部分互溶,于是 E 和 R 都含有 3 个组分,这种体系的相平衡关系通常用三角形相图表示。三角形相图又可分为正三角形和直角三角形两种。

正三角形相图如图 6-2 所示。三角形的 3 个顶点代表纯物质,习惯上以三角形上方的顶点代表溶质 A,左下顶点代表原溶剂 B,右下顶点代表溶剂 S。3 条边都分为 100 等分,并通过各边的等分点作平行于 3 条边的直线。处于各边上的点表示某个二元组分,如 BA 上的点 Q 代表一个 A、B 二元混合液,其中含 60% A、40% B 而不含 S(组分 A 的百分率用线段 QB 表示,而组分 B 的百分率则用线段 QA 代表)。

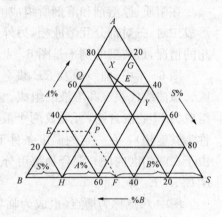

图 6-2 正三角形相图

三角形内的任一点 P 代表一个三元混合物,其组成可用各边上的长度表示。通过点 P 作底边 SB 的平行线 PE,交 BA 于点 E,以线段 BE 代表溶质 A 的含量(顶点 A 与底边 SD 相对);同理,作 PF∥AS、PG∥AB,以线段 AG 及 SF 分别代表组分 S 和 B 的含量。那么,图中点 P 的组成按上述线段的长度,可从标尺读出为 30% A、20% S、50% B。

直角三角形相图(如图 6-3)与上述正三角形相图的不同,除边 BA 与底边 BS 垂直外,还有萃取剂 S 的标尺改写在底边上;原溶剂 B 的含量并不另标出,而由两坐标轴上查得 $S\%$ 及 $A\%$ 后,按式 $B\%=100\%-A\%-S\%$ 计算。如图中 R 点可由图读出:$x_A=0.27$、$x_S=0.12$,从而计算出 $x_B=0.61$。

混合物的组成可用体积分数表示、质量分数或摩尔分数来表示。

2. 溶解度曲线

溶解度曲线也称双结点曲线。如图 6-4 中所表示的是在一定温度条件下,形成一对部分互溶液相三元体系的溶解度曲线。

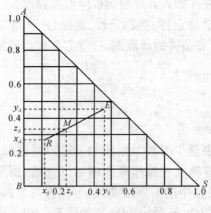

图 6-3 直角三角形相图

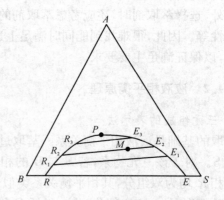

图 6-4 溶解度曲线

在溶质、原溶剂和溶剂所组成的三元体系中,除形成一对部分互溶液相的情况外,还能形成二对、三对部分互溶液相,另外还有形成固相的情况。本章只讨论形成一对部分互溶液相的情况,最典型的例子是图 6-4 所示的双结点曲线 $RR_1R_2R_3PE_3E_2E_1E$。

图 6-4 中,曲线内及 RE 线上的点表示该混合物可形成两个组成不同的相,称为两相区。该曲线代表饱和溶液的组成。曲线所包围区域外的点表示该混合物为均相。例如一个组成为 M 的混合物,可形成两个液相,其组成分别为 R_2 和 E_2,这两个液相称为共存相(也称为共轭相)。在一定的温度条件下,两液相处于平衡状态。连接 R_2 和 E_2 的线称为结线,由于在两相区内任一混合物都可分成两个平衡液相,故原则上可得到无数条结线,如图中的 R_1E_1、R_3E_3 等。

图中 P 点称为褶点(也成为临界溶点)。在该点上,两相消失而变为一相,即两相共存相的组成相同。显然,褶点处的三元混合物已不能用萃取方法进行分离。褶点位置可以通过作图方法来确定。如图 6-5 所示,若溶解度曲线以及 R_1E_1、R_2E_2、R_3E_3 和 R_4E_4 结线为已知,通过 R_1、R_2、R_3、R_4、E_4、E_3、E_2 和 E_1 分别作平行于 AB 边和 AS 边的直线,并分别交于点 H、I、J、K、L、M、N 和 O 点,连接这些交点,得到辅助曲线 $HIJKLMNO$,它与溶解度曲线的交点就是褶点 P 的位置。

利用辅助线还可以作出更多的平衡联结线。若已知溶解度曲线上 P 点左侧的任一点 R,由该 R 作边 AS 的平行线,交辅助线于一点,再由该点作边 AB 的平行线,交溶解度曲线 P 点右侧的一点 E,联结 RE 就是欲求的平衡联结线。

在平衡共存的两液相中,溶质 A 的分配关系可用分配系数 k_A 表示:

$$k_A = \frac{溶质\,A\,在萃取相(E)中的浓度\,y}{溶质\,A\,在萃余相(R)中的浓度\,x} \tag{6-3}$$

式中:溶质常用质量浓度(kg/m³)或质量分数表示。k_A 值愈大,则每次萃取所能取得的分离效果愈好。当浓度的变化范围不大,恒温下的 k_A 可作为常数。

3. 三角形相图中的杠杆规则

在进行萃取操作计算时,经常利用杠杆规则确定平衡各相之间的相对数量。

如图 6-6 所示,将质量为 r,组成为 x_A、x_B、x_S 的混合液 R 与质量为 m,组成为 y_A、y_B、y_S 的混合液 E 相混合,得到一个质量为 m,组成为 z_A、z_B、z_S 的新混合液 M,其在三角形坐标中分别以点 R、E 和 M 表示。点 M 称为点 R 与点 E 的和点,点 R 与点 E 称为差点。混合液 M 与两混合液 E、R 之间的关系可用杠杆规则描述:

(1) 混合液总组成的 M 点和两混合液组成的 E 点与 R 点在同一直线上;

(2) 混合液 E 与混合液 R 质量之比等于线段 $\overline{MR}$ 与 $\overline{ME}$ 之比,即

$$\frac{e}{r} = \frac{\overline{MR}}{\overline{ME}} \tag{6-4}$$

式中:e、r 分别为混合液 E 与混合液 R 的质量,kg 或 kg/h;$\overline{MR}$、$\overline{ME}$ 分别为线段 $\overline{MR}$ 和 $\overline{ME}$ 的长度,m。

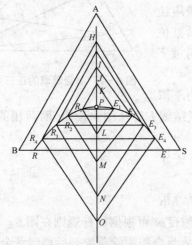

图 6-5　辅助线的作法

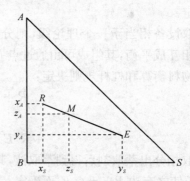

图 6-6　杠杆规则的应用

由式(6-4),结合三角形的相似定理可得

$$\frac{e}{m} = \frac{x_A - z_A}{x_A - y_A} = \frac{\overline{MR}}{\overline{RE}} \tag{6-5}$$

或

$$\frac{e}{r} = \frac{x_A - z_A}{z_A - y_A} = \frac{\overline{MR}}{\overline{ME}} \tag{6-5a}$$

及

$$\frac{r}{m} = \frac{z_A - y_A}{x_A - y_A} = \frac{\overline{ME}}{\overline{RE}} \tag{6-5b}$$

式中:$\overline{RE}$ 为线段 $\overline{RE}$ 的长度,m。

式(6-5)和式(6-5a)的另一个含义是：当从质量为 m 的混合液中移出质量为 e 的混合液 E（或质量为 r 的混合液 R），则余下的混合液 R（或混合液 E）的组成点必须位于 EM（或 RM）的延长线上，且确定了点 R（或点 E）的具体位置。

同理可以证明：若向 A、B 二元混合物 F 中加入纯溶剂 S，则三元混合液的总组成点 M 必位于 SF 的连线上，具体位置由杠杆规则确定，即

$$\frac{\overline{MF}}{\overline{MS}} = \frac{S}{F} \tag{6-6}$$

完整的单级萃取流程图，如图 6-7 所示。萃取相 E，萃余相 R 在除去萃取剂 S 后，称为萃取液 E' 和萃余液 R'。

应用三角形相图，可对上述单级萃取过程作出计算。首先根据温度作出平衡数据的联结线和溶解度曲线（联结线未在图中作出）。原料液的组成 x_F 在图 6-7 中以 BA 边上的点 F 代表。萃取剂 S 的加入量应使得总组成 M 落在两相区中。点 M 应在线 FS 上，其位置按比例式 $\overline{MF}/\overline{MS}=S/F$，由萃取剂量 S 与原料液 F 的比例决定。

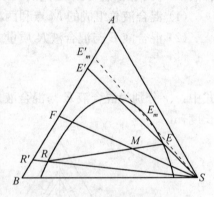

图 6-7　单级萃取的正三角形图解

若萃取设备相当于一个理论级，则分层后的萃取相和萃余相互成平衡，其组成可由通过点 M 的联结线 RE 从图中读出，而两相的量 R 和 E 则可由总物料衡算和杠杆规则决定：

$$R + E = F + S$$

且

$$R/E = \overline{ME}/\overline{MR} \tag{6-7}$$

由萃取相分出萃取剂后得到萃取液，其溶质浓度 y' 可根据杠杆规则在图 6-7 中连直线 SE，并延长使之交边 BA 于点 E' 而确定。同理，从萃余相脱除萃取剂后得到萃余液，其溶质浓度 x' 可如图 6-7 用类似的方法在边 BA 上确定点 R' 得到。由 E'、F、R' 点，可得 $y' > x_F > x'$。萃取液和萃余液的量，可由总物料衡算和杠杆规则计算：

$$E' + R' = F$$
$$E'/R' = \overline{FR'}/\overline{FE'}$$

上述单级萃取过程的分离效果，取决于图 6-7 中点 E' 和 R' 的位置。图中虚线 SE_m 与线 AB 的交点 E'_m 为萃取液所能达到的最高浓度 y'_m，线 SE'_m 与溶解度曲线相切。萃取相的相组成用图中的点 E_m 来表示。而萃取液的相应浓度 x'_m 则与联结线的斜率有关，斜率愈大，萃余液的浓度 x'_m 愈小。

从相平衡的角度来看，影响萃取效果的主要因素是物系相图中两相区的大小和联结线

的斜率,而这两个因素由所选择的萃取溶剂和操作温度决定。当萃取溶剂一定时,温度升高,一般来说溶解度将增大,两相区会缩小,故萃取过程不宜在高的温度下进行;若温度过低,液体黏度增大,扩散系数减小,不利于传质。所以,操作温度的选择对于萃取过程来说,十分重要。

6.1.3 萃取过程计算

对于萃取过程来说,若要对原料液进行较完全的分离,单级萃取往往达不到要求,这就需要应用多级萃取。工业上常见的多级萃取有多级错流萃取、多级逆流萃取、连接接触逆流萃取。本章主要介绍多级错流萃取过程。

萃取过程的描述与精馏过程相似,以每一个萃取级作为考察单元,即可写出每一级的物料衡算式、热量衡算式及表示级内传递过程的特征方程式。由于萃取过程基本上是等温的,故无需作热量衡算。

(1) 单一萃取级的物料衡算

在级式萃取设备内任取第 m 级作为考察对象,对进、出该级的各物料作衡算可得

总物料衡算式

$$R_{m-1} + E_{m+1} = R_m + E_m \tag{6-8}$$

溶质 A 衡算式

$$R_{m-1} x_{m-1,A} + E_{m+1} y_{m+1,A} = R_m x_{m,A} + E_m y_{m,A} \tag{6-9}$$

溶质 S 衡算式

$$R_{m-1} x_{m-1,S} + E_{m+1} y_{m+1,S} = R_m x_{m,S} + E_m y_{m,S} \tag{6-10}$$

(2) 萃取级内传质过程的简化——理论级和级效率

萃取中液液相际的传质过程非常复杂,其速率与物质性质、操作条件及设备结构等多种因素有关,直接写出传质速率方程式十分困难。为此,引入理论级的概念,即假定进入一个萃取级的两股物流 R_{m-1} 和 E_{m+1},不论组成如何,经过传质之后的两股物流 R_m 和 E_m 达到平衡状态。这样的一个萃取级称为理论级。理论级的建立,可将萃取过程的计算分为理论级和级效率的计算两部分,其中理论级可在设备决定之前通过解析方法解决,而级效率则必须结合具体的设备通过实验确定。

(3) 多级错流萃取

多级错流萃取的流程,如图 6-9 所示。图中圆圈代表一个理论级,它包括使原料液与萃取剂接触、传质的混合器以及继而使混合液进行机械分离的分层器。原料液在第 1 级被萃取剂处理后的萃余相 R_1,继续在第 2 级中为新鲜的萃取剂所萃取,使第 2 次萃余相 R_2 中的溶质浓度进一步降低。依此,直到第 N 级的萃余相 R_N 的浓度低于指定值。将这一最终萃余相在溶剂回收设备中脱除萃取剂,得到萃余液 R',作为产品或送至一下工序。由各个萃取级所得到的萃取相 E_1、E_2、$\cdots$、E_N,可在汇总后经溶剂回收设备,得到萃取液 E'。两处

回收的萃取溶剂 S 分别加入各个级,循环使用。

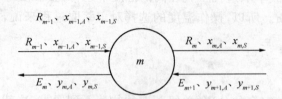

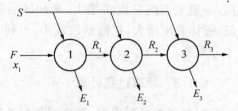

图 6-8 萃取级的物料衡算   图 6-9 多级错流萃取

采用多级错流萃取流程时,由于每一级都加入新鲜的萃取剂,一方面有利于降低最后萃余相中的溶质浓度,而得到高的溶质回收率;另一方面,萃取剂的需用量(循环量)大,使溶剂回收和输送所消耗的能量大。当物系分配系数较大,或萃取剂为水,无需回收等情况下较为适用。

【例 6-1】 含醋酸 35%(质量分数)的醋酸水溶液,在 20℃下用异丙醚为溶剂进行萃取,料液的处理量为 100 kg/h,试求:(1) 用 100 kg/h 纯溶剂作单级萃取,所得的萃余相和萃取相的数量与醋酸浓度;(2) 每次用 50 kg/h 纯溶剂作两级错流萃取,萃余相的最终数量和醋酸浓度;(3) 比较两种操作所得的萃余相中醋酸的残余量与原料醋酸量之比(萃余百分数 φ)。物系在 20℃时的平衡溶解度数据见下表。

表 6-1 醋酸-水-异丙醚液液平衡数据(20℃)

萃余相(水相)组成,%(质量分数)			萃取相(异丙醚相)组成,%(质量分数)		
醋酸(A)	水(B)	异丙醚(S)	醋酸(A)	水(B)	异丙醚(S)
0.69	98.1	1.2	0.18	0.5	99.3
1.41	97.1	1.5	0.37	0.7	98.9
2.89	95.5	1.6	0.79	0.8	98.4
6.42	91.7	1.9	1.93	1.0	97.1
13.30	84.4	2.3	4.82	1.9	93.3
25.50	71.1	3.4	11.40	3.9	84.7
36.70	58.9	4.4	21.60	6.9	71.5
44.30	45.1	10.6	31.10	10.8	58.1
46.40	37.1	16.5	36.20	15.1	48.7

解:(1) 单级萃取

由表中数据在三角形相图上作出溶解度曲线及若干条平衡联结线,同时画出辅助曲线[参见图 6-10(a)]。

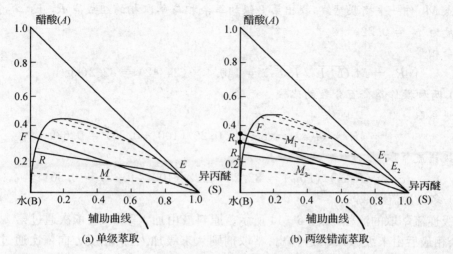

图 6-10 例题 6-1 图解

原料液中含醋酸 35%，可在图中找到 F 点。联结 FS，因料液量 F 与溶剂量 S 相等，混合点 M 位于 FS 线的中点。

总物料流量 $\qquad M=F+S=100+100=200(\text{kg/h})$

利用辅助曲线，过 M 点作一条平衡联结线，找出单级萃取的萃取相 E 与萃余相 R 的组成点。从图上量出线段 RE、ME 的长度，可得

$$R=M(\overline{ME}/\overline{RE})=200\times(18.5/42)=88.1(\text{kg/h})$$

萃取相流量 $\qquad E=M-R=200-88.1=111.9(\text{kg/h})$

从图 6-10(a) 读得萃取相的醋酸浓度 $y=0.11$，萃余相的醋酸浓度 $x=0.25$。

(2) 两级错流萃取

进入第 1 级萃取器的总物料量为

$$M_1=S_1+F=50+100=150(\text{kg/h})$$

表示混合物组成的点 M_1 的位置[参见图 6-10(b)]：

$$\overline{SM_1}=(F/M_1)\overline{FS}=(100/150)\times54=36$$

利用辅助曲线，过 M_1 点作一条平衡联结线，找出离开第 1 级萃取器的萃余相组成 R_1 与萃取相组成 E_1。

萃余相流量

$$R_1=M_1(\overline{M_1E_1}/\overline{R_1E_1})=150\times(23.5/39)=90.4(\text{kg/h})$$

进入第 2 级萃取器的总物料流量

$$M_2=R_1+S_2=90.4+50=140.4(\text{kg/h})$$

点 M_2 的位置：

$$\overline{SM_2}=(R_1/M_2)\overline{R_1S}=(90.4/140.4)\times51=32.8$$

过点 M_2 作一平衡联结线,找出第 2 级的萃余相与萃取相的组成点 R_2、E_2。萃余相中的醋酸浓度为 $x_2 = 0.22$。

萃余相量
$$R_2 = M_2(\overline{M_2E_2}/\overline{R_2E_2}) = 140.4 \times (24/42) = 82.2(\text{kg/h})$$

(3) 两种操作萃余百分数的比较

单级萃取
$$\varphi_1 = (Rx)/(Fx_F) = 88.1 \times 0.25/(100 \times 0.35) = 0.629$$

两级错流萃取
$$\varphi_2 = (R_2x_2)/(Fx_F) = 82.2 \times 0.22/(100 \times 0.35) = 0.504$$

(4) 多级逆流萃取

多级逆流萃取的流程,如图 6-11 所示。原料液由加入第 1 级,依次通过第 2、3、…、N 级,萃余相最后由末级(第 N 级)排出;萃取剂则从末级加入,沿相反方向依次通过各级,最后由从第 1 级排出。下面以萃取剂与原溶剂部分互溶为例进行多级逆流萃取过程的讨论。

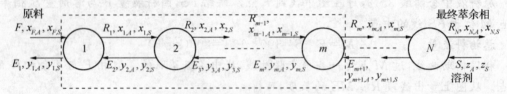

图 6-11 多级逆流萃取

这种情况可应用三角形相图进行图解计算。设给定原料液流量 F 和溶质浓度 x_F,萃余液、萃取液的溶质浓度 x'、y',设萃取剂为纯态。求所需的理论级数 N,萃取剂、萃余液、萃取液的流量 S、R'、E' 等。

作出三元物系的相图如图 6-12 所示,给定的浓度 x_F、x'、y' 以边 BA' 上的点 F、E'、R' 代表。连 $R'S$ 与溶解度曲线的左支相交于点 R_N,它代表最终的萃余相组成;连 $E'S$ 与溶解度曲线右支相交于点 E_1,它代表最终的萃取相组成(若 $E'S$ 线与溶解度曲线有两个交点,取含溶质浓度高的作为 E_1)。

将图中 N 个理论级作为一个整体,列出总物料衡算式,得到
$$F+S=E_1+R_N=M$$

式中:M 既是输入这一系统的物料 F 与 S 之和,又是输出的 E_1 与 R_N 之和。根据杠杆规则,代表其组成的点 M 是图中连线 FS 与 R_NE_1 的交点(注意 R_NE_1 不是联结线);且可求得萃取剂流量 $S=F(\overline{MF}/\overline{MS})$ 和 R_N 与 E_1 的比例关系如下:
$$E_1/R_N = \overline{MR_N}/\overline{ME_1}$$

于是可以得出第 1 级萃取相和第末级萃余相的流量 E_1 和 R_N。至于萃取液和萃余液的流量 E' 和 R',可用 $E'/R' = \overline{FR'}/\overline{FE'}$ 解出。

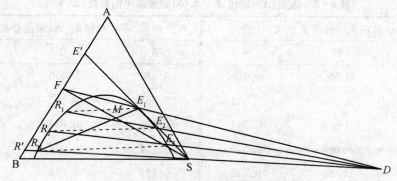

图 6－12　部分互溶时多级逆流萃取图解

为求所需理论级数,现对图中各萃取级分别作物料衡算:

第 1 级　　　　　　　　　　　　$F+E_2=R_1+E_1$

即　　　　　　　　　　　　　　$F-E_1=R_1-E_2$

第 2 级　　　　　　　　　　　　$R_1-E_2=R_2-E_3$

第 3 级　　　　　　　　　　　　$R_2-E_3=R_3-E_4$

…

第 N 级　　　　　　　　　　　$R_{N-1}-E_N=R_N-S$

故有　　　　$F-E_1=R_1-E_2=R_2-E_3=\cdots=R_N-S=D$

式(6-8)表明,任一级离去的萃余相流量 R_i 与进入的萃取相流量 E_{i+1} 之差,为一常量 D,故可作为各级所共有的计算基础,它代表图 6-10 中各级由左向右的净流量。在三角形相图中,根据杠杆规则,点 D 分别为 F 与 E_1、R_1 与 E_2、R_2 与 E_3、R_N 与 S 的差点,故可提出 D 的作法,即从已定出的点 F、S、E_1、R_N 连直线 FE_1 和 R_NS 并延长,两线的交点即为 D,如图 6-12 所示。而且,对任一级,点 R_i 与 E_{i+1} 也都与 D 共线,故只要得知点 R 与 E 之一,就可定出另一点。这一将第 i 级与第 $i+1$ 级相联系的性质与操作线的用途类似,故称点 D 为操作点。

应指出,对图 6-12 所示的图解法是交替地应用物料衡算和相平衡关系,与精馏过程以图解法求理论板数相比,具体作图法有所不同,但这一基本原理则是相同的。又若萃取剂不是纯态,则在三角形相图中,代表溶剂组成的点将在三角形之内,而不是顶点 S。

【例 6－2】　用 25 ℃的纯水为溶剂萃取丙酮－氯仿溶液中的丙酮。原料液中含丙酮 40%(质量分数),操作采用的溶剂比(S/F)为 2,要求最终萃余相中含丙酮不大于 11%,求逆流操作所需的理论级数。物系的平衡数据如表 6-2 所示。

表 6-2　丙酮(A)-氯仿(B)-水(S)的液液平衡数据(25℃)

萃余相组成,%(质量分数)			萃取相组成,%(质量分数)		
A	B	S	A	B	S
0.090	0.900	0.010	0.030	0.010	0.960
0.237	0.750	0.013	0.083	0.012	0.905
0.320	0.664	0.016	0.135	0.015	0.850
0.380	0.600	0.020	0.174	0.016	0.810
0.425	0.550	0.025	0.221	0.018	0.761
0.505	0.450	0.045	0.319	0.021	0.660
0.575	0.350	0.080	0.445	0.045	0.510

解: ① 按原料组成 $x_F = 0.40$ 在相图上定出 F 点,并作联线 FS(参见图 6-13)。

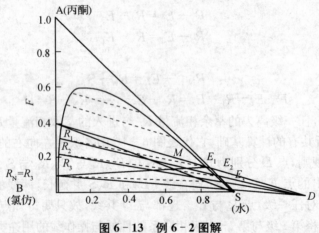

图 6-13　例 6-2 图解

溶剂比

$$S/F = \overline{MF}/\overline{MS} = (\overline{FS}/\overline{MS}) - 1$$

线段

$$\overline{MS} = \overline{FS}/(1 + S/F) = 54/(1 + 2) = 18$$

由此在图上找出和点 M。

② 按末级萃余相浓度 $x_N = 0.11$ 在溶解度曲线上找出 R_N 点,连接 $R_N M$ 并延长与溶解度曲线相交,定出离开第一级的萃取相浓度点 E_1。

③ 将连线 FE_1 及 $R_N S$ 延长,得交点 D。

④ 过 E_1 点作平衡联结线得 R_1,此为第 1 级。

⑤ 作直线 $R_1 D$,与溶解度曲线相交为点 E_2;过 E_2 作平衡联结线找出 R_2,此为第 2 级。

⑥ 作直线 R_2D 找出 E_3，过 E_3 作平衡联结线得 R_3，此为第 3 级。因第 3 级萃余相的溶质浓度 $x_3 = 0.11$，故所需要理论级数为 3 级。

6.1.4　萃取设备

萃取设备的类型很多，可以根据不同的方式进行分类。

（1）根据液相接触情况，分为连续接触式和逐级接触式。对于连续接触式萃取设备，要求分散相在通过连续相时两相接触良好，直到接触的最后才分层，在接触区应尽量减少返混；对于逐级接触式萃取设备，要求两相在每一级上都有提供良好的接触，然后使两相分层。

（2）根据设备的构造特点和形状，分为组件式和塔式。组件式设备一般为逐级式，可以根据需要灵活地增减级数；塔式设备可以是逐级式（如筛板塔），也可以是连续接触式（如填料塔）。

（3）根据是否从外界输入机械能量来划分。设备未从外界加入能量，塔内两相液体的相对运动和液滴的表面更新都是由于密度差异导致的重力差所致，这种设备也称为重力设备。当重力差相当小，两液相间的界面张力较大时，液滴易于合并而难于破裂，使两相接触面积变小且传质效果差，因此常需以不同的方式输入机械能，如进行搅拌，振动等。

§6.2　超 临 界 萃 取

超临界萃取（supercritical extraction）是利用超临界流体作萃取剂，从固体或液体中萃取出某种物质，以达到分离或提纯的目的。作为一种新型分离技术，超临界萃取的应用领域十分广泛，特别是对分离和生产高附加值的产品，如食品、医药和精细化工产品等有着广阔的应用前景。

6.2.1　超临界流体

所谓超临界流体，是指处于临界温度和临界压力以上的流体。它兼有液体和气体的某些特点，既有与液体相当的密度、溶解能力，又有与气体相近的扩散系数和渗透能力。超临界流体在临界点附近对压力和温度的变化非常敏感，可在较宽的范围内调节组分的溶解度和溶剂的选择性，从而可以把各种天然物、人工混合物或者有机污染物的某些组分方便地萃取出来，形成超临界萃取相。然后，通过改变温度、压力，或者采取吸附剂、吸收剂来吸收萃取产物，使溶解的物质基本上完全析出，以达到分离的目的。因此，超临界萃取实质上是由萃取与分离过程组合而成的。

1. 超临界流体的 p-V-T 性质

在超临界萃取中最常用的萃取剂是二氧化碳，因为二氧化碳具有无毒、无臭、不燃和廉价易得的优点。二氧化碳的临界温度为 31.06 ℃,临界压力为 7.38 MPa,故萃取过程可在略高于常温的条件下进行。

图 6-14 为二氧化碳的 p-T-ρ 关系图,图中表示了与气体、液体、固体区相对应的超临界流体区,以及各种分离方法应用领域。图中的直线表示以二氧化碳密度为第三参数的 T-p 关系。随着 T 和 P 的增加而产生极大变化。如 $T = 37$ ℃时,P 由 7.2 MPa 上升到 10.3 MPa 时,ρ_{CO_2} 由 0.21 g·cm^{-3} 增加到 0.59 g·cm^{-3},即密度增加了 2.8 倍。当 $P = 10.3$ MPa,T 由 92 ℃下降到 37 ℃时,也可以发生相应的密度变化。在临界区的附近,压力和温度的微小变化,将引起流体密度的大幅变化,而非挥发性溶质在超临界流体中的溶解度大致上和流体密度成正比。超临界萃取正是利用了超临界流体的这个特性来进行分离的过程。

超临界二氧化碳(SC-CO$_2$)具有与液体相近的密度,又有与气体相近的黏度,而且还具有比液体大近 100 倍的扩散系数,和一般液体溶剂

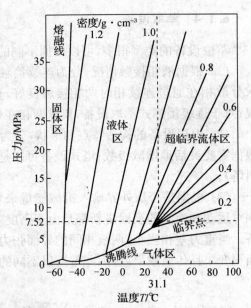

图 6-14 为二氧化碳的 p-T-ρ 关系图

相比在传递性质方面具有很大优势。因此,其萃取效率要比液液萃取更具有优势。

由于 SC-CO$_2$ 的密度 $\rho = f(T, P)$,因此改变 T 或 P 均可使 SC-CO$_2$ 的密度发生变化,而溶质的溶解度和所用超临界流体的密度密切相关,因此通过改变 T 或 P 来增加超临界萃取过程的控制变量,为 SC-CO$_2$ 的萃取操作提供了方便。

在超临界分离过程中,通常待分离物质的沸点要比 SC-CO$_2$ 的沸点高,萃余相中既有溶质,又有 CO$_2$。这时,只需降低压力,二者就可达到完全分离的程度,故避免了高能耗的精馏操作。

2. 超临界流体的选择性

超临界流体在萃取过程中能有效地分离或除去微量杂质,要求超临界流体具有良好的选择性。提高溶剂的选择性,要满足以下基本原则:

(1) 操作温度与流体的临界温度接近;

(2) 待分离溶质的化学性质与超临界流体的化学性质相近。

3. 超临界流体的选择

在超临界萃取过程中,通常要根据分离目的与对象,选择适宜的萃取剂。作为萃取剂的超临界流体要具备以下条件:

(1) 化学稳定性好,对设备无腐蚀;

(2) 临界温度最好在室温或操作温度附近;

(3) 操作温度应低于溶质的分解温度或变质温度;

(4) 临界压力不能太高,以节省动力费用;

(5) 选择性要好,容易获得高纯度产品;

(6) 溶解度要高,以减少溶剂循环量;

(7) 原料来源方便,价格低廉;

(8) 某些特殊场合,萃取剂还应无毒、无臭(如医药、食品)。

6.2.2　超临界萃取过程

超临界萃取过程由萃取阶段和分离阶段组成,其典型流程如图 6-15 所示。

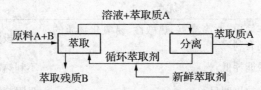

图 6-15　超临界萃取过程示意图

在萃取设备内,原料与超临界流体充分接触,溶质传递到萃取剂中,达到一定程度后,再调节操作温度或压力,使萃取物与液体分离,完成萃取过程。

就分离方法而言,超临界萃取可分为三种方法,如图 6-16 所示。

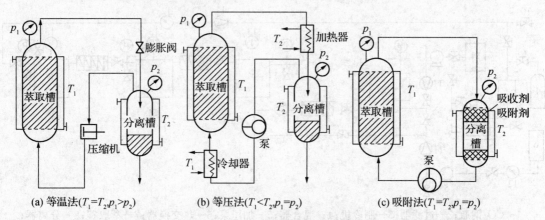

(a) 等温法($T_1=T_2,p_1>p_2$)　　(b) 等压法($T_1<T_2,p_1=p_2$)　　(c) 吸附法($T_1=T_2,p_1=p_2$)

图 6-16　超临界萃取典型流程

(1) 等温法(或称绝热法)　依靠压力变化而进行的萃取分离方法。如图 6-16(a)所示,在一定温度下,超临界流体和溶质减压后,经膨胀、分离,气体经压缩机加压后再返回萃取槽循环使用,萃取物从分离槽取出。

（2）等压法　依靠温度变化而进行的萃取分离方法。如图 6-16(b)所示，从萃取槽出来的流体经加热、升温，使气体和溶质分离，气体经压缩、冷却后返回萃取槽循环使用，萃取物则从分离槽取出。

（3）吸附法　采用只吸附溶质而不吸附萃取剂的吸附剂进行萃取分离的方法。如图 6-16(c)所示，在分离槽中溶质被吸附剂吸附，萃取剂经分离槽下部流出，经压缩再返回萃取槽循环使用。

在实际分离过程中，当溶质为需要精制的产品时，往往采用图 6-16(a)、图 6-16(b)两种流程，如果萃取质为需要除去的有害成分，而萃余物为提纯组分时，往往采用的流程如图 6-16(c)所示。目前，超临界流体多用 CO_2，在采用上述三种典型流程时，其各自的优缺点见表 6-3。

表 6-3　SC-CO_2 萃取工艺流程比较

工艺流程	优点	缺点
等温法	操作简单，对高沸点、热敏性、易氧化物质的分离有利	设备投资大、压力大和能耗大
等压法	机械能耗低	不利热敏性物质的分离
吸附法	节能效果明显	吸附剂特殊

6.2.3　国内超临界二氧化碳萃取装置生产工艺

我国开发的超临界二氧化碳萃取装置生产工艺，如图 6-17 所示。

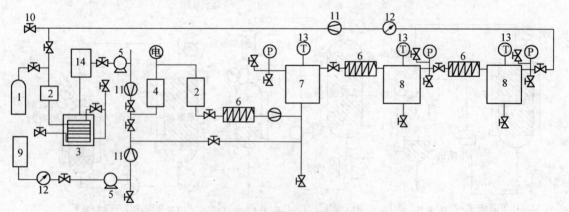

1—CO_2 钢瓶；2—过滤器；3—制冷机；4—混合器；5—加压泵；6—热交换器；7—萃取釜；8—分离器；
9—夹带剂罐；10—截止阀；11—单向阀；12—流量计；13—温控仪；14—液体 CO_2 贮罐
图 6-17　国产超临界二氧化碳萃取装置生产工艺

从 CO_2 钢瓶 1（或 CO_2 发生器）出来的 CO_2 气体，经过滤器 2 净化后，由制冷机 3 冷凝为液体储存于贮罐 14 中。液体 CO_2 由加压泵 5 加压后送入混合器 4 中，经过第二级过滤器 2

过滤后被热交换器 6 加热到指定的温度成为超临界 CO_2（SC‐CO_2）。SC‐CO_2进入萃取釜 7 内，并与事先装入的原料接触。溶质随超临界流体进入分离器 8，通过改变温度或压力，使 CO_2 和溶质分离。CO_2再经装有流量计 12 的管路返回过滤器 2，净化后通入制冷机 3 循环使用。

6.2.4　超临界萃取的应用

超临界萃取技术的发展与工业应用紧密相连。目前，在天然产物和食品加工工业方面已有广泛的应用。

德国首先建成了以超临界 CO_2 从咖啡豆中萃取分离咖啡因的工业规模装置。经萃取后，咖啡因含量可从初始的 0.7％～3％，下降至 0.002％以下，而香味并无损失。

还有用超临界 CO_2 提取啤酒花中的有效成分；从烟草中脱除尼古丁；从香子兰豆萃取高纯度的香精。此外，还可从木浆的氧化废液中萃取香兰素，还有对紫丁香、柠檬皮油、大豆油、黑胡椒等的超临界萃取，都已取得了成功。

在石油化工中，用超临界丙烷脱沥青得到石油产品的质量好，且含钒和含碳量低。在煤的液化过程中，已开发了"临界溶剂脱灰过程"和"超临界气体萃取过程"。

超临界流体是一种良好的分离介质，也是一种良好的反应介质。超临界流体技术，不仅在化工领域而且在材料科学、环境科学、印染工业，以及生物技术领域中的应用研究也日益增多，如超临界 CO_2 萃取氨基酸，从单细胞蛋白游离物中提取脂类，丛微生物发酵的干物质中萃取 γ‐亚麻酸，用超临界 CO_2 萃取发酵法生产的乙醇，各种抗生素的超临界流体干燥等。同时，超临界流体技术还可用于金属有机反应，多相催化和多相反应，超临界水氧化技术，材料合成，纤维素水解，酶催化反应，细胞破碎和超细颗粒制备等方面。

超临界萃取是一门综合性学科，涉及化学、化工、机械、热力学等方面，因此，开拓新的应用领域，积累超临界条件下的平衡数据，完美其热力学理论和模型，改进高压设备等将是今后发展的主要方向。

§6.3　结　晶

6.3.1　概述

将固体物质以晶体状态从蒸气、溶液或熔融的物质中析出的过程称为结晶（crystallization）。结晶过程是获得纯净固态物质的一种基本单元操作，且能耗较低，故在众多工业中已得到广泛应用。近年来，在精细化工、冶金工业、材料工业，特别是一些高新技术领域中，如生物技术中蛋白质的制造、材料工业中超细粉的生产以及超纯物质的净化等结晶技术都得到了较多的应用。

结晶过程可根据析出固体的原理不同,将结晶操作分成溶液结晶、熔融结晶、升华结晶和沉淀结晶。由于目前在工业中使用最广泛的是溶液结晶,即采用降温或浓缩的方法使溶液达到过饱和状态,析出溶质,以大规模地制取固体产品,故本书仅讨论溶液结晶。

与其他单元操作过程相比,结晶单元操作具有以下的特点:

(1) 能从杂质含量较多的混合液中分离出高纯度的晶体。

(2) 高熔点混合物、相对挥发度小的物系、共沸物、热敏性物质等难分离物系,可考虑采用结晶操作加以分离,因为沸点相近的组分其熔点可能有显著差别。

(3) 由于结晶热一般约为汽化热的 $1/3 \sim 1/7$,过程的能耗较低。

结晶是个放热过程,在低温结晶时,常需移走较多的结晶热。而且多数结晶过程产生的晶浆需用固液分离以除去母液,并将晶体洗涤,才获得较纯的固体产品。因此,当混合物可以用其他方法分离时,应作经济性比较,以选择合适的分离方法。

6.3.2 结晶机理与动力学

1. 结晶过程的相平衡

(1) 溶解度曲线 通常用固体在溶液中的溶解度来表示固体与其溶液间的相平衡关系。大多数物质在一定溶液中溶解度主要随温度而变化,故溶解度曲线常用溶质在溶剂中的溶解度随温度变化的关系来表示。图 6-18 为某些无机盐在水中的溶解度曲线。

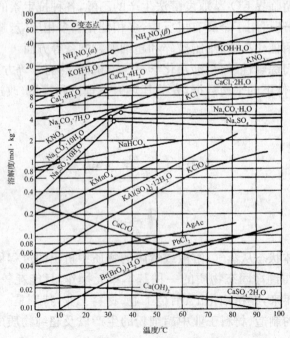

图 6-18 某些无机盐在水中的溶解度曲线

　　溶解度曲线的特征对结晶方法的选择起决定性作用。例如,溶解度随温度变化大的物质,可采用变温方法来结晶分离;溶解度随温度变化不大的物质,则可采用蒸发结晶的方法来分离。此外,不同温度下的溶解度数据还是计算结晶理论产量的依据。

　　(2) 溶液的过饱和与介稳区　当溶液浓度正好等于溶质的溶解度时,该溶液称为饱和溶液;若溶液浓度低于溶质溶解度,则称为不饱和溶液;若溶液浓度大于溶解度,则称为过饱和溶液。将一个完全纯净的溶液在不受外界扰动和刺激的状况下(如无搅拌、无震荡、无超声波等)缓解降温即可得到过饱和溶液。这时溶液的浓度与溶解度之差为过饱和度。当过饱和度达到一定程度时,过饱和溶液就开始析出晶核。将溶液开始自发产生晶核的极限浓度曲线称为超溶解度曲线。如图 6－19 所示,其中 AB 为溶解度曲线,CD 为超溶解度曲线。

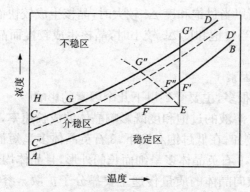

图 6－19　溶液的过饱和溶解度曲线

　　一个特定物系只存在一条明确的溶解度曲线,而超溶解度曲线在工程上受多种因素的影响,如搅拌速率,冷却速率,有无晶体等,所以超溶解度曲线可有多条,其位置在 CD 线之下,与 CD 的趋势大体一致,如 $C'D'$ 线。图 6－19 中 AB 线以下的区域称为稳定区,此区溶液不可能发生结晶。当溶液浓度大于超溶解度曲线值时,会立即自发地产生晶核,此区称为不稳区。在 AB 与 CD 线之间的区域称为介稳区。介稳区内,溶液不会自发地产生晶核,加入晶种(inoculation crystal),可使晶体长大。可见介稳区的实用价值很大,设计工业结晶器时,应按工业结晶过程条件测出超溶解度曲线,并定出介稳区,以指导结晶器的操作。

　　2. 结晶动力学

　　(1) 结晶速率

　　结晶速率包括成核速率和晶体成长速率。成核速率是指单位时间、单位体积溶液中产生的晶核数目,即

$$r_{核} = \frac{\mathrm{d}N}{\mathrm{d}t} = k_{核}\,\Delta c^m \tag{6-11}$$

式中：N 为单位体积晶浆中的晶核数；Δc 为过饱和度；m 为晶核生成级数；$k_{核}$ 为成核的速率常数。

晶体的成长速率是指单位时间内晶体平均粒度 L 的增加量，即

$$r_{长} = \frac{\mathrm{d}L}{\mathrm{d}t} = k_{长}\,\Delta c^n \tag{6-12}$$

式中：n 为晶体成长级数；$k_{长}$ 为晶体成长速率常数。

通常 m 大于 2，n 在 1 至 2 之间。比较式(6-11)与式(6-12)，可得

$$\frac{r_{核}}{r_{长}} = \frac{k_{核}}{k_{长}}\Delta c^{m-n} \tag{6-13}$$

由于 $m-n$ 大于零，所以当过饱和度 Δc 较大时，晶核生成较快而晶体成长较慢，有利于生产小颗粒的结晶产品。当过饱和度 Δc 较小时，晶核生成较慢而晶体成长较快，有利于生产大颗粒的结晶产品。

(2) 结晶速率的影响因素

影响结晶速率的因素很多，主要受到以下几个因素的影响。

① 过饱和度的影响　溶液的过饱和度既影响晶体的成长速率，又对晶习、粒度、晶粒数量、粒度分布产生影响。例如，在低过饱和度下，β 石英晶体多呈短而粗的外形，且晶体均匀性较好。在高过饱和度下，β 石英晶体多呈细而长的外形，且晶体均匀性较差。

② 黏度的影响　溶质向晶体的质量传递主要靠分子扩散。溶液黏度大，流动性差，不利于溶质分子向晶体表面的扩散。相对来说，晶体的顶角和棱边部位容易获得溶质，从而出现棱角生长快、晶面生长慢的现象，结果晶体长成特殊形状的骸晶。

③ 密度的影响　晶体的不断生长会使其周围溶液的局部密度下降，同时，结晶的放热又会使晶体周围的温度升高，从而加剧了局部密度的变化。在重力作用下，局部密度差会造成涡流。如果涡流在晶体周围分布不均，晶体的生长就会处于溶质供应不均匀的条件下，结果晶体会生长成形状歪曲的歪晶。

④ 空间位置的影响　在充足的自然空间条件下，晶体将按生长规律自由地成长，获得有规则的几何外形。当晶面遇到其他晶体或容器壁影响时，该晶面就无法继续成长，从而形成歪晶。

⑤ 搅拌的影响　搅拌是结晶粒度分布的重要影响因素。搅拌强度大会使二次成核速率增加，晶体粒度变细。均匀而又温和的搅拌，则可获得粗颗粒的结晶。

6.3.3　结晶器简介

结晶器种类众多，按结晶方法可分为冷却结晶器、蒸发结晶器、真空结晶器；按操作方式可分为间歇式结晶器和连续式结晶器；按流动方式可分为混合型结晶器、多级型结晶器、母

液循环型结晶器。下面介绍两种主要结晶器的结构和性能。

1. 冷却结晶器

冷却结晶器的结构如图 6-20 和图 6-21 所示。其冷却结晶过程所需的冷量换热器供给,采用搅拌可使釜内溶液温度和浓度均匀,同时可使晶体悬浮,有利于晶体各晶面的成长。图 6-20 所示的结晶器可连续操作,也可间歇操作。制作大颗粒晶体时,宜用间歇操作,而制作小颗粒晶体时,宜用连续操作。图 6-21 为外循环式结晶器,其优点是换热器面积大,传热速率大,有利于溶液过饱和度的控制;其缺点是循环泵易破碎晶体。

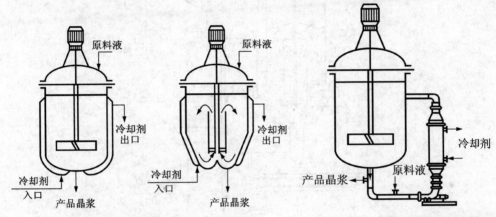

图 6-20　内循环式冷却结晶器　　　图 6-21　外循环式冷却结晶器

2. 蒸发结晶器

蒸发结晶需要将溶液加热到沸点,并浓缩达到过饱和而产生结晶。为使溶液温度降低,蒸发结晶通常采用减压操作。图 6-22 为一种带导流筒和搅拌浆的真空结晶器。结晶器内部有一圆筒形挡圈,中央有一导流筒,其下端安装有搅拌器,悬浮液靠其实现在导流筒及导流筒与挡圈环隙通道内的循环流动。筒形挡圈将结晶器分为晶体成长区和澄清区。挡圈与容器壁间的环隙为澄清区,此区溶液基本不受搅拌的干扰,故大晶体可实现沉降分离,只有细晶粒,才随母液由顶部排出容器,进入加热器加热被清除。然后母液再送回结晶器,从而实现对晶核数量的控制,使产品的粒度分布均匀。由澄清区沉降下落的晶体,较大者进入淘洗腿后由泵送到下道工序,如过滤或离心分离后,得到固体产品,部分下落晶体(主要是中等粒度的晶体)随母液被吸入导流筒,进入成长区,实现晶粒继续成长。这种结晶器的优点是生产强度高,能生产出粒度为 $600 \sim 1200\ \mu m$ 的大颗粒结晶产品,可实现真空绝热冷却法、蒸发法、直接接触冷冻法及反应法等多种结晶操作,且器内不宜结疤。

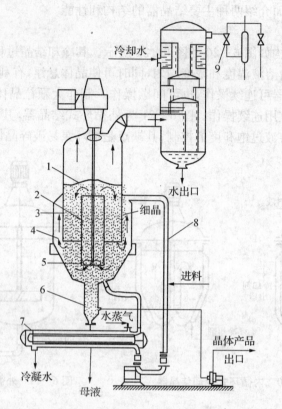

冷却水

9

水出口

1
2
3
4
5
6
7
8

细晶

进料

水蒸气

晶体产品
出口

冷凝水

母液

1—沸腾液面；2—导流面；3—挡板；4—澄清区；5—螺旋桨；6—淘洗腿；
7—加热器；8—循环管；9—真空喷射泵

图 6－22　带导流筒和搅拌浆的真空结晶器

§6.4　膜分离技术

6.4.1　膜分离技术概述

　　膜分离过程是利用具有一定选择性和透过性的固体半透膜或液膜作为分离介质来实现流体混合物分离纯化的过程。而所谓分离膜，是指在一种流体相内或是在两种流体相之间有一层薄的凝聚相，该凝聚相把流体相分隔为互不相通的两部分，并能使这两部分之间产生传质作用。本节重点讨论通过固体半透膜来实现的膜分离过程及操作。

　　人们从发现天然橡胶对某些气体有不同的渗透率得到启示，提出用多孔膜来分离气体混合物的思想，而开始对溶剂渗透现象的认识。20 世纪 30 年代，出现了利用半透性纤维素膜回收苛性碱的工业膜分离技术；20 世纪 60 年代出现了真正意义上的分离膜，世界第一张非对称醋酸纤维素反渗透膜的研制成功使大规模海水淡化成为现实；20 世纪 80～90 年代无水酒精渗透汽化装置，现已大规模应用于有机物的脱水；20 世纪末以来，反渗透膜、超滤膜、气体膜分离等的应用范围不断扩大，在生物工程、食品、医药、化工等工业生产以及水处理等多个领域已得到广泛应用。目前膜分离已成为分离与纯化混合物的最重要方法之一。

6.4.2　膜分离过程的基本原理及特点

膜分离是一个传质过程，推动力是待分离混合物组分在分离膜两侧的化学势，表现如压力差、浓度差或电位差等，当原料混合物流体相在特定的半透膜中运动时，在推动力的作用下，混合中各组分在膜内的迁移速率不同，经半透膜的渗透作用，会发生各组分的选择性传质过程，从而实现组分间的分离。如图 6-23 所示为一般膜分离过程示意图。

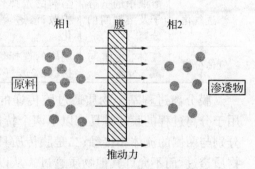

图 6-23　膜分离过程示意图

根据膜分离过程的膜组件结构、推动力不同，可将其进行不同的分类，如按膜组件结构可分为平板（盒式）膜、螺旋卷式、中空纤维式、管式等，按推动力可分为压力差、浓度差、温度差、电位差等。目前主要的膜分离过程的原理和推动力如表 6-4 所示。

表 6-4　各种膜分离过程的种类及原理

种类	膜的功能	分离原理	分离驱动力	透过物质	被截流物质
微滤	多孔膜、溶液的微滤、脱微粒子	颗粒尺度的筛分	压力差	水、溶剂和溶解物	粒径大于 $0.1\ \mu m$ 的粒子，如悬浮物、细菌类、微粒子、大分子有机物
超滤	脱除溶液中的胶体、各类大分子	微粒及大分子尺寸的筛分	压力差	溶剂、离子和小分子	相对分子质量大于 500 的大分子和细小微团，如蛋白质、各类酶、细菌、病毒、胶体、微粒子
反渗透和纳滤	脱除溶液中的盐类及低分子物质	溶剂、溶质的选择性扩散和大分子尺寸的筛分	压力差	水和溶剂	溶质、盐，如无机盐、糖类、氨基酸、有机物等

续表

种类	膜的功能	分离原理	分离驱动力	透过物质	被截流物质
透析	脱除溶液中的盐类及低分子物质	离子的选择性扩散	浓度差	离子、低分子物、酸、碱	无机盐、糖类、氨基酸、有机物等
电渗析	脱除溶液中的离子	选择性扩散和筛分	电位差	离子	非电解质及大分子物质
渗透气化	溶液中的低分子及溶剂间的分离	溶剂的选择性扩散、渗透、汽化	压力差、浓度差	易渗透和易汽化的溶剂	难渗透的水、溶剂
气体分离	气体、气体与蒸气分离	气体的选择性扩散、渗透	浓度差	易透过气体	不易透过的液体及难渗透的气体

　　膜分离过程基于物质通过膜传递的机理,其效果往往与膜的结构和性质有直接关系。用于分离过程的膜通常具有以下两个特性,一是不管膜多薄,必须有两个界面,这两个界面分别与两侧的流体相接触;二是膜传质具有选择性,仅可以使混合物流体相中的一种或几种物质透过,而不允许其他物质透过。从以上膜分离过程的分析及膜特性可知,作为分离介质的膜具有物质的识别与透过功能、界面功能及反应场功能。

　　对于膜分离过程其分离透过性可用分离效率、渗透通量及能量衰减系数等参数进行表示。其中,分离效率可用脱盐率或截留率表示,表达式为

$$R = (C_1 - C_2)/C_1 \times 100\% \qquad (6-14)$$

式中:R 为分离效率;C_1 为原料液中浓度;C_2 为渗透液中浓度。

　　渗透通量以单位时间内通过单位膜面积的透过量 J 来表示,其单位为 $kg/(m^2 \cdot s)$。

　　由于透过膜两侧的溶液浓度差发生变化及膜的压密现象及膜孔堵塞等原因,膜的渗透通量将随时间而衰减,其关系可表示为

$$J_t = J_0 \cdot t^{-m} \qquad (6-15)$$

式中:J_0 为初始时的渗透能量,$kg/(m^2 \cdot s)$;J_t 为 t 时刻的渗透通量,$kg/(m^2 \cdot s)$;t 为操作时间,s;m 为衰减系数。

　　在膜分离过程中,不管对任一种膜分离过程,均希望其分离效率高,同时渗透通量大。但实际上,分离效率高的膜,其通透量小;而渗透通量大的膜,分离效率低。所以,应该在二者之间谋求平衡。

　　膜分离过程与其他分离和传质过程相比,具有明显的优点:

　　(1) 大多数不发生相变且能耗低。膜分离多不涉及相变,对能量要求低,与蒸馏、结晶和蒸发相比有较大的差异,能量消耗要低。

　　(2) 分离条件温和。膜分离过程可在常温下进行,对于热敏感物质的分离很重要,适合食品、生物制品和药物等的分离和纯化。

（3）被分离物料适应性大。膜分离过程被分离的混合物体系既可以是互溶的混合物，也可以是含有悬浮物颗粒的悬浮液。对于沸点十分接近的组分或共沸物也可以进行分离和纯化。

（4）操作方便，结构紧凑、维修成本低、易于自动化。

膜分离作为一种新型分离技术，同时也具有一些待研究和改进的方面。如：

（1）膜面易发生污染，膜分离性能降低，故需采用与工艺相适应的膜面清洗方法。

（2）稳定性、耐药性、耐热性、耐溶剂能力有限，故使用范围有限。

（3）单独的膜分离技术功能有限，需与其他分离技术连用。

6.4.3　各种膜过程简介

1. 反渗透

当溶液与溶剂（水）之间被半透膜隔开后，由于溶液内溶剂的化学位较纯溶剂的化学位小，就会使溶剂透过膜扩散到溶液一侧，当渗透达到平衡时，膜两侧存在着一定的化学位差或压力差，维持此平衡所需的压力差称为该体系的渗透压。渗透压在数值上等于为阻止渗透过程进行所需外加的压力或使纯溶剂不向常溶液一侧扩散而必须加在常溶液上的压力。

溶液中溶剂化学位公式为

$$\mu = \mu^*(T, P) + RT\ln x \tag{6-16}$$

式中：$\mu^*(T, P)$ 为一定温度、压力下纯溶剂的化学位；x 为溶剂的摩尔分数；μ 为一定温度、压力下溶液中溶剂的化学位。

渗透压数值的大小常可用范德荷夫公式表示或计算：

（1）对稀溶液

$$\Pi = c_B RT \tag{6-17}$$

（2）对多组分体系

$$\Pi = RT \sum_{i=1}^{n} c_i$$

$$\tag{6-18}$$

反渗透是利用半透膜对溶液中溶质的选择性的截留作用，在分离膜的原料侧施加压力，克服溶剂的渗透压，使溶剂渗透通过半透膜，从而使溶剂从混合物溶液中被分离出来，达到溶液脱盐的目的。

反渗透和渗透现象如图 6-24 所示。在一个容器中间用一张能让水通过而不能让无机盐溶质通过的半透膜隔开，两侧分别加入淡水和含有无机盐溶质的盐水溶液。开始时，如图 6-24(a) 所示，两侧压力相等，由于盐水的浓度高于淡水侧，溶液中溶剂的摩尔分数 $x_\alpha > x_\beta$，则膜两侧溶液的渗透压 $\pi_\alpha > \pi_\beta$，在这一推动力作用下，溶剂从淡水侧透过膜进入盐水浓溶液侧，该现象称为渗透。随着溶剂水分子的不断渗透，溶液侧的水位升高，压力增大。当水位提高到某一高度 H 时，如图 6 - 24(b) 所示，盐水浓溶液侧的压力 p_2 与淡水侧的压力 p_1 之差 Δp 等于渗透压差 $\Delta \pi$ 时，系统达到动态平衡。从宏观上看，溶剂水分子不再从淡水侧向盐水浓溶液侧净渗透，渗透通量为零。若在盐水浓溶液侧上方施加一定的压力，使得 $\Delta p > \Delta \pi$，则盐水浓溶液侧的溶剂水以将通过渗透膜向浓度低的淡水侧渗透，这种依靠外界压力使溶剂从高浓度溶质侧溶液向低浓度溶质侧渗透的过程称为反渗透现象，如图 6 - 24(c) 所示。

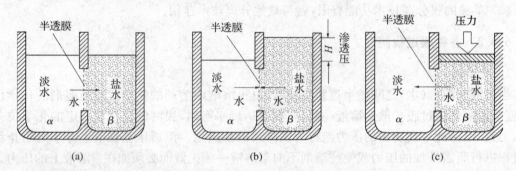

图 6 - 24　渗透和反渗透过程示意图

反渗透技术所分离的物质的分子量一般小于 500，操作压力为 2～100 MPa。用于实施反渗透操作的膜称为反渗透膜，反渗透膜大部分为不对称膜，其孔径小于 0.5 nm，可截留溶质分子。反渗透膜的选择透过性与组分在膜中的溶解、吸附和扩散有关，因此反渗透分离效果除与膜孔的大小、结构有关外，还与膜的化学、物化性质有密切关系，即与组分和膜之间的相互作用密切相关。

反渗透膜分离过程的机理最初由 Sourirajan 于 1960 在 Gibbs 吸附方程基础上提出，称为优先吸附-毛细孔流动机理，其为反渗透膜的研制和过程的开发奠定了基础，而后又在此基础上发展为定量表达式，即为表面力-孔流动模型。此外，还有在不可逆热力学为基础开发的 Kedem-Katchalsky 不可逆热力学模型，以及 Lonsdals 和 Riley 等人在假定膜是无缺陷理想膜基础上提出的溶解-扩散模型。

在反渗透分离过程中，混合物的分离程度分别用截留液的最大浓度和透过液的最小浓度来表示，最大截留液浓度主要取决于料液的组成、料液的渗透压和黏度。透过液的最小浓度则取决于膜的分离性质（用 R 表示）。

$$R = 1 - \frac{c_p}{c_f} \tag{6-19}$$

式中：c_p、c_f 分别为进料液和滤出液的浓度。

反渗透膜分离过程最初应用于海水、苦咸水的脱盐淡化。目前，反渗透已发展成为超纯水预处理、废水处理以及化工、医药、食品、造纸等工业中常用的分离方法。

【例 6 - 3】 在操作温度为 25 ℃下利用某种反渗透膜组件进行脱盐,进料侧 NaCl 浓度为 0.313 mol/L、操作压力 6.90 MPa;渗透侧 NaCl 浓度为 0.0086 mol/L、操作压力为 0.35 MPa。其中盐的渗透系数为 16×10^{-6} cm/s。假设膜两侧的传质阻力可不考虑。试计算出该分离过程的 NaCl 通量、脱盐率 R 分别为多少?(本题渗透压系数 ϕ_i 取为 2)

解:(1)若忽略过程浓差极化的影响,则

$$\pi_{进料侧} = \phi_i RTc_i = 2 \times 8.314 \times 298 \times 0.313/1000 = 1.55 (MPa)$$

$$\pi_{渗透侧} = \phi_i RTc_i = 2 \times 8.314 \times 298 \times 0.0086/1000 = 0.042 (MPa)$$

$$\Delta\pi = 1.55 - 0.042 = 1.508 (MPa)$$

$$\Delta p = 6.90 - 0.35 = 6.55 (MPa)$$

$$\Delta p - \Delta\pi = 6.55 - 1.508 = 6.042 (MPa)$$

$$J_{NaCl} = D_{NaCl}(\Delta p - \Delta\pi) = 16 \times 10^{-6} \times 5.042 = 4.86 \times 10^{-9} [mol/(cm^2 \cdot s)]$$

(2)脱盐率为

$$R = 1 - \frac{c_t}{c_0} = 1 - \frac{0.0086}{0.313} = 0.973$$

2. 超滤与微滤

超过滤(超滤)与微孔过滤(微滤)都是通过膜的筛分作用,以压力差为推动力,将溶液中大于膜孔的大分子溶质、微粒、细菌及悬浮物质等截留,以除去溶液中微粒和澄清溶液,从而实现溶液混合物分离的目的。超滤与微滤也可用于气相分离,比如空气中细菌与微粒的去除。

在超滤及微滤中,分离膜的孔径大小和形状对分离过程起主要作用,而分离膜的物化性质对分离性能一般认为影响不大。微滤膜一般为均匀的多孔膜,孔径较大,其平均孔径为 $0.02 \sim 10$ μm,能够截留直径 $0.05 \sim 10$ μm 微粒或分子量大于 100 万的高分子物质,其操作压差通常为 $0.05 \sim 0.2$ MPa。微滤分离过程广泛用于细胞、菌体等的分离和浓缩。超滤所用的分离膜为非对称膜,其平均孔径为 $0.1 \sim 20$ nm,较微滤膜孔径小,操作压力通常为 $0.1 \sim 1.0$ MPa。超滤分离过程适用于 $1 \sim 50$ nm 的生物大分子的分离,如蛋白质、病毒等。

超滤、微滤及反渗透均为以压差作为推动力的膜分离过程,超滤过程与微滤过程的溶质截留率定义和反渗透过程的溶质截留率定义相类似,亦可用式(6 - 14)来表示。

超滤技术广泛用于微粒的脱除,包括细菌、病毒和其他异物的除去。在水处理领域中,超滤技术可以用于制取电子工业超纯水、医药工业中的注射剂、各种工业用水的净化以及饮用水的净化,还可用于废水处理领域。在食品工业中,在乳制品、果汁、酒、调味品等生产中逐步采用超滤技术,如牛奶或乳清中蛋白和低分子量的乳糖与水的分离,果汁澄清和去菌消毒,酒中有色蛋白、多糖及其他胶体杂质的去除等,酱油、醋中细菌的脱除,较传统方法显示出经济、可靠、保证质量等优点。在医药和生物化工生产中,超滤技术在对热敏性物质进行分离提纯显示出其突出的优点。随着新型膜材料(功能高分子、无机材料)的开发,膜的耐

温、耐压、耐溶剂性能得以大幅度提高,超滤技术在石油化工、化学工业以及更多领域的应用将更为广泛。

微滤技术主要用于除去溶液中大于 $0.05~\mu m$ 的超细粒子,目前在膜分离过程中的应用非常广泛。如,在水的精制过程,微滤技术可以除去细菌和固体杂质,可用于医药、饮料用水的生产。在电子工业超纯水制备中,微滤可用于超滤和反渗透过程的预处理和产品的终端保安过滤。微滤技术还可用于啤酒、黄酒等各种酒类的过滤,以除去其中的酵母、霉菌和其他微生物,使产品澄清,并延长存放期。此外,微滤技术在药物除菌、生物检测等领域也有广泛的应用。

3. 气体分离

气体分离是近年来发展很快的一项新技术。不同种类的气体分子在透过不同的高分子膜时其透过率和选择性不同,从而可以从气体混合物中选择分离某种气体。对膜法气体透过性的研究始于 1829 年,至今对气体膜分离过程的研究开发走过了漫长而又艰辛的历程。1831 年,J. V. Mitchell 系统地研究了天然橡胶的透气性,首先揭示了膜实现气体分离的可能性。1950 年代起,众多科学家进行了大量的气体分离膜的应用研究;1965 年,S. A. Sterm 等人为从天然气中分离出氦进行了含氟高分子膜的试验;1979 年,美国 Monsanto(孟山都公司)研制出"Prism"气体分离膜装置,并成功应用在合成氨弛放气中回收氢。这成为气体分离膜发展中的里程碑。我国于 20 世纪 80 年代开始研究气体分离膜及其应用,中国科学院大连化学物理研究所、长春应用化学研究所等单位在该方面进行了积极有益的探索,并取得了长足进展。大连化学物理研究所研制成功了中空纤维膜氮氢分离器。

气体膜分离过程主要利用混合气体中不同组分在膜内溶解、扩散性质不同,而导致其渗透速率的不同来实现其分离的一种膜分离技术。气体分离膜有两种,多孔膜与有致密活性层的非多孔膜,它们的分离机理不同。

用多孔膜分离混合气体,是借助于各种气体流过膜中细孔时产生的速度差来进行的。气体在膜内的扩散和传递主要基于黏性流、努森扩散、过渡流、分子筛分机理、表面扩散及毛细管冷凝等方式或机理。

气体组分在具有致密的非多孔膜中通常通过溶解与扩散传递模型进行解释,该模型认为气体选择性透过非多孔均质膜分四步进行:气体与膜接触并吸着在膜上游表面;气体分子溶解在膜上游表面;溶解的分子由于浓度梯度存在而进行活性扩散透过膜;扩散透过的气体分子在膜的另一侧解吸并逸出。

气体膜分离过程与吸收、低温净化及变压吸附相比,其过程具有简单、高效的特点。近年来,随着许多性能优异膜材料研发成功,膜法气体分离过程日益受到工业部门的重视。目前,气体膜分离法已成功应用于氢气的分离回收、膜法富氧、有机废气的脱除、气体除湿及天然气中酸性气体的脱除等方面。

4. 双极膜水解离

双极膜是指具有两种相反电荷的离子交换层紧密相邻或结合的新型离子交换膜。利用水在直流电场作用下能直接解离的特性,在膜两侧分别得到氢离子和氢氧根离子,从而将水溶液中的盐转化生成相应的酸和碱,或将废酸、废碱回收利用等。双极膜水解离过程不进行氧化或还原反应,不会放出 O_2、H_2 等副产物气体;整个装置仅需一对电极,电极的腐蚀现象基本没有,装置体积小、器件紧凑。双极膜水解离过程具有过程简单、效率高、废物排放少等特点。

双极膜一般由阴、阳离子交换层和中间界面层三层复合而成。双极膜结构离示意图如图 6-25 所示。双极膜总厚度大约 $0.1 \sim 0.2$ mm,中间界面层厚度一般为几纳米;膜面电阻小于 $5\,\Omega \cdot cm^2$,能耐上百甚至上千毫安每平方厘米的电流密度,在离子膜表面能将水直接解离成氢、氢氧根离子。离子交换层能高效地把中间界面层的氢离子和氢氧根离子迁移到膜外溶液中,同时及时地把溶液中水分传到中间界面层。中间层材料有多种,包括磺化 PEK、过渡金属和重金属化合物,以及聚乙烯基吡啶、聚丙烯酸等,这些材料可单独或混合使用。由于离子交换层内具有一定电性的电荷,所以膜具有对氢、氢氧根离子很好的选择性,而对同名离子渗透选择性很低。

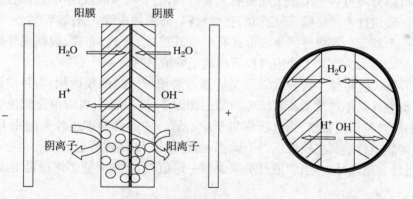

图 6-25　双极膜的结构示意图

图 6-26 是 NaCl 分解制备 NaOH 和 HCl 双极膜电渗析装置示意图,该系统由双极膜、阴膜、阳膜和双极膜组成三隔室双极膜电渗析器。其过程原理为:在电场作用下,NaCl 溶液流过阴膜、阳膜的内侧,钠离子透过阳膜进入碱室与从双极膜中水解离产生的氢氧根形成 NaOH 溶液。氯离子透过阴膜进入酸室与从双极膜中水解离产生的氢离子形成 HCl 溶液。

双极膜在直流电场作用下可将水直接解离成氢、氢氧根离子,从而可作为这两种离子的供应源。在实验室,由双极膜和阳膜组成的二室模型,可以使葡萄糖酸钠、古龙酸钠等有机酸盐向葡萄糖酸、古龙酸等有机酸转化,同时得到碱液。在环保方面,双极膜和阳膜的组合可以使 $NaHSO_3$ 转化为 Na_2SO_3,而 Na_2SO_3 又可重新与烟道气中 SO_2 反应生成 $NaHSO_3$,达到除硫的目的。通过双极膜解离过程还可实现酸、碱废液的回收、酸性气体的清除与回收等方面的应用。

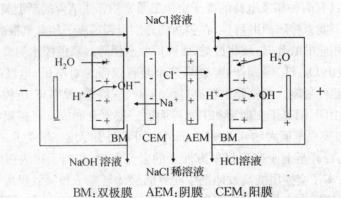

BM:双极膜　AEM:阴膜　CEM:阳膜

图 6-26　NaCl 分解制备 NaOH 和 HCl 双极膜电渗析装置示意图

6.4.4　常规膜结构和组件

如果将膜分离过程应用于大规模的工业过程,需要将膜制成结构紧凑、性能稳定的膜组件及装置。膜组件是指将膜、固定膜的支撑材料、间隔物或管式外壳等通过一定的黏合或组装构成的一个单元。膜组件的主要形式有中空纤维式、管式、卷式、板框式等四种形式。下面主要介绍以压力为推动力的膜过程所用的组件或装置。

(1) 折叠式膜组件　折叠式筒形微滤器可装填较大过滤膜面积,为目前最常用的微滤器之一。折叠式筒形过滤器及其滤芯的结构如图 6-27 所示,料液由壳侧流进并透过膜表面,料液中的微粒被膜截留,透过液收集于中心管。中心管与加压外壳间用 O 形密环隔离密封。微滤膜组件通常在较低压力下操作,透过量较大,随过程进行膜孔会被截留组分逐渐堵塞,透过量会逐渐减少,当膜透过量减少到一定值时,必须对滤芯进行再生或更换,膜使用寿命有限。

(2) 板框式膜组件　这是超过滤和反渗透中最早使用的一种膜组件。膜被放置于可垫有滤纸的、多孔的支撑板上,两块多孔的支撑板叠压在一起形成料液流道空间,组成一个膜单元,单元与单元之间可并联或串联连接。因膜组件内流体流道的结构上差异又有板框式膜组件曲折流道形式,如图 6-28、图 6-29 所示。

(3) 管式膜组件　管式膜组件由多孔材料制成圆形管状支撑体,管内径在 10~25 mm范围内,管长约 3 m。如果管式膜组件是由多支单流通道膜元件组装成换热器型式的微滤或超滤组件则构成多通道管式膜组件,多通道管式膜组件是单管和管束型膜组件结构的改进,如图 6-30 所示。管式膜组件和多通道管式膜组件是已商品化的无机膜结构(平板式、管式及多通道管式)中常用的两种形式。管式膜组件由其操作压力侧高低位置的区别又分为内压式、外压式两种。

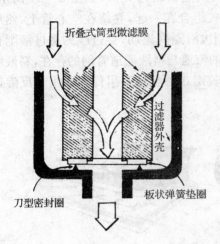

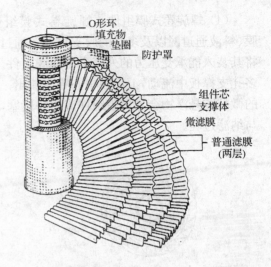

图 6 - 27　折叠式膜组件工作原理及滤芯

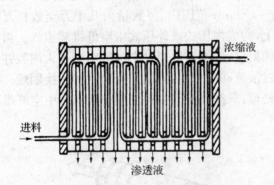

图 6 - 28　板框式膜组件流道

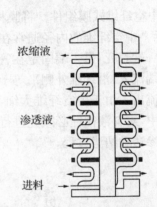

图 6 - 29　板框式膜组件曲折流道

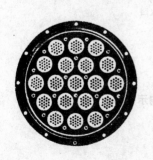

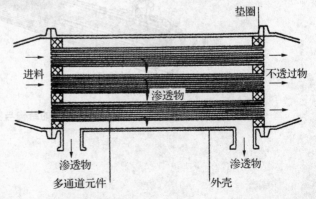

图 6 - 30　多通道管式膜组件

（4）**螺旋卷式膜组件** 螺旋卷式膜组件与螺旋板换热器结构类似，如图 6-31 所示。膜、料液通道网以及多孔的膜支撑体等通过适当的方式组合在一起，卷绕在空心管上，然后将其装入能承受压力的外壳中制成膜组件。料液由侧边沿隔网流动，穿过膜的透过液则在多孔支撑板中流动，汇集在中心管中流出。由于狭窄的流道与料液通道管网的存在，料液中的微粒或悬浮物会导致膜组件流道易堵塞，且其清洗较困难。卷式膜组件通常用于反渗透与纳滤过程。

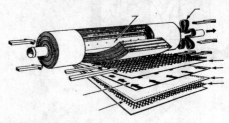

图 6-31 螺旋式膜组件截面流道及物料流向示意图

（5）**中空纤维式膜组件** 将膜材料制成极细的中空纤维，固定在圆形容器内构成，如图 6-32所示。中空纤维的内径通常在 $40\sim100\ \mu m$ 范围内，将数量为几十万至数百万的一束中空纤维一端封死，另一端固定在管板上，构成内压式或外压式中空纤维膜组件。料液从中空纤维一端流入，沿纤维外侧平等于纤维束流动，透过液通过中空纤维壁进入内腔并在纤维中空腔内流出。由于中空纤维太细，透过液流动阻力大，易堵塞且清洗和更换困难。在实际应用过程中，对料液往往必须先进行预处理，根据需要除去料液中的微粒。中空纤维膜组件常用于反渗透和纳滤过程。

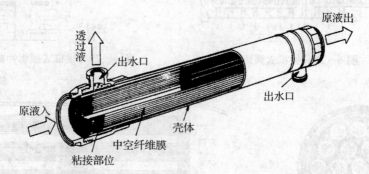

图 6-32 中空纤维膜组件的结构与物料流向示意图

§6.5　吸附分离

6.5.1　概述

大多数固体能吸附气体和液体分子,这种固体物质表面吸附气体和液体分子的现象称为吸附。但其中只有少量的物质具有选择性吸附能力,对气体或液体混合物中某一组分具有选择性吸附且吸附能力较大的物质称为吸附剂,而被吸附的物质称为吸附质。工业分离中常用的吸附剂有活性炭、沸石分子筛、硅胶活性氧化铝、吸附树脂以及其他特种吸附剂等。吸附操作在化工、轻工、炼油、冶金和环保等领域都有着广泛的应用。如气体中水分的脱除,溶剂的回收,水溶液或有机溶液的脱色、脱臭,有机烷烃的分离,芳烃的精制等。

根据吸附质和吸附剂之间吸附力的不同,可将吸附操作分为物理吸附与化学吸附两大类。

(1) 物理吸附(也称范德华吸附)　这种吸附是吸附剂分子与吸附质分子间吸引力作用的结果,因其分子间结合力较弱,故容易脱附。如果在固气接触表面上固体和气体之间的分子引力大于气体内部分子之间的引力,气体分子就会吸着在固体表面上;当吸附过程达到平衡时,吸附在吸附剂上的吸附质的蒸汽压应等于其在气相中的分压。

(2) 化学吸附　这种吸附是由吸附剂与吸附质分子间化学键的作用所引起,由分子间化学键作用产生的结合力比物理吸附大得多,其放出的热量也大得多,与化学反应热数量级相当,过程往往不可逆。化学吸附在催化反应中起重要作用。本章主要讨论物理吸附。

吸附分离是利用混合物中各组分与吸附剂间结合力强弱的差别,即各组分在固相(吸附剂)与流体间分配不同的性质使混合物中难吸附与易吸附组分分离。适宜的吸附剂对各组分的吸附可以有很高的选择性,故特别适用于用精馏等方法难以分离的混合物的分离,以及气体与液体中微量杂质的去除。此外,吸附操作条件比较容易实现。

目前,工业生产中吸附过程主要按工艺参数及操作进行分类,主要有如下几种:

(1) 变温吸附　在一定压力下吸附的自由能变化 ΔG 有如下关系:

$$\Delta G = \Delta H - T\Delta S \tag{6-20}$$

式中:ΔH 为焓变,ΔS 为熵变。当吸附过程达到平衡时,系统的自由能、熵值都降低。故式(6-20)中焓变 ΔH 为负值,表明吸附过程是放热过程,若在吸附过程中降低操作温度,可增加吸附量;反之亦然。因此,吸附操作通常是在低温下进行,然后提高操作温度使被吸附组分脱附。通常用水蒸气直接加热吸附剂使其升温解吸,解吸物与水蒸气冷凝后分离。吸附剂则经间接加热升温干燥和冷却等阶段组成变温吸附过程,吸附剂循环使用。

(2) 变压吸附　也称为无热源吸附。恒温下,升高系统的压力,床层吸附容量增多,反之系统压力下降,其吸附容量相应减少,此时吸附剂解吸、再生,得到气体产物的过程称为变压吸附。根据系统操作压力变化不同,变压吸附循环可以是常压吸附、真空解吸,加压吸附、常压解吸,加压吸附、真空解吸等几种方法。对一定的吸附剂而言,压力变化愈大,吸附质脱除得越多。

(3)溶剂置换 在恒温、恒压下,已吸附饱和的吸附剂可用溶剂将床层中已吸附的吸附质冲洗出来,同时使吸附剂解吸再生。常用的溶剂有水、有机溶剂等各种极性或非极性物质。

吸附剂的性能对吸附分离操作的技术经济指标起着决定性的作用,吸附剂的选择是非常重要的一环。通常固体都具有一定的吸附能力,但只有具有很高选择性和很大吸附容量的固体才能作为工业吸附剂,其一般选择原则如下:

(1)具有较大的平衡吸附量,一般比表面积大的吸附剂,其吸附能力强;

(2)具有良好的吸附选择性;

(3)容易解吸,即平衡吸附量与温度或压力具有较敏感的关系;

(4)有一定的机械强度和耐磨性,性能稳定,较低的床层压降,价格便宜等。

目前工业上常用的吸附剂主要有活性炭,活性氧化铝,硅胶,分子筛等。

6.5.2　吸附平衡与速率

1. 吸附等温线

在一定温度和压力下,当流体(气体或液体)与固体吸附剂经长时间充分接触后,吸附质在流体相和固体相中的浓度达到平衡状态,称为吸附平衡。吸附平衡关系决定了吸附过程的方向和极限,是吸附过程的基本依据。若与吸附剂接触的流体中吸附质浓度高于平衡浓度,则吸附质将被吸附;若流体中吸附质浓度低于平衡浓度,则吸附质将被解吸,最终达吸附平衡,吸附过程停止。

吸附平衡关系通常用等温条件下单位质量吸附剂中的吸附质的容量 q 与流体相中吸附质的分压 p(或浓度 C)间的关系 $q=f(p)$ 来表示,将吸附容量 q 与吸附分压 p(或浓度 C)对应关系描绘成相应的曲线称为吸附等温线。

(1)单一气体(或蒸气)的吸附

由于吸附剂和吸附质分子间作用力不同,导致形成的吸附等温线形状差异。吸附作用实质上是固体表面力作用的结果,但目前仍未充分了解这种表面力的性质。为了解释吸附作用,研究者提出了多种假设或理论,但这些假设或理论只能解释一些有限的吸附现象,多数吸附等温线的获得需要通过实验测定。下面介绍几种常用的经验模型方程:

① Langmuir 模型方程 对于单组元气体在固体上的吸附,有著名的 Langmuir 吸附理论,其理论的主要前提假定为:a. 吸附剂表面均匀;b. 被吸附的吸附质分子间无相互作用力;c. 吸附剂表面每个吸附位置至多能吸附一个吸附质分子,即吸附为单分子层吸附。同

时,也将满足以上假定条件的吸附称为理想吸附。

若以 q 表示气体分压为 p 下的吸附量,q_m 表示所有的吸附位置被占满时的饱和吸附量,平衡常数 $K = k_1/k'$,则可由前提假设推导出

$$q = \frac{K q_m p}{1 + K p} \qquad (6-21)$$

式(6-21)称为朗格缪尔(Langmuir)吸附等温线方程,q_m 和 K 可通过拟合实验数据得到。对于特定的物系,表达吸附平衡关系的吸附等温线需由实验测定。对于单组分气体吸附,由实验测定的吸附等温线可归纳为如图6-33所示的五种类型。朗格缪尔吸附等温线方程仅适用于Ⅰ型等温线,如用活性炭吸附 N_2、Ar、CH_4 等气体。

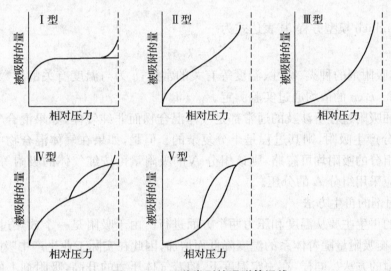

图 6-33　五种类型的吸附等温线

此外,Langmuir 吸附等温线方程还可转化为

$$\frac{p}{q} = \frac{p}{q_m} + \frac{1}{k_1 q_m} \qquad (6-22)$$

如果,以 $\dfrac{p}{q}$ 为纵坐标,p 为横坐标作图,可绘制出一条直线。从该直线斜率 $\dfrac{1}{q_m}$ 可以求出形成单分子层的吸附量,进而可计算出吸附剂的比表面积。

② BET 模型方程　该模型方程的前提假设:a. 吸附剂表面上的吸附可以有多分子层吸附;b. 被吸附组分分子之间无相互作用力,多层吸附的层间分子力为范德华力;c. 吸附剂固体表面是均匀的;d. 第一层的吸附热为物理吸附热,第二层以上的为液化热;e. 总吸附量为各层吸附量的总和,每一层都符合 Langmuir 公式。在以上假设的基础上可推导出BET 二参数方程为

$$q = \frac{\dfrac{q_m k_b p}{p^0}}{\left(1 - \dfrac{p}{p^0}\right)\left[1 + (k_b - 1)\dfrac{p}{p^0}\right]} \tag{6-23}$$

式中：q 为达到吸附平衡时的平衡吸附量；q_m 为第一层单分子层的饱和吸附量；p 为吸附质的平衡分压；p^0 为吸附温度下吸附质气体的饱和蒸汽压；k_b 为与吸附热有关的常数。

　　BET 吸附模型是在 Langmuir 模型基础上建立起来的。Langmuir 模型的前提条件是假设在吸附剂表面上只形成单分子层，而 BET 模型吸附剂表面上可扩展到多分子层吸附。与朗格缪尔(Langmuir)吸附等温线方程相比，BET 模型方程的适用范围要宽些，在 $p/p^0 = 0.05 \sim 0.35$ 范围内可适用于 I 型、II 型和 III 型吸附等温平衡关系，但仍不能适用于 IV 型和 V 型。

　　③ Freundlich 模型方程　其表达式为

$$q = k_f p^{\frac{1}{n}} \tag{6-24}$$

式中：k_f 为与吸附剂的种类、特性、温度等有关的常数；n 为与温度有关的常数，且通常范围在 $1 \sim 5$ 之间。k_f、n 的值均通过实验测定。

　　工业上的吸附过程所涉及的通常都是气体混合物而非纯气体，如果混合气体中有两个或以上的组分产生吸附，则其过程是十分复杂的。但是，如果在气体混合物中除某组分 A 外其余所有组分的吸附均可忽略，则该组分 A 的吸附量可按纯气体的吸附等温线估算，但其中的压力应采用组分 A 的分压。

　　(2) 吸附剂的再生方法

　　吸附剂的再生主要从温度和压力两个方面进行。由于吸附是一个放热过程，在同一平衡分压下，平衡吸附量随着体系的温度降低而增加，因此在实际工业生产中吸附剂的再生常采用升温脱附的方法。同样，在一定温度下，随着气体压力的升高，吸附剂上的平衡吸附量增加，反之，则平衡吸附量降低，已达平衡吸附吸附剂表面将产生脱附。改变压力使吸附剂再生也是工业生产中采用的手段之一。

　　(3) 液相的吸附平衡

　　液相吸附过程的机理远比气相复杂。因为吸附质在不同的溶剂中的溶解度不同，以及溶剂本身的吸附均会对吸附质的吸附产生一定的影响，所以对于给定的吸附剂，溶剂的种类对溶质的吸附也有影响。就研究的实验数据表明，溶剂中溶质的溶解度越小，在固体表面上的溶质的吸附量越大，反之，吸附量越小；吸附体系的温度越高，被吸附量越低。

　　液相吸附过程中，溶质和溶剂都可能被吸附。因为总吸附量难以测量，所以只能以溶质的相对吸附量或表观吸附量来表示。用已知质量的吸附剂来处理已知体积的溶液(以 V 表示单位质量吸附剂所处理的溶液体积，m^3 溶液/kg 吸附剂)，如溶质优先被吸附，则溶液中溶质浓度由初始值 C_0 及降到平衡浓度 C^* 的浓度值(kg 被吸附溶质/m^3 溶液)可被测出。

忽略溶液的体积变化,则溶质的表观吸附量为 $V(C_0-C^*)$(kg 被吸附质/kg 吸附剂)。对于稀溶液,溶剂被吸附的分数很小,用这种方法表示吸附量是可行的。

对于稀溶液,在较小温度范围内,吸附等温线可用 Freundlich 经验方程式表示:

$$C^* = k[V(C_0-C^*)]^n \qquad (6-25)$$

式中:k 和 n 为体系的特性常数。

2. 吸附动力学

(1) 吸附机理

当含有吸附质的流体与吸附剂接触时,吸附质将被吸附剂吸附,吸附质在单位时间内被吸附的量称为吸附速率,它是吸附过程中的一个重要参数。通常,一个吸附过程应包含以下三个步骤,每一步的速率都将不同程度地影响吸附过程,从而对吸附总速率产生影响。① 外扩散:吸附质分子从流体主体通过扩散(分子扩散与对流扩散)传递到吸附剂颗粒的外表面。因为流体与固体接触时,在紧贴固体表面处有一层滞流膜,所以这一步的速率主要取决于吸附质以分子扩散通过这一滞流膜的传递速率。② 内扩散:吸附质从吸附剂颗粒的外表面通过颗粒上微孔扩散进入颗粒内部,到达颗粒孔道的内部表面。③ 吸附:在吸附剂微孔道的内表面上吸附质被吸附剂吸着。

对于物理吸附,通常吸附剂表面上的吸着速率远较内、外扩散来得快,即第三步吸附通常是瞬间完成的,所以内扩散速率、外扩散速率通常决定了吸附过程的总速率。由内扩散速率、外扩散速率的相对大小将吸附过程可分为外扩散控制、内扩散控制和内外扩散联合控制三种。

吸附速率与体系性质(吸附剂、吸附质及其混合物的物理化学性质)、操作条件(温度、压力、两相接触状况)以及两相组成等因素有关。对于一定体系,在一定的操作条件下,两相接触、吸附质被吸附剂吸附的过程如下:

① 在吸附初期,吸附质在流体相中浓度较高,在吸附剂上的含量较低,处于远离平衡状态,从流体相主体至吸附剂表面的传质推动力大,故吸附速率高。

② 在吸附过程中,随着吸附过程的进行,流体相中吸附质浓度不断降低,吸附剂上吸附质含量不断增高,其传质推动力持续下降,吸附速率也随之逐渐降低。

③ 在吸附过程末期,经过较长时间的吸附,吸附质在流体相与吸附剂表面间接近平衡状态,吸附速率趋近于零。

吸附过程为非定态过程,其吸附速率可以表示为吸附剂上吸附质的含量、流体相中吸附质的浓度、接触状况和时间等的函数。

(2) 吸附的传质速率方程

根据上述吸附传质机理,对于某一吸附传质的瞬间,按拟稳态处理,吸附速率可分别用外扩散、内扩散或总传质速率方程表示。

① 外扩散传质速率方程

吸附质从流体主体扩散到吸附剂固体外表面的传质速率方程可表示为

$$\frac{\mathrm{d}q}{\mathrm{d}\theta} = k_{\mathrm{F}}a_{\mathrm{p}}(C - C_{\mathrm{i}}) \tag{6-26}$$

式中：q 为吸附剂上吸附质的含量，kg 吸附质/kg 吸附剂；θ 为时间，s；$\frac{\mathrm{d}q}{\mathrm{d}\theta}$ 为每千克吸附剂的吸附速率，kg/s·kg；a_{p} 为吸附剂的比外表面，m^2/kg；C 为流体相中吸附质的平均浓度，kg/m^3；C_{i} 为吸附剂外表面上流体相中吸附质的浓度，kg/m^3；k_{F} 为流体相侧的传质系数，m/s。

k_{F} 与流体物性，颗粒几何形状，两相接触的流动状况以及温度、压力等操作条件有关。有些关联式可供使用，具体可参阅有关专著。

② 内扩散传质速率方程

吸附过程中的内扩散过程要比外扩散过程复杂得多，吸附质在微孔道内的扩散有两种形式，孔道空间的扩散和沿孔道表面的扩散。在孔道空间的扩散根据微孔道的孔径大小又有三种情况：当孔径远大于吸附质分子运动的平均自由程时，其扩散过程遵循费克(Fick)扩散机理；当孔径远小于吸附质分子运动的平均自由程时，吸附质分子的扩散为克努森扩散；而介于两种情况之间时，两种扩散均起作用，为过渡扩散过程。所以，由上述内扩散机理进行内扩散计算则会很困难，通常是将内扩散过程简化成由外表面向颗粒内的传质过程的简单形式，即

$$\frac{\mathrm{d}q}{\mathrm{d}\theta} = k_{\mathrm{s}}a_{\mathrm{p}}(q_{\mathrm{i}} - q) \tag{6-27}$$

式中：k_{s} 为吸附剂固相侧的传质系数，kg/m·s；q_{i} 为吸附剂外表面上的吸附质含量，kg/kg，此处 q_{i} 与吸附质在流体相中的浓度 C 呈平衡；q 为吸附剂上吸附质的平均含量，kg/kg。k_{s} 与吸附剂的微孔结构特性、吸附质的物性以及吸附过程操作条件等多种因素有关，k_{s} 值通常由实验测定。

③ 总传质速率方程

吸附剂外表面处吸附质的浓度 C_{i} 与含量 q_{i} 难以测定，故通常按拟稳态处理，吸附过程的总传质方程表示为

$$\frac{\mathrm{d}q}{\mathrm{d}\theta} = K_{\mathrm{F}}a_{\mathrm{p}}(C - C^*) \tag{6-28}$$

或

$$\frac{\mathrm{d}q}{\mathrm{d}\theta} = K_{\mathrm{s}}a_{\mathrm{p}}(q^* - q) \tag{6-29}$$

式中：C^* 为与吸附质含量为 q 的吸附剂成平衡的流体中吸附质的浓度，kg/m^3；q^* 为与吸附质浓度为 C 的流体成平衡的吸附剂上吸附质的含量，kg/kg；K_{F} 为以 $\Delta C = C - C^*$ 为推动力的总传质系数，m/s；K_{s} 为以 $\Delta q = q^* - q$ 为推动力的总传质系数，kg/m·s。

对于稳态的吸附传质过程,则有

$$\frac{\mathrm{d}q}{\mathrm{d}\theta} = K_{\mathrm{F}}a_{\mathrm{p}}(C - C^{*}) = K_{\mathrm{s}}a_{\mathrm{p}}(q^{*} - q) = k_{\mathrm{F}}a_{\mathrm{p}}(C - C_{\mathrm{i}}) = k_{\mathrm{s}}a_{\mathrm{p}}(q_{\mathrm{i}} - q) \quad (6-30)$$

如果在操作的浓度范围内吸附平衡为直线,即

$$q^{*} = mC \quad (6-31)$$

在气固界面上两相互成平衡,则

$$q_{\mathrm{i}} = mC_{\mathrm{i}} \quad (6-32)$$

则进一步整理,可得

$$\frac{1}{K_{\mathrm{F}}} = \frac{1}{k_{\mathrm{F}}} + \frac{1}{mk_{\mathrm{s}}} \quad (6-33)$$

$$\frac{1}{K_{\mathrm{s}}} = \frac{1}{k_{\mathrm{F}}} + \frac{1}{k_{\mathrm{s}}} \quad (6-34)$$

上面两式表明,吸附过程的总传质阻力为外扩散阻力与内扩散阻力之和。如果内扩散过程很快,则吸附过程为外扩散控制,q_{i} 接近 q,且 $K_{\mathrm{F}} \approx k_{\mathrm{F}}$。如果外扩散过程很快,则吸附过程为内扩散控制,$C$ 接近于 C_{i},且 $K_{\mathrm{s}} \approx k_{\mathrm{s}}$。

6.5.3　工业吸附方法与设备

1. 固定床吸附

在固定床吸附分离器中,吸附剂被固定在吸附器内部支撑的隔板或多孔板等部位上,成为固定吸附剂床层。操作时,气流通过吸附器时而吸附剂保持静止不动,完成对吸附质的吸附过程。固定床吸附器分离器因其设备简单、容易操作,是中等以下处理量最常用的设备,广泛应用于工业上液体或气体混合物的分离与纯化,是工业上最常用的吸附分离设备。固定床吸附分离器按布置形式主要有立式、卧式、圆柱形、方形、圆环形等,多为圆柱形立式设备。

吸附过程按其操作方式分为间隙过程、连续过程两类。间隙过程是指待处理的流体通过固定床吸附器时,吸附质被吸附剂吸附,流体经出口流出,操作时吸附和脱附交替进行。而对连续过程,通常流程中都装有两台以上吸附器,以便切换使用。图 6-34 所示是典型的两个吸附器轮换操作的流程图,其为一个原料气的干燥过程示意图。当干燥器 A 工作时,原料气由下方通入,经干燥后的原料气从顶部出口排出。同时,通往干燥器 B 的阀门关闭,干燥器 B 处于再生操作状态。再生用气体经加热器加热至需要的温度,从干燥器 B 的顶部进入(通往干燥器 A 的阀门关闭),在干燥器 B 内部携带出脱附的水分,经干燥器 B 的底部排出,再经冷却器使再生气降温析出所携带的水分再生循环使用。操作一段时间后,由于干燥器 A 吸附剂上所吸附的水分增多,干燥原料气中水分含量达到限定值,则切换至干燥器 B 进行水分的干燥吸附操作。

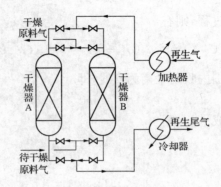

图 6 - 34　固定床吸附器流程示意图

2. 移动床吸附器

移动床吸附器又称"超吸附器",如图 6 - 35 所示。移动床连续吸附的设计充分利用吸附剂的选择性能高的优点,同时考虑到固体颗粒难于连续化及吸附容量低的缺点。固体吸附剂在重力的作用下,自上而下移动,通过吸附、精馏、脱附、冷却等单元过程,使吸附剂连续循环操作。从而,流体或固体可以连续而均匀地在移动床吸附器中移动,稳定地输入和输出。同时使流体与固体两相接触良好,不致发生局部不均匀的现象。移动床吸附器特别适用于轻烃类气体混合物的提纯。

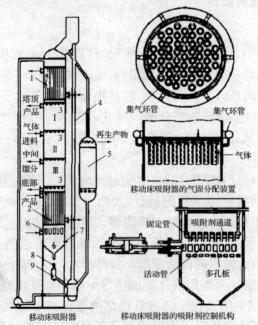

1—冷却器;2—脱附塔;3—分配板;4—提升管;5—再生器;6—吸附剂控制机械;
7—固粒料控制器;8—封闭装置;9—出料阀门

图 6 - 35　移动床吸附分离操作示意及设备

液相模拟移动床吸附操作是大型吸附分离装置,如图 6-36 所示。模拟移动床综合各操作的优点,用脱附剂冲洗置换来替代移动床使用的升温脱附,定期启用和关闭吸附分离塔各塔节的进液料的阀门和脱附剂的进出口。在塔节足够多时,各液流进出口位置不断改变,相当于在吸附剂颗粒微孔内的液流和循环泵输送的循环液不断逆流接触。在各进出口未切换的时间内,各塔节是固定床;对整条吸附塔在进出口不断切换时,却是连续操作的移动床。

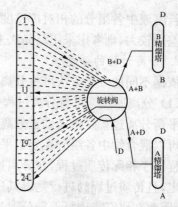

图 6-36　模拟移动吸附分离操作流程示意图

§6.6　分离方法的选择

分离方法既有传统的精馏、吸收、萃取等过程,也有膜分离、结晶、吸附等多种过程。对于一般混合物的分离,其分离方法的合理选择通常与其分离物系本身及其特定的环境有很大关系,具体选用哪一种分离方法比较合理则很难有统一的标准。但在选用分离方法过程中,仍有一些基本的规律可予以参考。

6.6.1　分离方法选择的基本依据

待分离混合体系在宏观和微观上的物理、化学及生物等方面性质上的差异是选择分离方法的主要依据,这些性质的差异反映了其组分分子性质的不同。同时,分离过程和方法的原理也决定了其是否适用于待分离混合体系的分离。

1. 待分离混合物系的物性

在分离过程中,组分物质的分子性质对分离因子的大小有重要的决定作用。这些组分的分子性质在分离过程中的差异性通常表现在以下的宏观或微观方面予以利用。

(1)物理性质　分子质量、范德华体积(分子体积)、分子形状(偏心因子)、扩散系数、浸透系数、熔点、沸点、溶解度、密度、蒸气压、渗透压、临界点等。

(2)力学性质　液体的流动性、重度、压缩性、黏滞性、表面张力等。

(3)电磁性质　分子电荷、分子偶极矩、极性、电导率、电离电位、介电常数、磁化率及等。

(4)其他特性　混合体系的分配系数、组分的热敏性、光敏性、氧化性和分解性、化学反应的活性与平衡常数、离解常数等。

利用待分离混合体系中目标产物与共存杂质间的性质差异为依据进行分离是最常用

的。若溶液中各组分的相对挥发度较大,则可考虑采用精馏分离法;若相对挥发度不大,而熔点差别较大,则考虑采用结晶法来分离混合体系是合适的。

2. 分离过程的分类

依据不同的分类方法可将分离过程分为不同的类别。

(1) 分离原理 可将分离过程分为平衡分离和速率分离两大类。

平衡分离过程是指借助于分离媒介(能量或物质等)将均相混合物体系变成两相体系,然后再以混合物中各组分在处于平衡的两相中分配关系的差异为依据实现分离。该类型分离过程属于相际传质过程,在分离过程中某种组分由一相迁移到另一相的量通常由传质速率决定,且传质过程的进行是以其达到相平衡为极限的,建立两相平衡往往需要较长的接触时间,因此在研究或选择平衡分离过程通常要考虑传质的极限和传质的速率这两方面问题。平衡分离过程主要包括气液传质、液液传质、液固传质、气固传质等分离过程。

速率分离过程是指借助于某种推动力(如压力差、温度差、电位差等)的作用,利用各组分扩散速率的差异而实现混合物分离的操作过程。这类过程的特点是所处理的物料和产品通常属于同一相态,仅有组成上的差别。速率分离过程主要有膜分离、场分离两类过程,这两类过程都具有节约能耗、不破坏物料、不污染产品和环境等优点,因此它们在稀溶液、生化产品、热敏性物料等物料的分离方面,均有着广阔的前景。

(2) 分离规模 按分离过程的规模(主要是处理物或目标产物量的大小),可将分离过程分为小规模分离、大规模分离两类,其间没有明确的界限。其中,小规模分离又可分为定量分析型分离、研发用试剂及材料型分离,如前者的色谱分离和后者的离心分离等。大规模分离过程一般是指工业上的分离,其通常具有规模大、经济性好的特点,如该类分离通常采用精馏、吸收、萃取等分离过程。

此外,分离方法还可按单元操作过程来分离。如蒸馏、吸收、液液萃取、液固浸取、过滤、结晶、膜分离等用于分离的单元操作过程。

3. 产物的纯度与回收率

产物的纯度与回收率之间存在一定的关系。一般来说,目标产物的纯度越高,其分离提取的成本越高,而回收率则越低。因此,在选用具体的分离方法时通常需综合考虑。

4. 分离方法的技术和应用成熟度

在选用具体的分离方法时,通常优先选用其技术和应用较成熟的分离操作过程。

6.6.2 分离方法选择的原则

对于一种混合体系,选择分离方法时常遵循以下一些原则:

(1) 分离方法的成熟(技术与应用)程度 分离方法的成熟程度决定了其可行性的大小,优先选用成熟度较好的分离方法。

(2) 优先选用分离因子较大的分离方法。

　　(3) 尽量避免使用极端工艺条件(温度、压力、pH 值等)　极端的工艺意味着对进料体系苛刻的要求及采用特殊的设备方能满足极端工艺条件的要求,此外对操作上也提出了较高的要求。

　　(4) 当分离因子相同时,优先选择采用能量分离剂的分离过程而不选择采用物质分离剂的过程。一般来说,以能量分离剂的分离过程的热力学效率较高;而以物质为分离剂的分离过程由于还要将物质分离剂再分离出目标产物,使能量增高。

　　(5) 当分离过程需要多个分离级时,优先选择平衡分离过程而不选择速率分离过程。通常,速率分离过程较难实现多个分离级的级联分离,而平衡分离过程则相对易丁实现多级过程。

　　(6) 在选择分离方法时优先考虑精馏　精馏分离过程操作简单、不需要物质分离剂,易在一个塔内实现多级分离过程,且其技术、理论和应用的成熟度最好,因而已成为工业上最为常用的分离方法。

　　(7) 不少情况下可选择采用耦合/集成分离方法　该分离方法的最大特点是实现物料与能量的消耗的最小化、工艺过程效率的最大化,或是能够达到清洁生产的目的。

　　分离方法的选择通常首先从确定产品纯度和回收率入手,产品纯度依据其使用目的来确定,而回收率则主要取决于当前能够实现的技术水平;其次是应充分了解待分离的混合体系中目标组分与杂质在物理、化学及生物等方面性质上的差异,然后比较这些差异性和选择可以利用的差异性来进行分离,最终确定可以完成此项分离的具体分离方法。

　　6-1　25 ℃时醋酸(A)-庚醇-3(B)-水(S)的平衡数据如本题附表所示。在单级萃取装置中,从含醋酸质量分数为 30％的醋酸-庚醇-3 混合液中以纯水为溶剂提取醋酸。已知原料液的处理量为 1000 kg/h,要求萃余相中醋酸的质量分数不大于 10％。试求:(1) 水的用量;(2) 萃余相的量及醋酸的萃取率。

习题 6-1 附表 1　溶解度曲线数据(质量分数/％)

醋酸(A)	庚醇-3(B)	水(S)	醋酸(A)	庚醇-3(B)	水(S)
0	96.4	3.6	48.5	12.8	38.7
3.5	93.0	3.5	47.5	7.5	45.0
8.6	87.2	4.2	42.7	3.7	53.6
19.3	74.2	6.4	36.7	1.9	61.4
24.4	67.5	7.9	29.3	1.1	69.6

醋酸(A)	庚醇-3(B)	水(S)	醋酸(A)	庚醇-3(B)	水(S)
30.7	58.6	10.7	24.5	0.9	74.6
41.4	39.3	19.3	19.6	0.7	79.7
45.8	26.7	27.5	14.9	0.6	84.5
46.5	24.1	29.4	7.1	0.5	92.4
47.5	20.4	32.1	0.0	0.4	99.6

习题 6-1 附表 2　联结线数据(醋酸的质量分数%)

水　层	庚醇-3层	水　层	庚醇-3层
6.4	5.3	38.2	26.8
13.7	10.6	42.1	30.5
19.8	14.8	44.1	32.6
26.7	19.2	48.1	37.9
33.6	23.7	47.6	44.9

6-2　在多级逆流萃取装置中，以丙酮为溶剂从含乙酸乙酯质量分数为 35% 的乙酸乙酯水溶液中提取乙酸乙酯。操作溶剂比(S/F)为 0.8，要求最终萃余相中乙酸乙酯质量分数不大于 5%。操作条件下，水和丙酮可视为完全不互溶。试在 X-Y 直角坐标图上求解所需的理论级数，并求操作溶剂用量为最小用量的倍数。操作条件下的平衡数据列于本题附表。

习题 6-2 附表　乙酸乙酯(A)-水(B)-丙酮(S)的平衡数据(质量分数)

萃　取　相			萃　余　相		
乙酸乙酯(A)	水(B)	丙酮(S)	乙酸乙酯(A)	水(B)	丙酮(S)
0	0.05	99.95	0	99.92	0.08
11.05	0.67	88.28	5.02	94.82	0.16
18.95	1.15	79.90	11.05	88.71	0.24
24.10	1.62	74.48	18.9	80.72	0.38
28.60	2.25	69.15	25.50	73.92	0.58
31.55	2.87	65.58	36.10	62.05	1.85
35.05	3.59	61.0	44.95	50.87	4.18
40.60	6.40	53.0	53.20	37.90	8.90
49.0	13.20	37.80	49.0	13.20	37.80

6-3 超临界流体用作萃取剂有哪些优缺点？

6-4 分别计算出含 NaCl 3.5% 和含 NaCl 0.1% 的盐溶液在 25 ℃ 时的理想渗透压。采用反渗透法处理这两种盐的水溶液，且要求水的回收率为 50%，则此时渗透压分别为多少？

6-5 在有效面积为 10 cm² 的醋酸纤维素膜上，操作压力为 6.0 MPa 进行含盐量为 10000 mg(NaCl)/L 的苦咸水反渗透试验。在水温 25 ℃ 时，水流量 Q_p 为 0.01 cm²/s 时，透过液溶质浓度为 400 mg/L，试计算水力渗透系数 L_p，溶质透过系数 ω 以及脱盐率。（溶质渗透压系数 Φ_i 与溶质的种类及浓度有关，本题取 $\Phi_i = 2$。）

思考题

6-1 对于混合液体的分离可采用萃取与蒸馏两种方法，在什么情况下采用萃取操作更为合适？

6-2 何谓分配系数，分配系数与哪些因素有关？分配系数的大小对萃取效果有何影响？

6-3 超临界流体萃取剂应具备哪些条件？超临界流体 CO_2 的萃取工作区为何通常选择在临界点附近？

6-4 结晶有哪几类基本方法？溶液结晶操作的基本原理是什么？

6-5 简述反渗透的基本原理。解释浓差极化现象。

6-6 吸附分离的基本原理是什么？吸附分离过程可分为哪几个主要步骤？

 工程案例

乙烯回收中的膜分离技术应用

某石化公司乙烯醇装置，以乙烯、乙酸和氧气为原料来合成乙酸乙烯酯，经过精馏、聚合、低碱醇解等过程最终制取聚乙烯醇。乙烯氧化反应中原料的单程转化率较低，因此反应器出口中含有大量未反应乙烯的混合气体需经压缩机加压后返回到反应器循环使用。为了避免原料气中含有的惰性气体如氮气、氩气、甲烷等在工艺循环气中逐渐累积，影响反应的正常进行，需要将一部分循环气体连续排放至火炬焚烧。该聚乙烯醇装置的工艺排放气流量为 40 m/h，主要成分为乙烯和氮气。经计算，装置每年排放乙烯 360 t，既造成经济损失，放空气体的焚烧又产生大量温室气体，污染环境，加重了企业的环保负担。因此，聚乙烯醇装置工艺排放气的回收利用具有较好的经济效益和社会效益。

膜分离技术与其他分离技术相比,具有工艺、设备简单,能耗低,运行可靠性高等诸多优点。因此,该石化公司引进了膜分离设备,以回收放空气体中的乙烯。对工艺进行优化后,装置运行情况良好。

1. 膜分离技术原理简介

乙烯回收装置的膜分离设备中采用的技术是有机蒸气膜分离法,是一种基于溶解—扩散机理的一种工艺。有机蒸气膜分离法原理见图 1。气体首先在膜的表面溶解,然后沿着其在膜内的浓度梯度扩散。分子质量大、沸点高的组分(如乙烯、乙烷等)在膜内的溶解度大,容易通过膜,在膜的渗透侧富集;而分子质量小、沸点低的组分(如氮气、氢气、甲烷等)在膜内的溶解度小,不容易透过膜,在膜的残余侧富集。

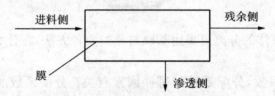

图 1   有机蒸气膜分离法原理

在膜分离过程中,对于混合气体中的任一组分都有

$$F_i/A = J_i = P_i \times \Delta P_i/l$$

式中:F_i 为透过膜的组分的流量,A 为渗透膜的面积,J_i 为透过膜的组分 i 的通量,P_i 为组分 i 对膜的透过能力,ΔP_i 为进料气和透过气中组分 i 分压压差,l 为膜的厚度。

用进料压力和摩尔分数将 ΔP_i 展开,得到

$$F_i/A = J_i = P_i \times (P_{in} \times X_i - P_{out} \times Y_i)/l$$

式中:P_{in} 为进料侧压力,P_{out} 为渗透侧压力,X_i 为进料气流中组分 i 的摩尔分数,Y_i 为渗透气流中组分 i 的摩尔分数。

膜对 A、B 两种不同气体的选择性 α_{AB} 的计算式为

$$\alpha_{AB} = P_A/P_B$$

式中:P_A、P_B 分别为组分 A、B 对膜的透过能力。

2. 工艺流程

本乙烯醇装置工艺排放气的流量约为 40 m^3/h,压力为 0.8 MPa,气体组分分析见表 1。

表 1   排放气体组成

组分	$O_2 + Ar$	N_2	CH_4	CO_2	C_2H_4	C_2H_6
体积分数(%)	5.44	6.82	0.52	1.54	84.79	0.9

回收气体经压缩机加压后被送回工艺循环气系统。膜分离法乙烯回收工艺流程见图 2。

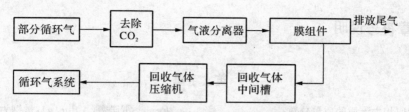

图2 膜分离法乙烯回收工艺流程示意图

3. 物料衡算

假设原料气携带的惰性气体杂质的质量恒定，所有杂质全部作为残余气排放，则有

$$M_i = F_{残余} \times Z_i$$

式中：M_i 为原料气携带的杂质组分 i 的量；$F_{残余}$ 为残余气体的流量；Z_i 为残余气流中组分 i 的摩尔分数。

对于膜分离系统有

$$M_i = F_{进料} \times X_i = F_{渗透} \times Y_i + F_{残余} \times Z_i$$

式中：$F_{进料}$ 为进料气体的流量，$F_{渗透}$ 为渗透气体的流量。

4. 工艺条件控制及运行效果

经过对膜分离流程及其工艺条件的优化，最终确定的工艺条件为：正常情况下，进料气流量为 80 m³/h，渗透气流量为 60 m³/h，排放气流量为 20 m³/h，进料侧压力为 0.495 MPa，渗透侧压力为 0.138 MPa，进膜气体的温度为 20 ℃。当原料气中杂质含量增加时，同时增大进料气流量和排放气流量，可保持渗透气流量基本不变。

膜分离系统正常运行期间的分析数据见表 2。

表2 膜分离系统正常运行时的气体组成（%）

组分	O_2+Ar	N_2	CH_4	CO_2	C_2H_4	C_2H_6
进料气体	5.14	5.17	0.54	84.52	1.56	1.23
渗透气体	3.22	2.02	0.44	89.66	1.75	1.34
残余气体	9.05	11.35	0.81	74.62	1.2	1.06

5. 经济效益

若按年加工时间 8500 h 进行计算，分离前工艺排放气中乙烯的质量为 360.4 t（40×84.79%×8500×28/22.4＝360.4 t），分离后残余气中乙烯的质量为 158.6（20×74.62%×8500×28/22.4＝158.6）t，乙烯年回收量为 201.8（360.4－158.6＝201.8）t，乙烯回收率达 56%。按目前乙烯市场价格计算，年收益 200 万元，项目投资 350 万元，投资回收期为 20 个月。

本章符号说明

英文字母

y——萃取相中溶质的质量分数；

x——萃余相中溶质的质量分数；

k_A——分配系数；

N——单位体积晶浆中的晶核数；

Δc——过饱和度；

m——晶核生成级数；

$k_核$——成核的速率常数；

R——分离效率；

D——分子扩散系数，m^2/s；

a_p——吸附剂的比表面积，m^2/kg；

D_e——有效扩散系数，m^2/s；

c_p——比热容，$J/(kg \cdot ℃)$；

D_k——克努森扩散系数，m^2/s；

C——浓度，kg/kg 或 $kmol/m^3$；

G——结晶产品量，kg 或 kg/h；

d——膜孔径，m；

G_s——溶剂量，kg；

H——亨利常数，m^3/kg；

R——溶质水合物摩尔质量与溶质摩尔质量比，量纲为一；

k_s——内扩散传质系数，$kg/(m^2 \cdot s)$；

k_f——外扩散传质系数，m/s；

Re——雷诺数（$=du\rho/\mu$），量纲为一；

K——分配系数，量纲为一；

t——温度，$℃$；

K_f——流体相总传质系数，m/s；

V——单位溶剂蒸发量，kg/kg 溶剂；

K_s——吸附相总传质系数，$kg/(m^2 \cdot s)$；

W——原料液中溶剂量，kg 或 kg/h；

l_M——膜厚，m；

W'——母液中溶剂量，kg 或 kg/h；

L——膜孔长度，m；

L_s——吸附剂量，kg；

J——传质通量，$kmol/(m^2 \cdot s)$；

X——吸附剂相中吸附质的质量比，kg 吸附质/kg 吸附剂；

Y——液相中吸附质的质量比，kg 吸附质/kg 溶剂；

p——压力，Pa；

P_M——溶质在膜内渗透系数，$kmol/(m^2 \cdot s \cdot Pa)$；

q——吸附量，kg 吸附质/kg 吸附剂；

q_m——平衡吸附量，kg 吸附质/kg 吸附剂。

希腊字母

θ——时间，s；

μ——黏度，$Pa \cdot s$；

ρ——密度，kg/m^3；

r_{cr}——结晶热，J/kg；

τ——曲折因子，量纲为一；

r_s——溶剂汽化热，J/kg；

ε——空隙率，量纲为一；

β——选择性系数。

参考文献

[1]　王志魁,刘丽英,刘伟. 化工原理[M]. 北京:化学工业出版社,2011.

[2]　邹华生,黄少烈. 化工原理[M]. 北京:高等教育出版社,2009.

[3]　夏清,贾绍义. 化工原理:上册[M]. 天津:天津大学出版社,2012.

[4]　王晓红,田文德. 化工原理:上、下册[M]. 北京:化学工业出版社,2011.

[5]　柴诚敬. 化工原理:上册[M]. 北京:高等教育出版社,2011.

[6]　陈敏恒,从德滋,等. 化工原理[M]. 北京:化学工业出版社,2011.

[7]　李凤华,于士君. 化工原理[M]. 大连:大连理工大学出版社,2006.

[8]　赵汝傅,管国锋. 化工原理[M]. 北京:化学工业出版社,1999.

[9]　陈欢林. 新型分离技术[M]. 北京:化学工业出版社,2012.

[10]　邓修,吴俊生. 化工分离工程[M]. 北京:科学出版社,2000.

第7章 固体干燥

一、学习目的

通过本章学习,熟悉和了解湿空气的性质及其相关参数,干燥过程的原理及设备选型,以及干燥过程中提高效率的方法。

二、学习要点

重点掌握湿空气的"$I-H$"图及其中的五种线,物料干燥过程的物料衡算和热量衡算,平衡水分与自由水分、结合水分与非结合水分的概念,干燥速率的定义及干燥速率曲线,恒速和降速段干燥时间的计算方法。

掌握湿空气的主要性质,定义和计算公式,确定湿空气状态的三种条件及由状态点确定空气有关参量,湿物料性质,干燥器的热效率的定义,干燥过程的物料衡算及热量衡算,物料干燥过程中的干燥速率及时间的计算。

一般了解湿分的定义、去湿的方法及干燥的分类,干燥过程的必要条件和干燥推动力,影响恒速干燥和降速干燥的因素,干燥器的主要形式及它们的特点。

§7.1 概　述

干燥是利用热能除去固体物料中湿分(水分或其他液体)的单元操作。在化工、食品、制药、纺织、采矿、农产品加工等行业,常常需要将湿固体物料中的湿分除去,以便于运输、贮藏或达到生产规定的含湿率要求。例如,聚氯乙烯的含水量须低于 0.2%,否则在以后的成形加工中会产生气泡,影响塑料制品的品质;药品的含水量太高会影响保质期等。所以,湿含量是固体产品的一项重要指标。

通常,将湿分从物料中去除的操作称为去湿。去湿的方法很多,化工生产中常用的方法有:① 机械除湿,如沉降、过滤、离心分离等利用重力或离心力除湿,这种方法适合于除去大量的湿分,能耗较少,但除湿不彻底;② 吸附除湿,用干燥剂(如无水氯化钙、硅胶等)来吸附湿物料中的水分,该法适用于除去少量湿分,仅适合于实验室使用;③ 加热除湿(即干燥),通过加热使湿物料中的水分汽化而被移除的方法,该法除湿彻底,但能耗较高。为节省能源,工业上往往将两种方法联合起来操作,先用比较经济的机械方法除去湿物料中大部分湿分，然后再利用干燥方法继续除湿，以获得湿分符合要求的产品。干燥操作在化工、石油化工、医药、食品、原子能、纺织、建材、采矿、电工与机械制品以及农产品等行业中广泛应用。

干燥操作可按不同原则进行分类：① 按操作压强分为常压干燥和真空干燥。后者主要用于处理热敏性、易氧化或要求产品中湿分含量很低的场合。② 按操作方式分为连续式干燥和间歇式干燥。间歇式干燥适用于小批量、多品种或要求干燥时间很长的特殊场合。③ 按传热方式可分为传导干燥、对流干燥、辐射干燥、介电加热干燥以及由上述两种或多种组合的联合干燥。

目前化工生产中使用最广泛的是对流干燥，干燥介质可以是不饱和热空气、惰性气体及烟道气，要除的湿分为水或其他化学溶剂。本章重点介绍以不饱和热空气为干燥介质，湿分为水分的对流干燥过程。

在对流干燥过程中，气体将热量传给物料，为传热过程；物料将湿分传给气体，为传质过程。所以，对流干燥过程是兼有热、质传递过程，干燥速率由传热速率和传质速率共同控制。干燥操作的必要条件是物料表面的水汽分压必须大于干燥介质中的水汽分压，两者差别越大，干燥操作进行得越快。所以干燥介质应及时将汽化的水汽带走，以维持一定的传质推动力。若干燥介质为水汽所饱和，则推动力为零，这时干燥操作停止。

§7.2 湿空气的性质及湿度图

7.2.1 湿空气的性质

湿空气是绝干空气和水汽的混合物。在对流干燥操作中，常采用一定温度的不饱和空气作为介质，因此首先讨论湿空气的性质。

在干燥过程中，湿空气中水汽的含量是不断变化的，而其中绝干空气作为载体，其质量是不变的。故为了计算方便，所以选取 1 kg 绝干气作基准对干燥计算而言是很方便的。

1. 湿度 H

湿度 H（又称湿含量或绝对湿度）表明湿空气中水蒸气含量，即湿空气中所含水蒸气的质量与绝干空气质量之比，可表示为

$$H = \frac{湿空气中水蒸气的质量}{湿空气中绝干空气的质量} = \frac{M_v n_v}{M_g n_g} = \frac{18 n_v}{29 n_g} \tag{7-1}$$

式中：H 为湿空气的湿度，kg 水气/kg 绝干空气；M_v 为 kg/kmol；M_g 为绝干空气的摩尔质量，kg/kmol；n_g 为绝干空气的物质的量，kmol；n_v 为水气的物质的量，kmol。

常压下湿空气可视为理想气体混合物，设湿空气的总压为 P，其中水蒸气的分压为 p，根据道尔顿分压定律，理想气体混合物中各组分的物质的量比等于分压比，则式（7-1）可表

示为

$$H = \frac{18p}{29(P-p)} = 0.622\frac{p}{P-p} \tag{7-2}$$

由式(7-2)可知湿度是总压和水汽分压的函数。当总压一定时,则湿度仅由水蒸气分压所决定,湿度随水汽分压的增加而增大。

当湿空气的水蒸气分压等于同温度下水的饱和蒸气压时,表明湿空气呈饱和状态,此时空气的湿度称为饱和湿度 H_s,即

$$H_s = 0.622\frac{p_s}{P-p_s} \tag{7-3}$$

式中:H_s 为湿空气的饱和湿度,kg 水气/(kg 绝干空气)。

2. 相对湿度百分数 φ

在一定总压下,湿空气中的水汽分压与同温度下水的饱和蒸汽压 p_s 之比的百分数,称为相对湿度百分数,简称相对湿度,符号为 φ,即

$$\varphi = \frac{p}{p_s} \times 100\% \tag{7-4}$$

相对湿度可以用来衡量湿空气的不饱和程度。当 $\varphi=1$ 时,湿空气中水汽分压等于同温度下水的饱和蒸汽压,表明湿空气不能再吸收水分且已达到饱和。当相对湿度 φ 小于 1 时,湿空气能作为干燥介质,且 φ 值愈小,表明湿空气偏离饱和程度越远,吸收水汽的能力越强。由此可见空气的湿度 H 只能表示空气中水汽含量绝对值,而相对湿度 φ 值能反映出湿空气干燥能力的大小。

若将式(7-4)代入式(7-2),可得

$$H = 0.622\frac{\varphi p_s}{P-\varphi p_s} \tag{7-5}$$

由式(7-5)可知,在一定的总压下,相对湿度 φ 与湿度 H 及饱和蒸汽压 p_s 有关,而 p_s 又与温度有关,因此,湿空气湿度 H 随着空气的相对湿度及温度而变。

3. 湿空气的比体积(湿容积)v_H

湿空气中,1 kg 绝干气的体积和相应 H kg 水汽体积之和称为湿空气的比体积,又称为湿容积,以 v_H 表示。根据定义可以写出:

$$v_H = 1\text{ kg 绝干气的体积} + H\text{ kg 水汽的体积}$$

则在总压为 P,温度为 t,湿空气的比体积为

$$v_H = \left(\frac{1}{29}+\frac{H}{18}\right) \times 22.4 \times \frac{t+273}{273} \times \frac{101300}{p}$$

$$= (0.772+1.244H) \times \frac{t+273}{273} \times \frac{101300}{p} \tag{7-6}$$

式中:v_H 为湿空气的比体积,m³ 湿空气/kg 绝干气;H 为湿空气的湿度,kg 水/kg 绝干气;

t 为温度,℃。

由式(7-6)可知,在总压一定时,湿空气的比体积随湿度 H 和温度 t 而变。

4. 湿空气的比热容 c_H 和焓 I

常压下,将绝干空气和其中的水汽的温度提高所需要的热量,称为湿空气的比热容,简称湿热,即

$$c_H = c_g + Hc_v = 1.01 + 1.88H \qquad (7-7)$$

式中:c_H 为湿空气的比热容,kJ/(kg 绝干空气·℃);c_g 为绝干空气的比热容,kJ/(kg 绝干空气·℃);c_v 为水蒸气的比热容,1.88 kJ/(kg 绝干空气·℃)。

湿空气的焓为绝干空气的焓与所含水汽的焓之和。即

$$I = I_g + HI_v \qquad (7-8)$$

式中:I 为湿空气的焓,kJ/(kg 绝干空气);I_g 为绝干空气的焓,kJ/(kg 绝干空气);I_v 为水汽的焓,kJ/(kg 绝干空气)。

取 0 ℃下干空气和液态水的焓作为基准。而水汽的焓则应包括水在 0 ℃下的汽化潜热及水汽在 0 ℃以上的显热。

对于温度为 t、湿度为 H 的空气,其焓值计算为

$$I = c_g t + H(r_0 + c_v t) = c_H t + Hr_0 = (1.01 + 1.88H)t + 2490H \qquad (7-9)$$

式中:r_0 为 0 ℃时的水蒸气的潜热,其值约为 2490 kJ/kg。

5. 干球温度 t 和湿球温度 t_w

用普通温度计测得的湿空气温度为其真实温度,称为干球温度,用符号 t 表示,单位为℃或 K。

如图 7-1 所示,用湿纱布包裹温度计的感温部分(水银球),纱布下端浸在水中,保证纱布一直处于充分润湿状态,这种温度计称为湿球温度计。将湿球温度计置于具有一定线速度(大于 4 m/s)的空气流中,若空气是大量且不饱和的,假设开始时纱布中水分(以下简称水分)的温度与空气的温度相同,因空气是不饱和的,水分必然要汽化,汽化所需的汽化热只能由水分本身温度下降放出显热供给。水温下降后,与空气间出现温度差,此温差又引起空气向水分传热。水分温度会不断下降,直至空气传给水分的显热恰好等于水分汽化所需的潜热时,达到一个稳定的或平衡的状态,湿球温度计上的温度不再变化,此时的温度称为该湿空气的湿球温度。湿球温度并不代表空气的真实温度,而是表明空气状态或性质的一种参量。

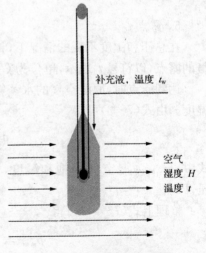

补充液,温度 t_w

空气
湿度 H
温度 t

图 7-1 湿球温度的测量

上述过程中空气流量大,因此可以认为湿空气的温度 t 与湿度 H 恒定不变。当达到平衡时,空气向湿纱布表面的传热速率为

$$Q = \alpha S(t - t_{\rm w}) \tag{7-10}$$

式中:Q 为空气向湿纱布的传热速率,kW;α 为空气向湿纱布的对流传热系数,kW/(m²·℃);S 为空气与湿纱布间的接触表面积,m²;t 为空气的温度,℃;$t_{\rm w}$ 为空气的湿球温度,℃。

同时,湿纱布表面水分向空气中汽化的传质速率为:

$$N = k_{\rm H} S(H_{\rm s,w} - H) \tag{7-11}$$

式中:N 为传质速率,kg/s;$k_{\rm H}$ 为以湿度差为推动力的传质系数,kg/(m²·s·ΔH);$H_{\rm s,w}$ 为湿球温度下空气的饱和湿度,kg/kg 绝干气。

在稳定状态下,传热速率与传质速率之间的关系为

$$Q = N \cdot r_{t_{\rm w}} \tag{7-12}$$

式中:$r_{t_{\rm w}}$ 为湿球温度下水的汽化热,kJ/kg。

联立式(7-10)、式(7-11)及式(7-12),并整理得

$$t_{\rm w} = t - \frac{k_{\rm H} r_{\rm tw}}{\alpha}(H_{\rm s,w} - H) \tag{7-13}$$

由式(7-13)看出,湿球温度 $t_{\rm w}$ 是湿空气温度 t 和湿度 H 的函数。实验表明,α 与 $k_{\rm H}$ 都与空气速率 0.8 次幂成正比,所以 $\dfrac{\alpha}{k_{\rm H}}$ 与流速无关,只与物质性质有关。对于空气和水系而言,

$$\frac{\alpha}{k_{\rm H}} = 1.09 \text{。}$$

6. 露点 $t_{\rm d}$

在总压和湿度不变的情况下,将不饱和的空气冷却至饱和状态时对应的温度,称为该空气的露点,以符号 $t_{\rm d}$ 表示,单位为℃或 K。

达到露点时,原湿空气的水蒸气分压等于露点下饱和水蒸气压,此时空气的湿度为饱和湿度。由式(7-3)可得

$$H_{\rm s,td} = 0.622 \frac{p_{\rm s,td}}{P - p_{\rm s,td}} \tag{7-14}$$

式中:$H_{\rm s,td}$ 为湿空气的饱和湿度,kg 水气/(kg 绝干空气);$p_{\rm s,td}$ 为露点下水的饱和蒸汽压,Pa。

整理上式(7-14)可得

$$p_{\rm s,td} = \frac{H_{\rm s,td} \times P}{0.622 + H_{\rm s,td}} = \frac{H \times P}{0.622 + H} \tag{7-15}$$

显然,当空气的总压一定时,露点 $t_{\rm d}$ 仅与空气湿度 H 有关。如确定湿空气的露点 $t_{\rm d}$ 时,将已知湿空气的湿度及总压代入式(7-15)求得下的饱和蒸汽压,由饱和水蒸气表查出的对应温度即为该湿空气的露点 $t_{\rm d}$。

7. 绝热饱和温度 t_{as}

绝热饱和冷却温度是湿空气降温、增湿直至饱和时的温度。其过程可以用如图7-2所示的绝热饱和冷却塔来说明。设塔与外界绝热,初始温度为 t,湿度为 H 的不饱和空气从塔底进入塔内,大量的温度为 t_{as} 的水由塔顶喷下,两相在填料层中充分接触后,空气由塔顶排出,水由塔底排出后经循环泵返回塔顶,塔内水温均匀一致。此过程中,一方面,水不断的汽化,使空气的湿含量增加,直至饱和;另一方面,水汽化所需的潜热只能由空气温度下降放出显热来供给,而水分汽化时却又将这部分热量以潜热的形式带回到空气中,随着过程的进行,空气的温度逐渐下降,湿度逐渐升高,但空气的焓值基本保持不变。

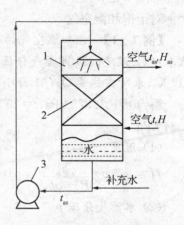

1—塔身;2—填料;3—循环泵

图7-2 绝热饱和冷却塔示意图

对图7-2的塔进行热量衡算,设湿空气入塔的湿度为 H,温度为 t,达到稳定状态后,湿空气离开塔顶的温度为 t_{as},湿度为 H_{as}。

塔内气液两相间的传热过程为:水分汽化所需的潜热恰好等于空气传给水分时显热。因此,以单位质量绝干气为基准的热量衡算式为

$$c_H(t - t_{as}) = (H_{as} - H)r_{as} \tag{7-16}$$

式中:r_{as} 为温度 t_{as} 时水的汽化热,kJ/kg。

将式(7-16)整理得

$$t_{as} = t - \frac{r_{as}}{c_H}(H_{as} - H) \tag{7-17}$$

式(7-17)中的 r_{as}、H_{as} 是 t_{as} 的函数,c_H 是 H 的函数。因此,绝热饱和温度 t_{as} 是湿空气初始温度 t 和湿度 H 的函数,它是湿空气在绝热、冷却、增湿过程中达到的极限冷却温度。同时,由式(7-17)可看出,在一定的总压下,只要测出湿空气的温度 t 和绝热饱和温度 t_{as} 就可算出湿空气的湿度 H。

由实验可知,对于湍流状态下的水蒸气—空气系统,常用温度范围内 $\frac{\alpha}{k_H}$ 值与湿空气比热容 c_H 值很接近,同时 $r_{as} \approx t_{as}$,所以在一定温度 t 与湿度 H 下,比较式(7-13)和式(7-17)可以看出,湿球温度近似地等于绝热饱和冷却温度,即 $t_{as} \approx t_w$。绝热饱和温度 t_{as} 和湿球温度 t_w 是两个完全不同的概念,但两者都是湿空气状态(t 和 H)的函数。对空气—水系统,可以近似认为绝热饱和温度 t_{as} 与湿球 t_w 数值相等,而湿球温度比较容易测定。

由以上讨论可知,湿空气的湿度 H 主要通过测定干球温度 t、湿球温度 t_w、露点温度后计算得到。三个温度之间的关系如下:

对于不饱和湿空气 $\qquad t > t_w > t_d$

对于饱和湿空气 $\qquad t = t_w = t_d$

【例 7-1】 已知湿空气的总压为 101.325 kPa,相对湿度为 50%,干球温度为 20 ℃。试求:(1)湿度;(2)水蒸气分压 p;(3)露点 t_d;(4)焓 I;(5)如将 500 kg/h 干空气预热至 117 ℃,求所需热量 Q;(6)每小时送入预热器的湿空气体积 V。

解: $p = 101.325$ kPa,$t = 20$ ℃,由饱和水蒸气表查得,水在 20 ℃时的饱和蒸汽压为 $p_s = 2.34$ kPa

(1)湿度

$$H = 0.622 \frac{\varphi p_s}{P - \varphi p_s} = 0.622 \times \frac{0.50 \times 2.34}{101.3 - 0.50 \times 2.34} = 0.00727 \text{(kg 水 /kg 干空气)}$$

(2)水蒸气分压 p

$$p = \varphi p_s = 0.50 \times 2.34 = 1.17 \text{(kPa)}$$

(3)露点 t_d

露点是空气在湿度 H 或水蒸气分压 P 不变的情况下,冷却达到饱和时的温度。所以可由 $p = 1.17$ kPa 查饱和水蒸气表,得到对应的饱和温度 $t_d = 9$ ℃。

(4)焓 I

$$I = (1.01 + 1.88H)t + 2492H = (1.01 + 1.88 \times 0.00727) \times 20 + 2492 \times 0.00727$$
$$= 38.6 \text{(kJ/kg 干空气)}$$

(5)热量 Q

$$Q = 500 \times (1.01 + 1.88 \times 0.00727) \times (117 - 20) = 4966 \text{(kJ/h)} = 13.8 \text{(kW)}$$

(6)湿空气体积 V

$$V = 500 v_H = 500 \times (0.772 + 1.244H) \times \frac{T + 273}{273}$$

$$= 500 \times (0.773 + 1.244 \times 0.00727) \frac{20 + 273}{273}$$

$$= 419.7 \text{(m}^3\text{/h)}$$

7.2.2 湿空气的 H-I 图

当总压一定时,表示湿空气性质的各项状态参数中,只需要规定其中任意两个相互独立的参数,湿空气的状态就可以被确定。在计算绝热饱和温度和湿球温度时需要试差,其为繁琐。但工程上将湿空气各参数间的关系标绘在坐标图上,只要知道湿空气任意两个独立参数,即可从图上查出其他参数,这样既避免了试差计算,在图上表示干燥过程中空气的状态变化又直观明了,便于分析。常用的湿度图有湿度—温度图(H-t)和焓湿度图(I-H),本章重点介绍焓湿度图的构成和应用。

1. 湿空气的 $H-I$ 图

湿空气的 $H-I$ 图如图 7-3 所示,该图以 1 kg 绝干空气为基准,用总压力为 101.3 kPa 下的数据绘制。为了使各种关系曲线分散开,采用两坐标轴交角为 135° 的斜角坐标系。为了便于读取湿度数据,将横轴上湿度 H 的数值投影到与纵轴正交的辅助水平轴上。图中共有 5 种关系曲线,图上任何一点都代表一定温度 t 和湿度 H 的湿空气状态。现将图中各种曲线分述如下:

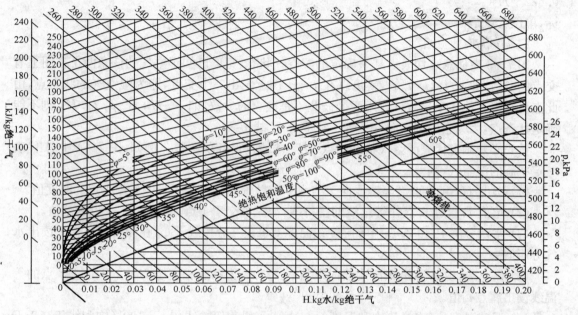

图 7-3　空气—水系统焓湿图

(1) 等湿线(即等 H 线)。等湿线是一组与纵轴平行的直线,在同一根等湿线上不同的点都具有相同的温度值,其值在辅助水平轴上读出。

(2) 等焓线(即等 I 线)。等焓线是一组与斜轴平行的直线。在同一条等焓线上不同的点所代表的湿空气的状态不同,但都具有相同的焓值,其值可以在纵轴上读出。

(3) 等干球温度线(即等 t 线)。由式 $I=1.01t+(1.88t+2490)H$,当空气的干球温度 t 不变时,I 与 H 成直线关系,因此在 $I-H$ 图中对应不同的 t,可作出许多条等 t 线。上式为线性方程,等温线的斜率为 $1.88t+2490$,是温度的函数,因此等温线是不平行的,温度越高,等温线斜率越大。

(4) 等相对湿度线(即等 φ 线)。根据式(7-5):$H = 0.622\dfrac{\varphi p_s}{P-\varphi p_s}$,可知当总压 P 一定时,对于任意规定的 φ 值,上式可简化为 H 和 P_s 的关系式,而 P_s 又是温度的函数。因此对应一个温度 t,就可根据水蒸气可查到相应的 P_s 值计算出相应的湿度 H,将上述各点(H,t)

连接起来,就构成等相对湿度 φ 线。根据上述方法,可绘出一系列的等 φ 线群。

$\varphi=100\%$ 的等 φ 线为饱和空气线,此时空气完全被水汽所饱和。饱和空气以上 $\varphi(<100\%)$ 为不饱和空气区域。当空气的湿度 H 为一定值时,其温度 t 越高,则相对湿度 φ 值就越低,其吸收水汽能力就越强。$\varphi=0$ 时的等 φ 线为纵坐标轴。

(5) 蒸汽分压线。表示空气的湿度 H 与空气中水汽分压 p_v 之间关系的曲线。由 $p_v=\dfrac{HP}{0.622+H}$ 可知,总压一定时,湿度 H 随水气分压 p_v 而变,得到水汽分压线,绘于右端纵坐标,单位 kPa。

2. $H\text{-}I$ 图的应用

图 7-3 中任意点均表示某一确定的湿空气状态,只要已知湿空气的任意两个在图上有交点的参数,如 $t\text{-}t_w$,$t\text{-}t_d$ 等,就可以在 $I\text{-}H$ 图上定出一个交点,即为湿空气的状态点,由此点可查得其他各项参数。若用两个彼此不是独立的参数,如 $p\text{-}H$,$t_d\text{-}p$,$t_d\text{-}H$,则不能确定状态点,因为它们都在同一条等 I 线或等 H 线上。

首先必须确定代表湿空气状态的点,然后才能查得各项参数。例如,图 7-4 中 A 代表一定状态的湿空气,则

(1) 湿度 H:由 A 点沿等湿线向下与水平辅助轴的交点 H,即可读出 A 点的湿度值。

(2) 焓值 I:通过 A 点作等焓线的平行线,与纵轴交于 I 点,即可读得 A 点的焓值。

(3) 水汽分压 P:由 A 点沿等湿度线向下交水蒸气分压线于 C,在图右端纵轴上读出水气分压值。

(4) 露点 t_d:由 A 点沿等湿度线向下与 $\varphi=100\%$ 饱和线相交于 B 点,再由过 B 点的等温线读出露点 t_d 值。

(5) 湿球温度 t_w(或绝热饱和温度 t_{as}):由 A 点沿着等焓线与 $\varphi=100\%$ 饱和线相交于 D 点,再由过 D 点的等温线读出湿球温度 t_w(即绝热饱和温度 t_{as} 值)。

【例 7-2】 已知湿空气的总压为 101.3 kPa,相对湿度为 50%,干球温度为 20 ℃。试用 $I\text{-}H$ 图求:(a) 水汽分压 p;(b) 湿度 H;(c) 焓 I;(d) 露点 t_d;(e) 湿球温度 t_w;(f) 如将含 500 kg/h 干空气的湿空气预热至 117 ℃,求所需热量 Q。

解 由 $p_t=101.3$ kPa,$\varphi_0=50\%$,$t_0=20$ ℃在 $I\text{-}H$ 图上定出湿空气状态 A 点。

(a) 水汽分压:由图 A 点沿等 H 线向下交水汽分压线于 C,在图右端纵坐标上读得 $p=1.2$ kPa。

(b) 湿度 H:由 A 点沿等 H 线交水平辅助轴于点 $H=0.0075$ kg 水/kg 绝干空气。

(c) 焓 I:通过 A 点作斜轴的平行线,读得 $I_0=39$ kJ/kg 绝干空气。

(d) 露点 t_d:由 A 点沿等 H 线与 $\varphi=100\%$ 饱和线相交于 B 点,由通过 B 点的等 t 线读得 $t_d=10$ ℃。

(e) 湿球温度 t_w(绝热饱和温度 t_{as}):由 A 点沿等 I 线与 $\varphi=100\%$ 饱和线相交于 D 点,

由通过 D 点的等 t 线读得 $t_w=14\ ℃$（即 $t_{as}=14\ ℃$）。

(f) 热量 Q：因湿空气通过预热器加热时其湿度不变，所以可由 A 点沿等 H 线向上与 $t_1=117\ ℃$ 线相交于 G 点，读得 $I_1=138\ kJ/kg$ 绝干空气（即湿空气离开预热器时的焓值）。含 1 kg 绝干空气的湿空气通过预热器所获得的热量为

$$Q'=I_1-I_0=138-39=99(kJ/kg)$$

每小时含有 500 kg 干空气的湿空气通过预热器所获得的热量为

$$Q=500Q'=500\times99=49500(kJ/h)=13.8(kW)$$

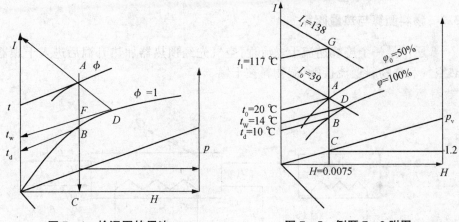

图 7-4 焓湿图的用法　　　　　图 7-5 例题 7-2 附图

比较例 7-1 与例 7-2 说明，采用焓湿图求取湿空气的各项参数，与用数学式计算相比，不仅计算迅速简便，而且物理意义也较明确。

§7.3 干燥过程的物料衡算与热量衡算

通过干燥过程的物料衡算和热量衡算，可求出干燥过程的水分蒸发量、空气消耗量及所需热量，从而可确定预热器的传热面积、干燥器的工艺尺寸、辅助设备尺寸及选择风机等。

7.3.1 湿物料中含水量表示方法

1. 湿基含水量

湿物料中所含水分的质量分数称为湿物料的湿基含水量，即

$$w=\frac{水分质量}{湿物料的总质量}\times100\% \tag{7-18}$$

2. 干基含水量

绝干物料指的是不含水分的物料。湿物料中的水分的质量与绝干物料质量之比，称为

湿物料的干基含水量,即

$$X = \frac{水分质量}{湿物料中绝干物料质量} \times 100\%$$ (7-19)

两者的关系为

$$w = \frac{X}{1+X}(7-20); X = \frac{w}{1-w}$$ (7-20)

工业生产中物料含水量常以湿基含水量表示,但由于干燥过程中绝干物料的质量保持不变,因此,干燥计算中以干基含水量表示较为方便。

7.3.2 物料衡算与热量衡算

图7-6所示是一个连续逆流干燥流程,空气先经预热器加热升温后进入干燥器,在干燥器内热空气和湿物料逆流接触,湿物料被干燥。

1. 物料衡算

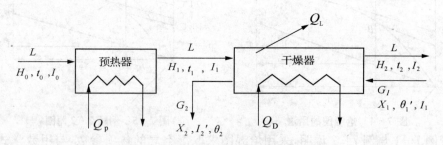

图7-6 连续干燥过程的热量衡算示意图

图中:X_1、X_2 分别为湿物料进出干燥器的干基含水量,kg 水/(kg 干料);I_0、I_1、I_2 分别为湿空气进入、离开预热器及离开干燥器时的焓,kJ/kg 干气;H_0、H_1、H_2 分别为湿空气进入、离开预热器及离开干燥器时的湿度,kg 水/kg 干气;t_0、t_1、t_2 分别为湿空气进入、离开预热器(即进入干燥器)及离开干燥器时的温度,℃;L 为绝干空气流量,kg(干气)/s;Q_p 为单位时间内预热器消耗的热量,kW;G_1、G_2 分别为湿物料进出干燥器的流量,kg(湿物料)/s;I_1'、I_2' 分别为湿物料进出干燥器的焓,(湿物料)kJ/kg(干料);θ_1、θ_2 分别为湿物料进入和离开干燥器时温度,℃;Q_D 为单位时间内向干燥器补充的热量,kW;Q_L 为干燥器的热损失,kW。

通过干燥系统的物料衡算,可以算出:水分蒸发量、空气消耗量、干燥产品的流量。

(1)水分蒸发量

对图7-6所示的干燥系统作水分的物料衡算,以1 s 为基准,若不计干燥过程的物料损失,则干燥前后的绝干物料质量不变:

$$LH_1 + G_c X_1 = LH_2 + G_c X_2$$ (7-21)

或

$$w = L(H_2 - H_1) = G_c(X_1 - X_2)$$ (7-22)

(2)空气消耗量 L

将式(7-21)整理可得

$$L = \frac{G_c(X_1 - X_2)}{H_2 - H_1} = \frac{w}{H_2 - H_1} \qquad (7-23)$$

将上式等号两侧均除以 w 得

$$l = \frac{L}{w} = \frac{1}{H_2 - H_1} \qquad (7-24)$$

式中:l 为每蒸发 1 kg 水分所消耗的绝干空气量,称为单位空气消耗量,kg 绝干气/kg 水。

若以 H_0 表示空气预热前的湿度,而空气经预热器后湿度不变,故 $H_0 = H_1$,则有

$$l = \frac{L}{W} = \frac{1}{H_2 - H_0} \qquad (7-25)$$

由式(7-25)可知,单位空气消耗量仅与 H_2、H_0 有关,与干燥路径无关。湿度 H_0 与气候条件有关,夏季比冬季湿度大,消耗的空气量最多,因此在选择输送空气的通风机时,应以全年中最大空气消耗量为依据,通风机的风量 V'' 计算如下:

$$V'' = Lv = L(0.773 + 1.244H)\frac{273 + t}{273} \qquad (7-26)$$

式中:湿度 H 和温度 t 为通风机安装位置处的空气湿度和温度。

(3) 干燥产品流量 G_2

$$G_c = G_2(1 - w_2) = G_1(1 - w_1) \qquad (7-27)$$

即　　　　　　　　　　出干燥器的绝干物料＝入干燥器的绝干物料

式中:G_c 为单位时间内绝干物料的流量,kg 绝干物料/s;G_2 为干燥产品流量,kg/s;G_1 为湿物料流量,kg/s;w_1 为物料进干燥器时湿基含水量;w_2 为物料离开干燥器时湿基含水量。

注意:干燥产品只是含水量少并不等于绝干物料,即绝干物料是不含水分的且在干燥器中其质量不变。

【例7-3】　今有一干燥器,湿物料处理量为 800 kg/h。要求物料干燥后含水量由 30% 减至 4%(均为湿基)。干燥介质为热空气,初始湿度为 0.005 kg 水/kg 绝干空气,离开干燥器时湿度为 0.052 kg 水/kg 绝干空气。

试求:(a) 水分蒸发量 W;

(b) 空气消耗量 L、单位空气消耗量 l;

(c) 如鼓风机装在进口处,求鼓风机之风量 V。

解:(a) 水分蒸发量 W

已知 $G_1 = 800$ kg/h,$w_1 = 30\%$,$w_2 = 4\%$,则

$$G_c = G_1(1 - w_1) = 800(1 - 0.3) = 560(\text{kg/h})$$

$$X_1 = \frac{w_1}{1 - w_1} = \frac{0.3}{1 - 0.3} = 0.429$$

$$X_2 = \frac{w_2}{1-w_2} = \frac{0.04}{1-0.04} = 0.042$$

$$W = G_c(X_1 - X_2) = 560 \times (0.429 - 0.042) = 216.7(\text{kg 水 /h})$$

（b）空气消耗量 L、单位空气消耗量 l

$$L = \frac{W}{H_2 - H_1} = \frac{W}{H_2 - H_0} = \frac{216.7}{0.052 - 0.005} = 4610(\text{kg 绝干空气 /h})$$

$$l = \frac{1}{H_2 - H_0} = \frac{1}{0.052 - 0.005} = 21.3(\text{kg 干空气 /kg 水})$$

（c）风量 V　用式（7-14）计算 15 ℃、101.325 kPa 下的湿空气比容为

$$v_H = (0.773 + 1.244 H_0)\frac{15 + 273}{273}$$

$$= (0.773 + 1.244 \times 0.005) \times \frac{288}{273}$$

$$= 0.822(\text{m}^3/\text{kg 绝干空气})$$

$V = L_v H = 4610 \times 0.822 = 3789.42(\text{m}^3/\text{h})$，用此风量选用鼓风机。

2. 热量衡算

通过干燥系统的热量衡算，可以求得：① 预热器消耗的热量；② 向干燥器补充的热量；③ 干燥过程消耗的总热量。这些内容可作为计算预热器传热面积、加热介质用量、干燥器尺寸以及干燥系统热效应等计算的依据。干燥系统的热流图如图 7-6 所示。

（1）预热器的热量衡算

若忽略预热器的热损失，以 $1[s]$ 为基准，对上图预热器列焓衡算，得

$$LI_0 + Q_p = LI_1 \tag{7-28}$$

故单位时间内预热器消耗的热量为

$$Q_p = L(I_1 - I_0) = L(1.01 + 1.88 H_0)(t_1 - t_0) \tag{7-29}$$

（2）干燥器的热量衡算

再对图 7-6 的干燥器列焓衡算，以 $1[s]$ 为基准，得

$$LI_1 + G_c I_1' + Q_D = LI_2 + G_c I_2' + Q_L \tag{7-30}$$

故单位时间内向干燥器补充的热量为

$$Q_D = L(I_2 - I_1) + G_c(I_2' - I_1') + Q_L \tag{7-31}$$

故单位时间内向干燥系统补充的总热量为

$$Q = Q_p + Q_D = L(I_2 - I_0) + G_c(I_2' - I_1') + Q_L \tag{7-32}$$

将式（7-29）、（7-31）、（7-32）作如下处理，可得到更为简明的方程形式，便于分析和应用。加入干燥系统的总热量 Q 主要用于以下几个方面：

（1）将新鲜空气 L（湿度为 H_0）由 t_0 加热至 t_2 所需的热量为 $L(1.01 + 1.88 H_0)(t_2 - t_0)$；

(2) 湿物料 $G_1 = G_2 + W$，其中干燥产品 G_2 从 θ_1 被加热至 θ_2 后离开干燥器，所消耗的热量 $G_c c_m (\theta_2 - \theta_1)$；

(3) 湿物料中水分 W 由液态温度 θ_1 被加热并汽化，在温度 t_2 下以气态形式离开干燥器，所需热量为 $W(2490 + 1.88 t_2 - 4.187 \theta_1)$；

(4) 设干燥系统的热损失为 Q_L，则 $Q = Q_D + Q_P$，即

$$Q = L(1.01 + 1.88 H_0)(t_2 - t_0) + G_c c_m (\theta_2 - \theta_1)$$
$$+ W(2490 + 1.88 t_2 - 4.187 \theta_1) + Q_L \qquad (7-33)$$

若忽略空气中水汽进出干燥系统和焓的变化和湿物料中水分带入干燥系统的焓，则式(7-33)可简化为

$$Q = 1.01 L(t_2 - t_0) + G_c c_m (\theta_2 - \theta_1) + W(2490 + 1.88 t_2) + Q_L \qquad (7-34)$$

式中：t_0、t_2 分别为湿空气进入预热器(即进入干燥器)及离开干燥器时的温度，℃；L 为绝干空气流量，kg(干气)/s；θ_1，θ_2 分别为湿物料进入和离开干燥器时温度，℃；Q_L 为干燥器的热损失，kw；c_m 为湿物料进出干燥器的算术平均比热容，kJ/kg 湿物料·℃。

由式(7-34)可知，向干燥系统输入的热量用于加热空气、加热物料、蒸发水分、热损失。

7.3.3 干燥器出口空气状态的确定

干燥器内空气与湿物料之间有传质和传热，有时还要向干燥器内及时补充热量，而且还有热量向环境传递造成热损失，因此，确定干燥器出口处空气状态参数比较繁琐。一般根据空气在干燥器内的焓的变化情况，把干燥过程分为绝热干燥过程和非绝热干燥过程两类。

将式(7-31)左右两边加上 $L(I_1 - I_0)$，可得：

$$Q_D + L(I_1 - I_0) = L(I_2 - I_0) + G_c(I_2' - I_1') + Q_L \qquad (7-35)$$

通过该方程可讨论空气在干燥器内的焓变化情况。

1. 绝热干燥过程(等焓干燥过程)

绝热干燥过程需要满足的条件如下：

(1) 不向干燥器中补充热量 $Q_D = 0$；

(2) 忽略干燥器向周围散失的热量 $Q_L = 0$；

(3) 物料进出干燥器的焓相等。

则根据以上条件，可得 $I_1 = I_2$。说明此情况下空气通过干燥器为等焓过程，但实际干燥操作中很难实现，故称为理想干燥过程。它的优点在于可以简化干燥过程的计算，并通过湿焓图快速确定空气离开干燥器时的状态参数。

对于等焓干燥过程，离开干燥器时空气状态的确定只需一个参数，如干球温度 t_2。如图7-7所示，由 H_0 和 t_D 确定空气的初始状态点 A，空气经预热器后沿等湿线被加热到温度 t_1，交点为 B，此点为空气离开预热器(进入干燥器)的状态点。过点 B 的等焓线为空气在干燥器内的等焓变化过程，沿 I_1 与过 t_2 的等温线交与点 C 即为空气出干燥器的状态点。

在干燥器绝热良好，又不向干燥器中补充热量，且物料进出干燥器时的湿度十分接近时，可近似按等焓干燥过程处理。

2. 非绝热干燥过程（非等焓干燥过程）

非等焓（绝热）干燥过程即为实际干燥过程，可分为以下几种情况：

（1）操作线在过点 B 等焓线的下方

条件：不能忽略干燥器向周围散失的热量 $Q_L \neq 0$；物料进出干燥器时的焓不相等；

$$G_c(I_2' - I_1') \neq 0$$

不向干燥器补充热量 $Q_D = 0$ 或补充的热量小于 Q_L 与加热物料所需热量之和。

则根据以上条件，可得 $I_1 > I_2$。说明空气进干燥器的焓值大于离开干燥器时的焓值，如图 7-8 所示，BC_1 线上任意一点所示的空气焓值均小于同湿度下 BC 线上相应的焓值。

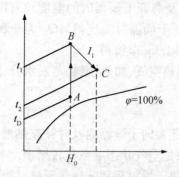

图 7-7　理想干燥过程湿空气的状态变化　　图 7-8　非理想干燥过程湿空气的状态变化

（2）操作线在过点 B 等焓线的上方

此种情况，向干燥器补充的热量大于损失的热量和加热物料消耗的热量之总和，即 $Q_D > G_c(I_2' - I_1') + Q_L$，则可得 $I_1 < I_2$。此情况与（1）相反，操作线在等焓线上方，即图 7-8 所示的 BC_2。

（3）操作线为过点 B 的等温线

此种情况是指向干燥器内补充足够的热量使干燥过程在等温下进行，即维持空气的温度 t_1，图 7-8 所示的线 BC_3。

非等焓干燥过程中空气离开干燥器时的状态可以用计算法或图解法来求，具体可参阅相关资料。

7.3.4　干燥器的热效率

干燥系统的热效率定义为

$$\eta = \frac{\text{蒸发水分所需的热量}}{\text{向干燥系统输入的总热量}} \times 100\% \qquad (7-36)$$

蒸发所需热量为：$Q_v = W(2490 + 1.88t_2) - 4.178\theta_1 W$，水从 $0 \sim 20\ ℃$ 的平均比热为

4.178。若忽略湿物料中水分代入系统中的焓,上式简化为

$$Q_v \approx W(2490+1.88t_2) \tag{7-37}$$

$$\eta = \frac{W(2490+1.88t_2)}{Q} \times 100\% \tag{7-38}$$

η 越高表示热利用率愈好,若空气离开干燥器的温度较低,而湿度较高,则水分气化量大,可提高干燥操作的热效率。但空气湿度增加,使物料与空气间的推动力(H_w-H)减小。一般来说,对于吸水性物料的干燥,空气出口温度应高些,而湿度应低些,即相对湿度要低些。在实际干燥操作中,空气离开干燥器的温度 t_2 需比进入干燥器时的绝热饱和温度高 $20\sim50$ ℃,这样才能保证在干燥系统后面的设备内不致析出水滴,否则可能使干燥产品返潮,且易造成管路的堵塞和设备材料的腐蚀。在干燥操作中,废气(离开干燥器的空气)中热量的回收对提高干燥操作的热效率有实际意义,此外还应注意干燥设备和管道的保温隔热。

【例7-4】 常压下,温度 $t_0=20$ ℃、湿度 $H_0=0.01$ kg 水汽/kg 绝干气的新鲜空气在预热器被加热到 $t_1=75$ ℃后,送入干燥器内干燥某种湿物料。测得空气离开干燥器时温度 $t_2=40$ ℃、湿度 $H_2=0.024$ kg 水汽/kg 绝干气。新鲜空气的消耗量为 2000 kg/h。湿物料温度 $\theta_1=20$ ℃、含水量 $w_1=2.5\%$,干燥产品的温度 $\theta_2=35$ ℃、$w_2=0.5\%$(均为湿基)。湿物料平均比热 $c_m=2.89$ kJ/(kg 绝干料·℃)。忽略预热器的热损失,干燥器的热损失为 1.3 kW。试求:

(1) 蒸发水分量;

(2) 干燥产品量;

(3) 干燥系统消耗的总热量;

(4) 干燥系统的热效率。

解:(1) 绝干空气量

$$L = \frac{2000}{1+H_0} = \frac{2000}{1+0.01} = 1980(\text{kg 绝干气 /h})$$

水分蒸发量

$$W = L(H_2-H_0) = 1980 \times (0.024-0.01) = 27.72(\text{kg/h})$$

(2) 干基含水量

$$X_1 = \frac{w_1}{1-w_1} = \frac{0.025}{1-0.025} = 0.0256(\text{kg 水 /kg 绝干料})$$

$$X_2 = \frac{w_2}{1-w_2} = \frac{0.005}{1-0.005} \approx 0.005(\text{kg 水 /kg 绝干料})$$

绝干物料量

$$G_C = \frac{W}{X_1-X_2} = \frac{27.72}{0.0256-0.005} = 1346(\text{kg 绝干料 /h})$$

则干燥产品量

$$G_2 = \frac{G_C}{1-w_2} = \frac{1346}{1-0.005} = 1353(\text{kg/h})$$

（3）干燥系统消耗的总热量

$$Q = 1.01L(t_2-t_0) + W(2492+1.88t_2) + G_C c_m(\theta_2-\theta_1) + Q_L$$
$$= 1.01 \times 1980 \times (40-20) + 27.72 \times (2492+1.88 \times 40) + 1346$$
$$\times 2.89 \times (35-20) + 1.3 \times 3600$$
$$= 1.742 \times 10^5(\text{kJ/h}) = 48.4(\text{kW})$$

（4）干燥系统的热效率

若忽略湿物料中水分带入系统中的焓，则

$$\eta = \frac{W(2492+1.88t_2)}{Q} \times 100\% = \frac{27.72 \times (2492+1.88 \times 40)}{1.742 \times 10^5} \times 100\% = 40.9\%$$

【例 7-5】 常压下，在一逆流干燥器中将某物料自湿基含水量 0.55 干燥至 0.03。采用废气循环操作，即由干燥器出来的一部分废气和新鲜空气混合，再经预热器加热到合适的温度后再送入干燥器。循环的废气中绝干空气质量和混合气中绝干空气质量之比为 0.8。设空气在干燥器中经历等焓过程。试求每小时干燥 2000 kg 湿物料所需的新鲜空气量及预热器的传热量，设预热器的热损失可忽略不计。已知新鲜空气的状态为 $t_0 = 25\,^\circ\text{C}$、湿度 $H_0 = 0.005$ kg 水汽/kg 绝干气，废气的状态为 $t_2 = 40\,^\circ\text{C}$、湿度 $H_2 = 0.034$ kg 水汽/kg 绝干气。

解：物料的干基含水量 $X_1 = \dfrac{w_1}{1-w_1} = \dfrac{0.55}{1-0.55} = 1.222$（kg 水 /kg 绝干料）

$$X_2 = \frac{w_2}{1-w_2} = \frac{0.03}{1-0.03} \approx 0.0309（\text{kg 水 /kg 绝干料}）$$

绝干物料量 $G_C = G_1(1-w_1) = 2000 \times (1-0.55) = 900$（kg 绝干料 /h）

则水分蒸发量为

$$W = G_C(X_1-X_2) = 900 \times (1.222-0.0309) = 1072（\text{kg 水 /h}）$$

新鲜空气中绝干空气消耗量可由整个干燥系统的物料衡算求得

$$L = \frac{W'}{H_2-H_1} = \frac{1072}{0.034-0.005} = 37000（\text{kg 绝干气 /h}）$$

新鲜空气的消耗量为

$$L_0' = L(1+H_0) = 37000 \times (1+0.005) = 37200（\text{kg 绝干气 /h}）$$
$$I_0' = (1.01+1.88 \times 0.005) \times 25 + 2492 \times 0.005$$
$$= 37000 \times (1+0.005) = 37.94（\text{kJ/kg 绝干气}）$$
$$I_2' = (1.01+1.88 \times 0.034) \times 40 + 2492 \times 0.034 = 127.6（\text{kJ/kg 绝干气}）$$

新鲜空气与废气混合后：

$$H_m = 0.2H_0 + 0.8H_2 = 0.2 \times 0.005 + 0.8 \times 0.034 = 0.0282（\text{kg 水 /kg 绝干料}）$$

$$I_m = 0.2I_0 + 0.8I_2 = 0.2 \times 37.94 + 0.8 \times 127.6 = 109.7 (\text{kJ/kg 绝干气})$$

由于空气在干燥器中经历等焓过程,所以混合气经过预热器后

$$I_1 = I_2 = 127.6 \text{ kJ/kg 绝干气}$$

预热器的传热量为

$$Q_p = \frac{L}{0.2} \times (I_1 - I_m) = \frac{37000}{0.2} \times (127.6 - 109.7) = 3.32 \times 10^6 (\text{kJ/h})$$

§7.4　干燥速率与干燥时间

以上内容介绍了湿空气的性质、干燥器的物料衡算与热量衡算,这些都属于干燥静力学范畴,并可以确定干燥过程中水分蒸发量,空气消耗量和所需的加热量,依此选择合适的风机和换热器。但是物料在干燥器内停留多少时间才能达到预定的含水量以及干燥器的尺寸,则涉及干燥速率,这部分内容属于干燥动力学范畴。由于干燥过程中被除去的水分必须先由物料内部迁移至表面,再由表面汽化而进入干燥介质,干燥速率不仅取决于湿空气的状态和流速,还与水分在物料内部的扩散速率与物料结构以及物料中的水分性质有关。除去物料中水分的难易程度取决于物料与水分的结合方式,因此,首先研究物料中水分的性质。

7.4.1　物料中水分的性质

1. 平衡水分与自由水分

根据物料中所含水分能否用干燥方法除去来划分,可分为平衡水分与自由水分。

所谓平衡水分是指:湿物料与一定状态的空气接触足够长时间后,物料表面水汽分压不等于空气中的水汽分压时,物料将吸收或者脱除水分,直到两者相等,此时物料与空气之间的热质传递将达到平衡。只要空气的状态恒定,物料含水量不会因接触时间的延长而改变,这种恒定的含水量称为该物料在固定空气状态下的平衡水分,又称平衡湿含量或平衡含水量,以 X^* 表示,单位为 kg 水分/kg 绝干料。平衡水分是一定干燥条件下不能被干燥除去的那部分水分,是干燥过程的极限。

自由水分是指物料中超过平衡水分的那一部分水分,称为该物料在一定空气状态下的自由水分。若平衡水分用 X^* 表示,则自由水分为 $X - X^*$。

如图 7-9 所示,若将干基含水量取 $X = 0.30$ kg 水/kg 绝干料的湿物料与 $\varphi = 50\%$ 的湿空气相接触时,由图可查得平衡含水量为 0.084 kg 水/kg 绝干料,自由水为 0.216 kg 水/kg 绝干料。

各物料的平衡水分由实验测定,如图 7-9 所示为某些固体物料的平衡曲线图。平衡水

分与物料的种类和空气的状态相关。由图可以看出,空气状态相同时,不同物料的平衡水分有很大区别;对于同一物料,平衡水分随空气状态而变,当空气温度一定时,相对湿度越小,平衡水分越低,可以除去的水分就越多。当 $\varphi=0$ 时,各物料的平衡含水量为零,即可以干燥为绝干物料。实际生产中很难达到这一要求,总会有一部分水不能被除去,而且自由水分也往往只能部分被除去。

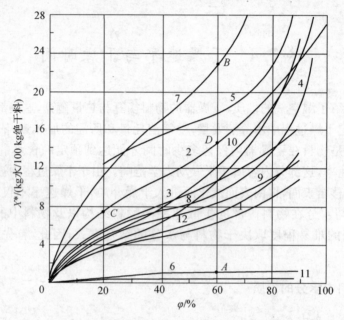

1—新闻纸;2—羊毛;3—硝化纤维;4—丝;5—皮革;6—陶土;7—烟叶;8—肥皂;
9—牛皮胶;10—木材;11—玻璃绒;12—棉花

图 7-9　25 ℃时某些物料的平衡含水量与空气相对湿度 φ 的关系

2. 结合水分与非结合水分

干燥过程中物料与水分结合力的状况不同,水分去除的难易程度也不同,由此可将物料中所含水分分为结合水分与非结合水分。

结合水分指的是湿物料中较难去除的水分,包括物料细胞壁内的水分、物料内毛细管中的水分、以结晶水的形态存在于固体物料之中的水分,如硫酸铜中的结晶水等。这种水分是借化学力或物理化学力与物料相结合,由于结合力强,其蒸汽压低于同温度下纯水的饱和蒸汽压,导致干燥过程的传质推动力降低,因此结合水分除去较困难。

非结合水分指的是湿物料中易去除的水分,包括机械地附着于固体表面的水分,如物料表面的吸附水分、较大孔隙中的水分(不存在毛细管力)等。物料中非结合水分与物料的结合力弱,其蒸汽压与同温度下纯水的饱和蒸汽压相同,因此,干燥过程中除去非结合水分较容易。

在一定温度下,结合水和非结合水的划分取决于湿物料本身的性质,与空气的状态无关。用实验测定的方法直接测定湿物料中的这两种水分比较难,但可以用平衡关系外推得到。如图 7-10 所示,一定温度下,由实验测得某物料的平衡曲线,将该曲线延长与 $\varphi=100\%$ 的纵轴相交,交点 B 以下的水分为结合水,因为其蒸汽压低于同温度下纯水的饱和蒸汽压,交点 B 以上的水分为非结合水。若将干基含水量取 $X=0.30$ kg 水/kg 绝干料的湿物料与 $\varphi=50\%$ 的湿空气相接触时,由图可查得结合水为 0.24 kg 水/kg 绝干料,此部分水较难除去;非结合水为 0.06 kg 水/kg 绝干料,此部分水较容易除去。

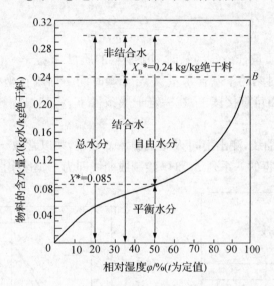

图 7-10　物料中所含水分的性质

两种水分分类方法总结如下:

平衡水分与自由水分,结合水分与非结合水分是两种概念不同的区分方法。自由水分是在干燥中可以除去的水分,而平衡水分是不能除去的,自由水分和平衡水分的划分除与物料有关外,还决定于空气的状态。非结合水分是在干燥中容易除去的水分,而结合水分较难除去。是结合水还是非结合水仅决定于固体物料本身的性质,与空气状态无关。

7.4.2　干燥速率及其影响因素

1. 干燥速率

所谓干燥速率是指在单位时间、单位干燥面积汽化的水分质量,表示为

$$U = \frac{\mathrm{d}W}{S\mathrm{d}\tau} = \frac{-G'_C \mathrm{d}X}{S\mathrm{d}\tau} \tag{7-39}$$

式中:U 为干燥速率,kg/m^2·s;S 为干燥面积,m^2;W 为汽化水分量,kg;G'_C 为绝干物料的质量,kg;τ 为干燥时间,s;负号表示含水量随干燥时间增加而减少。

干燥过程和机理较为复杂,目前研究的还不够充分,干燥速率通常通过实验来测定,为了简化影响因素,假设干燥条件恒定,即干燥介质的温度、湿度、流速及与物料的接触方式,在整个干燥过程中均保持不变,实验如下所述。

在一定干燥条件下干燥某物料,记录不同时间 τ 下湿物料的质量 G',直到物料质量不再变化为止,此时物料中所含水分即为平衡水分。然后取出物料,测量物料与空气接触表面积 S,再将物料放入烘箱内烘干至恒重,即为绝干物料质量 G'_{C}。由此可计算出每一时刻物料的干基含水量为

$$X = \frac{G' - G'_{C}}{G'_{C}} \tag{7-40}$$

式中:G'_{C} 为绝干物料的质量,kg;G' 为某时刻湿物料的质量,kg。

根据上式,将每一时刻的干基含水量 X 与干燥时间 τ 描绘在坐标纸上,即得干燥曲线如图 7-11 所示,由图便可直接读出,在一定干燥条件下,将某湿物料干燥至某一干基含水量所需的时间。

由图 7-11 的干燥曲线,测出不同 X 下的斜率 $\mathrm{d}X/\mathrm{d}\tau$,乘以常数 $-G'_{C}/S$ 后即为干燥速率 U。按照上述方法,把测得的一系列 X 和 U 绘制成曲线即为干燥速率曲线,如图 7-12 所示。

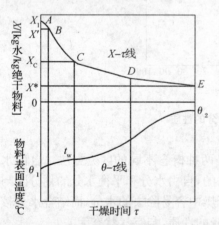

图 7-11　恒定干燥条件下的干燥实验曲线　　　　**图 7-12　恒定干燥条件下的干燥速率曲线**

由图 7-12 可见,干燥速率曲线分为 AB、BC 和 CDE 3 段。AB 为物料预热段,A 点表示时间为零时的情况,在该过程中,物料的含水量及其表面温度均随时间而变化。物料含水量由初始含水量降至与 B 点相应的含水量,而温度则由初始温度升高(或降低)至与空气的湿球温度相等的温度。一般该过程的时间很短,在分析干燥过程中常可忽略,将其作为恒速干燥的一部分。BC 段为恒速干燥阶段,在 BC 段内干燥速率保持恒定,物料含水量由 X' 降到 X_{c},该阶段内湿物料表面温度为空气的湿球温度 t_{w}。CDE 段为降速干燥阶段,物料含水量低于 X_{c},直至达到平衡含水量 X^{*},随着物料含水量的减少,干燥速率下降。图中 C 点:

由恒速阶段转为降速阶段的点称为临界点,所对应湿物料的含水量称为临界含水量,用 X_c 表示。E 点干燥速率为零,X^* 即为操作条件下的平衡含水量。

某些湿物料干燥时,干燥曲线的降速段中有一转折点 D,把降速段分为第一降速阶段和第二降速阶段。D 点称为第二临界点。但也有一些湿物料在干燥时不出现转折点,整个降速阶段形成了一个平滑曲线,如图 7 - 12 所示。降速阶段的干燥速率主要与物料本身的性质、结构、形状、尺寸和堆放厚度有关,而与外部的干燥介质流速关系不大。

2．干燥速率的影响因素

由上分析可知,干燥过程可分为恒速干燥阶段和降速干燥阶段。此两阶段内,物料干燥的机理不同,从而影响因素也不同,分别讨论如下:

(1) 恒速干燥阶段

湿物料表面全部润湿,即湿物料水分从物料内部迁移至表面的速率大于水分在表面汽化的速率。

恒速干燥阶段,物料表面始终维持润湿状态,水分从湿物料传质到空气中实际经历两步:首先由物料内部迁移至表面,再从表面汽化到空气中。若水分由物料内部迁移至表面的速率大于或等于水分从表面汽化的速率,则物料表面保持完全润湿。此阶段汽化的是非结合水分,故恒速干燥阶段的干燥速率的大小取决于物料表面水分的汽化速率,故又称为表面控制阶段。恒速干燥阶段的干燥速率只与空气的状态有关,而与物料的种类无关。

(2) 降速干燥阶段

到达临界点 X_c 以后,即进入降速干燥阶段,此阶段又分为第一、第二降速干燥阶段两个过程。

随着干燥过程的进行,物料内部水分迁移到表面的速率已经小于表面水分的汽化速率。物料表面不能再维持全部润湿,而出现部分"干区",此时空气传给湿物料的热量不能全部用于水分汽化,则物料表温逐渐升高,干燥区域逐渐增大,即实际汽化表面减少。因此,以物料总表面积 S 为基准的干燥速率下降。即为不饱和表面干燥,如图 7 - 12 中 CD 所示,又称为第一降速干燥阶段。此阶段去除的水分为结合水、非结合水分。最后物料表面的水分完全汽化,水分的汽化平面由物料表面移向内部。随着干燥的进行,水分的汽化平面继续内移,直至物料的含水量降至平衡含水量 X^* 时,干燥过程即行停止,如图 7 - 12 中的 E 点所示。因此,降速干燥阶段又称为物料内部迁移控制阶段。

当物料全部表面都成为干区后,水分的汽化面逐渐向物料内部移动,传热是由空气穿过干料到汽化表面,而汽化的水分从湿物料表面穿过干料到空气中如图 7 - 13(b) 所示。显然,固体内部的传热、传质路径增长,阻力加大,造成干燥速率下降。当物料中非结合水被完全去除后,所汽化的水分为结合水,水分蒸汽压下降,传质推动力减小,干燥速率也随之变小。如图 7 - 12 所示的 DE 段,直至平衡水分 X^*。此阶段又称为第二降速阶段,如图 7 - 13(c) 所示。在此过程,空气传给湿物料的热量大于水分汽化所需要的热量,故物料表面的温度升高且大于湿球温度。

在降速干燥阶段,外界空气条件不是影响干燥速率的主要因素,干燥速率的大小主要取决于水分在物料内部的迁移速率,这时主要因素是物料的结构、形状和大小等。

(a) 第一降速阶段　　　　(b) 第二降速阶段　　　　(c) 干燥终了

图 7-13　水分在多孔物料中的分布

由以上分析可知,物料在干燥过程中经历了预热、恒速、降速干燥阶段,临界含水量 X_c 越大,便越早地进入降速干燥阶段,使完成相同的干燥任务所需的时间越长。临界含水量的大小与干燥速率和时间的计算有关,其值可以查相关手册或通过实验测定。工业生产中,物料不会被干燥到平衡含水量,而是介于平衡含水量和临界含水量之间,具体视生产要求和经济衡算决定。同时由于影响两个阶段的因素不同,因此确定 X_c 值对强化干燥过程有重要意义。

7.4.3　恒定干燥条件下干燥时间的计算

1. 恒速干燥阶段

设以 U_C 表示恒速干燥阶段的干燥速率,根据干燥速率的定义得

$$\tau_1 = \frac{G(X_1 - X_c)}{SU_C} \tag{7-41}$$

式中:τ_1 为恒速阶段干燥时间,S;X_1 为物料的初始含水量,kg 水分/kg 绝干物料;X_c 为临界含水量,kg 水分/kg 绝干物料。

2. 降速干燥阶段

此阶段内,干燥速率 U 随着物料中自由水分含量($X - X^*$)的变化而变化,可表示成如下函数关系:

$$\tau_2 = \frac{G}{S} \int_{X_2}^{X_c} \frac{dX}{U} \tag{7-42}$$

式中:τ_2 为降速阶段干燥时间,S;X_2 为降速阶段终了时的含水量,kg 水分/kg 绝干物料;U 为降速干燥阶段的瞬时速率,kg/m^2 · s。

若缺乏物料在降速阶段的干燥速率数据时,可作以下近似处理:假设降速阶段时干燥速率与物料中的自由水分含量($X - X^*$),即用临界点 C 与平衡水分点 E 所连接的直线 CE 代替降速干燥阶段的干燥速率曲线,设其斜率为 k_x,表示为:

$$k_x = \frac{U_C - 0}{X_c - X^*} \tag{7-43}$$

则降速干燥阶段的干燥时间为:

$$\tau_2 = \frac{G}{Sk_x} \ln \frac{X_c - X^*}{X_2 - X^*} \qquad (7-44)$$

式中:X^* 为物料的平衡含水量,kg 水分/kg 绝干物料。

当 X^* 缺乏数据或者很小时,则可将其忽略,即 $X^* = 0$。

$$\tau_2 = \frac{G}{Sk_x} \ln \frac{X_c}{X_2} \qquad (7-45)$$

因此,物料干燥所需时间,即物料在干燥器内停留时间为

$$\tau = \tau_1 + \tau_2 \qquad (7-46)$$

对于间歇操作的干燥器而言,还应考虑装卸物料所需时间 τ',则每批干燥物料所需的时间为

$$\tau = \tau_1 + \tau_2 + \tau' \qquad (7-47)$$

【例 7-6】 用一间歇干燥器将一批湿物料从含水量 $w_1 = 0.27$ 干燥至 $w_2 = 0.05$(均为湿基含水量),若该物料的 $X_c = 0.2$ kg 水分/kg 绝干物料,$X^* = 0.05$ kg 水分/kg 绝干物料,$U_c = 1.5$ kg/m^2 · h,湿物料的质量为 200 kg,干燥面积为 0.025 m^2/kg 绝干料,装卸时间为 1 h,试求每批物料的干燥周期。

解:绝干物料量为 $G = G_1(1 - w_1) = 200(1 - 0.27) = 146$(kg)

干燥总面积 $\quad A = 146 \times 0.025 = 3.65$(m^2)

$$X_1 = \frac{w_1}{1 - w_1} = \frac{0.27}{1 - 0.27} = 0.37$$

同理可得 $\qquad\qquad\qquad X^2 = 0.053$

恒速干燥阶段 τ_1:

$$\tau_1 = \frac{G(X_1 - X_c)}{SU_c} = 4.53 \text{ h}$$

降速干燥阶段 τ_2:

$$k_x = \frac{U_c - 0}{X_c - X^*} = 10 \text{ kg/m}^2 \cdot \text{h}$$

$$\tau_2 = \frac{G}{Sk_x} \ln \frac{X_c - X^*}{X_2 - X^*} = 15.6 \text{ h}$$

所以,每批物料的干燥周期为

$$\tau = \tau_1 + \tau_2 + \tau' = 4.53 + 15.6 + 1 = 21.2 \text{(h)}$$

§7.5 干燥器

干燥器在化工、食品、造纸等许多行业都有广泛的应用,由于被干燥物料的形状和性质

多种多样,并且对干燥后的产品要求千差万别,因此,所采用的干燥方法和干燥器的形式也是多种多样的。通常,对干燥器的主要要求如下:

(1) 能保证产品的工艺要求。能适应被干燥物料的外观性状是对干燥器的基本要求。

(2) 干燥速度快。缩短降速干燥阶段的干燥时间:降低物料的临界含水量,提高降速阶段本身的速率。

(3) 干燥器的热效率高。在允许的条件下尽可能提高入口气温;较少废气带走热量;在干燥器内设置加热面进行加热;不同干燥阶段采用不同型号的干燥器加以组合等。

(4) 干燥系统的流体阻力要小,推动力要大。在相同进出口条件下,逆流操作可获得较大的传热、传质推动力,设备容积较小,热效率高。

(5) 操作控制方便,劳动条件良好,附属设备简单。

工业上用的干燥器种类繁多,一般可进行下列分类:

按操作压力分为常压和真空干燥器;按操作方式分为间歇式和连续式干燥器;按加热方式分为对流、传导、辐射干燥器以及介电加热干燥器;按其结构分为厢式干燥器、喷雾干燥器、流化床干燥器、气流干燥器、转筒式干燥器等。本节介绍工业常用的几种干燥器。

1. 厢式干燥器(盘式干燥器)

主要是以热风通过湿物料的表面,达到干燥的目的,分为水平气流厢式干燥器(热风沿物料的表面通过)、穿流气流厢式干燥器(热风垂直穿过物料)、真空厢式干燥器。

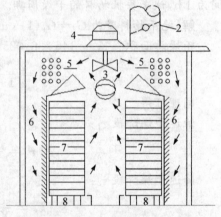

图 7 - 14 所示为水平气流厢式干燥器的示意图,其结构为多层长方形浅盘叠置在框架上,湿物料在浅盘中的厚度由实验确定,通常为 10～100 mm,视物料的干燥条件而定。一般浅盘的面积约为 0.3～1 m²,新鲜空气由风机抽入,经加热后沿挡板均匀地进入各层之间,平行流过湿物料表面。空气的流速应使物料不被气流带走,常用的流速范围为 1～10 m/s。

1—空气入口;2—空气出口;3—风机;
4—电动机;5—加热器;6—挡板;
7—盘架;8—移动轮
图 7 - 14 厢式干燥器

厢式干燥器的优点是构造简单,设备投资少,适应性强,物料损失小,盘易清洗。因此对于需要经常更换产品、小批量物料,厢式干燥器的优点十分显著。厢式干燥器主要缺点在于物料干燥时间长、设备容积大、热利用率低等。适合应用场合为小规模、多品种、干燥条件变动大,干燥时间长的场合。

2. 洞道式干燥器

洞道式干燥器是连续干燥器,适用于体积大、干燥时间长的物料。干燥器是一较长的通道,其中铺设铁轨,盛有物料的小车在铁轨上运行,空气则连续的在洞道内被加热并强制的流过物料,小车可连续或半连续地移动。一般空气与物料呈逆流或错流流动,其流速要大于2～3 m/s。结构如图7-15所示。

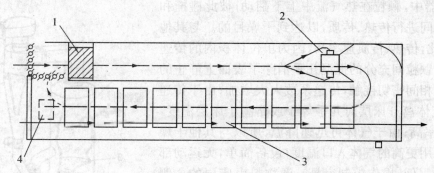

1—加热室;2—风扇;3—装卸车;4—排气口

图7-15 洞道式干燥器

3. 气流干燥器

气流干燥装置主要由空气加热器、加料器、干燥管、旋风分离器和风机等设备组成。如图7-16所示。其主要设备是直立圆筒形的干燥管,其长度一般为10～20 m,热空气(或烟道气)进入干燥管底部,将加料器连续送入的湿物料吹散,并悬浮在其中。介质速度应大于湿物料最大颗粒的沉降速度,于是在干燥器内形成了一个气固间进行传热传质的气力输送床。一般物料在干燥管中的停留时间约为0.5～3 s,干燥后的物料随气流进入旋风分离器,产品由下部收集,湿空气经袋式过滤器(或湿法、电除尘等)收回粉尘后排出。气流干燥器适宜于处理含非结合水及结块不严重又不怕磨损的粒状物料,尤其适宜于干燥热敏性物料或临界含水量低的细粒或粉末物料。对黏性和膏状物料,采用干料返混方法和适宜的加料装置,如螺旋加料器等,也可正常操作。其优点是:① 气固间传递表面积很大,体积传质系数很高,干燥速率大。一般体积蒸发强度可达0.003～0.06 kg/m³·s;② 接触时间短,热效率高,气固并流操作,可以采用高温介质,对热敏性物料的干燥尤为适宜;③ 由于干燥伴随着气力输送,减少了产品的输送装置;气流干燥器的结构相对简单,占地面积小,运动部件少,易于维修,成本费用低。不足之处是:① 必须有高效能的粉尘收集装置,否则尾气携带的粉尘将造成很大的浪费,也会形成对环境的污染;② 对有毒物质,不易采用这种干燥方法。

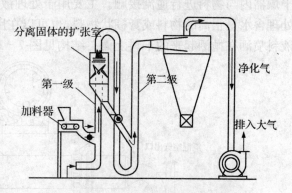

图7-16 二段气流式干燥器示意图

4. 沸腾床干燥器(流化床干燥器)

流化床干燥器是流态化原理在干燥中的应用,在流化床干燥器中,颗粒在热气流中上下翻动,彼此碰撞和混合,气固间进行传热、传质,以达到干燥目的。与其他干燥器相比,传热、传质速率高,因为单位体积内的传递表面积大,颗粒间充分的搅混几乎消除了表面上静止的气膜,使两相间密切接触,传递系数大大增加;由于传递速率高,气体离开床层时几乎等于或略高于床层温度,因而热效率高;由于气体可迅速降温,所以与其他干燥器比,可采用更高的气体入口温度;设备简单,无运动部件,成本费用低;操作控制容易。湿物料由床层的一侧加入,由另一侧导出。热气流由下方通过多孔分布板均匀地吹入床层,与固体颗粒充分接触后,由顶部导出,经旋风器回收其中夹带的粉尘后排出。流化干燥过程可间歇操作,但大多数是连续操作的,有时也可采用多层流化床或流化床的改进形式。结构见图 7-17。

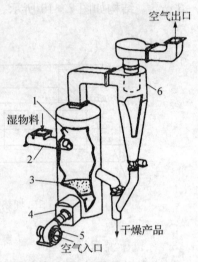

1—流化室;2—进料器;3—分布板;
4—加热器;5—风机;6—旋风分离器
图 7-17 单层圆筒沸腾床干燥器

5. 转筒干燥器

转筒干燥器是一种连续式干燥设备,机械化程度高,生产能力大,流动阻力小,容易控制,产品质量均匀,对物料适应性强;但设备笨重,金属材料耗量多,热效率低,结构复杂,占地面积大,且物料颗粒之间的停留时间差异较大,故不适合于对温度有严格要求的物料。湿物料从转筒较高的一端加入,热空气由较低端进入,在干燥器内与物料进行逆流接触。主要用于处理散粒状物料,但如返混适当数量的干料亦可处理含水量很高的物料或膏糊状物料,也可以在用干料做底料的情况下干燥液态物料,即将液料喷洒在抛洒起来的干料上面。结构见图 7-18。

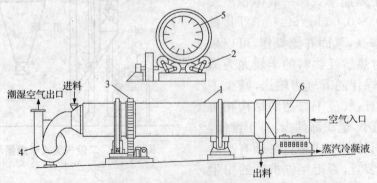

1—圆筒;2—支架;3—驱动齿轮;4—风机;5—抄板;6—蒸汽加热器
图 7-18 转筒干燥器

6. 喷雾干燥器

在喷雾干燥器中,将液态物料通过喷雾器分散成细小的液滴,在热气流中自由沉降并迅速蒸发,最后被干燥为固体颗粒与气流分离。热空气与喷雾液滴都由干燥器顶部加入,气流作螺旋形流动旋转下降,液滴在接触干燥室内壁前已完成干燥过程,大颗粒收集到干燥器底部后排出,细粉随气体进入旋风器分出。废气在排空前经湿法洗涤塔(或其他除尘器)以提高回收率,并防止污染。

其优点是干燥过程极快,适宜于处理热敏性物料;处理物料种类广泛,如溶液、悬浮液、浆状物料等皆可;喷雾干燥可直接获得干燥产品,因而可省去蒸发、结晶、过滤、粉碎等工序;能得到速溶的粉末或空心细颗粒;过程易于连续化、自动化。不足之处是热效率低;设备占地面积大、设备成本费高;粉尘回收麻烦,回收设备投资大。设备流程见图 7-19。

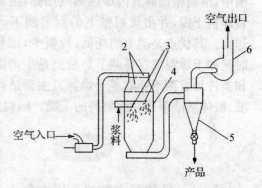

1—燃烧炉;2—空气分布器;3—压力式喷嘴;
4—干燥塔;5—旋风分离器;6—风机
图 7-19 喷雾干燥器

7. 带式干燥器

带式干燥器如图 7-20 所示,干燥室的截面为长方形,内部安装有网状传送带,物料置于传送带上,气流与物料错流流动,带子在前移过程中,物料不断地与热空气接触而被干燥。传送带可以是单层的,也可以是多层的,带宽约为 1~3 m,带长约为 4~50 m,干燥时间约为 5~120 min。通常在物料的运动方向上分成许多区段,每个区段都可装设风机和加热器。在不同区段内,气流的方向、温度、湿度及速度都可以不同,如在湿料区段,操作气速可大些。根据被干燥物料的性质不同,传送带可用帆布、橡胶、涂胶布或金属丝网制成。

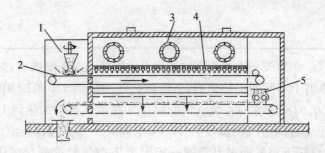

1—加料器;2—传送带;3—风机;4—热空气喷嘴;5—压碎机
图 7-20 带式干燥器

物料在带式干燥器内基本可保持原状,也可同时连续干燥多种固体物料,但要求带上物料的堆积厚度、装载密度均匀一致,否则通风不均匀,会使产品质量下降。这种干燥器的生产能力及热效率均较低,热效率约在 40% 以下。带式干燥器适用于干燥颗粒状、块状和纤维状的物料。

8. 滚筒干燥器

其主体是两个旋转方向相反的滚筒,部分浸没在料槽中,滚筒壁面靠其内加热蒸汽加热,滚筒旋转一周,物料即被干燥,并由贯通壁上的刮刀刮下,经螺旋输送器送出。其优点是动力消耗低,投资少,维修费用省,干燥时间和干燥温度容易调节。缺点是生产能力、劳动强度和条件等方面不如喷雾干燥器。主要适用于溶液、悬浮液、胶体溶液等流动性物料的干燥。结构见图 7-21。

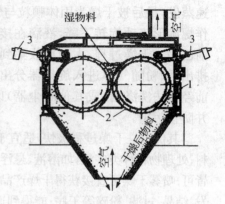

1—外壳;2—滚筒;3—刮刀
图 7-21　滚筒干燥器

习　题

7-1　已知湿空气的总压力为 100 kPa,温度为 50 ℃,相对湿度为 40%,试求:(1) 湿空气中的水汽分压;(2) 湿度;(3) 湿空气的密度。

7-2　利用湿空气的 $H-I$ 图完成本题附表空格项的数值,湿空气的总压 $P = 1.013 \times 10^5$ Pa。

习题 7-2 附表

序号	干球温度 0 ℃	湿球温度 0 ℃	湿度 kg 水 /kg 绝干空气	相对湿度 0/0	焓 kJ/kg 绝干气	露点 0 ℃	水气分压 kPa
1	60	30					
2	40					20	
3	20			80			
4	30						4

7-3　湿空气($t_0 = 20$ ℃,$H_0 = 0.02$ kg 水/kg 绝干气)经预热后送入常压干燥器。试求:(1) 将空气预热到 100 ℃所需热量;(2) 将该空气预热到 120 ℃时相应的相对湿度值。

7-4　湿度为 0.018 kg 水/kg 干空气的湿空气在预热器中加热到 128 ℃后进入常压等焓干燥器中,离开干燥器时空气的温度为 49 ℃,求离开干燥器时露点温度。

7-5　在一定总压下空气通过升温或一定温度下空气温度通过减压来降低相对湿度,现有温度为 40 ℃,相对湿度为 70% 的空气。试计算:(1) 采用升高温度的方法,将空气的相对湿度降至 20%,此时空气的温度为多少?(2) 若提高温度后,再采用减小总压的方法,将空气的相对湿度降至 10%,此时的操作总压为多少?

7-6　在常压下用热空气干燥某湿物料,湿物料的处理量为 1000 kg/h,温度为 20 ℃,

含水量为 4%(湿基,下同),要求干燥后产品的含水量不超过 0.5%,物料离开干燥器时温度升至 60 ℃,湿物料的平均比热容为 3.28 kJ/(kg 绝干料,℃)。空气的初始温度为 20 ℃,相对湿度为 50%,将空气预热至 100 ℃进干燥器,出干燥器的温度为 50 ℃,湿度为 0.06 kg/kg 绝干气,干燥器的热损失可按预热器供热量的 10%计。试求:(1) 计算新鲜空气的消耗量;(2) 预热器的加热量 Q_p;(3) 计算加热物料消耗的热量占消耗总热量的百分数;(4) 干燥系统的热效率。

7-7 用通风机将干球温度 $t_0 = 26$ ℃、焓 $I_0 = 66$ kJ/kg 绝干气的新鲜空气送入预热器,预热到 $t_1 = 120$ ℃后进入连续逆流操作的理想干燥器内,空气离开干燥器时相对湿度 $\varphi_2 = 50\%$。湿物料由含水量 $w_1 = 0.015$ 被干燥至含水量 $w_2 = 0.002$,每小时有 9200 kg 湿物料加入干燥器内。试求:(1) 完成干燥任务所需的新鲜空气量;(2) 预热器的加热量;(3) 干燥器的热效率。

7-8 在一常压逆流的转筒干燥器中,干燥某种晶状的物料。温度 $t_0 = 25$ ℃、相对湿度 $\varphi_0 = 55\%$ 的新鲜空气经过预热器加热升温至 $t_1 = 95$ ℃后送入干燥器中,离开干燥器时的温度 $t_2 = 45$ ℃。预热器中采用 180 kPa 的饱和蒸汽加热空气,预热器的总传热系数为 85 W/(m² · K),热损失可忽略。湿物料初始温度 $\theta_1 = 24$ ℃,湿基含水量 $w_1 = 0.037$;干燥完毕后温度升到 $\theta_2 = 60$ ℃,湿基含水量降为 $w_2 = 0.002$。干燥产品流量 $G_2 = 1000$ kg/h,绝干物料比热容 $c_s = 1.5$ kJ/(kg 绝干料 · ℃),不向干燥器补充热量。转筒干燥器的直径 $D = 1.3$ m,长度 $Z = 7$ m。干燥器外壁向空气的对流—辐射联合传热系数为 35 kJ/(m² · h · ℃)。试求:(1) 绝干空气流量;(2) 预热器中加热蒸汽消耗量;(3) 预热器的传热面积。

7-9 采用常压并流干燥器干燥某种湿物料。将 20 ℃干基含水量为 0.15 的某种湿物料干燥至干基含水量为 0.002,物料出干燥器的温度是 40 ℃,湿物料处理量为 250 kg/h,绝干物料的比热容为 1.2 kJ/(kg 绝干料 · ℃)。空气的初始温度为 15 ℃,湿度为 0.007 kg 水/kg 绝干气,将空气预热至 100 ℃进干燥器,在干燥器内,空气以一定的速度吹送物料的同时对物料进行干燥。空气出干燥器的温度为 50 ℃。干燥器的热损失 3.2 kW。试求:(1) 新鲜空气消耗量;(2) 单位时间内预热器消耗的热量(忽略预热器的热损失);(3) 干燥器的热效率;(4) 若空气在出干燥器之后的后续设备中温度将下降 10 ℃,试分析物料是否会返潮。

7-10 某物料经过 6 小时的干燥,干基含水量自 0.35 降至 0.10,若在相同干燥条件下,需要物料含水量从 0.35 降至 0.05,试求干燥时间。物料的临界含水量为 0.15,平衡含水量为 0.04,假设在将速阶段中干燥速率与物料自由含水量成正比。

7-11 在恒定干燥条件下的箱式干燥器内,将湿染料由湿基含水量 45%干燥到 3%,湿物料的处理量为 8000 kg 湿染料,实验测得:临界湿含量为 30%,平衡湿含量为 1%,总干燥时间为 28 h。试计算在恒速阶段和降速阶段平均每小时所蒸发的水分量。

7-12 在恒定干燥条件下进行干燥实验,已测得干球温度为 50 ℃,湿球温度为

43.7 ℃,气体的质量流量为 2.5 kg(m² · s),气体平行流过物料表面,水分只从物料上表面汽化,物料由湿含量 X_1 变到 X_2,干燥处于恒速阶段,所需干燥时间为 1 小时,试问:(1) 如其他条件不变,且干燥仍处于恒速阶段,只是干球温度变为 80 ℃,湿球温度变为 48.3 ℃,所需干燥时间为多少?(2) 如其他条件不变,且干燥仍处于恒速阶段,只是物料厚度增加一倍,所需干燥时间为多少?

思考题

7-1　一定水气分压 P_s 和温度 t 的湿空气,若总压 p 有增加,其他状态参数($H, \phi, P_s, t_d, t_{as}$)会有什么变化?

7-2　为什么可用干、湿球温度计来测定空气的湿度?

7-3　干燥器出口废气温度的高低对干燥过程会有哪些影响?其温度选择受什么因素的限制?

7-4　试分析恒速干燥阶段与降速干燥阶段中的干燥机理及影响干燥速率的因素。

7-5　试对教材中有示意图的几种干燥器,说明其分类特征并分析其可能的适用范围。

 工程案例

国外油田工程第 26 卷第 3 期(2010.3)
天然气脱水:用氯化钙代替乙二醇方法的可行性分析

在天然气脱水方法中乙二醇方法是最常用的。但是,该方法存在一些问题,如它属劳动密集型行业,操作费用大,存在环境污染等问题。由于近年来化学工业的进步,特别是盐类、易吸收湿气的干燥剂脱水设备的出现,最重要的是正确的操作方法使盐类脱水方法能够替代乙二醇脱水系统。

研究表明,用易吸收湿气的干燥剂脱水器代替乙二醇脱水系统降低甲烷、挥发性有机化合物(VOC)和危害空气污染物(HAP)的排放达 99%,同时降低了操作和维护费用。氯化钙作为干燥剂从 1920 年就开始用于天然气和空气的脱水。由于它吸湿,有能力从周围的环境中吸收和清除水蒸气。这种盐清除水蒸气的能力是基于盐的水合物和周围的水蒸气压力之间的压力差。这种盐自然吸附和吸收湿气,逐渐溶解形成盐溶液。用这种类型的干燥剂,从气态烃中可吸出大量的湿气。本文考虑用氯化钙来代替传统的乙二醇脱除水方法的可行性。

1. 设备描述

采用氯化钙脱除天然气中水主要是在固态干燥脱水器进行,该设备是一个较为简单的设备,它包括:填料口、入口、压力表、排除口、干燥床、预干燥床、集盐槽和排出连接器等,不需要内部能源供给,适合偏远场所的应用。湿气进入容器底部附近,通过固体干燥剂床上升,当它上升时与干燥剂表面接触,干燥盐吸附天然气中的湿气。氯化钙是一种溶解盐,所以,随着湿气的进入开始不断脱水,盐滴在表面形成,盐滴向下滴入容器底部的集盐槽中。氯化钙是不能再生的,因为替换它更经济。在集盐槽中的盐水需要定期流放到储盐罐(或产出水罐)或脱水(蒸发)池。储存罐中的盐水可以注入工地附近的深井中或装入储罐中送到适当的地方处理。只要干床保持在一定的厚度,天然气在干燥剂的作用下在到达干燥床顶部之前就可达到一定的平衡湿度。这个工作盐床要定期添加。多数装置最少用两套容器以免影响天然气的生产。由于天然气中的湿气被吸出,干燥床上干燥剂的深度慢慢降低。为了观察方便,有些制造商在容器上安装了一个小的干燥窗口(观察镜)。

2. 干燥剂脱水方法的优势分析

通常管道输送天然气的湿度要求为 7 lb(水)/l^6 ft^3(气)(1 lb=0.454 kg,1 ft^3=28.317 dm.)。本文仅从干燥剂脱水器的经济和环境两方面分析其优势。计算结果是应用氯化钙脱水剂得出的。进口气流量 2.5×10^6 ft^3/d,压力是 464.7 psia(1 psi=6.895 kPa),温度为 47 ℉。

(1) 乙二醇脱水成本

① 投资和安装成本

采用乙二醇脱水方法的工厂处理在压力为 464.7 psia、温度为 47 ℉下,2.5×10 ft/d 气的成本估计为 40000 美元。安装和工程费用估计为投资费用的 75%(30000 美元)。

② 操作和维护费用

主要的操作和维护费用包括乙二醇储罐注满和维持乙二醇液面的费用,以及维护成本和劳动力成本。

注满费用。乙二醇成本为 \$4.5/gal(1 gal=3.785 L),处理每百万立方英尺天然气乙二醇消费量为 0.1 gal,这样,$CT=0.1 \times 2.5 \times 365 \times 4.5 =$ \$411/a。

维护成本和劳动力成本。因为需要很多维护和维修作业,劳动力成本按每周 4 小时计算,劳动力成本为每小时 30 美元,每年就要用 6240 美元。同样,备件的费用估计为劳动力成本的一半,每年为 3120 美元。总的操作和维护费用估计为:4111+6240+3120=9771(\$/a)。

(2) 固体干燥剂脱水成本

① 投资和安装成本

估算所使用干燥剂脱水器的大小,应该先知道气的入口和出口含湿量。在压力 450 psia、47 ℉的条件下,每百万立方英尺天然气可含 21 lb 水。出口湿度含量应该是管线要求的技术标准(为每百万立方英尺气中含 7 lb 水)。这样,每百万立方英尺气中应有 14 lb 水被清除掉。按一般的经验法则,1 lb 干燥剂可清除 3 lb 湿气。这样,$D = Q \cdot (IWC - OWC) \cdot R = 2.5 \times (21 - 7) \times 1/3 = 11.67(\text{lb(干燥剂)}/d)$ 用下述方程可得到容器的大小尺寸:

$$ID = 12 \times \sqrt{\frac{4DT \times 12}{H \cdot \pi \cdot BD}} = 12 \times \sqrt{\frac{4 \times 11.7 \times 7 \times 12}{5\pi \times 55}} = 25.6$$

这样,下一个较大的 3O in(1 in=25.4 mm)外径被选上。同时观察到该容器在假设的条件下能够处理 3.078×10^6 ft^3/d 的天然气。一台脱水器的费用为 12850 美元,两台脱水器的费用为 25750 美元,安装费用通常为设备费用的 50%~75%。最差的情形为 75%,这时安装费用约为 19313 美元。所以,投资和安装资本成本一共为 45063 美元。

② 操作和维护费用

主要的操作和维护费用是:干燥剂供给费用、盐水处理费用和劳动力费用。

(a) 干燥剂供给费用。根据经销商的价格,氯化钙每磅为 0.65~1.2 美元。研究是以氯化钙每磅为 1.2 美元进行的,所以

$$DRC = D \times 1.2 \times 365$$

$$DRC = \$5123/a$$

(b) 盐水处理费用。为了使气处理达到每百万立方英尺气中含 7 lb 水的技术指标,产出非常少的盐水。

$$Wb = [(IWC - OWC)Q] + D = 14 \times 2.5 + 11.7 = 46.7(\text{lb/d})$$

$$BDC = \frac{Wb \cdot CB \times 365}{DEN} = \frac{46.7 \times 1 \times 365}{490} = \$35/a$$

劳动力费用是假设操作者每周注入干燥剂每小时 30 美元,每周注入 1 小时。这样,每年总计 1560 美元。因此,总的操作和维护费用为:5152+35+1560 = $6718/a。

(3) 两者比较

① 天然气排放量降低

总的天然气节约量=乙二醇脱水器排放-固态干燥剂排放

=(再沸器排出的气体+气动控制阀排出的气+乙二醇脱水器作为燃料燃烧的气体)-从干燥脱水器损失的气体

② 乙二醇脱水器排放

从乙二醇再生器中排出的气体总量取决于气体的流量、进/出口水的含量、水—乙二醇比例、循环百分比和甲烷夹带量。应用的循环百分比为 150%。应用公式得到排出的气为

$$GVA = \frac{Q \cdot Wr \cdot GWR \cdot OC \cdot M \times 365}{1000 \text{ ft}^3/10^3 \text{ ft}^3}$$

$$= \frac{2.5 \times 14 \times 3 \times 1.5 \times 3 \times 365}{1}$$

$$= 172.5 \times 10^3 (\text{ft}^3/a)$$

气动控制阀在乙二醇脱水器中通常用来监控和调节气体和液体流量、温度和压力。在

特定的环境,控制器调节脱水器和分离气的气体和液体流量、脱水器再生器的温度和闪蒸罐压力。考虑到流量,假定使用了 6 台气动控制阀,同时也假定气动控制阀是高排出阀(在操作过程中每年排出 50×10^3 ft^3 以上的天然气)。根据 GRI/EPA 研究结果,一台高排出设备的年平均排放量为 126×10^3 ft^3 天然气。因此,6 台气动控制阀每年甲烷排放量为 756×10^3 ft^3 天然气。

计算乙二醇再沸器中燃料燃烧的气体,这个计算假设再沸器热负荷是每加仑 1124 Btu(1 Btu=1.055 kJ),天然气热值为 1127 Btu/ft^3。

$$GF = \frac{Q \cdot Wr \cdot HD \cdot GWR \times 365}{HV \times 1000 \text{ ft}^3/10^3 \text{ ft}^3}$$

$$= \frac{2.5 \times 14 \times 1124 \times 3 \times 365}{1.027 \times 1} = 42 \times 10^3 \text{ (ft}^3/\text{a)}$$

因此,总的乙二醇脱水器排出气量每年为 970.5×10^3 ft^3。

③ 固体干燥剂脱水器排放

从干燥剂脱水器损失的气通过计算容器每次排出的气量得出。30 in 外径的容器,其内径大约 29.25 in(假设壁厚 3/4 in)。该容器整个长度 64 in,其 45% 的体积充满了气(供货商数据)。这样,运用波义耳定律得到损失气量:

$$GLD = \frac{HOD \cdot ID^2 \cdot \pi \cdot P_2 \times \%G \times 365}{4 \cdot P_1 \cdot T \times 1000 \text{ ft}^3/10^3 \text{ ft}^3}$$

$$= \frac{5.33 \times 2.44^2 \times \pi \times 464.7 \times 0.45 \times 365}{4 \times 14.7 \times 7 \times 1}$$

$$= 18.5 \times 10^3 \text{ (ft}^3/\text{a)}$$

④ 节约的总气量

节约的总气量=乙二醇脱水器排放—固体干燥剂脱水器排放
$$= 970.5 \times 10^3 = 18.5 \times 10^3 = 952 \times 10^3 \text{ (ft}^3/\text{a)}$$

安装一台干燥剂脱水器,代替一台乙二醇脱水器,处理 2.5×10^6 ft^3/d 的天然气,其结果:节约资金和安装费用总数为 24937 美元,减少气排放 952×10^3 ft^3/a。这个天然气量如果排入到大气中就会引起巨大的污染。同时,节约下来的气在天然气价格 \$3/10^3 ft^3 时,价值 2856 美元。

3. 结论

固体干燥剂脱水技术是一项成熟的技术,它可以替代传统的脱水方法,其特点是采用的设备简单,投入成本低,减少了操作和维护费用,降低了挥发性有机化合物和危害空气污染物的排放。

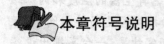 **本章符号说明**

英文字母

a——单位体积物料提供的传热(干燥)表面积,m^2/m^3;

A——转筒截面积,m^2;

c——比热容,$kJ/(kg \cdot ℃)$;

d_{pm}——颗粒的平均直径,m;

D——干燥器的直径,m;

G——固体物料的质量流量,kg/s;

G'——固体物料的质量,kg;

G''——湿物料的质量流速,$kg/(m^2 \cdot s)$;

H——空气的湿度,kg 水$/kg$ 绝干气;

I——空气的焓,kJ/kg;

I'——固体物料的焓,kJ/kg;

k_H——传质系数,$kg(m^2 \cdot s \cdot \Delta H)$;

k_X——降速阶段干燥速率曲线的斜率,kg 绝干料$(m^2 \cdot s)$;

l——单位空气消耗量,kg 绝干气$/kg$ 水;

L——绝干空气流量,kg/s;

L'——湿空气的质量流速,$kg/(m^2 \cdot s)$;

M——摩尔质量,$kg/kmol$;

n——物质的量,$kmol$;

n''——每秒钟通过干燥管的颗粒数;

N——传质速率,kg/s;

p_v——水汽分压,Pa;

p——湿空气的总压,Pa;

Q——传热速率,W;

r——汽化热,kJ/kg;

S——干燥表面积,m^2;

S_P——每秒颗粒提供的表面积,$m^2 \cdot s$;

T——温度,$℃$;

u_g——气体的速度,m/s;

u_o——颗粒的沉降速度,m/s;

U——干燥速率,$kg/(m^2 \cdot s)$;

v——湿空气的比体积,m^3/kg 绝干气;

V'——干燥器的容积,m^3;

V''——风机的风量,m^3/h;

V_p——单位时间的加料体积,m^3/s;

V_s——空气的流量,m^3;

w——物料的湿基含水量;

W——水分的蒸发量,kg/s 或 kg/h;

W'——水分的蒸发量,kg;

X——物料的干基含水量,kg 水$/kg$ 绝干料;

X^*——物料的干基平衡含水量,kg 水$/kg$ 绝干料;

Z——转筒的长度或干燥管的高度,m。

希腊字母

α——对流传热系数,$W/(m^2 \cdot ℃)$;

η——热效率;

θ——固体物料的温度,$℃$;

λ——导热系数,$W/(m \cdot ℃)$;

v——运动黏度,$m^2 \cdot s$;

ρ——密度,kg/m^3;

τ——干燥时间或物料在干燥器内的停留时间,s;

ϕ——相对湿度百分数。

下标

0——进预热器的、新鲜的或沉降的；

1——进干燥器的或离预热器的；

2——离干燥器的；

Ⅰ——干燥第一阶段的；

Ⅱ——干燥第二阶段的；

as——绝热饱和；

c——临界；

d——露点；

D——干燥器；

g——气体或绝干气；

H——湿的；

L——热损失；

m——湿物料的或平均；

p——预热器；

s——饱和或绝干物料；

t——相对；

t_d——露点温度；

t_w——湿球温度；

v——水汽；

w——湿球。

参考文献

[1]　姚玉英,等. 化工原理:下册[M]. 天津:天津科学技术出版社,2002.

[2]　姚玉英,等. 化工原理例题与习题[M]. 北京:化学工业出版社,1990.

[3]　杨祖荣,刘丽英,刘伟. 化工原理[M]. 北京:化学工业出版社,2004.

[4]　黄少烈,邹华生. 化工原理[M]. 北京:高等教育出版社,2002.

[5]　钟秦. 化工原理[M]. 3 版. 北京:国防工业出版社,2013.

[6]　郝晓刚,樊彩梅. 化工原理[M]. 北京:科学出版社,2010.

[7]　姚玉英,黄凤廉,等. 化工原理:下册[M]. 天津:天津科学技术出版社,2006.

[8]　管国锋,赵汝溥. 化工原理[M]. 3 版. 北京:化学工业出版社,2008.

[9]　大连理工大学. 化工原理:下册[M]. 北京:高等教育出版社,2002.

[10]　柴诚敬,化工原理:下册[M]. 北京:化学工业出版社,2006.

[11]　蒋维钧,雷良恒,刘茂村. 化工原理:下册[M]. 2 版. 北京:清华大学出版社,2003.

附　录

附录 1　常用物理量 SI 单位

物理量的名称	单位名称	单位符号
长度	米	m
时间	秒	s
质量	千克	kg
力	牛[顿]	$N(kg \cdot m \cdot s^{-2})$
速度	米每秒	m/s
加速度	米每二次方秒	m/s^2
密度	千克每立方米	kg/m^3
压力,压强	帕[斯卡]	$Pa(N/m^2)$
能[量],功,热量	焦[耳]	$J(kg \cdot m^2 \cdot s^{-2})$
功率	瓦[特]	W(J/s)
[动力]黏度	帕斯卡·秒	$Pa \cdot s(kg \cdot m^{-1} \cdot s^{-1})$
运动黏度	二次方米每秒	m^2/s
表面张力	牛[顿]每米	$N/m(kg \cdot s^{-2})$
扩散系数	二次方米每秒	m^2/s
热力学温度	开尔文	K
电流	安[培]	A
物质的量	摩尔	mol
发光强度	坎[德拉]	cd

附录 2　常用物理量单位换算表

1. 长度

m 米	in 英寸	ft 英尺	yd 码
1	39.37	3.281	1.0936
0.025400	1	0.08333	0.02778
0.30480	12	1	0.3333
0.9144	36	3	1

2. 质量

kg 千克	t 吨	1b 磅
1	10^{-3}	2.2046
1000	1	2204.6
0.4536	4.536×10^{-4}	1

3. 力

N 牛顿	dyn 达因	kgf 千克(力)	1bf 磅(力)
1	10^{5}	0.1020	0.2248
10^{-5}	1	1.020×10^{-6}	2.248×10^{-6}
9.807	9.807×10^{5}	1	2.2046
4.448	4.448×10^{5}	0.4536	1

4. 密度

kg/m³ 千克/米³	g/cm³ 克/厘米³	1b/ft³ 磅/英尺³
1	10^{-3}	0.06243
1000	1	62.43
16.02	0.01602	1

5. 压力

Pa	bar 巴	kgf/cm² 工程大气压	atm 物理大气压	mmH$_2$O 毫米水柱	mmHg 毫米汞柱	1bf/in² 磅(力)/英寸²
1	10^{-5}	1.02×10^{-5}	0.99×10^{-5}	0.102	0.00705	1.45×10^{-4}
10^5	1	1.02	0.9869	10200	750.1	14.5
9.807	9.807×10^{-5}	10^{-4}	0.9678	1	0.07355	0.001422
1.013×10^5	1.013	1.033	1	10330	760.0	14.70
9.807×10^4	0.9807	1	0.9678×10^{-4}	10^4	735.5	14.22
133.32	0.001333	0.001360	0.00132	13.6	1	0.0193
6895	0.06895	0.07031	0.068	703.1	51.72	1

6. 能量,功,热

J=N·m 焦耳	kgf·m 千克(力)·米	kcal=1000 cal 千卡	kW·h 千瓦时	1bf·ft 磅(力)·英尺	Btu 英热单位
10^{-7}					
1	0.1020	2.39×10^{-4}	2.778×10^{-7}	0.7377	9.486×10^{-4}
9.807	1	2.342×10^{-3}	2.724×10^{-6}	7.233	9.296×10^{-3}
4186.8	426.9	1	1.162×10^{-3}	3087	3.968
3.6×10^6	3.671×10^5	860.0	1	2.655×10^6	3413
1.3558	0.1383	3.239×10^{-4}	3.766×10^{-7}	1	1.285×10^{-3}
1055	107.58	0.2520	2.928×10^{-4}	778.1	1

7. 功率,传热速率

kW=1000 J/s 千瓦	kgf·m/s 千克(力)·米/秒	kcal/s=1000 cal/s 千卡/秒	1bf·ft/s 磅(力)·英尺/秒	Btu/s 英热单位/秒
1	101.97	0.2389	735.56	0.9486
10^{-10}				
0.009807	1	0.002342	7.233	0.009293
4.1868	426.85	1	3087.4	3.9683
0.001356	0.13825	3.239×10^{-4}	1	0.001285
1.055	107.58	0.2520	778.17	1

8. 焓，潜热

J/kg 焦耳/千克	kcal/kg 千卡/千克	Btu/lb 英热单位/磅
1	2.389×10^{-4}	4.299×10^{-4}
4187	1	1.8
2326	0.5556	1

基本物理常数

(1) 摩尔气体常数　$R = 8.314510$ J/(mol·K) 或 kJ/(kmol·K)

(2) 标准状况压力　$p^{\ominus} = 1.01325 \times 10^5$ Pa(以前)

　　　　　　　　　$p^{\ominus} = 1.01325 \times 10^5$ Pa

(3) 理想气体标准摩尔体积

$p^{\ominus} = 1.01325 \times 10^5$ Pa, $T^{\ominus} = 273.15$ K 时　$V^{\ominus} = 22.41383$ m³/kmol

$p^{\ominus} = 10^5$ Pa, $T^{\ominus} = 273.15$ K 时　$V^{\ominus} = 22.71108$ m³/kmol

(4) 标准重力加速度　$g = 9.80665$ m/s²

附录3　某些气体的重要物理性质

名称	分子式	密度(0℃, 101.33 kPa) /kg/m³	定压比热容/ kJ/ (kg·℃)	黏度 $\mu \times 10^5$/ Pa·s	沸点 (101.33 kPa)/ ℃	汽化热/ kJ/kg	临界点		导热系数/ W/ (m·℃)
							温度/ ℃	压力/ kPa	
空气	—	1.293	1.009	1.73	−195	197	−140.7	3768.4	0.0244
氧	O_2	1.429	0.653	2.03	−132.98	213	−118.82	5036.6	0.0240
氮	N_2	1.251	0.745	1.70	−195.78	199.2	−147.13	3392.5	0.0228
氢	H_2	0.0899	10.13	0.842	−252.75	454.2	−239.9	1296.6	0.163
氨	NH_3	0.771	2.22	0.918	−33.4	1373	132.4	11295	0.0215
一氧化碳	CO	1.250	1.047	1.66	−191.48	211	−140.2	3497.9	0.0226
二氧化碳	CO_2	1.976	0.837	1.37	−78.2	574	31.1	7384.8	0.0137
二氧化硫	SO_2	2.927	0.632	1.17	−10.8	394	157.5	7879.1	0.0077

名称	分子式	密度(0℃，101.33 kPa)/kg/m³	定压比热容/kJ/(kg·℃)	黏度 μ×10⁵/Pa·s	沸点(101.33 kPa)/℃	汽化热/kJ/kg	临界点		导热系数/W/(m·℃)
							温度/℃	压力/kPa	
二氧化氮	NO₂	—	0.804	—	21.2	712	158.2	10130	0.0400
硫化氢	H₂S	1.539	1.059	1.166	−60.2	548	100.4	19136	0.0131
甲烷	CH₄	0.717	2.223	1.03	−161.58	511	−82.15	4619.3	0.0300
乙烷	C₂H₆	1.357	1.729	0.850	−88.50	486	32.1	4948.5	0.0180
丙烷	C₃H₈	2.020	1.863	0.795 (18℃)	−42.1	427	95.6	4355.9	0.0148
乙炔	C₂H₂	1.171	1.683	0.935	−83.66	829	35.7	6240.0	0.0184
苯	C₆H₆	—	1.252	0.72	80.2	394	288.5	4832.0	0.0088

附录 4　某些液体的重要物理性质

名称	分子式	密度(20℃)/kg/m³	沸点(101.33 kPa)/℃	汽化热/kJ/kg	比热容(20℃)/kJ/(kg·℃)	黏度(20℃)/mPa·s	热导率(20℃)/W/(m·℃)	体积膨胀系数β(20℃)/10⁻⁴℃⁻¹	表面张力σ(20℃)/10⁻³N·m⁻¹
水	H₂O	998	100	2258	4.183	1.005	0.599	1.82	72.8
氯化钠盐水(25%)	—	1186 (25℃)	107		3.39	2.3	0.57 (30℃)	(4.4)	—
氯化钙盐水(25%)	—	1228	107		2.89	2.5	0.57	(3.4)	—
硫酸	H₂SO₄	1831	340 (分解)		1.47 (98%)		0.38	5.7	
硝酸	HNO₃	1513	86	481.1	—	1.17 (10℃)	—	—	—
盐酸(30%)	HCl	1149	—	—	2.55	2 (31.5%)	0.42	—	—
二硫化碳	CS₂	1262	46.3	352	1.005	0.38	0.16	12.1	32

续表

名称	分子式	密度 (20 ℃)/ kg/m³	沸点 (101.33 kPa)/ ℃	汽化热/ kJ/kg	比热容 (20 ℃)/ kJ/ (kg·℃)	黏度 (20 ℃)/ mPa·s	热导率 (20 ℃)/ W/ (m·℃)	体积膨胀 系数 β (20 ℃)/ 10⁻⁴℃⁻¹	表面张力 σ (20 ℃)/ 10⁻³ N·m⁻¹
苯	C_6H_6	879	80.10	393.9	1.704	0.737	0.148	12.4	28.6
甲苯	C_7H_8	867	110.63	363	1.70	0.675	0.138	10.9	27.9
甲醇	CH_3OH	791	64.7	1101	2.48	0.6	0.212	12.2	22.6
乙醇	C_2H_5OH	789	78.3	846	2.39	1.15	0.172	11.6	22.8
乙醇(95%)	—	804	78.2	—	—	1.4	—	—	—
乙二醇	$C_2H_4(OH)_2$	1113	197.6	780	2.35	23	—	—	47.7
甘油	$C_3H_5(OH)_3$	1261	290 (分解)	—	—	1499	0.59	5.3	63
乙醚	$(C_2H_5)_2O$	714	34.6	360	2.34	0.24	0.14	16.3	18
丙酮	CH_3COCH_3	792	56.2	523	2.35	0.32	0.17	—	23.7
煤油	—	780~820	—	—	—	3	0.15	10.0	—
汽油	—	680~880	—	—	—	0.7~0.8	0.19 (30 ℃)	12.5	—

附录5　某些固体材料的重要物理性质

名称	密度/kg/m³	热导率/W/(m·℃)	比热容/kJ/(kg·℃)
(1) 金属			
钢	7850	45.3	0.46
不锈钢	7900	17	0.50
铸铁	7220	62.8	0.50
铜	8800	383.8	0.41
铝	2670	203.5	0.92
铅	11400	34.9	0.13

名称	密度/kg/m³	热导率/W/(m·℃)	比热容/kJ/(kg·℃)
(2) 塑料			
酚醛	1250~1300	0.13~0.26	1.3~1.7
尿醛	1400~1500	0.30	1.3~1.7
聚氯乙烯	1380~1400	0.16	1.8
聚苯乙烯	1050~1070	0.08	1.3
有机玻璃	1180~1190	0.14~0.20	—
(3) 建筑材料、绝热材料、耐酸材料及其他			
干沙	1500~1700	0.45~0.48	0.8
黏土	1600~1800	0.47~0.53	0.75 (−20~20 ℃)
锅炉炉渣	700~1100	0.19~0.30	—
黏土砖	1600~1900	0.47~0.67	0.92
耐火砖	1840	1.05 (800~1100 ℃)	0.88~1.0
绝缘砖(多孔)	600~1400	0.16~0.37	—
混凝土	2000~2400	1.3~1.55	0.84
石棉板	770	0.11	0.816
玻璃	2500	0.74	0.67

附录 6 干空气的物理性质($p=1.01325×10^5$ Pa)

温度(t)/ ℃	密度(ρ)/ kg/m³	比热容(c_p)/ kJ/(kg·℃)	热导率 $\lambda×10^2$/ W/(m·℃)	黏度 $\mu×10^6$/ Pa·s	普朗特准数 Pr
−50	1.584	1.013	2.04	14.6	0.728
−40	1.515	1.013	2.12	15.2	0.728
−30	1.453	1.013	2.20	15.7	0.723
−20	1.395	1.009	2.28	16.2	0.716
−10	1.342	1.009	2.36	16.7	0.712
0	1.293	1.005	2.44	17.2	0.707

温度(t)/ ℃	密度(ρ)/ kg/m³	比热容(c_p)/ kJ/(kg·℃)	热导率 $\lambda \times 10^2$/ W/(m·℃)	黏度 $\mu \times 10^6$/ Pa·s	普朗特准数 Pr
10	1.247	1.005	2.51	17.6	0.705
20	1.205	1.005	2.59	18.1	0.703
30	1.165	1.005	2.67	18.6	0.701
40	1.128	1.005	2.76	19.1	0.699
50	1.093	1.005	2.83	19.6	0.698
60	1.060	1.005	2.90	20.1	0.696
70	1.029	1.009	2.96	20.6	0.694
80	1.000	1.009	3.05	21.2	0.692
90	0.972	1.009	3.13	21.5	0.690
100	0.946	1.009	3.21	21.9	0.688
120	0.898	1.009	3.34	22.8	0.686
140	0.854	1.013	3.49	23.7	0.684
160	0.815	1.017	3.64	24.5	0.682
180	0.779	1.022	3.78	25.3	0.681
200	0.746	1.026	3.93	26.0	0.680
250	0.674	1.038	4.27	27.4	0.677
300	0.615	1.047	4.60	29.7	0.674
350	0.566	1.059	4.91	31.4	0.676
400	0.524	1.068	5.21	33.0	0.678
500	0.456	1.093	5.74	36.2	0.687

附录 7　饱和水的物理性质

温度 (t)/℃	饱和蒸汽压 (p)/kPa	密度 (ρ)/kg/m³	焓 (H)/kJ/kg	比热容 (c_p)/kJ/(kg·℃)	热导率 $\lambda \times 10^2$/W/(m·℃)	黏度 $\mu \times 10^3$/Pa·s	表面张力 $\sigma(20℃)$/10^{-4}N·m⁻¹	普朗特准数 Pr
0	0.611	999.9	0	4.212	55.1	1788	756.4	13.67
10	1.227	999.7	42.04	4.191	57.4	1306	741.6	9.52
20	2.338	998.2	83.91	4.183	59.9	1004	726.9	7.02
30	4.241	995.7	125.7	4.174	61.8	801.5	712.2	5.42
40	7.375	992.2	167.5	4.174	63.5	653.3	696.5	4.31
50	12.335	988.1	209.3	4.174	64.8	549.4	676.9	3.54
60	19.92	983.1	251.1	4.179	65.9	469.9	662.2	2.99
70	31.16	977.8	293.0	4.187	66.8	406.1	643.5	2.55
80	47.36	971.8	355.0	4.195	67.4	355.1	625.9	2.21
90	70.11	965.3	377.0	4.208	68.0	314.9	607.2	1.95
100	101.3	958.4	419.1	4.220	68.3	282.5	588.6	1.75
110	143	951.0	461.4	4.233	68.5	259.0	569.0	1.60
120	198	943.1	503.7	4.250	68.6	237.4	548.4	1.47
130	270	934.8	546.4	4.266	68.6	217.8	528.8	1.36
140	361	926.1	589.1	4.287	68.5	201.1	507.2	1.26
150	476	917.0	632.2	4.313	68.4	186.4	486.6	1.17
160	618	907.0	675.4	4.346	68.3	173.6	466.0	1.10
170	792	897.3	719.3	4.380	67.9	162.8	443.4	1.05
180	1003	886.9	763.3	4.417	67.4	153.0	422.8	1.00
190	1255	876.0	807.8	4.459	67.0	144.2	400.2	0.96
200	1555	863.0	852.8	4.505	66.3	136.4	376.7	0.93

附录8　水在不同温度下的黏度

温度/℃	黏度/mPa·s	温度/℃	黏度/mPa·s	温度/℃	黏度/mPa·s
0	1.7921	23	0.9359	47	0.5782
1	1.7313	24	0.9142	48	0.5683
2	1.6728	25	0.8937	49	0.5588
3	1.6191	26	0.8737	50	0.5494
4	1.5674	27	0.8545	51	0.5404
5	1.5188	28	0.8360	52	0.5315
6	1.4728	29	0.8180	53	0.5229
7	1.4284	30	0.8007	54	0.5146
8	1.3860	31	0.7840	55	0.5064
9	1.3462	32	0.7679	56	0.4985
10	1.3077	33	0.7523	57	0.4907
11	1.2713	34	0.7371	58	0.4832
12	1.2363	35	0.7225	59	0.4759
13	1.2028	36	0.7085	60	0.4688
14	1.1709	37	0.6947	61	0.4618
15	1.1404	38	0.6814	62	0.4550
16	1.1111	39	0.6685	63	0.4483
17	1.0828	40	0.6560	64	0.4418
18	1.0559	41	0.6439	65	0.4355
19	1.0299	42	0.6321	66	0.4293
20	1.0050	43	0.6207	67	0.4233
20.2	1.0000	44	0.6097	68	0.4174
21	0.9810	45	0.5988	69	0.4117
22	0.9579	46	0.5883	70	0.4061

温度/℃	黏度/mPa·s	温度/℃	黏度/mPa·s	温度/℃	黏度/mPa·s
71	0.4006	81	0.3521	91	0.3130
72	0.3952	82	0.3478	92	0.3095
73	0.3900	83	0.3436	93	0.3060
74	0.3849	84	0.3395	94	0.3027
75	0.3799	85	0.3355	95	0.2994
76	0.3750	86	0.3315	96	0.2962
77	0.3702	87	0.3276	97	0.2930
78	0.3655	88	0.3239	98	0.2899
79	0.3610	89	0.3202	99	0.2868
80	0.3565	90	0.3165	100	0.2838

附录 9　液体黏度共线图

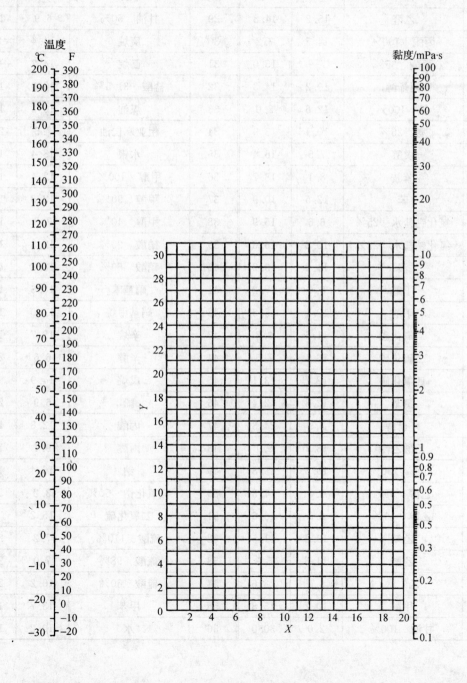

液体黏度共线图坐标值

序号	液体	X	Y	序号	液体	X	Y
1	乙醛	15.2	14.8	29	甘油 50%	6.9	19.6
2	丙酮 100%	14.5	7.2	30	庚烷	14.4	8.4
3	丙酮 35%	7.9	15.0	31	己烷	14.7	7.0
4	丙烯醇	10.2	14.3	32	盐酸 31.5%	13.0	16.6
5	氨 100%	12.6	2.0	33	煤油	10.2	16.9
6	氨 26%	10.1	13.9	34	粗亚麻仁油	7.5	27.2
7	戊醇	7.5	18.4	35	水银	18.4	16.4
8	苯胺	8.1	18.7	36	甲醇 100%	12.4	10.5
9	苯	12.5	10.9	37	甲醇 90%	12.3	11.8
10	氯化钙盐水 25%	6.6	15.9	38	甲醇 40%	7.8	15.5
11	氯化钠盐水 25%	10.2	16.6	39	硝酸 95%	12.8	13.8
12	溴	14.2	13.2	40	硝酸 60%	10.8	17.0
13	丁醇	8.6	17.2	41	硝基苯	10.6	16.2
14	丁酸	12.1	15.3	42	硝基甲烷	11.0	17.0
15	二氧化碳	11.6	0.3	43	辛烷	13.7	10.0
16	二硫化碳	16.1	7.5	44	辛醇	6.6	21.1
17	四氯化碳	12.7	13.1	45	戊烷	14.9	5.2
18	氯苯	12.3	12.4	46	酚	6.9	20.8
19	环己醇	2.9	24.3	47	丙酸	12.8	13.8
20	乙酸乙酯	13.7	9.1	48	丙醇	9.1	16.5
21	乙醇 100%	10.5	13.8	49	钠	16.4	13.9
22	乙醇 95%	9.8	14.3	50	氢氧化钠 50%	3.2	25.8
23	乙醇 40%	6.5	16.6	51	二氧化硫	15.2	7.1
24	乙苯	13.2	11.5	52	硫酸 110%	7.2	27.4
25	乙醚	14.5	5.3	53	硫酸 98%	7.0	24.8
26	乙二醇	6.0	23.6	54	硫酸 60%	10.2	21.3
27	甲酸	10.7	15.8	55	甲苯	13.7	10.4
28	甘油 100%	2.0	30.0	56	水	10.2	13.0

附录10　气体黏度共线图

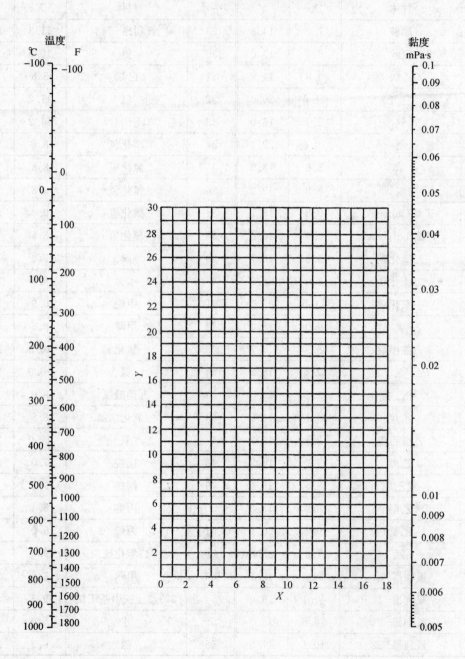

气体黏度共线图坐标值

序号	气体	X	Y	序号	气体	X	Y
1	醋酸	7.7	14.3	29	氟利昂-113	11.3	14.0
2	丙酮	8.9	13.0	30	氦	10.9	20.5
3	乙炔	9.8	14.9	31	己烷	8.6	11.8
4	空气	11.0	20.0	32	氢	11.2	12.4
5	氨	8.4	16.0	33	$3H_2+1N_2$	11.2	17.2
6	氩	10.5	22.4	34	溴化氢	8.8	20.9
7	苯	8.5	13.2	35	氯化氢	8.8	18.7
8	溴	8.9	19.2	36	氰化氢	9.8	14.9
9	丁烯(butene)	9.2	13.7	37	碘化氢	9.0	21.3
10	丁烯(butylene)	8.9	13.0	38	硫化氢	8.6	18.0
11	二氧化碳	9.5	18.7	39	碘	9.0	18.4
12	二硫化碳	8.0	16.0	40	水银	5.3	22.9
13	一氧化碳	11.0	20.0	41	甲烷	9.9	15.5
14	氯	9.0	18.4	42	甲醇	8.5	15.6
15	三氯甲烷	8.9	15.7	43	一氧化氮	10.9	20.5
16	氰	9.2	15.2	44	氮	10.6	20.0
17	环己烷	9.2	12.0	45	五硝酰氯	8.0	17.6
18	乙烷	9.1	14.5	46	一氧化二氮	8.8	19.0
19	乙酸乙酯	8.5	13.2	47	氧	11.0	21.3
20	乙醇	9.2	14.2	48	戊烷	7.0	12.8
21	氯乙烷	8.5	15.6	49	丙烷	9.7	12.9
22	乙醚	8.9	13.0	50	丙醇	8.4	13.4
23	乙烯	9.5	15.1	51	丙烯	9.0	13.8
24	氟	7.3	23.8	52	二氧化硫	9.6	17.0
25	氟利昂-11	10.6	15.1	53	甲苯	8.6	12.4
26	氟利昂-12	11.1	16.0	54	2,3,3-三甲基丁烷	9.5	10.5
27	氟利昂-21	10.8	15.3	55	水	8.0	16.0
28	氟利昂-22	10.1	17.0	56	氙	9.3	23.0

附录 11　液体比热容共线图

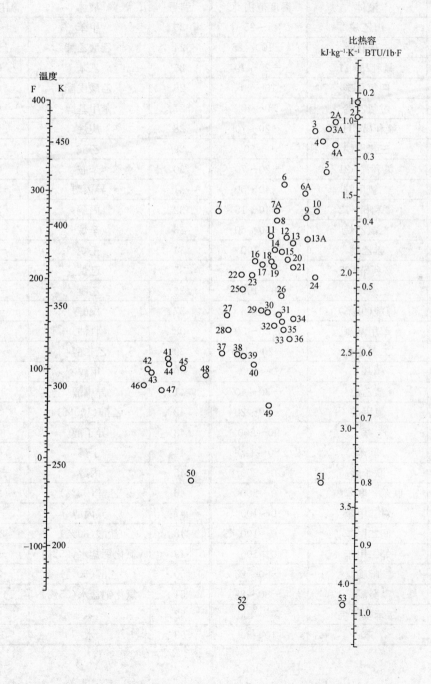

液体比热容共线图中的编号

编号	液体	温度范围/℃	编号	液体	温度范围/℃
1	溴乙烷	5～25	23	甲苯	0～60
2	二硫化碳	−100～25	24	乙酸乙酯	−50～25
2A	氟利昂-11	−20～70	25	乙苯	0～100
3	四氯化碳	10～60	26	乙酸戊酯	0～100
3	过氯乙烯	30～40	27	苯甲基醇	−20～30
3A	氟利昂-113	−20～70	28	庚烷	0～60
4	三氯甲烷	0～50	29	乙酸	0～80
4A	氟利昂-21	−20～70	30	苯胺	0～130
5	二氯甲烷	−40～50	31	异丙醚	−80～200
6	氟利昂-12	−40～15	32	丙酮	20～50
6A	二氯乙烷	−30～60	33	辛烷	−50～25
7	碘乙烷	0～100	34	壬烷	−50～25
7A	氟利昂-22	−20～60	35	己烷	−80～20
8	氯苯	0～100	36	乙醚	−100～25
9	硫酸(98%)	10～45	37	戊醇	−50～25
10	苯甲基氯	−20～30	38	甘油	−40～20
11	二氧化硫	−20～100	39	乙二醇	−40～200
12	硝基苯	0～100	40	甲醇	−40～20
13	氯乙烷	−30～40	41	异戊醇	10～100
13A	氯甲烷	−80～20	42	乙醇(100%)	30～80
14	萘	90～200	43	异丁醇	0～100
15	联苯	80～120	44	丁醇	0～100
16	联苯醚	0～200	45	丙醇	−20～100
16	联苯-联苯醚	0～200	46	乙醇(95%)	20～80
17	对二甲苯	0～100	47	异丙醇	−20～50
18	间二甲苯	0～100	48	盐酸(30%)	20～100
19	邻二甲苯	0～100	49	氯化钙盐水(25%)	−40～20
20	吡啶	−50～25	50	乙醇(50%)	20～80
21	癸烷	−80～25	51	氯化钠盐水(25%)	−40～20
22	二苯基甲烷	30～100	52	氨	−70～50
23	苯	10～80	53	水	10～200

附录 12 气体比热容共线图

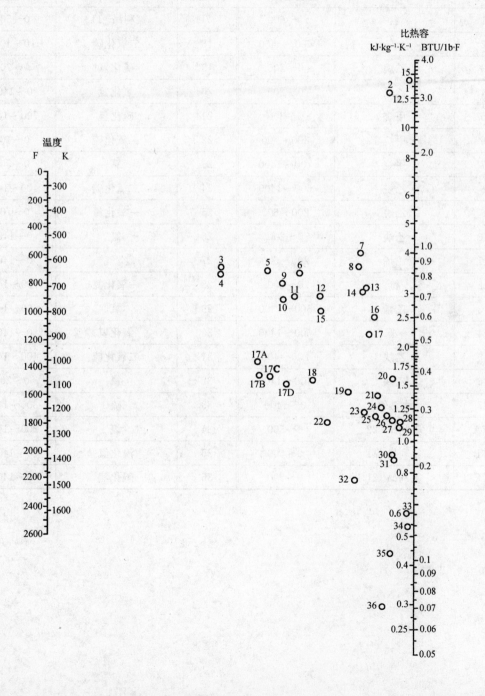

气体比热容共线图中的编号

编号	液体	温度范围/℃	编号	液体	温度范围/℃
1	氢	0～600	17D	氟利昂-113	0～500
2	氢	600～1400	18	二氧化碳	0～400
3	乙烷	0～200	19	硫化氢	0～700
4	乙烯	0～200	20	氟化氢	0～1400
5	甲烷	0～300	21	硫化氢	700～1400
6	甲烷	300～700	22	二氧化硫	0～400
7	甲烷	700～1400	23	氧	0～500
8	乙烷	600～1400	24	二氧化碳	400～1400
9	乙烷	200～600	25	一氧化氮	0～700
10	乙炔	0～200	26	氮	0～1400
11	乙烯	200～600	27	空气	0～1400
12	氨	0～600	28	一氧化氮	700～1400
13	乙烯	600～1400	29	氧	500～1400
14	氨	600～1400	30	氯化氢	0～1400
15	乙炔	200～400	31	二氧化硫	400～1400
16	乙炔	400～1400	32	氯	0～200
17	水蒸气	0～1400	33	硫	300～1400
17A	氟利昂-22	0～500	34	氯	200～1400
17B	氟利昂-11	0～500	35	溴化氢	0～1400
17C	氟利昂-21	0～500	36	碘化氢	0～1400

附录 13　液体汽化潜热共线图

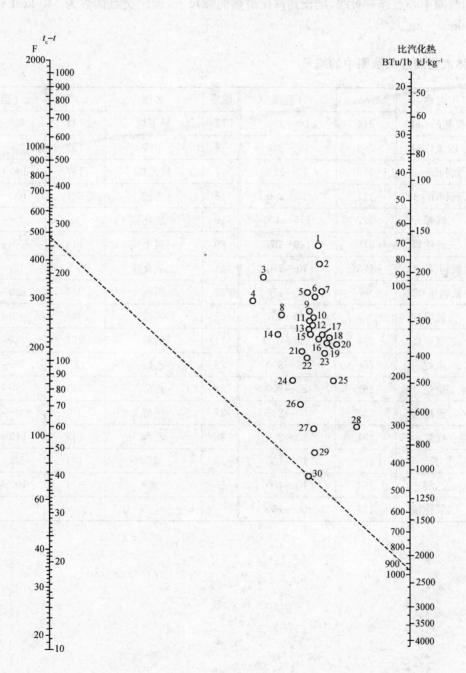

用法举例：求水在 $t=100$ ℃时的汽化潜热。从下表中查得水的编号为 30，又查得水的 $t_c=374$ ℃，得到 $t_c-t=274$ ℃，在前页共线图的 (t_c-t) 标尺上定出 274 ℃的点，与图中编号为 30 的圆圈中心点连一直线，延长到汽化潜热的标尺上，读出交点读数为 540 kcal·kgf^{-1} 或 2260 kcal·kg^{-1}。

液体汽化潜热共线图中的编号

编号	名称	t_c/℃	t_c-t 范围/℃	编号	名称	t_c/℃	t_c-t 范围/℃
1	氟利昂-113	214	90～250	15	异丁烷	134	80～200
2	四氯化碳	283	30～250	16	丁烷	153	90～200
2	氟利昂-11	198	70～225	17	氯乙烷	187	100～250
2	氟利昂-12	111	40～200	18	乙酸	321	100～225
3	联苯	527	175～400	19	一氧化氮	36	25～150
4	二硫化碳	273	140～275	20	一氯甲烷	143	70～250
5	氟利昂-21	178	70～250	21	二氧化碳	31	10～100
6	氟利昂-22	96	50～170	22	丙酮	235	120～210
7	三氯甲烷	263	140～270	23	丙烷	96	40～200
8	二氯甲烷	216	150～250	24	丙醇	264	20～200
9	辛烷	296	30～300	25	乙烷	32	25～150
10	庚烷	267	20～300	26	乙醇	243	20～140
11	己烷	235	50～225	27	甲醇	240	40～250
12	戊烷	197	20～200	28	乙醇	243	140～300
13	苯	289	10～400	29	氨	133	50～200
13	乙醚	194	10～400	30	水	374	100～500
14	二氧化硫	157	90～160				

附录 14　管子规格

冷拔无缝钢管（摘自 GB 8163-88）

外径/mm	壁厚/mm		外径/mm	壁厚/mm		外径/mm	壁厚/mm	
	从	到		从	到		从	到
6	0.25	2.0	20	0.25	6.0	40	0.40	9.0
7	0.25	2.5	22	0.40	6.0	42	1.0	9.0
8	0.25	2.5	25	0.40	7.0	44.5	1.0	9.0
9	0.25	2.8	27	0.40	7.0	45	1.0	10.0
10	0.25	3.5	28	0.40	7.0	48	1.0	10.0
11	0.25	3.5	29	0.40	7.5	50	1.0	12
12	0.25	4.0	30	0.40	8.0	51	1.0	12
14	0.25	4.0	32	0.40	8.0	53	1.0	12
16	0.25	5.0	34	0.40	8.0	54	1.0	12
18	0.25	5.0	36	0.40	8.0	56	1.0	12
19	0.25	6.0	38	0.40	9.0			

注：壁厚有 0.25,0.30,0.40,0.50,0.60,0.80,1.0,1.2,1.4,1.5,1.6,1.8,2.0,2.2,2.5,2.8,3.0,3.2,3.5,4.0,4.5,5.0,5.5,6.0,6.5,7.0,7.5,8.0,8.5,9.0,9.5,10.0,11.0,12.0 mm。

热轧无缝钢管（摘自 GB 8163-87）

外径/mm	壁厚/mm		外径/mm	壁厚/mm		外径/mm	壁厚/mm	
	从	到		从	到		从	到
32	2.5	8.0	63.5	3.0	14	102	3.5	22
38	2.5	8.0	68	3.0	16	108	4.0	28
42	2.5	10	70	3.0	16	114	4.0	28
45	2.5	10	73	3.0	19	121	4.0	28

外径/mm	壁厚/mm		外径/mm	壁厚/mm		外径/mm	壁厚/mm	
	从	到		从	到		从	到
50	2.5	10	76	3.0	19	127	4.0	30
54	3.0	11	83	3.5	19	133	4.0	32
57	3.0	13	89	3.5	22	140	4.5	36
60	3.0	14	95	3.5	22	146	4.5	36

注：壁厚有 2.5，3，3.5，4，4.5，5，5.5，6，6.5，7，7.5，8，8.5，9，9.5，10，11，12，13，14，15，16，17，18，19，20，22，25，28，30，32，36 mm。

附录 15　IS 型单级单吸离心泵规格（摘录）

泵型号	流量/m³/h	扬程/m	转速/r/min	必需汽蚀余量/m	泵效率/%	功率/kW	
						轴功率	电机功率
IS50 - 32 - 125	7.5	22	2900	2.0	47	0.96	2.2
	12.5	20			60	1.13	
	15	18.5			60	1.26	
	3.75	5.4	1450	2.0	54	0.16	0.55
	6.3	5					
	7.5	4.6					
IS50 - 32 - 160	7.5	34.3	2900	2.0	44	1.59	3
	12.5	32			54	2.02	
	15	29.6			56	2.16	
	3.75	8	1450	2.0	48	0.28	0.55
	6.3						
	7.5						
IS50 - 32 - 200	7.5	525	2900	2.0	38	2.82	5.5
	12.5	50		2.0	48	3.54	
	15	48		2.5	51	3.84	
	3.75	13.1	1450	2.0	33	0.41	0.75
	6.3	12.5		2.0	42	0.51	
	7.5	12		2.5	44	0.56	

续表

泵型号	流量/ m³/h	扬程/ m	转速/ r/min	必需汽蚀余量/m	泵效率/ %	功率/kW	
						轴功率	电机功率
IS50-32-250	7.5	82	2900	2.0	28.5	5.67	11
	12.5	80		2.0	38	7.16	
	15	78.5		2.5	41	7.83	
	3.75	20.5	1450	2.0	23	0.91	15
	6.3	20		2.0	32	1.07	
	7.5	19.5		2.5	35	1.14	
IS65-40-250	15	80	2900	2.0	63	10.3	15
	25						
	30						
IS65-40-315	15	127	2900	2.5	28	18.5	30
	25	125		2.5	40	21.3	
	30	123		3.0	44	22.8	
IS80-65-125	30	22.5	2900	3.0	64	2.87	5.5
	50	20		3.0	75	3.63	
	60	18		3.5	74	3.93	
	15	5.6	1450	2.5	55	0.42	0.75
	25	5		2.5	71	0.48	
	30	4.5		3.0	72	0.51	
IS80-65-160	30	36	2900	2.5	61	4.82	7.5
	50	32		2.5	73	5.97	
	60	29		3.0	72	6.59	
	15	9	1450	2.5	55	0.67	1.5
	25	8		2.5	69	0.79	
	30	7.2		3.0	68	0.86	
IS100-80-125	60	24	2900	4.0	67	5.86	11
	100	20		4.5	78	7.00	
	120	16.5		5.0	74	7.28	
	30	6	1450	2.5	64	0.77	1
	50	5		2.5	75	0.91	
	60	4		3.0	71	0.92	
IS100-80-160	60	36	2900	3.5	70	8.42	15
	100	32		4.0	78	11.2	
	120	28		5.0	75	12.2	
	30	9.2	1450	2.0	67	1.12	2.2
	50	8.0		2.5	75	1.45	
	60	6.8		3.5	71	1.57	

附录16 列管式换热器

A 管壳式热交换器系列标准(摘自 JB/T 4714、4715-92)

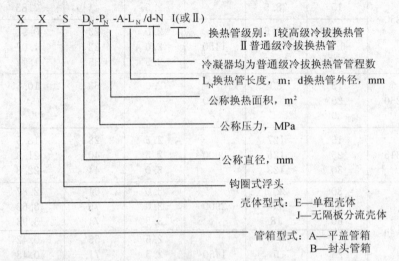

X X S D_N-P_N-A-L_N/d-N Ⅰ(或Ⅱ)

换热管级别:Ⅰ较高级冷拔换热管
　　　　　　Ⅱ普通级冷拔换热管

冷凝器均为普通级冷拔换热管管程数

L_N换热管长度,m;d换热管外径,mm

公称换热面积,m²

公称压力,MPa

公称直径,mm

钩圈式浮头

壳体型式:E—单程壳体
　　　　　J—无隔板分流壳体

管箱型式:A—平盖管箱
　　　　　B—封头管箱

举例如下。

① 平盖管箱　公称直径为 500 mm,管、壳程压力均为 1.6 MPa,公称换热面积为 55 m²,是较高级的冷拔换热管,外径 25 mm,管长 6 m,4 管程,单壳程的浮头式内导流换热器,其型号为 AES500-1.6-55-6/25-4 Ⅰ。

② 封头管箱　公称直径为 600 mm,管、壳程压力均为 1.6 MPa,公称换热面积为 55 m²,是普通级的冷拔换热管,外径 19 mm,管长 3 m,2 管程,单壳程的浮头式内导流换热器,其型号为 BES600-1.6-55-3/19-2 Ⅱ。

(1) 固定管板式

换热管为 $\phi 19$ 的换热器基本参数（管心距 25 mm）

公称直径 DN/mm	公称压力 PN/MPa	管程数 N	管子根数 n	中心排管数	管程流通面积/m²	计算换热面积/m² 换热管长度 L/mm					
						1500	2000	3000	4500	6000	9000
159		1	15	5	0.0027	1.3	1.7	2.6	—	—	—
			33	7	0.0058	2.8	3.7	5.7	—	—	—
219	1.60 2.50 4.00 6.40	1	65	9	0.0115	5.4	7.4	11.3	17.1	22.9	—
		2	56	8	0.0049	4.7	6.4	9.7	14.7	19.7	—
273		1	99	11	0.0175	8.3.	11.2	17.1	26.0	34.9	—
		2	88	10	0.0078	7.4	10.0	15.2	23.1	31.0	—
325		4	68	11	0.0030	5.7	7.7	11.8	17.9	23.9	—
400		1	174	14	0.0307	14.5	19.7	30.1	45.7	61.3	—
		2	164	15	0.0145	13.7	18.6	28.4	43.1	57.8	—
		4	146	14	0.0065	12.2	16.6	25.3	38.3	51.4	—
450		1	237	17	0.0419	19.8	26.9	41.0	62.2	83.5	—
		2	220	16	0.0194	18.4	25.0	38.1	57.8	77.5	—
		4	200	16	0.0088	16.7	22.7	34.6	52.5	70.4	—
500	0.60 1.00 1.60 2.50 4.00	1	275	19	0.0486	—	31.2	47.6	72.2	96.8	—
		2	256	18	0.0226	—	29.0	44.3	67.2	90.2	—
		4	222	18	0.0098	—	25.2	38.4	58.3	78.2	—
		1	430	22	0.0760	—	48.8	74.4	112.9	151.4	—
		2	416	23	0.0368	—	47.2	72.0	109.3	146.5	—
600		4	370	22	0.0163	—	42.0	64.0	97.2	130.3	—
		6	360	20	0.0106	—	40.8	62.3	94.5	126.8	—
700		1	607	27	0.1073	—	—	105.1	159.4	213.8	—
		2	574	27	0.0507	—	—	99.4	150.8	202.1	—
		4	542	27	0.0239	—	—	93.8	142.3	190.9	—
		6	518	24	0.0153	—	—	89.7	136.0	182.4	—

续表

公称直径 DN/mm	公称压力 PN/MPa	管程数 N	管子根数 n	中心排管数	管程流通面积/m²	计算换热面积/m² 换热管长度 L/mm					
						1500	2000	3000	4500	6000	9000
800	0.60 1.00 1.60 2.50 4.00	1	797	31	0.1408	—	—	138.0	209.3	280.7	
		2	776	31	0.0686	—	—	134.3	203.8	273.3	
		4	722	31	0.0319	—	—	125.0	189.8	254.3	
		6	710	30	0.0209	—	—	122.9	186.5	250.0	
900		1	1009	35	0.1783	—	—	174.7	265.0	355.3	536.0
		2	988	35	0.0873	—	—	171.0	259.5	347.9	524.9
		4	938	35	0.0414	—	—	162.4	246.4	330.3	498.3
1000		6	914	34	0.0269	—	—	158.2	240.0	321.9	485.6
		1	1267	39	0.2239	—	—	219.3	332.8	446.2	673.1
(1100)	0.60 1.00 1.60 2.50 4.00	2	1234	39	0.1090	—	—	213.6	324.1	434.6	655.6
		4	1186	39	0.0524	—	—	205.3	311.5	417.7	630.1
		6	1148	38	0.0338	—	—	198.7	301.5	404.3	609.9
		1	1501	43	0.2652	—	—	—	394.2	528.6	797.4
		2	1470	43	0.1299	—	—	—	386.1	517.7	780.9
		4	1450	43	0.0641	—	—	—	380.8	510.6	770.3
		6	1380	42	0.0406	—	—	—	362.4	486.0	733.1

注：表中的管程流通面积为各程平均值。括号内公称直径不推荐使用。管子为正三角形排列。

换热管为 φ25 的换热器基本参数（管心距 32 mm）

公称直径 DN/mm	公称压力 PN/ MPa	管程数 N	管子根数 n	中心排管数	管程流通面积/ m²		计算换热面积/m² 换热管长度 L/mm					
					φ25×2	φ25×2.5	1500	2000	3000	4500	6000	9000
159	1.60	1	11	3	0.0038	0.0035	1.2	1.6	2.5	—	—	—
			25	5	0.0087	0.0079	2.7	3.7	5.7	—	—	—
219	2.50	1	38	6	0.0132	0.0119	4.2	5.7	8.7	13.1	17.6	—
		2	32	7	0.0055	0.0050	3.5	4.8	7.3	11.1	14.8	—
273	4.00 6.40	1	57	9	0.0197	0.0179	6.3	8.5	13.0	19.7	26.4	—
		2	56	9	0.0097	0.0088	6.2	8.4	12.7	19.3	25.9	—
325		4	40	9	0.0035	0.0031	4.4	6.0	9.1	13.8	18.5	—
400	0.60 1.00 1.60 2.50 4.00	1	98	12	0.0339	0.0308	10.8	14.6	22.3	33.8	45.4	—
		2	94	11	0.0163	0.0148	10.3	14.0	21.4	32.5	43.5	—
		4	76	11	0.0066	0.0060	8.4	11.3	17.3	26.3	35.2	—
450		1	135	13	0.0468	0.0424	14.8	20.1	30.7	46.6	62.5	—
		2	126	12	0.0218	0.0198	13.9	18.8	28.7	43.5	58.4	—
		4	106	13	0.0092	0.0083	11.7	15.8	24.1	36.6	49.1	—
500	0.60 1.00 1.60 2.50 4.00	1	174	14	0.0603	0.0546	—	26.0	39.6	60.1	80.6	—
		2	164	15	0.0284	0.0259	—	24.5	37.3	56.6	76.0	—
		4	144	15	0.0125	0.0113	—	21.4	32.8	49.7	66.7	—
		1	245	17	0.0849	0.0769	—	36.5	55.8	84.6	113.5	—
		2	232	16	0.0402	0.0364	—	34.6	52.8	80.1	107.5	—
		4	222	17	0.0192	0.0174	—	33.1	50.5	76.7	102.8	—
600		6	216	16	0.0125	0.0113	—	32.2	49.2	74.6	100.0	—
700		1	355	21	0.1230	0.1115	—	—	80.0	122.6	164.4	—
		2	342	21	0.0592	0.0537	—	—	77.9	118.1	158.4	—
		4	322	21	0.0279	00253	—	—	73.3	111.2	149.1	—
		6	304	20	0.0175	0.0159	—	—	69.2	105.0	140.8	—

公称直径 DN/mm	公称压力 PN/MPa	管程数 N	管子根数 n	中心排管数	管程流通面积/m²		计算换热面积/m² 换热管长度 L/mm					
					φ25×2	φ25×2.5	1500	2000	3000	4500	6000	9000
800		1	467	23	0.1618	0.1466	—	—	106.3	161.3	216.3	—
		2	450	23	0.0779	0.0707	—	—	102.4	155.4	208.5	—
		4	442	23	0.0383	0.0347	—	—	100.6	152.7	204.7	—
		6	430	24	0.0248	0.0225	—	—	97.6	148.5	119.2	—
900	0.60 1.60 2.50	1	605	27	0.2095	0.1900	—	—	137.8	209.0	280.2	422.7
		2	588	27	0.1018	0.0923	—	—	133.9	203.1	272.3	410.8
		4	554	27	0.0480	0.0435	—	—	126.1	191.4	256.6	387.1
		6	538	26	0.0311	0.0282	—	—	122.5	185.8	249.2	375.9
1000		1	749	30	0.2594	0.2352	—	—	170.5	258.7	346.9	523.3
		2	742	29	0.1285	0.1165	—	—	168.9	256.3	343.7	518.4
		4	710	29	0.0615	0.0557	—	—	161.6	245.2	328.8	496.0
		6	698	30	0.0403	0.0365	—	—	158.9	241.1	323.3	487.7
(1100)	4	1	931	33	0.3225	0.2923	—	—	—	321.6	431.2	650.4
		2	894	33	0.1548	0.1404	—	—	—	308.8	414.1	624.6
		1	848	33	0.0734	0.0666	—	—	—	292.9	392.8	592.5
		6	830	32	0.0479	0.0434	—	—	—	286.7	384.4	579.9

注：表中的管程流通面积为各程平均值。括号内公称直径不推荐使用。管子为正三角形排列。

附录 17 双组分溶液的气液相平衡数据

1. 甲醇—水（101.325 kPa）

温度/℃	液相中甲醇的摩尔分数	气相中甲醇的摩尔分数	温度/℃	液相中甲醇的摩尔分数	气相中甲醇的摩尔分数
100	0.00	0.00	75.3	0.40	0.729
96.4	0.02	0.134	73.1	0.50	0.779
93.5	0.04	0.234	71.2	0.60	0.825
91.2	0.06	0.304	69.3	0.70	0.87
89.3	0.08	0.365	67.6	0.80	0.915
87.7	0.10	0.418	66.0	0.90	0.958
84.4	0.15	0.517	65.0	0.95	0.979
81.7	0.20	0.579	64.5	1.00	1.00
78	0.30	0.665			

2. 丙酮—水（101.325 kPa）

温度/℃	液相中丙酮的摩尔分数（x）	气相中丙酮的摩尔分数（y）	温度/℃	液相中丙酮的摩尔分数（x）	气相中丙酮的摩尔分数（y）
100	0.0	0.0	60.4	0.40	0.839
92.7	0.01	0.253	60.0	0.50	0.849
86.5	0.02	0.425	59.7	0.60	0.859
75.8	0.05	0.624	59.0	0.70	0.874
66.5	0.10	0.755	58.2	0.80	0.898
63.4	0.15	0.793	57.5	0.90	0.935
62.1	0.20	0.815	57.0	0.95	0.963
61.0	0.30	0.83	56.13	1.0	1.0

3. 乙醇—水(101.325 kPa)

乙醇的摩尔分数/%		温度/	乙醇的摩尔分数/%		温度/
液相	汽相	℃	液相	汽相	℃
0.00	0.00	100	32.73	58.26	81.5
1.90	17.00	95.5	39.65	61.22	80.7
7.21	38.91	89.0	50.79	65.64	79.8
9.66	43.75	86.7	51.98	65.99	79.7
12.38	47.04	85.3	57.32	68.41	79.3
16.61	50.89	84.1	67.63	73.85	78.74
23.37	54.45	82.7	74.72	78.15	78.41
26.08	55.80	82.3	89.43	89.43	78.15

习题参考答案

第1章　流体流动与输送机械

1. 1962 Pa

2. (1) $1.42 \times 10^4 \text{N}$; (2) $7.77 \times 10^4 \text{Pa}$

3. (1) $p_B = -876 \text{ Pa}$(表压); (2) 0.178 m

4. $2.29 \times 10^5 \text{Pa}$

5. $\phi 108 \times 4 \text{ mm}$

6. (1) 左侧高,340 mm; (2) R 不变

7. 88.6 mm

8. (1) 2.9 m/s; (2) 82 m^3/h

9. (1) 4.41 J/kg; (2) $4.41 \times 10^3 \text{Pa}$

10. 90.4 mm

11. 95 kPa

12. 0.03 MPa(表压)

13. (1) 10.09 kW; (2) 8.01

14. 1.81 m^3/h

15. 5427 kg/h

16. 3248 Lh

17. 6.13 kW

18. 34.6 m,64.3%

19. 14.8 m^3/h

20. 并联 1.23 倍,串联 1.41 倍

21. 泵的型号为 IS80 - 65 - 125 型(n = 2900 r/min),安装高度约为 2.5 m

22. 不合理

23. 合用

24. 176 ℃,等温压缩 100.6 kW,绝热压缩 125.5 kW

第2章　非均相混合物的分离

1. 9.21×10^{-5} m

2. 140 m^3/s

3. 0.01 m/s;1 m/s;10 m^3/s

4. 6.36×10^{-6} m;575.71 Pa

5. 1.26×10^{-4} m^2/s, 5.22×10^{-3} m^3, 0.0261 m^3/m^2; 0.13 m^3

6. 509 s, 2.12 m^3/m^2

7. $n_{框} = 15, n_{板} = 16$

8. 765.1 s, 0.1 m^3

9. $K = 7.80 \times 10^{-6}$ m^2/s, $q_e = 4.80 \times 10^{-3}$ m^3/m^2, $r = 5.17 \times 10^{13}$ m^{-2}; $s = 0.524$

10. $K = 1.42 \times 10^{-5}$ m^2/s, $v = 0.546$, $r = 1.37 \times 10^{13}$ m^{-2}, $\varepsilon = 0.37$, $a = 6 \times 10^5$ m^{-1}

第3章　传　热

1. 2017 W/m^2, 977 ℃

2. -24.53 W/m

3. 50.6 $\text{W}/(\text{m}^2 \cdot \text{℃})$, 97.3%, 2.4%, 0.3%

4. 1.9×10^{-3} $\text{m}^2 \cdot \text{℃}/\text{W}$

5. 19.3 m^2

6. 43.6 ℃

7. 6345 $\text{W}/(\text{m}^2 \cdot \text{℃})$

第4章　气体吸收

1. $x = 5.62 \times 10^{-4}$, $X = 5.62 \times 10^{-4}$, $y = 1.12 \times 10^{-2}$, $Y = 1.13 \times 10^{-2}$

2. 3.79×10^{-3} kmol/m^3

3. (1) 4.554×10^{-4} kmol/(m³ kPa),1.22×10^3;
   (2) 4.10×10^{-4},2.28×10^{-2} kmol/m³

4. 11.42 g/m³

5. 吸收过程,解吸过程

6. $\Delta y_2=0.002$,$\Delta x_2=4.18\times10^{-5}$,$\Delta p_2=0.2027$
   kPa,$\Delta c_2=2.32\times10^{-3}$ mol/L,$\Delta y_1=0.00213$,
   $\Delta x_1=4.44\times10^{-5}$,$\Delta p_1=0.2158$ kPa,$\Delta c_1=$
   0.00247mol/L

7. 2.004×10^{-4} kmol/(m² · s)

8. 1 kPa,1.645×10^5(m² · s · kPa)/kmol,$6.08\times$
   10^{-6} kmol/(m² · s),60.8%

9. (1) $p_i=3.52$ kPa,$c_i=0.0724$ kmol/m³;
   (2) $K_G=0.00523$ kmol/(m² · h · kPa),$K_L=$
   0.254 m/h,$\Delta p=1.67$ kPa,$\Delta c=0.034$ kmol/
   m³,$N_A=0.0087$ kmol/(m² · h)

10. (1) 3.33×10^{-5},22964 kmol/h;
    (2) $Y=1824X+3.26\times10^{-3}$

11. 49.2 kmol/h;0.0317

12. (1) 1.44 m;(2) 1.2,2.0

13. (1) 1.286;(2) 7.67 m

14. (1) 不适用;(2) 适用

15. (1) 87.5%;(2) $X_1=0.00385$

16. 0.87

17. 0.959,590.68 kg/h,$X_1=0.0133$;0.480,
    295.38kg/h,$X_1'=0.0265$

18. 0.725

19. (1) 1.15×10^3 kg · h⁻¹;(2) 0.84 m;
    (3) 6.66 m

20. 15147 kg/h,2.27 m

第5章 蒸 馏

1. 0.375,0.625,0.19,0.81,23.32 kg/kmol

2. 苯:$x=0.84$,$y=0.94$;甲苯:$x=0.16$,$y=0.06$

3. $\alpha_m=2.46$,$y_\text{苯}=0.897$

4. 97.98%

5. $q_{n,F}=1.52$ kmol/h;3.99;$y_2'=0.721$

6. $q=1.215$;$y=5.65x-2.09$

7. (1) $R=2.51$,$q=1.55$;
   (2) $x_D=0.271\times3.51=0.951$;$x_F=0.91\times$
   $(1.55-1)=0.501$;
   (3) $x_D'=0.98$

8. (1) $y_n=0.823$;(2) $x_{n-1}=0.796$;(3) $R=1$

9. 1.353;1;0

10. $q_{n,D}=48.98$ kmol/h;$y_{m+1}'=1.668x_m'-0.026$

11. (1) $R=1.593$,$R_{min}=1.036$;
    (2) $q_{n,F}=198$ kmol/h

12. (1) $q_{n,D}=91.4$ kmol/h 及 $q_{n,w}=205.6$ kmol/h;
    (2) $R=2.89$

13. $y_{n+1}=0.75x_n+0.238$;$y_{m+1}'=1.844x_m'-$
    0.02533;1328 kmol/h

14. $R=2.61$;$x_D=0.95$;$x_w=0.075$;$x_F=0.535$

15. $N_T=1$;$N_P=2$

16. $E_{mV1}=58\%$

17. $Z=15.6$ m;$D_\text{塔}=1.20$

18. $Q_C=1.05\times10^7$ kJ/h;$W_C=2.5\times10^5$ kg/h;
    $Q_B=1.45\times10^7$ kJ/h;$W_h=6576$ kg/h

第6章 其他分离技术

1. 1423 kg,76.2%

2. 3,1.21

4. 2.97 MPa,0.0848 MPa;5.93 MPa,0.17 MPa

5. 1.94×10^{-8} L/cm²s · atm,4.16×10^{-8} L/cm²s ·
   atm,96%

第7章 固体干燥

1. 4.936 kPa,0.03230 kg/kg 绝干气,1.06 kg/m³
   湿空气

2. 解:值由 $H-I$ 图查得,求解过程示意图略。

序号	干球温度 0℃	湿球温度 0℃	湿度 kg 水/kg 绝干空气	相对湿度 0/0	焓 kJ/kg 绝干气	露点 0℃	水气分压 kPa
1	60	30	0.015	13.3	98	21	2.5
2	40	27	0.016	33	79	20	2.4
3	20	17	0.012	80	50	16	2
4	30	29	0.026	95	98	28	4

3. 83.8 kJ/(kg 绝干气·℃;3.12%)

4. 40 ℃

5. 63.3 ℃;117.29 kPa

6. 671.3 kg 新鲜空气/h;15.16 kW;51.9%;37.5%

7. 4419 kg 新鲜空气/h;118.2 kW;72.9%

8. 3621 kg 绝干气/h;118 kg/h;17.62 m²

9. 1913.3 kg 新鲜气/h;45.90 kW;50.3%;不会返潮

10. 10.42 hr

11. 259.3 kg 水/h;81.8 kg 水/h

12. 1 hr;2 hr

附录 13 液体汽化潜热共线图

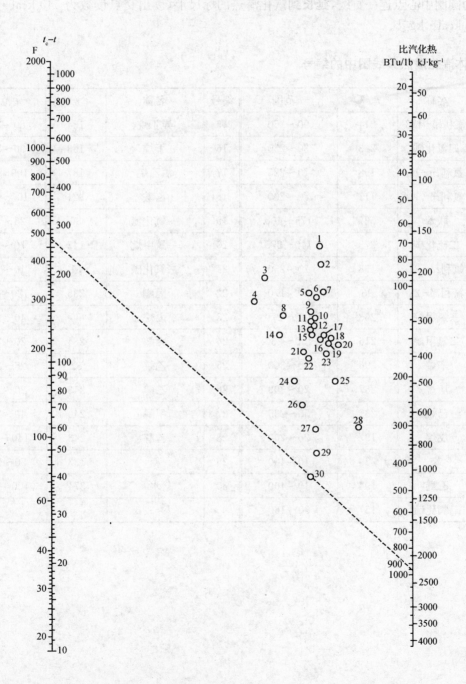

用法举例：求水在 $t=100$ ℃时的汽化潜热。从下表中查得水的编号为 30，又查得水的 $t_c=374$ ℃，得到 $t_c-t=274$ ℃，在前页共线图的 (t_c-t) 标尺上定出 274 ℃的点，与图中编号为 30 的圆圈中心点连一直线，延长到汽化潜热的标尺上，读出交点读数为 540 kcal·kgf^{-1} 或 2260 kcal·kg^{-1}。

液体汽化潜热共线图中的编号

编号	名称	t_c/℃	t_c-t 范围/℃	编号	名称	t_c/℃	t_c-t 范围/℃
1	氟利昂-113	214	90～250	15	异丁烷	134	80～200
2	四氯化碳	283	30～250	16	丁烷	153	90～200
2	氟利昂-11	198	70～225	17	氯乙烷	187	100～250
2	氟利昂-12	111	40～200	18	乙酸	321	100～225
3	联苯	527	175～400	19	一氧化氮	36	25～150
4	二硫化碳	273	140～275	20	一氯甲烷	143	70～250
5	氟利昂-21	178	70～250	21	二氧化碳	31	10～100
6	氟利昂-22	96	50～170	22	丙酮	235	120～210
7	三氯甲烷	263	140～270	23	丙烷	96	40～200
8	二氯甲烷	216	150～250	24	丙醇	264	20～200
9	辛烷	296	30～300	25	乙烷	32	25～150
10	庚烷	267	20～300	26	乙醇	243	20～140
11	己烷	235	50～225	27	甲醇	240	40～250
12	戊烷	197	20～200	28	乙醇	243	140～300
13	苯	289	10～400	29	氨	133	50～200
13	乙醚	194	10～400	30	水	374	100～500
14	二氧化硫	157	90～160				

附录 14　管子规格

冷拔无缝钢管（摘自 GB 8163－88）

外径/mm	壁厚/mm		外径/mm	壁厚/mm		外径/mm	壁厚/mm	
	从	到		从	到		从	到
6	0.25	2.0	20	0.25	6.0	40	0.40	9.0
7	0.25	2.5	22	0.40	6.0	42	1.0	9.0
8	0.25	2.5	25	0.40	7.0	44.5	1.0	9.0
9	0.25	2.8	27	0.40	7.0	45	1.0	10.0
10	0.25	3.5	28	0.40	7.0	48	1.0	10.0
11	0.25	3.5	29	0.40	7.5	50	1.0	12
12	0.25	4.0	30	0.40	8.0	51	1.0	12
14	0.25	4.0	32	0.40	8.0	53	1.0	12
16	0.25	5.0	34	0.40	8.0	54	1.0	12
18	0.25	5.0	36	0.40	8.0	56	1.0	12
19	0.25	6.0	38	0.40	9.0			

注：壁厚有 0.25,0.30,0.40,0.50,0.60,0.80,1.0,1.2,1.4,1.5,1.6,1.8,2.0,2.2,2.5,2.8,3.0,3.2,3.5,4.0,4.5,5.0,5.5,6.0,6.5,7.0,7.5,8.0,8.5,9.0,9.5,10.0,11.0,12.0 mm。

热轧无缝钢管（摘自 GB 8163－87）

外径/mm	壁厚/mm		外径/mm	壁厚/mm		外径/mm	壁厚/mm	
	从	到		从	到		从	到
32	2.5	8.0	63.5	3.0	14	102	3.5	22
38	2.5	8.0	68	3.0	16	108	4.0	28
42	2.5	10	70	3.0	16	114	4.0	28
45	2.5	10	73	3.0	19	121	4.0	28

外径/mm	壁厚/mm		外径/mm	壁厚/mm		外径/mm	壁厚/mm	
	从	到		从	到		从	到
50	2.5	10	76	3.0	19	127	4.0	30
54	3.0	11	83	3.5	19	133	4.0	32
57	3.0	13	89	3.5	22	140	4.5	36
60	3.0	14	95	3.5	22	146	4.5	36

注：壁厚有 2.5，3，3.5，4，4.5，5，5.5，6，6.5，7，7.5，8，8.5，9，9.5，10，11，12，13，14，15，16，17，18，19，20，22，25，28，30，32，36 mm。

附录 15 IS 型单级单吸离心泵规格（摘录）

泵型号	流量/ m³/h	扬程/ m	转速/ r/min	必需汽蚀 余量/m	泵效率/ %	功率/kW	
						轴功率	电机功率
IS50-32-125	7.5 12.5 15	22 20 18.5	2900	2.0	47 60 60	0.96 1.13 1.26	2.2
	3.75 6.3 7.5	5.4 5 4.6	1450	2.0	54	0.16	0.55
IS50-32-160	7.5 12.5 15	34.3 32 29.6	2900	2.0	44 54 56	1.59 2.02 2.16	3
	3.75 6.3 7.5	8	1450	2.0	48	0.28	0.55
IS50-32-200	7.5 12.5 15	525 50 48	2900	2.0 2.0 2.5	38 48 51	2.82 3.54 3.84	5.5
	3.75 6.3 7.5	13.1 12.5 12	1450	2.0 2.0 2.5	33 42 44	0.41 0.51 0.56	0.75

泵型号	流量/ m³/h	扬程/ m	转速/ r/min	必需汽蚀 余量/m	泵效率/ %	功率/kW	
						轴功率	电机功率
IS50 - 32 - 250	7.5 12.5 15	82 80 78.5	2900	2.0 2.0 2.5	28.5 38 41	5.67 7.16 7.83	11
	3.75 6.3 7.5	20.5 20 19.5	1450	2.0 2.0 2.5	23 32 35	0.91 1.07 1.14	15
IS65 - 40 - 250	15 25 30	80	2900	2.0	63	10.3	15
IS65 - 40 - 315	15 25 30	127 125 123	2900	2.5 2.5 3.0	28 40 44	18.5 21.3 22.8	30
IS80 - 65 - 125	30 50 60	22.5 20 18	2900	3.0 3.0 3.5	64 75 74	2.87 3.63 3.93	5.5
	15 25 30	5.6 5 4.5	1450	2.5 2.5 3.0	55 71 72	0.42 0.48 0.51	0.75
IS80 - 65 - 160	30 50 60	36 32 29	2900	2.5 2.5 3.0	61 73 72	4.82 5.97 6.59	7.5
	15 25 30	9 8 7.2	1450	2.5 2.5 3.0	55 69 68	0.67 0.79 0.86	1.5
IS100 - 80 - 125	60 100 120	24 20 16.5	2900	4.0 4.5 5.0	67 78 74	5.86 7.00 7.28	11
	30 50 60	6 5 4	1450	2.5 2.5 3.0	64 75 71	0.77 0.91 0.92	1
IS100 - 80 - 160	60 100 120	36 32 28	2900	3.5 4.0 5.0	70 78 75	8.42 11.2 12.2	15
	30 50 60	9.2 8.0 6.8	1450	2.0 2.5 3.5	67 75 71	1.12 1.45 1.57	2.2

附录16 列管式换热器

A 管壳式热交换器系列标准(摘自 JB/T 4714、4715 - 92)

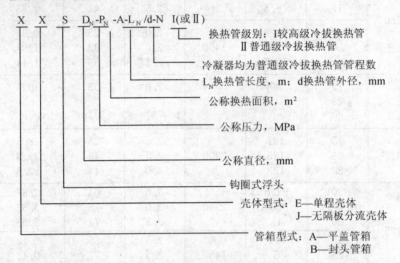

$$X \quad X \quad S \quad D_N\text{-}P_N\text{-}A\text{-}L_N/d\text{-}N \quad I(或 II)$$

换热管级别：I 较高级冷拔换热管
        II 普通级冷拔换热管

冷凝器均为普通级冷拔换热管管程数

L_N 换热管长度，m；d 换热管外径，mm

公称换热面积，m²

公称压力，MPa

公称直径，mm

钩圈式浮头

壳体型式：E—单程壳体
        J—无隔板分流壳体

管箱型式：A—平盖管箱
        B—封头管箱

举例如下。

① 平盖管箱　公称直径为 500 mm，管、壳程压力均为 1.6 MPa，公称换热面积为 55 m²，是较高级的冷拔换热管，外径 25 mm，管长 6 m，4 管程，单壳程的浮头式内导流换热器，其型号为 AES500 - 1.6 - 55 - 6/25 - 4 I。

② 封头管箱　公称直径为 600 mm，管、壳程压力均为 1.6 MPa，公称换热面积为 55 m²，是普通级的冷拔换热管，外径 19 mm，管长 3 m，2 管程，单壳程的浮头式内导流换热器，其型号为 BES600 - 1.6 - 55 - 3/19 - 2 II。

(1) 固定管板式

换热管为 φ19 的换热器基本参数（管心距 25 mm）

公称直径 DN/mm	公称压力 PN/MPa	管程数 N	管子根数 n	中心排管数	管程流通面积/m²	计算换热面积/m² 换热管长度 L/mm					
						1500	2000	3000	4500	6000	9000
159		1	15	5	0.0027	1.3	1.7	2.6	—	—	—
			33	7	0.0058	2.8	3.7	5.7	—	—	—
219	1.60 2.50 4.00 6.40	1	65	9	0.0115	5.4	7.4	11.3	17.1	22.9	—
		2	56	8	0.0049	4.7	6.4	9.7	14.5	19.7	—
273		1	99	11	0.0175	8.3.	11.2	17.1	26.0	34.9	—
		2	88	10	0.0078	7.4	10.0	15.2	23.1	31.0	—
325		4	68	11	0.0030	5.7	7.7	11.8	17.9	23.9	—
400		1	174	14	0.0307	14.5	19.7	30.1	45.7	61.3	—
		2	164	15	0.0145	13.7	18.6	28.4	43.1	57.8	—
		4	146	14	0.0065	12.2	16.6	25.3	38.3	51.4	—
450		1	237	17	0.0419	19.8	26.9	41.0	62.2	83.5	—
		2	220	16	0.0194	18.4	25.0	38.1	57.8	77.5	—
		4	200	16	0.0088	16.7	22.7	34.6	52.5	70.4	—
500	0.60 1.00 1.60 2.50 4.00	1	275	19	0.0486	—	31.2	47.6	72.2	96.8	—
		2	256	18	0.0226	—	29.0	44.3	67.2	90.2	—
		4	222	18	0.0098	—	25.2	38.4	58.3	78.2	—
		1	430	22	0.0760	—	48.8	74.4	112.9	151.4	—
		2	416	23	0.0368	—	47.2	72.0	109.3	146.5	—
600		4	370	22	0.0163	—	42.0	64.0	97.2	130.3	—
		6	360	20	0.0106	—	40.8	62.3	94.5	126.8	—
700		1	607	27	0.1073	—	—	105.1	159.4	213.8	—
		2	574	27	0.0507	—	—	99.4	150.8	202.1	—
		4	542	27	0.0239	—	—	93.8	142.3	190.9	—
		6	518	24	0.0153	—	—	89.7	136.0	182.4	—

公称直径 DN/mm	公称压力 PN/MPa	管程数 N	管子根数 n	中心排管数	管程流通面积 /m²	计算换热面积/m²					
						换热管长度 L/mm					
						1500	2000	3000	4500	6000	9000
800	0.60 1.00 1.60 2.50 4.00	1	797	31	0.1408	—	—	138.0	209.3	280.7	
		2	776	31	0.0686	—	—	134.3	203.8	273.3	
		4	722	31	0.0319	—	—	125.0	189.8	254.3	
		6	710	30	0.0209	—	—	122.9	186.5	250.0	
900		1	1009	35	0.1783	—	—	174.7	265.0	355.3	536.0
		2	988	35	0.0873	—	—	171.0	259.5	347.9	524.9
		4	938	35	0.0414	—	—	162.4	246.4	330.3	498.3
1000		6	914	34	0.0269	—	—	158.2	240.0	321.9	485.6
	0.60 1.00 1.60 2.50 4.00	1	1267	39	0.2239	—	—	219.3	332.8	446.2	673.1
		2	1234	39	0.1090	—	—	213.6	324.1	434.6	655.6
		4	1186	39	0.0524	—	—	205.3	311.5	417.7	630.1
(1100)		6	1148	38	0.0338	—	—	198.7	301.5	404.3	609.9
		1	1501	43	0.2652	—	—	—	394.2	528.6	797.4
		2	1470	43	0.1299	—	—	—	386.1	517.7	780.9
		4	1450	43	0.0641	—	—	—	380.8	510.6	770.3
		6	1380	42	0.0406	—	—	—	362.4	486.0	733.1

注：表中的管程流通面积为各程平均值。括号内公称直径不推荐使用。管子为正三角形排列。

换热管为 φ25 的换热器基本参数（管心距 32 mm）

公称直径 DN/mm	公称压力 PN/MPa	管程数 N	管子根数 n	中心排管数	管程流通面积/m²		计算换热面积/m² 换热管长度 L/mm					
					φ25×2	φ25×2.5	1500	2000	3000	4500	6000	9000
159	1.60	1	11	3	0.0038	0.0035	1.2	1.6	2.5	—	—	—
			25	5	0.0087	0.0079	2.7	3.7	5.7	—	—	—
219	2.50	1	38	6	0.0132	0.0119	4.2	5.7	8.7	13.1	17.6	—
		2	32	7	0.0055	0.0050	3.5	4.8	7.3	11.1	14.8	—
273	4.00 6.40	1	57	9	0.0197	0.0179	6.3	8.5	13.0	19.7	26.4	—
		2	56	9	0.0097	0.0088	6.2	8.4	12.7	19.3	25.9	—
325		4	40	9	0.0035	0.0031	4.4	6.0	9.1	13.8	18.5	—
400	0.60 1.00 1.60 2.50 4.00	1	98	12	0.0339	0.0308	10.8	14.6	22.3	33.8	45.4	—
		2	94	11	0.0163	0.0148	10.3	14.0	21.4	32.5	43.5	—
		4	76	11	0.0066	0.0060	8.4	11.3	17.3	26.3	35.2	—
450		1	135	13	0.0468	0.0424	14.8	20.1	30.7	46.6	62.5	—
		2	126	12	0.0218	0.0198	13.9	18.8	28.7	43.5	58.4	—
		4	106	13	0.0092	0.0083	11.7	15.8	24.1	36.6	49.1	—
500	0.60 1.00 1.60 2.50 4.00	1	174	14	0.0603	0.0546	—	26.0	39.6	60.1	80.6	—
		2	164	15	0.0284	0.0259	—	24.5	37.3	56.6	76.0	—
		4	144	15	0.0125	0.0113	—	21.4	32.8	49.7	66.7	—
		1	245	17	0.0849	0.0769	—	36.5	55.8	84.6	113.5	—
		2	232	16	0.0402	0.0364	—	34.6	52.8	80.1	107.5	—
		4	222	17	0.0192	0.0174	—	33.1	50.5	76.7	102.8	—
600		6	216	16	0.0125	0.0113	—	32.2	49.2	74.6	100.0	—
700		1	355	21	0.1230	0.1115	—	—	80.0	122.6	164.4	—
		2	342	21	0.0592	0.0537	—	—	77.9	118.1	158.4	—
		4	322	21	0.0279	00253	—	—	73.3	111.2	149.1	—
		6	304	20	0.0175	0.0159	—	—	69.2	105.0	140.8	—

续表

公称直径 DN/mm	公称压力 PN/ MPa	管程数 N	管子根数 n	中心排管数	管程流通面积/m²		计算换热面积/m² 换热管长度 L/mm					
					φ25×2	φ25×2.5	1500	2000	3000	4500	6000	9000
800		1	467	23	0.1618	0.1466	—	—	106.3	161.3	216.3	—
		2	450	23	0.0779	0.0707	—	—	102.4	155.4	208.5	—
		4	442	23	0.0383	0.0347	—	—	100.6	152.7	204.7	—
		6	430	24	0.0248	0.0225	—	—	97.6	148.5	119.2	—
900	0.60 1.60 2.50	1	605	27	0.2095	0.1900	—	—	137.8	209.0	280.2	422.7
		2	588	27	0.1018	0.0923	—	—	133.9	203.1	272.3	410.8
		4	554	27	0.0480	0.0435	—	—	126.1	191.4	256.6	387.1
		6	538	26	0.0311	0.0282	—	—	122.5	185.8	249.2	375.9
1000		1	749	30	0.2594	0.2352	—	—	170.5	258.7	346.9	523.3
		2	742	29	0.1285	0.1165	—	—	168.9	256.3	343.7	518.4
		4	710	29	0.0615	0.0557	—	—	161.6	245.2	328.8	496.0
		6	698	30	0.0403	0.0365	—	—	158.9	241.1	323.3	487.7
(1100)	4	1	931	33	0.3225	0.2923	—	—	—	321.6	431.2	650.4
		2	894	33	0.1548	0.1404	—	—	—	308.8	414.1	624.6
		1	848	33	0.0734	0.0666	—	—	—	292.9	392.8	592.5
		6	830	32	0.0479	0.0434	—	—	—	286.7	384.4	579.9

注：表中的管程流通面积为各程平均值。括号内公称直径不推荐使用。管子为正三角形排列。

附录 17　双组分溶液的气液相平衡数据

1. 甲醇—水（101.325 kPa）

温度/℃	液相中甲醇的摩尔分数	气相中甲醇的摩尔分数	温度/℃	液相中甲醇的摩尔分数	气相中甲醇的摩尔分数
100	0.00	0.00	75.3	0.40	0.729
96.4	0.02	0.134	73.1	0.50	0.779
93.5	0.04	0.234	71.2	0.60	0.825
91.2	0.06	0.304	69.3	0.70	0.87
89.3	0.08	0.365	67.6	0.80	0.915
87.7	0.10	0.418	66.0	0.90	0.958
84.4	0.15	0.517	65.0	0.95	0.979
81.7	0.20	0.579	64.5	1.00	1.00
78	0.30	0.665			

2. 丙酮—水（101.325 kPa）

温度/℃	液相中丙酮的摩尔分数（x）	气相中丙酮的摩尔分数（y）	温度/℃	液相中丙酮的摩尔分数（x）	气相中丙酮的摩尔分数（y）
100	0.0	0.0	60.4	0.40	0.839
92.7	0.01	0.253	60.0	0.50	0.849
86.5	0.02	0.425	59.7	0.60	0.859
75.8	0.05	0.624	59.0	0.70	0.874
66.5	0.10	0.755	58.2	0.80	0.898
63.4	0.15	0.793	57.5	0.90	0.935
62.1	0.20	0.815	57.0	0.95	0.963
61.0	0.30	0.83	56.13	1.0	1.0

3. 乙醇—水（101.325 kPa）

乙醇的摩尔分数/%		温度/	乙醇的摩尔分数/%		温度/
液相	汽相	℃	液相	汽相	℃
0.00	0.00	100	32.73	58.26	81.5
1.90	17.00	95.5	39.65	61.22	80.7
7.21	38.91	89.0	50.79	65.64	79.8
9.66	43.75	86.7	51.98	65.99	79.7
12.38	47.04	85.3	57.32	68.41	79.3
16.61	50.89	84.1	67.63	73.85	78.74
23.37	54.45	82.7	74.72	78.15	78.41
26.08	55.80	82.3	89.43	89.43	78.15

习题参考答案

第1章　流体流动与输送机械

1. 1962 Pa
2. (1) 1.42×10^4 N;(2) 7.77×10^4 Pa
3. (1) $p_B=-876$ Pa(表压);(2) 0.178 m
4. 2.29×10^5 Pa
5. $\phi108\times4$ mm
6. (1) 左侧高,340 mm;(2) R 不变
7. 88.6 mm
8. (1) 2.9 m/s;(2) 82 m³/h
9. (1) 4.41 J/kg;(2) 4.41×10^3 Pa
10. 90.4 mm
11. 95 kPa
12. 0.03 MPa(表压)
13. (1) 10.09 kW;(2) 8.01
14. 1.81 m³/h
15. 5427 kg/h
16. 3248 Lh
17. 6.13 kW
18. 34.6 m,64.3%
19. 14.8 m³/h
20. 并联 1.23 倍,串联 1.41 倍
21. 泵的型号为 IS80-65-125 型($n=2900$ r/min),安装高度约为 2.5 m
22. 不合理
23. 合用
24. 176 ℃,等温压缩 100.6 kW,绝热压缩 125.5 kW

第2章　非均相混合物的分离

1. 9.21×10^{-5} m
2. 140 m³/s
3. 0.01 m/s;1 m/s;10 m³/s
4. 6.36×10^{-6} m;575.71 Pa
5. 1.26×10^{-4} m²/s,5.22×10^{-3} m³,0.0261 m³/m²;0.13 m³
6. 509 s,2.12 m³/m²
7. $n_{框}=15,n_{板}=16$
8. 765.1 s,0.1 m³
9. $K=7.80\times10^{-6}$ m²/s,$q_e=4.80\times10^{-3}$ m³/m²,$r=5.17\times10^{13}$ m⁻²;$s=0.524$
10. $K=1.42\times10^{-5}$ m²/s,$v=0.546$,$r=1.37\times10^{13}$ m⁻²,$\varepsilon=0.37,a=6\times10^5$ m⁻¹

第3章　传　热

1. 2017 W/m²,977 ℃
2. −24.53 W/m
3. 50.6 W/(m²·℃),97.3%,2.4%,0.3%
4. 1.9×10^{-3} m²·℃/W
5. 19.3 m²
6. 43.6 ℃
7. 6345 W/(m²·℃)

第4章　气体吸收

1. $x=5.62\times10^{-4}$,$X=5.62\times10^{-4}$,$y=1.12\times10^{-2}$,$Y=1.13\times10^{-2}$
2. 3.79×10^{-3} kmol/m³

3. (1) 4.554×10^{-4} kmol/(m^3 kPa),1.22×10^3;
   (2) 4.10×10^{-4},2.28×10^{-2} kmol/m^3

4. 11.42 g/m^3

5. 吸收过程,解吸过程

6. $\Delta y_2 = 0.002$,$\Delta x_2 = 4.18 \times 10^{-5}$,$\Delta p_2 = 0.2027$ kPa,$\Delta c_2 = 2.32 \times 10^{-3}$ mol/L,$\Delta y_1 = 0.00213$,$\Delta x_1 = 4.44 \times 10^{-5}$,$\Delta p_1 = 0.2158$ kPa,$\Delta c_1 = 0.00247$mol/L

7. 2.004×10^{-4} kmol/($m^2 \cdot$ s)

8. 1 kPa,1.645×10^5($m^2 \cdot$ s $\cdot$ kPa)/kmol,6.08×10^{-6} kmol/($m^2 \cdot$ s),60.8%

9. (1) $p_i = 3.52$ kPa,$c_i = 0.0724$ kmol/m^3;
   (2) $K_G = 0.00523$ kmol/($m^2 \cdot$ h $\cdot$ kPa),$K_L = 0.254$ m/h,$\Delta p = 1.67$ kPa,$\Delta c = 0.034$ kmol/m^3,$N_A = 0.0087$ kmol/($m^2 \cdot$ h)

10. (1) 3.33×10^{-5},22964 kmol/h;
   (2) $Y = 1824X + 3.26 \times 10^{-3}$

11. 49.2 kmol/h;0.0317

12. (1) 1.44 m;(2) 1.2,2.0

13. (1) 1.286;(2) 7.67 m

14. (1) 不适用;(2) 适用

15. (1) 87.5%;(2) $X_1 = 0.00385$

16. 0.87

17. 0.959,590.68 kg/h,$X_1 = 0.0133$;0.480,295.38kg/h,$X_1' = 0.0265$

18. 0.725

19. (1) 1.15×10^3 kg $\cdot$ h^{-1};(2) 0.84 m;
   (3) 6.66 m

20. 15147 kg/h,2.27 m

第5章 蒸 馏

1. 0.375,0.625,0.19,0.81,23.32 kg/kmol

2. 苯:$x = 0.84$,$y = 0.94$;甲苯:$x = 0.16$,$y = 0.06$

3. $\alpha_m = 2.46$;$y_苯 = 0.897$

4. 97.98%

5. $q_{n,F} = 1.52$ kmol/h;3.99;$y_2' = 0.721$

6. $q = 1.215$;$y = 5.65x - 2.09$

7. (1) $R = 2.51$,$q = 1.55$;
   (2) $x_D = 0.271 \times 3.51 = 0.951$;$x_F = 0.91 \times (1.55-1) = 0.501$;
   (3) $x_D' = 0.98$

8. (1) $y_n = 0.823$;(2) $x_{n-1} = 0.796$;(3) $R = 1$

9. 1.353;1;0

10. $q_{n,D} = 48.98$ kmol/h;$y_{m+1}' = 1.668x_m' - 0.026$

11. (1) $R = 1.593$,$R_{min} = 1.036$;
   (2) $q_{n,F} = 198$ kmol/h

12. (1) $q_{n,D} = 91.4$ kmol/h 及 $q_{n,w} = 205.6$ kmol/h;
   (2) $R = 2.89$

13. $y_{n+1} = 0.75x_n + 0.238$;$y_{m+1}' = 1.844x_m' - 0.02533$;1328 kmol/h

14. $R = 2.61$;$x_D = 0.95$;$x_W = 0.075$;$x_F = 0.535$

15. $N_T = 1$;$N_p = 2$

16. $E_{mV1} = 58\%$

17. $Z = 15.6$ m;$D_塔 = 1.20$

18. $Q_C = 1.05 \times 10^7$ kJ/h;$W_C = 2.5 \times 10^5$ kg/h;$Q_B = 1.45 \times 10^7$ kJ/h;$W_h = 6576$ kg/h

第6章 其他分离技术

1. 1423 kg,76.2%

2. 3,1.21

4. 2.97 MPa,0.0848 MPa;5.93 MPa,0.17 MPa

5. 1.94×10^{-8} L/cm^2s $\cdot$ atm,4.16×10^{-8} L/cm^2s $\cdot$ atm,96%

第7章 固体干燥

1. 4.936 kPa,0.03230 kg/kg 绝干气,1.06 kg/m^3 湿空气

2. 解:值由 H-I 图查得,求解过程示意图略。

序号	干球温度 0 ℃	湿球温度 0 ℃	湿度 kg 水/kg 绝干空气	相对湿度 0/0	焓 kJ/kg 绝干气	露点 0 ℃	水气分压 kPa
1	60	30	0.015	13.3	98	21	2.5
2	40	27	0.016	33	79	20	2.4
3	20	17	0.012	80	50	16	2
4	30	29	0.026	95	98	28	4

3. 83.8 kJ/(kg 绝干气·℃;3.12%)

4. 40 ℃

5. 63.3 ℃;117.29 kPa

6. 671.3 kg 新鲜空气/h;15.16 kW;51.9%;37.5%

7. 4419 kg 新鲜空气/h;118.2 kW;72.9%

8. 3621 kg 绝干气/h;118 kg/h;17.62 m²

9. 1913.3 kg 新鲜气/h;45.90 kW;50.3%;不会返潮

10. 10.42 hr

11. 259.3 kg 水/h;81.8 kg 水/h

12. 1 hr;2 hr